高等职业教育土建类“十四五”规划教材

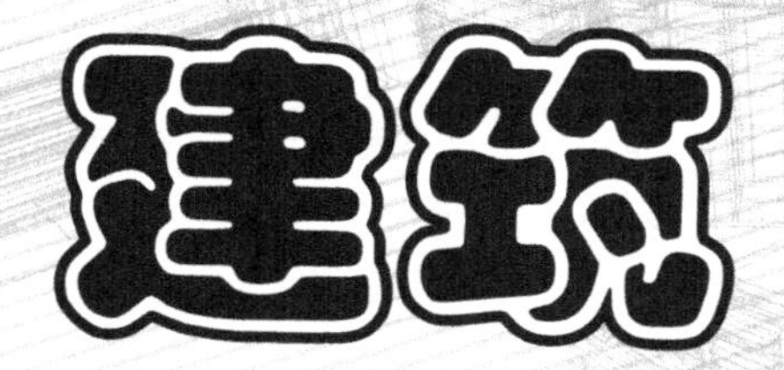


# 施工测量

## （第3版）

JIANZHU SHIGONG CELIANG


主　编　杨晓平　程超胜

副主编　文　学　王玉香　黄晓翔

　　　　肖胜文　刘　伟　徐爱梅

　　　　彭美萍　史　芬

参　编　熊　娜　肖治华

主　审　徐景田　吴晓群



华中科技大学出版社

http://press.hust.edu.cn

中国·武汉

## 内容简介

全书共分5个学习情境，分别为测量的基本知识和技能、小地区控制测量技术、大比例尺地形图测绘技术、建筑施工测量技术、建构筑物变形监测技术，每个学习情境又分解为若干学习任务和学习活动，其中学习情境1为测量基本知识与技能储备阶段，是实施测量工作任务的基础；学习情境2、3对应于工程项目实施的设计阶段，学习情境4对应于工程项目的施工阶段；学习情境5对应于工程项目施工中及竣工后的运营阶段。每个学习情境后，附有小结及相应的思考题与习题。

本书为高职高专建筑工程技术专业建筑工程测量课程教材，也可供土建类其他专业选择使用，同时可作为成人教育和相关职业岗位培训教材以及有关工程技术人员的参考或自学用书。

**图书在版编目(CIP)数据**

建筑施工测量/杨晓平，程超胜主编.—3版.—武汉：华中科技大学出版社，2011.12(2025.1重印)
ISBN 978-7-5609-7562-7

Ⅰ.①建…　Ⅱ.①杨…　②程…　Ⅲ.①建筑测量-高等职业教育-教材　Ⅳ.①TU198

中国版本图书馆CIP数据核字(2011)第254827号

**建筑施工测量**(第3版)　　杨晓平　程超胜　主编
Jianzhu Shigong Celiang(Di-san Ban)

策划编辑：张　毅
责任编辑：张　毅
封面设计：原色设计
责任校对：李　琴
责任监印：朱　玢
出版发行：华中科技大学出版社(中国·武汉)　　电话：(027)81321913
武汉市东湖新技术开发区华工科技园　　邮编：430223
录　　排：武汉兴明图文信息有限公司
印　　刷：武汉邮科印务有限公司
开　　本：787mm×1092mm　1/16
印　　张：17.75
字　　数：451千字
版　　次：2025年1月第3版第13次印刷
定　　价：49.00元

# 前言

根据教育部《关于加强高职高专教育人才培养工作的意见》的文件精神，在学习贯彻《关于全面提高高等职业教育教学质量的若干意见》(教高[2006]16号)文件精神的基础上，以工学结合为切入点，构建以工作过程为导向的教学内容，进行高职高专工程测量课程教学改革与教材建设实践，以建筑工程技术专业的教育标准、培养目标为依据，在总结多年的高职高专工程测量课程教学改革的成功经验的基础上，结合我国建筑工程测量的基本现状，从培养工程技术施工一线的高技能测量人才这一根本目标出发，按照全国高职高专“建筑工程技术”专业通用的统编规划教材的编写要求，编写并修订了本书。

本书具有较强的实用性和通用性，着力体现高职教育的特点，力求满足高职教育培养工程技术施工一线的高技能测量人才的目标要求，强调测量职业技能的应用，加强基础测量操作和施工测量操作等实践环节。在内容上力求讲清基本概念，测量基础理论知识适度、够用，重视测量基本技能的训练与实践性教学环节，叙述简明，深入浅出，并能运用图表直观表达测量知识内容和仪器操作技巧，便于读者学习和理解，加深印象，尽可能做到通过课堂学习与室外教学实训，即可使学生掌握相关工程测量基本技能，以便最终为工程实践活动服务。

本书的编写与修订，是在原教材稿的基础上，摒弃了一些在建设工程中较少使用的陈旧的教学内容，吸纳了相对先进的测量技术与方法，将工程测量规范(2007版)的最新技术和方法导入到教材相关学习情境及学习任务中，详细介绍全站仪等现代测绘仪器的使用方法及其在工程施工建设中具体的应用方法(全站仪数字测图等)。为便于教学，对各项测量工作观测数据的记录与测量成果的计算均配有相应的表格及示例。

本书由湖北城市建设职业技术学院杨晓平、程超胜担任主编；湖北城市建设职业技术学院文学、王玉香，武汉工业职业技术学院黄晓翔，江西理工大学肖胜文，江西环境工程职业学院刘伟，新余学院徐爱梅，萍乡高等专科学校彭美萍，江西工业贸易职业技术学院史芬任副主编；湖北城市建设职业技术学院熊娜，中国第一冶金建设有限责任公司肖治华参加了编写。此教材是在原教材的基础上，结合2007版工程测量规范的规定内容进行改版与修订的，全书由杨晓平主持改版工作，并予以统稿及定稿。

中国地质大学(武汉)徐景田副教授、南昌市城市规划设计研究总院吴晓群高级工程师为本书主审，他们严谨、细致、认真地对全书进行审阅，并提出了许多宝贵意见，在此表示衷心的感谢。

在改版与修订过程中，得到了编者所在学院有关领导、系部以及华中科技大学出版社领导、编辑的鼓励与支持，同时还收集了大量的资料，参阅并借鉴了许多同类教材的相关内容。在此，一并表示真挚的谢意。

限于编者水平、经验及时间，书中难免还存在一些不妥和错误之处，恳请读者及同行批评指正。

编　者

# 目录

学习情境

# 测量的基本知识和技能

## 学习目标

通过本学习情境的学习和实践训练，掌握测量及工程测量的相关基本理论知识、常规测量仪器的操作使用方法，明确测量基准面、基准线的定义及作用，了解常用的测量平面坐标系及高程系，熟悉地面点的确定原则和相应方法，以及基本测量工作方法，为将来成为职业测量高技能人才奠定专业知识和职业技能基础。

# 任务1 认识工程测量及其任务

## 活动1 认识测量与工程测量

测量学起初的概念是以地球为研究对象，对地球进行测定和描绘的科学。依此概念，测绘学就是研究利用测量仪器测定地球表面自然形态的地理要素和地表人工设施的形状、大小、空间位置及其属性等，并对地球整体及其表面和外层空间中的各种自然形态和人造物体上与地理空间分布有关的信息进行采集、处理、管理、更新和利用，然后根据采集到的这些数据通过地图制图的方法将地面的自然形态和人工设施等绘制成地图的理论和技术的学科，是地球科学的重要组成部分。

测量学主要任务有三个方面：

一是研究确定地球的形状和大小，为地球科学提供必要的数据和资料；

二是将地球表面的地物地貌测绘成图；

三是将图纸上的设计成果测设至现场。

传统的测量手段分为测定和测设两方面。测定又称为地形测绘，是指使用测量仪器和工具，用一定的测绘程序和方法对地表或其上的局部地区的地形进行测量，计算出地物和地貌的位置(通常用三维坐标表示)，按一定比例尺及规定的符号将其缩小绘制成地形图的工作过程，所测绘的地形图主要为工程建设规划设计使用。而测设则刚好相反，它是使用测量仪器和工具，按照设计要求，采用一定的方法，将规划设计出的建构筑物的位置在实地标定出来，作为施工依据的工作。

工程测量学是研究在工程建设、工业和城市建设以及资源开发中，在规划、勘测设计、施工建设和运营管理各个阶段所进行的控制测量、地形和有关信息的采集和处理(即大比例尺地形图测绘)、地籍测绘、施工放样、设备安装、变形监测及分析和预报等的理论、技术和方法，以及研究对测量和工程建设有关的信息如何进行管理和使用的学科，它是测绘学在国民经济和国防建设中的直接应用。

工程测量学是一门应用学科，按其研究对象可分为：建筑工程测量、铁路工程测量、公路工程测量、桥梁工程测量、隧道工程测量、水利工程测量、地下工程测量、管线(输电线、输油管)工程测量、矿山测量、军事工程测量、城市建设测量以及三维工业测量、精密工程测量、工程摄影测量等。

建筑工程测量是工程测量学的分支学科，是工程测量学在建筑工程建设领域中的具体表现，是测量与工程测量知识与技能在工程项目实施过程中的具体应用方法的集成。

## 活动2 剖析建筑工程测量工作任务

通常工程项目的实施分为规划设计、施工建设和运营管理三个阶段。其相应的工程测量任务也包括这三阶段所进行的各种测量工作。

对工程项目的实施而言，建筑工程测量工作任务主要包括如下三个方面。

(1)规划设计阶段的大比例尺地形图测绘工作。把工程建设区域内的各种地面物体的位置、形状以及地面的起伏形态，依据规定的符号和比例尺绘制成地形图，为工程建设的规划设计提供必要的图纸和资料。

(2)工程建设施工阶段的施工测量工作。把图纸上已设计好的各种工程的平面位置和高程，按设计要求在地面上标定出来，作为施工的依据，并配合施工，进行各种施工标志的测设工作，确保施工质量；施测竣工图，为工程验收、日后扩建和维修提供资料。

(3)工程施工及营运期间的变形观测工作。对于一些重要的工程，在施工和运营期间，为了确保安全，还需要进行变形观测工作。

就工程建设领域而言，在某工程项目立项以后，其最为典型的工作任务是“工程项目的实施”，而工程项目的实施过程包括工程项目的勘测设计、工程项目的施工建设和项目建成后的运营管理三个阶段，每个阶段均对应一定的工作任务。具体说来，在勘测设计阶段，需进行的是拟建工程项目整体的规划设计、方案设计和建筑施工图设计等典型工作任务；在施工建设阶段，需进行的是在施工场地上按设计图纸予以实地施工，建成合格的建筑实体产品的典型工作任务；在运营管理阶段，需进行的是建筑实体的安全运营和维护管理等典型工作任务。而此三阶段所需完成的典型工作任务又可细分为若干不同的工作任务，例如，在勘测设计阶段，设计者(从事建筑设计工作的职业人包括不同专业的注册设计师和绘图员等)为完成工程项目业主委托的工程项目规划设计、建筑方案设计和建筑施工图设计等设计工作任务，需了解建设区详细的地形信息，依据地形状况作出合理的设计，因而，业主在委托设计任务时，需向设计单位(或设计职业人)提供待建场地的地形图和其他基础数据资料，而地形图的测绘需从事测量工作的职业人员来完成，也就是说，在此阶段，对测量职业人员而言，需完成一项很重要的工作任务——地形图的测绘，以此为工程项目的设计者提供规划设计所必需的拟建场区的大比例尺地形图和相关基础数据资料；在工程项目的施工阶段，需要施工测量人员进行施工测量工作(其又细分为若干工作任务)，以便将图纸上设计好的建(构)筑物的平面位置和高程按设计要求测设于实地，以此作为施工的依据，例如，在施工过程中的土方开挖、基础和主体工程施工所进行的平面定位及放线、抄平等施工测量工作，在施工中还要经常对施工对象和安装对象工作进行检验、校核等测量工作，以保证所建工程符合设计要求；施工竣工后，还要进行竣工测量，施测竣工图，以供日后改建和维修之用；在工程项目竣工后的营运阶段，为确保工程项目的安全使用，必须对营运中建(构)筑物进行变形监测及安全预报等测量工作。总之，建筑工程测量工作是贯穿于建筑工程项目实施的整个过程的，这就要求从事工程建设的人员应具备必要的测量知识与技能，方能胜任相应的测量工作任务及岗位。

综上所述，“工程项目的实施”这一典型工作任务的完成必然包含一定量的不同阶段的、不同工作内容的建筑工程测量工作任务的逐一完成，建筑工程测量任务是建筑产品形成过程中的一项极为重要的工作任务，是其子典型任务之一，依据建筑产品形成的不同阶段，可细分为小地区控制测量工作、大比例尺地形图测绘工作、施工场区控制测量工作、施工测量定位放线抄平工作、建筑工程变形监测工作，以及建筑工程实施过程中的管理工作等的若干子工作任务，而这些任务均需由具有一定测量知识和技能的测量职业人员在建筑产品的实施形成过程中去完成。建设工程项目整个实施阶段中的相关工程测量工作任务，就是测量职业岗位人员在工程项目建设中所应从事的典型工作任务，这是建筑工程项目实施阶段中的一项非常重要的工作，测量与工程测量知识及技能在建筑工程建设中有着广泛的应用，它服务于建筑工程建设的每一个阶段，贯穿于建筑工程项目实施的始终，而且建筑工程测量工作任务完成的质量和进度直接影响到整个工程项目建设的质量与进度。由此，作为建筑行业的职业岗位人员要想承担并很好地完成工程项目实施过程中的不同测量工作任务，务必学习并掌握有关测量及工程测量专业方面的理论知识和测量操作技能，为将来胜任测量员职业岗位工作奠定测量职业能力。

从测量职业技能的养成来分析，对将来从事工程项目建设相关职业岗位的学生来说，其在学习阶段，必须通过一定的测量基本知识的学习和相应测量工作任务的实践训练，方可掌握工程项目实施过程中所需的建筑工程测量相关基本理论、基本知识和基本技能，掌握常规测量仪器及工具的使用方法，了解并掌握小地区控制测量工作方法和大比例尺地形图的测绘方法，熟练掌握地形图应用的方法，以及具备从事一般性土建工程施工测量工作的能力。

## 活动3　了解规划设计用图——大比例尺地形图

地球表面形体种类繁多、复杂多样，地势形态起伏各异，从地表构成来分析，归纳起来可分为地物和地貌两大类。凡地面上各种固定性物体，如河流、湖泊、道路、房屋、铁路、森林、草地、植被及其他各种人工建造的建构筑物等，均称为地物；地表面的各种高低起伏，如高山、深谷、盆地、凹地、陡坎、悬崖峭壁、雨裂冲沟等，都称为地貌。地物和地貌总称为地形。

地形图是按照一定的数学法则，运用符号系统表示地表上的地物、地貌平面位置及基本的地理要素，且高程用等高线表示的一种普通地图。

工程建设和国防建设，在进行规划和设计工作时，都需要利用地形图这一基础资料，这是因为在地形图上处理和研究问题，有时要比在实地来得方便和迅速，考虑的问题也更加周全。同时在地形图上可以直接量测出地面点之间的距离、高差和方向，从而为进一步认识整个工作区域的地形情况，以便合理开发利用、改造自然、保护环境，打下了基础，为规划设计、建立方案，提供了详细的原始地面资料。

图 1-1 所示为某城镇 1∶500 比例尺地形图的一部分，主要表示城镇街道、居民区等。图 1-2 所示为某地区 1∶2 000 比例尺地形图的一部分，主要表示该地区的地形地貌。

这两张地形图各反映了不同的地面状况。在城镇市区，图上必然显示出较多的地物，而反映地貌较少；在丘陵地带和山区，地面地势起伏较大，且地貌范围较大，而地物相对较少，因而在图中除了表示有限的地物外，还应较详细地表示出地面高低起伏的状况。图 1-2 所示地形图有较多的曲线，这些曲线大多为等高线，它是表达地面起伏状况的一种符号。有关等高线的知识将在本书后面的学习任务中详细讲述。

地形图的内容丰富，归纳起来大致可分为三类：数学要素，如比例尺、坐标格网等；地形要

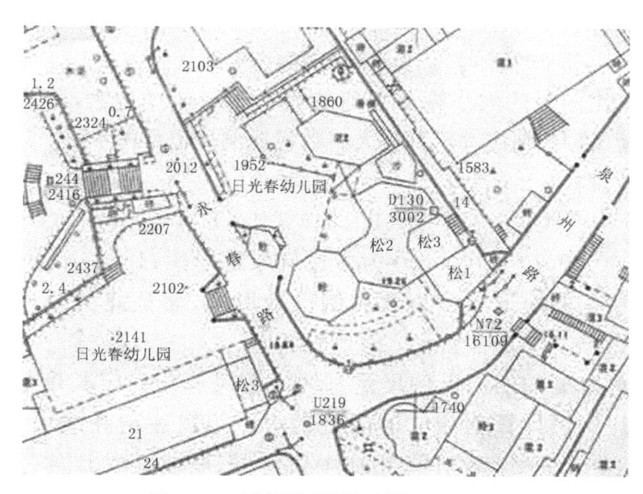


**图 1-1　城镇地形图示例**(1：500)

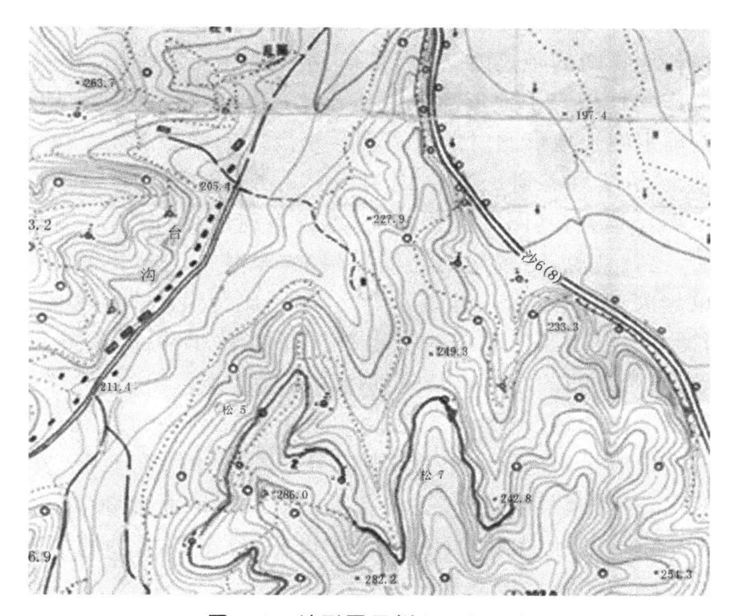


**图 1-2　地形图示例**(1：2 000)

素，即各种地物、地貌；注记和整饰要素，包括各类注记、说明资料和辅助图表等。在此主要介绍地形图的比例尺、地形图符号、图廓和图廓外注记。

### 1. 地图的比例尺及比例尺精度

1)地图的比例尺

地图上任一线段的长度与地面上相应线段的实地水平距离之比，称为地图的比例尺。常见的比例尺表现形式有数字比例尺和图示比例尺两种。

(1)数字比例尺　以分子为1的分数形式表示的比例尺称为数字比例尺。设图上一条线段长为 $d$，相应的实地水平距离为 $D$。则地形图的比例尺为

$$\frac{d}{D}=\frac{1}{M}$$

式中：$M$ 为比例尺分母。比例尺的大小视分数值的大小而定。$M$ 越大，分数值越小，则比例尺就越小。反之，$M$ 越小，分数值越大，则比例尺就越大。数字比例尺也可写成 1∶5 000、1∶2 000、1∶1 000 和 1∶500 等形式。

地形图按比例尺分为三类：1∶10 000、1∶5 000、1∶2 000、1∶1 000 和 1∶500 为大比例尺地形图；1∶25 000、1∶50 000、1∶100 000 为中比例尺地形图；1∶250 000 以上的为小比例尺地形图。在工程建设中，所用的地形图多为大比例尺地形图，而且此类地形图一般只标注数字比例尺。

(2)图示比例尺　最常见的图示比例尺是直线比例尺。用一定长度的线段表示图上的实际长度，并按地形图上的比例尺计算出相应地面上的水平距离注记在线段上，这种比例尺称为直线比例尺。一般其基本单位为 2 cm，主要用在中、小比例尺地形图上。

2)比例尺精度

由于正常人的眼睛能分辨的图上最小距离一般为 0.1 mm，因此在图上度量或者实地测量地面边长或丈量地物与地物间的距离时，只需精确到按比例尺缩小后，相当于图上 0.1 mm 的距离即可。在测量工作中称相当于地形图上 0.1 mm 的实地水平距离为地形图的比例尺精度。根据比例尺精度可以确定测绘地形图时的所需测距精度。如测绘 1∶1 000 地形图时，其比例尺精度为 0.1 m，故测距的精度只需到 0.1 m，因为小于 0.1 m 的距离在该地形图上是表示不出来的。由其定义可知比例尺越大，其图纸表达地物、地貌就越详细，但相应测绘工作量和支出的测绘经费也会成倍增加，也就是说，测图用的比例尺越大，就越能表达出测区地面的详细情况，但测图所需的工作量也越大，测图成本就越高。因此，测图比例尺关系到实际需要、成图时间和测图费用，必须合理选择。一般以工作需要为决定的主要因素，即根据在图上要表示的最小地物有多大、点的平面位置或两点间的距离要精确到何种程度为准。

地形图的比例尺精度概念，对测图和工程设计用图都具重要的意义。在进行工程设计时，当规定了在基础地形图上应量出的最短长度时，即可根据设计精度要求，反过来确定出基础地形图的所需测图比例尺。例如，某项工程，要求在图上能反映地面上 30 cm 的精度，则采用的最适合的比例尺应为 1∶2 000。也就是说，在工程建设中，欲采用何种测图比例尺，应从工程规划、设计、施工建设的实际需要的精度来相应确定。

(1)按工作需要，根据多大的地物须在图上表示出来或测量地物要求精确到什么程度，来确定出测图的最合适比例尺。

(2)当测图比例尺确定之后，可以推算出测量地物时应精确到何种程度。

### 2. 地形图符号

实地的地物和地貌是用各种符号表示在地形图上的，这些符号总称为地形图图示。图示由国家测绘局统一制定，它是测绘、识读及使用地形图的重要依据。表 1-1 所示为国家标准《国家基本比例尺地图图式第 1 部分：1∶500、1∶1 000、1∶2 000 地形图图式》(GB/T20257.1—2007)中的部分地形图图式符号。

地形图图示符号有三类：地物符号、地貌符号和注记符号。

表 1-1 地形图图式

| 编号 | 符号名称 | 图例 | 编号 | 符号名称 | 图例 |
|---|---|---|---|---|---|
| 1 | 坚固房屋<br>4—房屋层数 | 坚4 1.5 | 12 | 菜地 | 2.0 2.0 10.0 10.0 |
| 2 | 普通房屋<br>2—房屋层数 | 2 1.5 | 13 | 高压线 | 4.0 |
| 3 | 窑洞<br>1—住人的<br>2—不住人的<br>3—地面下的 | 1 2.5 2.0 2 3 | 14 | 低压线 | 4.0 |
| 4 | 台阶 | 0.5 0.5 0.5 | 15 | 电杆 | 1.0 |
| 5 | 花圃 | 1.5 1.5 10.0 10.0 | 16 | 电线架 | |
| 6 | 草地 | 1.5 0.8 10.0 10.0 | 17 | 砖、石及混凝土围墙 | 10.0 10.0 0.5 0.3 10.0 0.5 |
| 7 | 经济作物地 | 0.8 3.0 蔗 10.0 10.0 | 18 | 土围墙 | |
| 8 | 水生经济作物地 | 藕 3.0 0.5 | 19 | 栅栏、栏杆 | 1.0 10.0 |
| 9 | 水稻田 | 0.2 2.0 10.0 10.0 | 20 | 篱笆 | 1.0 10.0 |
| 10 | 旱地 | 1.0 2.0 10.0 10.0 | 21 | 活树篱笆 | 3.5 0.5 10.0 1.0 0.8 |
| 11 | 灌木林 | 0.5 1.0 | 22 | 沟渠<br>1—有堤岸的<br>2—一般的<br>3—有沟堑的 | 1 2 0.3 3 |

续表

| 编号 | 符号名称 | 图例 | 编号 | 符号名称 | 图例 |
|---|---|---|---|---|---|
| 23 | 公路 | 0.3 沥 砾 0.3 | 34 | 消火栓 | 1.5 1.5 2.0 |
| 24 | 简易公路 | 8.0 2.0 | 35 | 阀门 | 1.5 1.5 2.0 |
| 25 | 大车路 | 0.15 碎石 0.3 | 36 | 水龙头 | 3.5 2.0 1.2 |
| 26 | 小路 | 4.0 1.0 0.3 | 37 | 钻孔 | 3.0 1.0 |
| 27 | 三角点（凤凰山—点名 395.467—高程） | 凤凰山 394.468 3.0 | 38 | 路灯 | 1.5 1.0 |
| 28 | 图根点 1—埋石的 2—不埋石的 | 1 2.0 N16 84.46 2 2.5 25 62.74 1.5 | 39 | 独立树 1—阔叶 2—针叶 | 1 1.5 3.0 2 0.7 3.0 0.7 |
| 29 | 水准点 | 2.0 Ⅱ京石5 32.804 | 40 | 岗亭 | 90° 3.0 1.5 |
| 30 | 旗杆 | 1.5 1.0 4.0 10 | 41 | 等高线 1—首曲线 2—计曲线 3—间曲线 | 0.15 87 1 0.3 85 2 6.0 0.15 3 1.0 |
| 31 | 水塔 | 2.0 1.0 3.0 1.2 | 42 | 高程点及其注记 |  |
| 32 | 烟囱 | 3.5 1.0 | 43 | 高程点及其注记 | 0.5•163.2 75.4 |
| 33 | 气象站（台） | 3.0 4.0 1.2 | 44 | 滑坡 |  |

续表

| 编号 | 符号名称 | 图例 | 编号 | 符号名称 | 图例 |
|---|---|---|---|---|---|
| 45 | 陡崖<br>1—土质的<br>2—石质的 | 1 2 | 46 | 冲沟 | |

1)地物符号

地形图上表示地物类别、形状、大小和位置的符号称为地物符号。如在地形图上房屋、道路、河流和森林等地物必须采用国家统一规定地物符号表示。根据地物的大小及描绘方法的不同，在图上其相应地物符号可依据测图比例尺分别用依比例符号、不依比例符号、半依比例符号和地物注记等形式予以表示。

(1)依比例符号　凡按照测图比例尺能将地物轮廓缩绘在地形图上的符号称为依比例符号。如房屋、湖泊、农田、森林、果园等。这些符号与地面上实际地物的形状相似，可以在图上量测地物的面积。

当用依比例符号仅能表达地物的形状和大小，而不能表示地物类别时，应在轮廓内加绘相应符号，以标明其地物类别。

(2)半依比例符号　某些带状的狭长地物，如铁路、电线、围墙、管道、河流沟渠以及通信线等，其长度可以按比例缩绘，但宽度不能按比例缩绘，在地形图上对此类狭长地物予以描绘的规定符号，称为半依比例符号或线性符号。半依比例符号的中心线即为实际地物的中心线。这种符号可以在图上量测地物的长度，而不能量测其宽度。

(3)不依比例符号　当地物的实际轮廓相对较小或无轮廓，以致无法按测图比例尺直接缩绘到图纸上，但因其重要性又必须表示时，可不管其实际尺寸大小，均用统一规定符号来表示，这类地物符号称为不依比例符号，如测量控制点、独立树、烟囱、里程碑以及钻孔等。这种地物符号和有些比例符号随着测图比例尺的不同是可以转化的。

不依比例符号只能表示所测地物的位置和类别，不能表示出地物的实际尺寸。

(4)地物注记　当用上述三种地物符号还不能清楚表达地物的某些特定属性时，如建筑物的结构及层数、河流的流速、农作物、森林种类等，可采用文字、数字来说明各地物的此类属性及名称。这种用文字、数字或特有符号对地物属性加以说明的地物符号，称为地物注记。单个的注记符号既不表示位置，也不表示大小，仅起注解说明的作用。

地物注记可分为地理名称注记、说明文字注记、数字注记三类。

在地形图上如何表示某个具体地物，即采用何种类型的地物符号，主要由测图比例尺和地物自身的实际大小而定，一般而言，测图比例尺越大，采用依比例符号描绘的地物就越多；反之，就越少。随着比例尺的增大，说明文字注记和数字注记的数量也相应增多。

2)地貌符号

地形图上表示地貌的方法有多种，目前最为常用的是等高线。在地形图上，等高线不仅能表示地面高低起伏的形状，还可确定地面点的高程。在绘制悬崖峭壁、冲沟、梯田等特殊地形时，若不便采用等高线表示，则应绘注规定的相应地形符号。

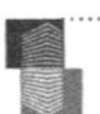

3）注记符号

注记包括地名注记和说明注记两类。地名注记主要包括行政区划、居民地、道路名称，河流、湖泊、水库名称，山脉、山岭、岛礁名称等。说明注记包括文字和数字注记，主要用于补充说明对象的质量和数量属性，如房屋的结构和层数、管线性质及输送物质、比高、等高线高程、地形点高程以及河流的水深、流速等。

### 3. 图廓及图廓外注记

图廓是一幅图的范围线。下面主要介绍矩形分幅地形图(工程建设用地形图一般采用矩形分幅方式进行地形图分幅)的图廓及图廓外注记。

矩形分幅的地形图有内、外图廓线。内图廓线就是坐标格网线，也是图幅的边界线，在内图廓与外图廓之间四角处注有坐标值，并在内图廓线内侧，每隔 10 cm 会有 5 mm 长的坐标短线，表示坐标格网线的位置。在图幅内每隔 10 cm 会有十字线，以标记坐标格网交叉点。外图廓仅起装饰作用。

如图 1-3 所示为 1∶1 000 比例尺地形图图廓示例，北图廓上方正中为图名、图号。图名即地形图的名称，通常选择图内重要居民地名称作为图名，若该图幅内没有居民地，也可选择重要的湖泊、山峰等的名称作为图名。图的左上方为图幅接合表，用来说明本幅图与相邻图幅的位置关系。接合表中间画有斜线的一格代表本图幅位置，四周八格分别注明相邻图幅的图名，利用接合表可迅速地进行地形图的拼接。图的右上方注明图纸的保密等级。

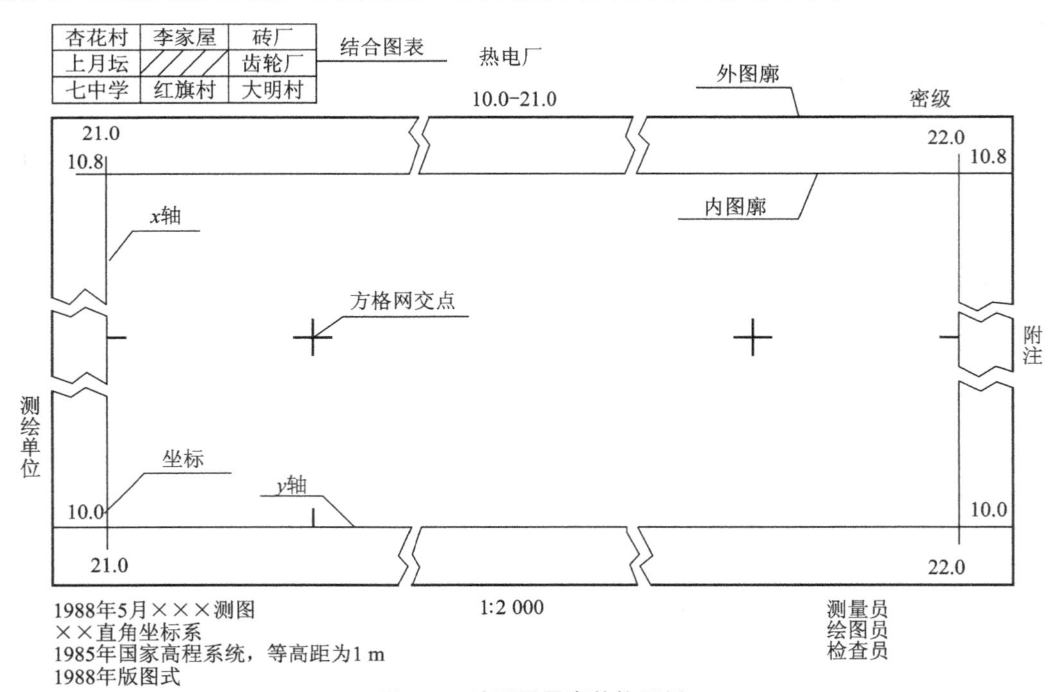


图 1-3　地形图图廓整饰示例

在南图廓的左下方注记测图所采用的平面坐标系统和高程系统、等高距、地形图图示版别、测图日期以及测图方法等。在南图廓下方中央注有测图比例尺，在南图廓右下方写明作业人员姓名，在西图廓下方注明测图单位全称。

# 活动4 实施测量工作要求

## 1. 测量员素质要求

开展建筑工程测量工作在整个建筑工程项目建设过程中起着不可缺少的重要作用，测量工作实施的速度和质量直接影响工程建设的实施进度和质量。对工程项目的建设而言，施工测量工作是一项非常细致且极为关键的技术工作，稍有不慎就会影响工程项目的实施进度，甚至会造成返工浪费。因此，要求从事工程测量工作岗位的职业人员必须做到以下几点。

(1)树立为建筑工程建设服务的思想，具有对工作负责的精神，坚持严肃认真的科学态度。做到测、算工作步步有校核，确保测量成果的精度。

(2)养成不畏劳苦和细致的工作作风。不论是外业观测，还是内业计算，一定要按现行规范规定作业，坚持精度标准，严守岗位责任制，以确保测量成果的质量。

(3)要爱护测量工具，正确使用仪器，并要定期维护和校验仪器。

(4)要认真做好测量记录工作，要做到内容真实、原始，书写清楚、整洁。

(5)要做好测量标志的设置和保护工作。

## 2. 学习建筑工程测量课程的要求

建筑工程测量是建筑工程技术专业的一门实践性极强的技能性的核心基础课程，同时，本课程还是土建类专业的后续专业课程的基础，施工测量技能是土建类工程技术专业的学生所必须掌握的核心能力。因此，要求学生通过教学和实践训练达到“一知四会”的基本要求。

(1)知原理。对工程测量的基本知识理论、基本原理要切实知晓并清楚。

(2)会用仪器。掌握水准仪、经纬仪、全站仪和钢尺等常规测量仪器的使用方法。

(3)会测量方法。掌握角度测量、水准测量、距离测量等测量工作的操作方法，具有基本的测量操作能力。

(4)会识图用图。能识读地形图并掌握地形图基本应用方法和在工程建设中的应用方法。

(5)会施工测量。重点掌握建筑工程施工测量相关技术，并能应用于工程建设实际工作中。

# 任务2 地面点位的确定

测量工作的实质是确定地面点的空间位置，进而测定和推算各地面构成的几何位置、地球的形状和大小，并对地球整体及其表面的地物与地貌相对位置予以确定。由空间几何学可知，地面点位需要三个量来描述，并且需结合地球的形状及大小来具体确定。为了确定地面点的空间位置，需要根据测量工作任务建立适当的测量坐标系，并通过测量方法测定计算出地面点在测量坐标系中的三维坐标。通常在小地区范围内，用点的平面位置 $X$、$Y$ 和点的高程位置 $H$ 来表达地面点的空间位置。

## 活动1 了解地球形状大小及地表构成规律

为了了解并掌握测量工作中确定地面点位置的方法，必须首先认识地球，以了解地球形状、大小及地表面的构成情况。

测量工作的主要对象是地表面和地面点，但地球的形状是极其复杂，地球表面极不规则，有高山、丘陵、平原、盆地、湖泊、河流和海洋等。例如，地表上有高出平均海水面的世界第一高峰珠穆朗玛峰，其高达 8 848.13 m，也有低于平均海水面的位于太平洋西部的马里亚纳海沟，其深达 11 022 m，由此给精确定出地面点的位置带来了很大的困难。但是，从工程建设的实际应用层面出发，可以结合地表的构成情况，在工程建设可以接受的精度范围内，对地球的实际形状予以简化表达，以此建立实用的地面点确定理论。对地表构成来说，尽管其上有这样大的高低起伏，但这些高低起伏的地形状况相对于地球庞大的体积和半径来说，仍很微小，可以忽略不计。

通过长期的测绘实践活动和科学研究，人们认识到地球是一个两极略扁的椭球体，地球表面上海洋面积约占 71%，陆地面积约占 29%。因此，为了测量生产和工作的方便，将地球形状看做是由静止的海水面向陆地延伸并围绕整个地球所形成的某种形状。

### 1. 大地水准面

如图 1-4(a)所示，地球表面任一质点都同时受到两个力的作用，其一是地球自转产生的惯性离心力；其二是整个地球质量产生的引力，这两种力的合力称为重力，其引力方向指向地球质心，如果地球自转角速度是常数，惯性离心力的方向垂直于地球自转轴向外，重力方向则是两者合力的方向。重力的作用线称为铅垂线。用细绳悬挂一个垂球，其静止时所指示的方向即为悬挂点的铅垂方向，通常称为地面点的铅垂方向。

地球外部重力等位面俗称水准面，但它并非是几何曲面，而是一个近似于椭球面的复杂曲面。在地球表面重力作用空间，通过任何高度位置的点都有一个水准面，因此水准面有无数个。其中，与静止状态海水面相重合的那个重力等位面称为大地水准面，该面是一个假想面，可以把其看成为一个不受风浪和潮汐影响的，静止的、向陆地延伸且包围整个地球的特定平均海水面，如图 1-4(a)所示，由该曲面所包裹起来地球体部分称为大地体。

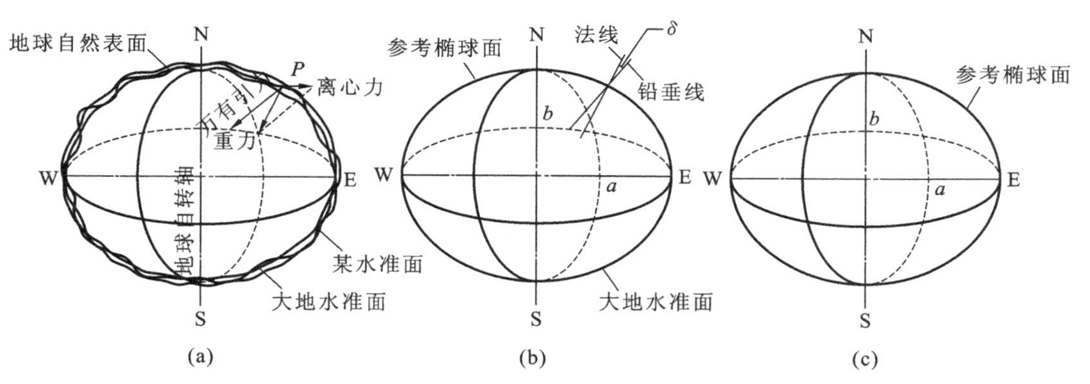


图 1-4　地球自然表面、大地水准面和旋转椭球面

从物理学知道，水准面是受地球重力影响形成的，其特点是水准面上任意一点的铅垂线方向(即重力方向)都与该点的曲面相垂直。

为了地面点定位的需要，在测量理论上，将大地水准面和地面点的铅垂线当做测量外业工作所依据的基准面和基准线。

## 2. 参考椭球体

由于地球引力的大小与地球内部的质量有关，而地球内部的质量密度分布又不均匀，致使地球上各点的铅垂线方向产生不规则的变化，因而大地水准面实际上是一个略有起伏的不规则曲面，该曲面无法用数学公式精确表达。如果将地球表面上的物体投影到这个复杂曲面上，计算起来将非常困难。

经过长期测量实践研究表明，地球形状极近似于一个两极略扁的旋转椭球体，即一个椭圆绕其短轴旋转而形成的球体。而旋转椭球面是可以用数学公式准确表达的。由此，为了测量数据处理的方便，在测量工作中选择一个与大地水准面非常接近的、能用数学方程表示的椭球面来代替大地水准面作为测量计算的基准面，如图 1-4(b)所示。

代表地球形状和大小的旋转椭球称为“地球椭球”。与大地水准面最接近的地球椭球称为总地球椭球；与某个区域如一个国家大地水准面最为密合的椭球称为参考椭球，其椭球面称为参考椭球面。

参考椭球面是由长半轴为 $a$、短半轴为 $b$ 的椭圆 NESW 绕其短轴 NS 旋转而成的旋转椭球面，如图 1-4(c)所示。

由地表任一点向参考椭球面所作的垂线称为法线，除大地原点(我国的 1980 西安坐标系统的大地原点位于西安市北 38 km 处的泾阳县永乐镇北洪流村，称为西安大地原点)以外，地表任一点的铅垂线和法线一般不重合，其夹角称为垂线偏差，如图 1-4(b)所示。

决定参考椭球面形状和大小的元素是：椭圆的长半轴 $a$、短半轴 $b$ 和扁率 $\alpha$ 等，如图 1-4(c)所示，其关系为

$$\alpha=\frac{a-b}{a} \tag{1-1}$$

目前，我国采用的地球椭球体元素值是1975年"国际大地测量与地球物理联合会"(IUGG)通过并推荐的值，即

$$a = 6\ 378\ 140\ \text{m},\quad b = 6\ 356\ 755\ \text{m},\quad \alpha = 1:298.257$$

由于参考椭球体的扁率很小，当测量的区域面积（以下简称测区）不大时，可以将地球近似地看做半径为6 371 km的圆球体。

## 活动2 地面点位置的确定方法

测量工作的基本任务（即实质）是确定地面点的空间位置。为了确定地面点的空间位置，需要建立测量坐标系。一个地面点的空间位置需要三个坐标量来表示，所以，确定地面点的空间位置的实质就是确定地面点在空间坐标系中的三维坐标。

在小地区范围内进行测量工作时，其地面点位一般是通过求出地面点投影到参考椭球面（或水平面）上的投影点的平面位置（即平面坐标两个参数）和地面点沿铅垂方向到高度基准面的垂直距离即高程的方法来确定的。

### 1. 地面点平面位置的确定

1) 大地坐标

地面上一点的空间位置可用大地坐标($B$,$L$,$H$)表示。大地坐标系以参考椭球面作为基准面，以起始子午面和赤道面作为在椭球面上确定某一点投影位置的两个参考面。

如图1-5所示，过地面点$P$的子午面与起始子午面（也称首子午面）所夹的两面角，称为该点的大地经度，用$L$表示。规定从起始子午面起算，向东为正，从0°～180°称为东经；向西为负，从0°～180°称为西经。

过地面点$P$的椭球面法线与赤道面的夹角称为该点的大地纬度，用$B$表示。规定从赤道面起算，由赤道面向北为正，从0°～90°称为北纬；由赤道面向南为负，从0°～90°称为南纬。

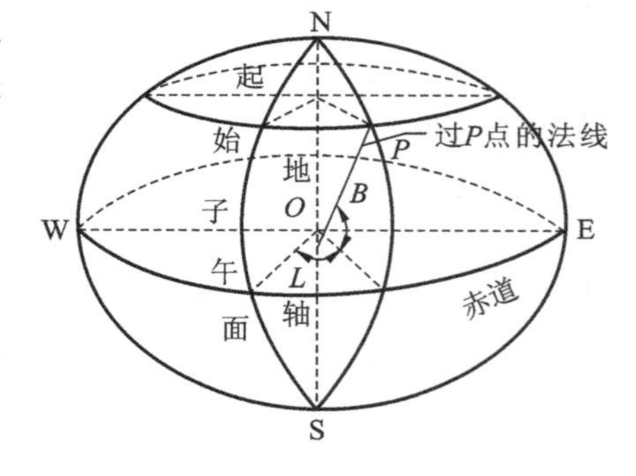


**图1-5 地面点的大地坐标**

地面点$P$沿椭球面法线到椭球面的距离$H$称为大地高，从椭球面起算，向外为正，向内为负。

地面上每个点都有唯一的大地坐标。例如，位于北京地区某点的大地坐标为东经116°28′北纬39°56′。知道了地面点的大地坐标，就可以确定该点在参考椭圆体面上的投影位置。这种表示点位的方法常用在大地测量学中，在工程测量中一般不使用此坐标系。

2) 高斯平面直角坐标

在解决较大范围的测量问题时，如果直接将地面点投影到水平面上进行计算，则会受地球是曲体的影响，会产生较大的投影变形，由此导致地面点位确定不准。为了克服曲面投影的影响，应将地面上的点首先投影到椭球体面上，再按一定的条件投影到平面上来，形成统一的平面直角坐标系，这样，可以得到可靠的测量成果。在我国，通常采用高斯投影方法来解决这个

问题。

高斯投影理论是由德国测量学家高斯首先提出的。如图 1-6(a)所示,其基本思想为:设想有一个椭圆柱面横套在地球椭球体外面,使它与椭球上某一子午线(该子午线称为中央子午线)相切,椭圆柱的中心轴通过椭球体中心,然后用一定的投影方法,将中央子午线两侧一定经差范围内的地区投影到椭圆柱面上,再将此柱面沿其母线剪开并展成平面,此平面即为高斯投影面。

在高斯投影面上,中央子午线和赤道投影都是直线。以中央子午线和赤道的交点 $O$ 作为坐标原点,以中央子午线的投影为纵坐标轴 $X$,规定 $X$ 轴向北为正;以赤道的投影为横坐标轴 $Y$,规定 $Y$ 轴向东为正,由此,建立高斯平面直角坐标系,如图 1-6(b)所示。

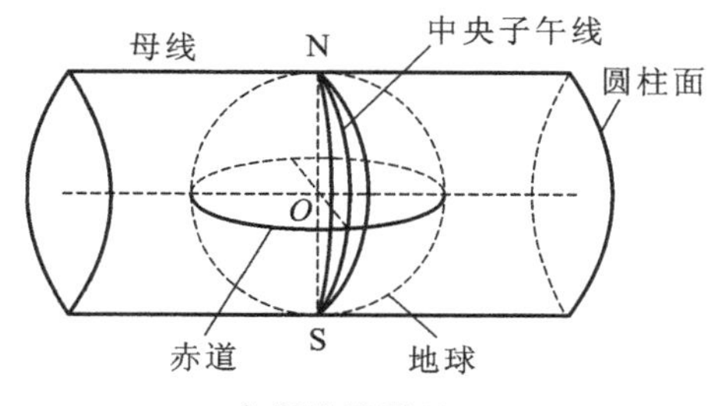


(a) 高斯投影原理　　(b) 高斯平面直角坐标系

**图 1-6　高斯投影及高斯平面直角坐标系**

高斯投影中,除中央子午线外,各点均存在长度变形,且距中央子午线越远,长度变形越大。为了控制长度变形,将地球椭球面按一定的经度差分成若干范围不大的带,称为投影带。带宽一般分为经差 6°带和 3°带等几种。

6°带:如图 1-7 所示,高斯投影 6°带是将地球从 0°子午线起,每隔经差 6°自西向东分带,依次编号 1,2,3,…,60,将整个地球划分成 60 个 6°带,每带中间的子午线称为轴子午线或中央子午线,各带相邻子午线称为分界子午线。我国领土跨 11 个 6°投影带,即第 13～23 带。带号 $N$ 与相应的中央子午线经度 $L_0$ 的关系是

$$L_0=6N-3 \tag{1-2}$$

3°带:自东经 1.5°子午线起,每隔经差 3°自西向东分带,依次编号 1,2,3,…,120,将整个地球划分成 120 个 3°带,每个 3°带的中央子午线为 6°带的中央子午线和分界子午线。我国领土跨 22 个 3°投影带,即第 24～45 带。带号 $n$ 与相应的中央子午线经度 $L_0$ 的关系是

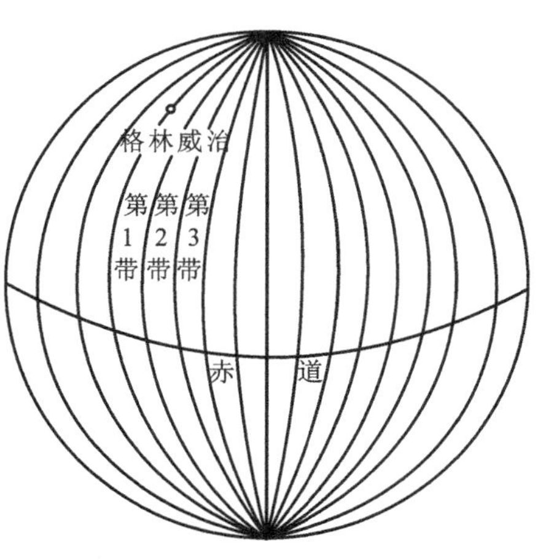


**图 1-7　高斯投影 6°带**

$$L_0=3n \tag{1-3}$$

3)国家统一坐标

我国领土位于北半球,在高斯平面直角坐标系内,各带的纵坐标 $X$ 均为正值,而横坐标 $Y$ 有正、有负。为了各带的横坐标 $Y$ 不出现负值,规定将 $X$ 坐标轴向西平移 500 km,即所有点的 $Y$ 坐标值均加上 500 km,如图 1-8 所示。此外,为便于区别某点位于哪一个投影带内,还应在横坐标前冠以投影带号。以此建立了我国的国家统一坐标系——高斯平面直角坐标系。

例如,地面 $A$ 点的坐标为 $x_A=3\ 276\ 611.198$ m,$y_A=-376\ 543.211$ m,假若该点位于第

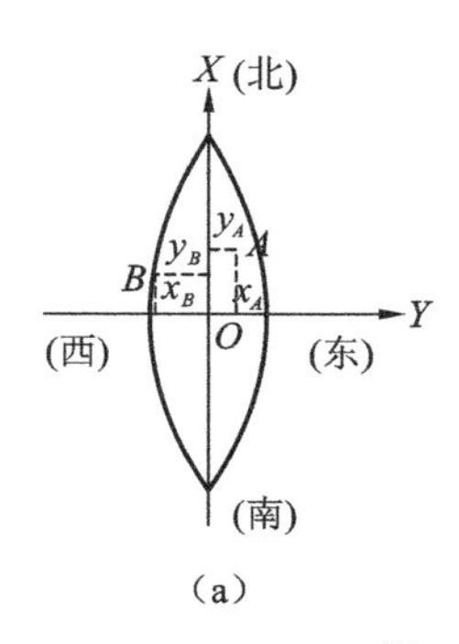

(a)

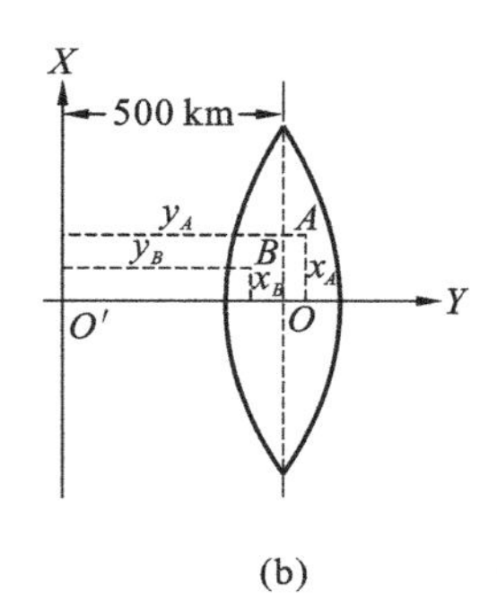

(b)

**图 1-8　国家统一坐标**

19 带内，则地面 $A$ 点的国家统一坐标值为 $X_A$＝3 276 611.198 m，$Y_A$＝19 123 456.789 m。

再如，地面 $B$ 点的国家统一坐标为 $X_B$＝321 821.98 m，$Y_B$＝20 587 307.25 m，从中可以看出 $B$ 点在第 20 带，属 6°带，其投影带内的坐标为 $x_B$＝321 821.98 m，$y_B$＝87 307.25 m。

4）独立平面直角坐标系

由于工程建设规划设计工作是在平面上进行的，需要将点的位置和地面图形表示在平面上，通常需采用平面直角坐标系。测量中采用的平面直角坐标系有：高斯平面直角坐标系、独立平面直角坐标系以及建筑施工坐标系。

在普通测量工作中，当测量区域较小且相对独立（较小的建筑区和厂矿区）时，通常把较小区域的椭球曲面当成水平面看待，即用过测区中部的水平面代替曲面作为确定地面点位置的基准，如图 1-9 所示。在此水平面内建立一个平面直角坐标，以地面投影点的坐标来表示地面点的平面位置。即地面点在水平面上的投影位置，可以用该平面的直角坐标系中的坐标 $x$、$y$ 来表示。这样选择建立的坐标系对测量工作的计算和绘图都较为简便。

测量上通常以地面点的子午线方向为基准方向，由子午线的北端起按顺时针确定地面直线的方位，使平面直角坐标系的纵坐标轴 $X$ 与子午线北方一致，如图 1-9(a)所示。这样选择直角坐标系可使数学中的解析公式不做任何变动地应用到测量计算中。显然坐标纵轴 $X$（南北方向）向北为正，向南为负；坐标横轴 $Y$（东西方向）向东为正，向西为负。平面直角坐标系的原点，可按实际情况选定。通常把原点选在测区西南角，其目的是使整个测区内各点的坐标均为正值。在此，应注意测量坐标系与数学坐标系的不同，数学坐标系的象限关系及坐标轴名称，如图 1-9(b)所示。

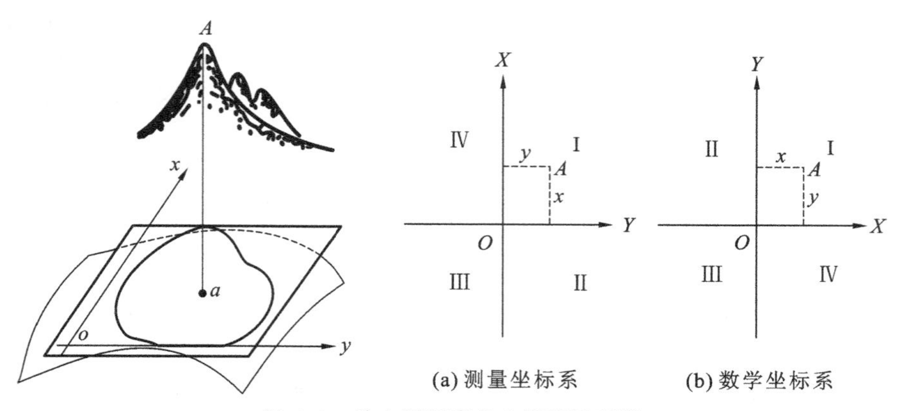

(a) 测量坐标系　(b) 数学坐标系

**图 1-9　独立平面直角坐标系原理图**

## 2. 地面点高程的确定

地面点的高程通常用该点到某一选定的基准面的垂直距离来表示，不同地面点间的高程之差反映了地形起伏状况。选用的基准面不同，则确定出的地面点高程也不相同，也就是说，所建立的高程系统也就不同。

为了建立全国统一的高程系统，必须确定一个统一的高程基准面。在测量工作中，通常采用平均海水面代替大地水准面作为高程基准面，平均海水面是通过验潮站长期验潮来确定的。

目前，我国以在青岛大港验潮站 1952—1979 年验潮资料确定的黄海平均海水面作为高程基准，该基准面称为“1985 国家高程基准”。在其附近的观象山设有“中华人民共和国水准原点”，利用精密水准测量联测原点和黄海平均海水面的高差，由此得到以“1985 年国家高程基准”为起算的青岛水准原点的高程为 72.260 4 m。

1）绝对高程

地面点的绝对高程是以大地水准面为高程基准面起算的。即地面点沿铅垂线方向到大地水准面的距离称为该点的绝对高程（又称海拔），用 $H$ 表示，如图 1-10 所示。地面点 $A$、$B$ 的绝对高程分别表示为 $H_A$、$H_B$。

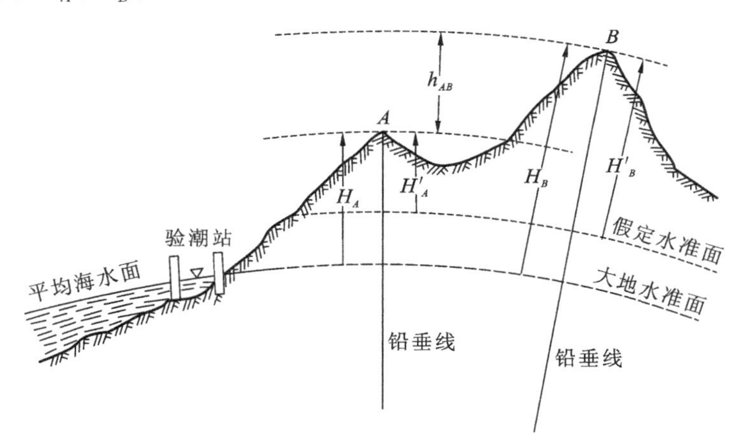


图 1-10　高程与高差的定义及其相互关系

地面上两点间的高程差称为高差，如图 1-10 所示，用 $h_{AB}$ 表示 $A$、$B$ 两点间的高差。高差有方向和正负之分，$A$ 点至 $B$ 点的高差为

$$h_{AB}=H_B-H_A \tag{1-4}$$

当 $h_{AB}$ 为正时，说明 $B$ 点高于 $A$ 点。而 $B$ 点至 $A$ 点的高差为

$$h_{BA}=H_A-H_B$$

当 $h_{BA}$ 为负时，说明 $A$ 点低于 $B$ 点。可见，$A$ 至 $B$ 的高差与 $B$ 至 $A$ 的高差绝对值相等而符号相反，即

$$h_{AB}=-h_{BA}$$

2）相对高程

在局部地区，如果引用绝对高程有困难，可采用假定高程系统，即可以任意假定一个水准面作为高程起算面，地面点到任意选定的水准面的铅垂距离称为该点的相对高程（或假定高程）。图 1-10 中的 $H'_A$、$H'_B$ 为地面 $A$、$B$ 两点的相对高程。

由图 1-10 可以看出

$$h_{AB}=H_B-H_A=H'_B-H'_A \tag{1-5}$$

可见对于相同的两点，不论采用绝对高程还是相对高程，其高差值不变，均能表达两点间高低相对关系，由此，两点间的高差与高程起算面的取定无关。

在建筑工程中所使用的标高，就是相对高程，常选定建筑物底层室内地坪面为该建筑物施工工程的高程起算的基准面，该面标高记为±0.000，设计图上标注的建筑物各部位的标高数据，是该某部位的相对高程数据，即某部位距底层室内地坪(±0.000)的垂直间距。

# 任务3 地面点确定与测量工作方法的关系

## 活动1 地面点位置确定三要素与三项基本测量工作方法

在小地区范围内，地面点位置是由其平面坐标 $x$、$y$ 和高程 $H$ 三个坐标量来表示的。但在实际测量活动中，点的平面坐标和高程通常不能直接测量得出，从地面点的确定原理可知，点的三维坐标是地面点在某基准面上的投影的平面坐标和其距基准面的垂直距离即高程坐标，这三个量值在现有的测量体系下一般不能直接获得，必须通过测量待定点与已知点（其坐标已经确定）之间的几何位置关系（即角度、距离和高差），最后转换计算出待定点的平面坐标和高程。

如图 1-11 所示，设 $A$、$B$、$C$ 为地面上的三点，其在水平面上的投影分别为 $a$、$b$、$c$。如果 $A$ 点的坐标和高程已知，要确定 $B$ 点的位置，由数学几何原理可知，需要确定水平投影面内 $A$ 点到 $B$ 点的水平距离 $D_{AB}$ 和 $AB$ 直线（或 $BA$ 直线）的方位，而 $A$、$B$ 两点的水平距离 $D_{AB}$ 可以用其在水平投影面内的投影长度 $ab$ 表示，$AB$ 直线的方位可以用通过 $a$ 点（或 $b$ 点）的指北方向线（即坐标纵轴北方向）与 $ab$ 投影线的夹角（即水平角）$\alpha$ 表示，这样，有了 $D_{AB}$ 和 $\alpha$，便可计算出投影点 $b$ 的平面坐标，由此即确定出 $B$ 点的平面位置。至于 $B$ 点的高程坐标，可以通过测量 $A$、$B$ 两点的高低关系来确定，即 $B$ 点的高程 $H_B$ 可以通过测量 $A$、$B$ 两点间的高差 $h_{AB}$ 予以计算确定，这样两方面结合，$B$ 点的空间位置就完全确定了。若需继续确定 $C$ 点的空间位置，则需要测量 $BC$ 在水平面上的水平距离 $D_{BC}$ 及 $b$ 点上相邻两边的水平夹角 $\beta$，还有 $C$ 点高程 $H_C$ 或高差 $h_{BC}$，也就是说，为确定未知点的空间位置，只需测得水平距离、水平角度及地面点间的高差等外业观测数据，再采用三角几何运算，便可依据已知点坐标推算出未知点的坐标，最终确定出待定点的空间位置。

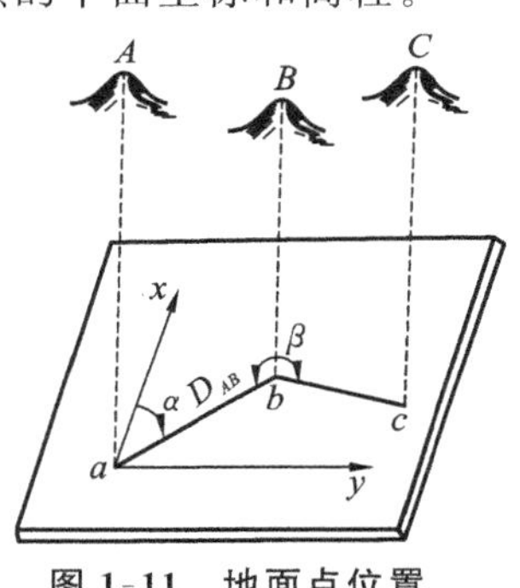

**图 1-11 地面点位置确定三要素**

由此可见，水平距离、水平角和高差这三个几何量是确定地面点位置的三个基本要素，必须利用测量仪器工具，采用一定的测量工作方法测出，方可最终计算得到地面点的三维坐标。所以，在地面点测定工作中，首先必须进行水平距离测量、水平角测量和高差测量三项基本测量工作，以采集一定量的外业几何数据，然后进行观测数据内业计算，最终计算得到地面点的三维坐标。

所谓水平角测量是利用角度测量仪器经纬仪（或全站仪）对地面目标直线实施观测，以测取地面直线在投影面内投影线间的夹角的测量工作方法；水平距离测量是利用测距工具钢尺（或电子测距仪器如全站仪等）对地面线段实施观测，以测取地面直线在投影面内的投影长度的测量工作方法；水平角度观测数据和水平距离观测数据是计算确定地面点平面坐标的基本几何数据。

高差测量是指利用高差测量工具水准仪（或经纬仪、全站仪等三角高程测量仪器）对地面点实施观测工作，以测取地面点间的高程差，进而转换计算出地面点高程的测量工作方法，高差观测数据是计算确定地面点相对于高程基准面的高程的基本几何数据。

测量工作分外业和内业两部分。外业工作主要是指在室外利用测量仪器所进行的野外数据采集工作，包括测角、量距、测高差以及碎部点测量工作等，外业工作的目的主要是采集地面点的几何数据。内业工作是指对采集的外业数据进行处理、计算、编辑以及图纸绘制等的工作，主要内容是整理外业测量观测数据，进行坐标计算以及编绘地形图等。当然，外业工作也包括一些简单的计算和绘图内容。

在实际测量工作中，在一定的测量精度要求和测区范围不大的情况下，为了内业数据解算的方便，通常用水平面直接代替水准面作为数据解算的基准。根据长期的测量实践研究表明，在大约 100 $km^2$ 测区范围内，进行水平距离测量和水平角度测量工作时，可以用水平面代替曲面（如大地水准面）作为数据解算基准面，以进行观测数据的处理计算工作，获取地面点的平面坐标；而对高差测量工作来说，由于水准面曲率对高程的影响较大，即使是对很短距离内的高差测量数据进行解算求取地面点高程，也必须如实考虑水准面曲率对高程的影响。

相反，在测设工作（即施工测量阶段）中，首先是获得各测设对象的坐标数据（由总规设计及建筑施工图设计确定），并计算出相关的测设数据（及用于定向的水平角度数据、用于定位的水平距离数据、用于定空间垂直位置的高差数据），然后，利用施工测量控制点，按照放样测量的方法对施工场地各测设对象进行标定工作，也就是说，在测设工作过程中，同样需要通过水平角度、水平距离及高差三个几何要素来标定设计点位的实地位置，相应有水平角度测设、水平距离测设及高差测设等三项基本测设工作。

## 活动 2 测量工作实施程序和原则

由以上分析可知，伴随着工程项目实施这一典型工作任务的相关建筑工程测量工作任务，可细分为小地区范围内的地形测绘、施工建设过程中的施工测量工作以及工程项目运营阶段的工程变形监测工作等子典型工作任务。而在实施这些测量工作任务时，均需利用测量仪器设备，采用一定的外业工作方法来测定（或测设）许多地形特征点（或轴线点）的平面坐标和高程（或标定的实地位置）。如果从一个特征点开始到下一个特征点逐点进行施测，虽可得到各点的三维坐标数据，但测量中不可避免地存在误差（仪器误差、操作误差等），这会导致将测量前一点坐标时产生的测量误差传递到下一测量点，而此点测量时又会产生新的误差，按这样的测量过程，逐点依次施测下来，累积起来的误差可能会使测量点位误差达到不可容许的程度（精度逐步降低，使得所计算出的地面点坐标无法真实反映其在地球表面的空间位置）。另外逐点传递的测量效率也很低。因此测量工作必须按照一定的有效合理的原则和工作程序进行。

图 1-12 所示为某地区的地面实地现状，现欲将该地区的地貌、地物按照一定的比例尺进行测绘，以获得满足质量要求的地形图。如果从第一栋房屋开始测定第二栋房屋，又由第二栋房屋依次测定第三栋房屋……直到测完最后一栋房屋。道路上各点，如果也是这样一点接一点测下去，显然最终可以测出各房屋和道路的特征点的位置并绘制成图。但由于测量中不可避免地

会产生误差，逐渐积累起来，误差将可能达到不允许的程度，更重要的是这种作业方式不便于分幅测绘整体拼接。为此，在测量中，常先选择一些具有控制意义的点，如图 1-12 中 $A,B,\cdots,F$ 等点，用比较精密的仪器和方法把它们的位置测定出来，作为后期测量工作的依据，再根据这些点测量房屋、道路等的轮廓点。这些用于测量房屋、道路等轮廓点位置的依据点，对测区起着控制的作用，构成测区的骨干，是测图的根据，称为控制点。房屋、道路等的轮廓点以及地貌特征点均称为地形特征点(又称为碎部点)。对控制点实施的外业观测工作以及内业数据计算工作，称为控制测量工作；对碎部点的测量及地形图绘制工作，称为碎部测量工作(又称为地形测绘)。

图 1-12　某测区地物、地貌透视图

综上所述，进行地形测绘时，总是先测定控制点而后测量碎部点，此种工作程序，通常称为“由控制到碎部”的测量程序。当测区较大，需测绘多幅图时，一般是先在整个测区根据精度要求和密度要求，布好控制点，并对控制点进行测量；然后再依据控制点在其所控制的地区范围内测量各地形特征点，即进行碎部测量，此测量过程称为“由整体到局部”。遵循这种程序，就可以使整个测区连成一体，从而获得大的测区完整且坐标体系统一的地形图；使测量误差分布比较均匀，以确保测图精度。此种测量工作实施程序便于大测区地形图分幅测绘，且能由多个作业小组平行作业，加快了测图工作的实施进程。

测量工作总是由高等级到低等级逐级进行的，称为“由高级到低级”。上述三种测量程序的实质相同，只是各自的侧重点不同而已。“由高级到低级”是从精度上说的；“由整体到局部”指的是布局；而“由控制到碎部”则是按先后顺序进行的。这是测量工作中必须遵循的总工作原则。图 1-13 所示为按此工作程序实施后对应测得的地形图。

此外，为了防止出现错误，无论在外业或内业工作中，还必须遵循另一个基本原则“边工作边校核”的原则。也就是说，为了使测量成果中不带有错误，要求随时进行检查，没有对前一段工作成果的检查，就不能进行后一段的工作，必须做到用检核数据来说明测量成果的合格和可靠。测量工作实质上是通过操作仪器获得观测数据，确定点位关系的。因此是操作与数据密切相关的一门技术，无论是测量操作有误，还是观测数据有误，或者是计算有误，都会导致点位的确定工作产生错误(即地面点的坐标不正确)。因而在测量操作与计算中都必须步步校核，校核已进行的工作有无错误。一旦发现了错误或存在达不到精度要求的测量成果，必须找出原因或

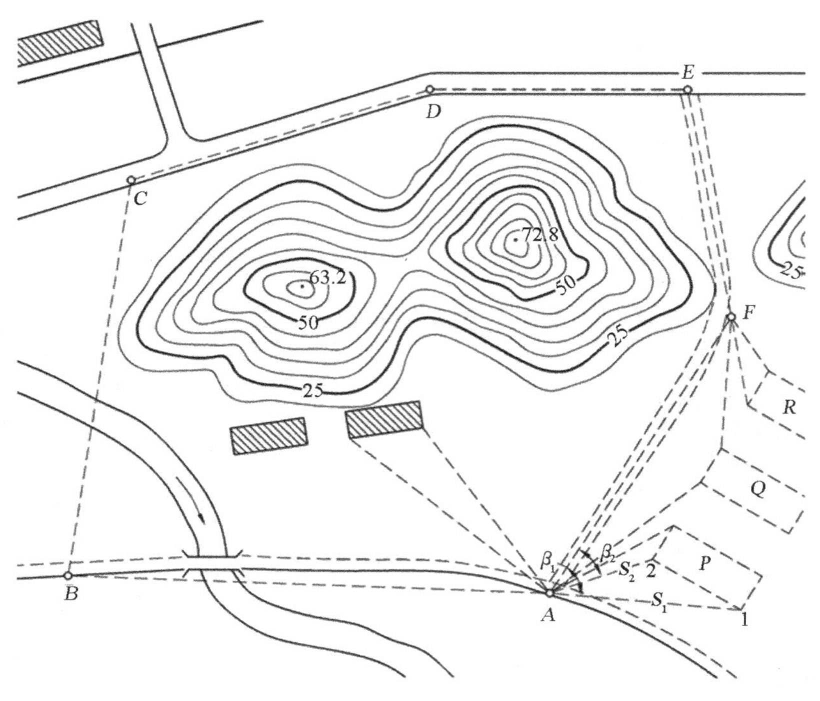


**图 1-13　某测区地形图**

返工重测，以确保测量工作的各个环节的可靠。这是测量工作必须遵循的又一个原则。

综上所述，整个地形测绘工作大致分为：用较精密的仪器和方法，在全测区建立高级控制点，它的数量较少，精度要求较高；在高级控制点的基础上，布设图根控制点，它的数量较多，精度比高级控制点的稍低，是控制点的进一步加密，且是地形测图的依据；地形测绘，就是根据每一图幅内的控制点，在野外采集碎部点的信息数据，最终绘制成图的工作。

上述测量工作原则和程序，不仅适用于工程项目规划、设计阶段的地形图测绘工作，也适合于工程项目施工建设阶段的施工测量工作，如图 1-13 所示，欲将图上设计好的建筑物 $P$、$Q$、$R$ 依据设计数据测设于施工建设场地，以作为施工的依据，须先于拟建场区进行施工控制测量，然后安置仪器于控制点 $A$，并以 $F$ 点为定向依据，然后按设计要求进行建筑物的定位放样测量工作，最终将拟建建筑物的主轴线和细部轴线位置标定在施工场地上，以作为施工建设的依据。所以，在施工测量工作中也应遵循此测量工作原则。

另外，建筑施工测量工作除应遵循“先外业、后内业”的原则外，还应遵循“先内业、后外业”的工作程序。这是因为工程项目实施过程中的规划设计阶段所采用的地形图，其生产过程首先是进行外业测量工作，采集观测资料和数据，然后再进行室内计算，并最终编绘成图，即“先外业、后内业”的工作程序。而项目施工建设阶段的施工测量工作是按照施工设计图上所定的数据、资料进行的，首先在室内计算出各轴线点所需要的放样数据（角度、距离等），然后再到施工场地按测设数据把具体点位放样到施工场地上，并做出标记，以作为施工建设的依据，因而是“先内业、后外业”的工作程序。

# 任务4 测定工作和测设工作施测

测定工作和测设工作是测量的最为基本的工作，这些基本测量工作的施测，必须采用相关的测量仪器。只有按照仪器的正确操作方法及工作的实施步骤进行，方可完成相应的测量工作任务。以下逐一学习各种常规测量的操作方法，以及各项基本测量工作方法的工作原理及施测步骤，并通过技能训练来掌握，初步养成一定的测量工作技能。

## 活动1 水准测量及高程测设

水准测量是确定地面点高程的主要方法之一，是使用水准仪和水准尺等工具，根据水准仪建立的水平视线测量地面点间的高差，进而由已知点高程推求未知点高程的测量工作方法。高程测设是使用水准仪和水准尺等工具，依据高程控制点，按照拟定点的设计高程在场地上标定出实地空间高度位置的工作方法。

### 1. 水准测量的工作原理

水准测量是高程测量工作的常规测量方法，其工作原理是根据水准仪建立的一条水平视线以测取地面两点间高差，然后依据已知点高程，推求计算出未知点高程。如图1-14所示，已知点 $A$ 的高程为 $H_A$，欲求未知点 $B$ 的高程 $H_B$，首先得测出 $A$ 点和 $B$ 点之间的高差 $h_{AB}$，于是 $B$ 点的高程 $H_B$ 为

$$H_B = H_A + h_{AB}$$

由此计算出未知点 $B$ 的高程 $H_B$。

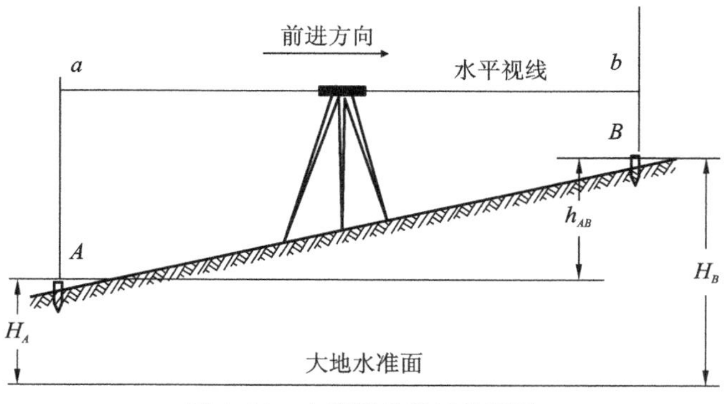


图1-14 水准测量的工作原理

测量高差 $h_{AB}$ 的原理为：在 $A$、$B$ 两点各竖立一根水准尺，并在 $A$、$B$ 两点之间的适当位置安置一架水准仪；采取正确的操作方法调整仪器，完成仪器精平操作，以建立一条水平视线，并根据水准仪所提供的水平视线，分别在 $A$、$B$ 两点的标尺上读得读数 $a$ 和 $b$，则 $A$、$B$ 两点的高差

等于两个标尺读数之差，即两点的高差 $h_{AB}$ 为

$$h_{AB}=a-b \tag{1-6}$$

由此根据已知高程点 $A$，可计算出待求高程点 $B$ 的高程为

$$H_B=H_A+h_{AB}=H_A+(a-b) \tag{1-7}$$

设水准测量的方向是从 $A$ 点往 $B$ 点进行，则规定 $A$ 点为后视点，$A$ 点所立尺为后视尺，简称为后尺，$A$ 尺上的中丝读数 $a$ 为后视读数；$B$ 点为前视点，$B$ 点所立尺为前视尺，简称为前尺，$B$ 尺上的中丝读数 $b$ 为前视读数，每安置一次仪器称为一个测站，竖立水准尺的点称为测点。两点的高差必须是用后视读数减去前视读数进行计算的。

显然，高差 $h_{AB}$ 的值可能为正，也可能为负。其值若为正，表示待求点 $B$ 高于已知点 $A$；若为负值，表示待求点 $B$ 低于已知点 $A$。此外，高差的正、负号又与测量工作的前进方向有关，例如，图1-14 所示测量由 $A$ 点向 $B$ 点行进，高差用 $h_{AB}$ 表示，其值为正；反之，由 $B$ 点向 $A$ 点行进，则高差用 $h_{BA}$ 表示，其值为负。所以高差值必须标明高差的正、负号，同时要规定出测量的前进方向。

从图 1-14 所示测量中还可以得知，$B$ 点的高程也可以利用水准仪的视线高程 $H_i$（也称仪器高程）来计算，即

$$H_i=H_A+a \tag{1-8}$$

$$H_B=H_i-b=(H_A+a)-b \tag{1-9}$$

即仪器的视线高程（简称视线高）等于 $A$ 点的高程加上后视读数，通常用 $H_i$ 表示视线高，则 $B$ 点的高程等于仪器的视线高 $H_i$ 减去 $B$ 尺的读数 $b$。

式(1-7)是直接用高差计算 $B$ 点高程的，称为高差法；式(1-9)是利用水准仪的视线高程计算 $B$ 点高程的，称为视线高法。

安置一次水准仪根据一个已知高程的后视点，需求出若干个未知点的高程时，用式(1-9)计算较为方便。视线高法是一种在建筑工程施工中被广泛应用的测量方法。

### 2. 水准测量的方法

图 1-14 所示的水准测量是在 $A$、$B$ 两点相距不远的情况下进行的，这时通过安置一次水准仪便可以直接在水准尺上读数，且能保证一定的读数精度，计算高差推求出未知点的高程。但在实际工作中，如果已知点到待定点之间的距离较远或高差较大，则仅安置一次仪器就不可能测得两点间的高差，此时需要加设若干个临时的立尺点，作为传递高程的过渡点，称为转点，用 $TP$ 加注下标表示。如图 1-15 所示，欲求 $A$、$B$ 两点的高差 $h_{AB}$，选择一条施测线路，用水准仪依次测出 $A$、$TP_1$ 间的高差 $h_1$，$TP_1$、$TP_2$ 间的高差 $h_2$……直到最后测出 $TP_n$、$B$ 间的高差 $h_n$。每安置一次仪器，称为一个测站，而 $TP_1,TP_2,\cdots,TP_n$ 等点即为转点。各站两点间的高差均为每站的后视读数减去前视读数，即

$$\begin{gathered} h_1=a_1-b_1 \\ h_2=a_2-b_2 \\ \vdots \\ h_n=a_n-b_n \end{gathered}$$

则测段 $AB$ 两点间得高差 $h_{AB}$ 为

$$h_{AB}=h_1+h_2+\cdots+h_n=\sum h=\sum a-\sum b \tag{1-10}$$

式中：等号右端用下标 $1,2,\cdots,n$ 表示第 1 站，第 2 站，…，第 $n$ 站的高差和各站的后视读数及前视读数。从式(1-10)可知，测段两点的高差等于连续各站高差的代数和，也等于后视读数之和

减去前视读数之和。在实际工作中,通常要求分别用 $\sum h$ 和 $\sum a-\sum b$ 来进行计算高差,并进行比较,以此来检核计算是否有误。

在图 1-15 所示测量中,在 $TP_1$,$TP_2$,…,$TP_n$ 等转点上应连续立尺,它们在前一测站是前视点,而在下一测站则是后视点。转点是起传递高程作用的过渡点,非常重要,转点上产生的任何差错,都会影响到高差的计算,间接地影响到高程的推算。

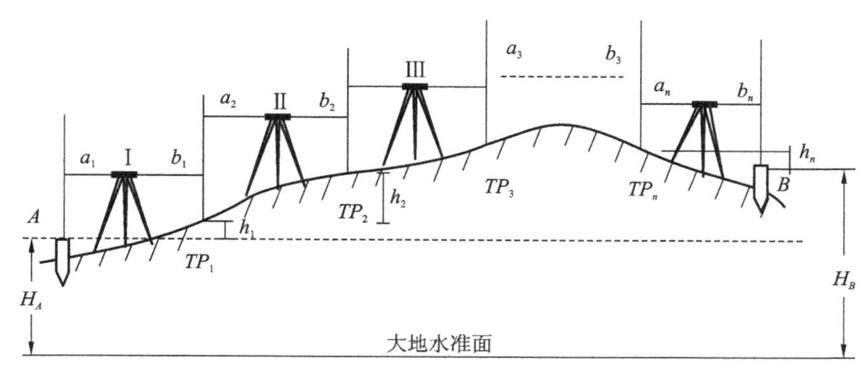


图 1-15　转点与测站

水准测量的实质就是将高程从已知点经过转点传递到待求高程点,进而计算出其高程。

## 3. 水准仪和水准尺

水准仪是进行水准测量工作的主要仪器。目前常用的水准仪从构造上可分为两大类:一类是利用水准管来获得水平视线的水准仪,称为“微倾式水准仪”;另一类是利用补偿器来获得水平视线的“自动安平水准仪”。此外,有一种新型水准仪——电子水准仪,它配合条纹编码尺,利用数字化图像处理的方法,可自动显示高程和距离,使水准测量实现自动化。

我国的水准仪系列标准分为 $DS_{05}$、$DS_1$、$DS_3$ 等几个等级。D 是大地测量仪器的代号,S 是水准仪的代号,下标数字表示仪器的精度。其中 $DS_{05}$ 和 $DS_1$ 用于精密水准测量,$DS_3$ 用于一般普通水准测量。

1)$DS_3$ 型微倾式水准仪

图 1-16 所示为 $DS_3$ 型微倾式水准仪的构造图,主要由望远镜、水准器和基座三个部分组成。

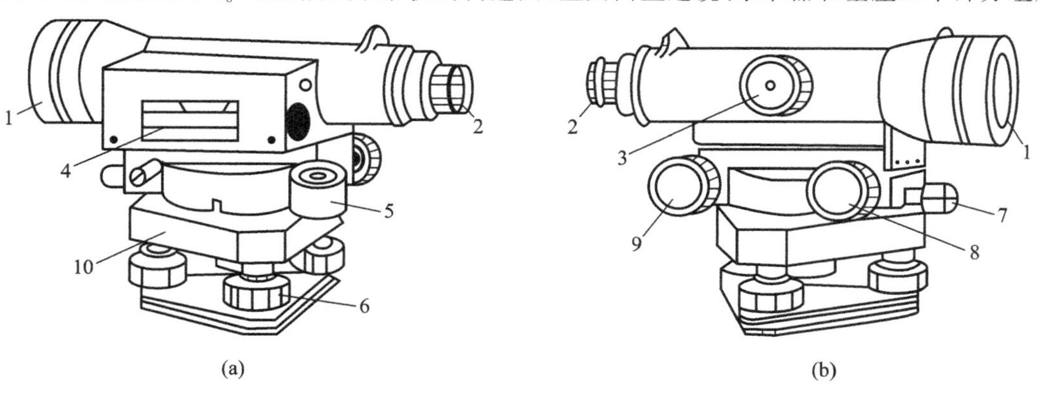


图 1-16　$DS_3$ 型微倾式水准仪

1—物镜;2—目镜;3—调焦螺旋;4—管水准器;5—圆水准器;6—脚螺旋;7—制动螺旋;8—微动螺旋;9—微倾螺旋;10—基座

望远镜和管水准器与仪器竖轴连接成一体，竖轴插入基座的轴套内，望远镜和管水准器整体可随竖轴绕竖直轴线旋转。制动螺旋和微动螺旋用来控制望远镜在水平方向的转动。制动螺旋松开时，望远镜能自由旋转；旋紧时望远镜则固定不动。旋转微动螺旋可使望远镜在水平方向作缓慢的转动，但只有在制动螺旋旋紧时，微动螺旋才能起作用。旋转微倾螺旋可使望远镜连同管水准器作俯仰微量的倾斜，从而使视线精确整平。基座上有三个脚螺旋，调节脚螺旋可使圆水准器的气泡移至中心位置，使仪器粗略整平。

$DS_3$ 型微倾式水准仪主要部件的构造及功能介绍如下。

(1)望远镜望远镜由物镜、调焦透镜、目镜和十字丝分划板四个部件组成，如图 1-17 所示。

水准仪望远镜内安装了一块平板玻璃，其上刻有两条相互垂直的细线(称为十字丝)，中间横的一条称为中丝(或横丝)，与其垂直的丝称为纵丝(或竖丝)，与中丝平行的上、下两短线称为视距丝，该块平板玻璃称为十字丝分划板，如图 1-18 所示。其安装在物镜与目镜之间，是用来读数的工具。中丝所对应的水准尺读数是计算两测点高差的。由上、下视距丝在同一把尺上所对应得到的读数用来计算仪器与观测点间的水平距离(即视距)。

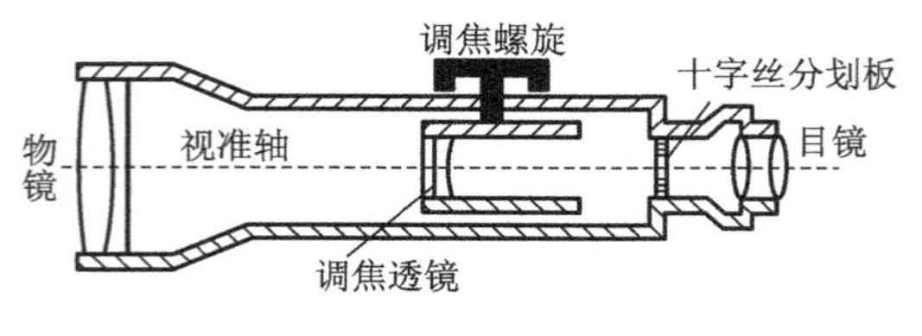


**图 1-17　水准仪望远镜**

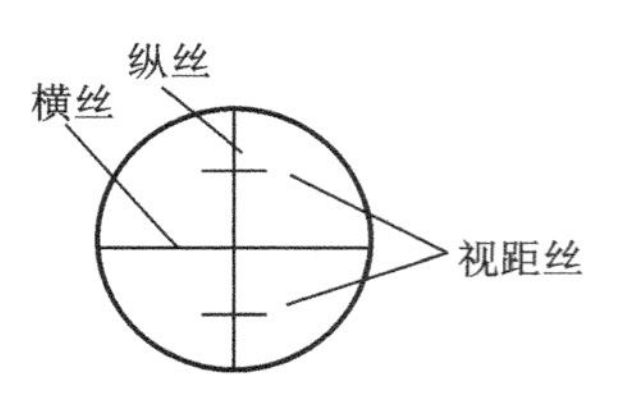


**图 1-18　十字丝分划板**

十字丝中点与物镜光心间的连线称为视准轴，也就是仪器的视线方向，在水准测量工作中务必使视线方向成水平，方可读取中丝读数。视准轴是水准仪的重要轴线之一。

为了能准确地照准目标且读出读数，在望远镜内必须同时能看到清晰的物像和十字丝分划线。为此必须使十字丝清晰且物像成像在十字丝分划板平面上。测量时，为了保证不同距离的目标都能成像于十字丝分划板平面上，望远镜内安装了一个调焦透镜及调焦螺旋。照准目标时，可旋转调焦螺旋改变调焦透镜的位置，从而能清晰地看到照准目标的像。而调节目镜调焦螺旋，可使十字丝分划线成像清晰。

(2)水准器　水准器是用于整平仪器建立水平视线的重要部件。水准器分为管水准器和圆水准器两种。

① 管水准器又称水准管，是一个封闭的玻璃管。操作时，首先把管的上内壁的纵向磨成圆弧形，然后在管内灌装乙醚类混合液体，最后对其加热融封而形成带一气泡的圆弧管，如图 1-19 所示。管的上内壁圆弧中点称为水准管零点，对称于零点的两侧刻有若干间隔为 2 mm 弧长的细划线。过零点与管内壁圆弧相切的直线称为水准管轴。气泡的中心点与零点重合，称为气泡居中，此时水准管轴处于水平位置。若气泡不居中，则水准管轴处于倾斜位置。

水准管上相邻两细划线间的弧长所对应的圆心角称为水准管的分划值，用 $\tau$ 表示，即

$$\tau=\frac{2}{R}\rho \tag{1-11}$$

式中：$\rho$ 为系数，$\rho=206\ 265''$；

$R$ 为水准管圆弧半径。

由式(1-11)可以看出，水准管分划值是气泡每移动一格，水准管轴所变动的角值，如图 1-20 所

示。水准管分划值与水准管的半径成反比例关系，$\tau$ 值越小，视线置平的精度就越高，$DS_3$ 型微倾式水准仪的水准管分划值约为 20″/2 mm。把水准管气泡移动 0.1 格时相应水准管轴所变动的角值称为水准管的灵敏度。气泡移动所导致的水准管轴变动的角值越小，水准管的灵敏度就越高。

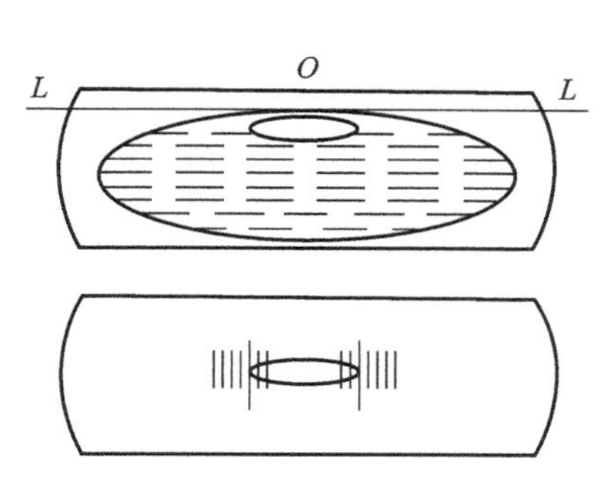


图 1-19　水准管

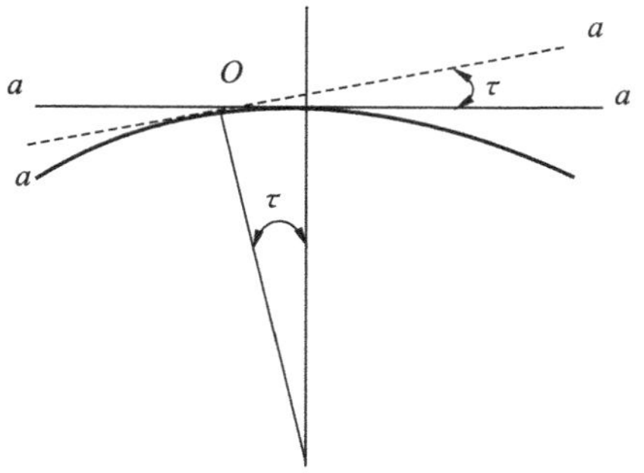

图 1-20　水准管轴几何关系

为了提高水准管气泡居中的精度，微倾式水准仪在水准管的上方安装了一组符合棱镜系统，棱镜的反射作用，可以把气泡两端的影像折射到望远镜旁的观察窗内。如图 1-21 所示，气泡两端的像合成一个光滑圆弧，表示气泡居中；若两端影像错开，则表示气泡不居中，可转动微倾螺旋使气泡影像吻合。这种水准器称为符合水准器。图 1-21(a)所示表示气泡不居中，需要转动微倾螺旋使符合气泡居中；图 1-21(b)所示表示气泡已经居中，不需要转动微倾螺旋。

② 圆水准器是一个封闭的圆形玻璃容器，顶盖的内表面为一球面，容器内盛装乙醚类液体，且形成一小圆气泡，如图 1-22 所示。容器顶盖中央刻有一小圈，小圈的中心是圆水准器的零点。过零点的球面法线称为圆水准器轴，当圆水准器气泡居中时，圆水准器轴处于铅垂位置。圆水准器的分划值，是顶盖球面上 2 mm 弧长所对应的圆心角值，$DS_3$ 型微倾式水准仪的圆水准器圆心角值约为 8′/2 mm。

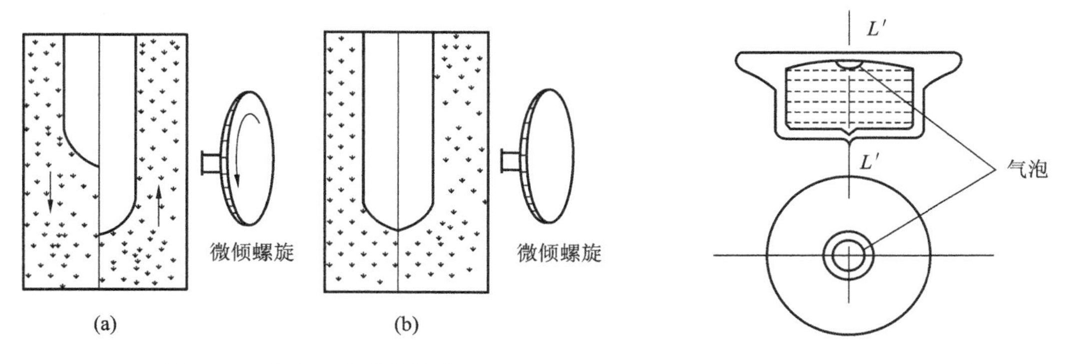


图 1-21　符合水准器及调整

图 1-22　圆水准器

(3)基座　基座起支撑仪器上部的作用，通过连接螺旋与三脚架相连接。基座由轴座、脚螺旋、底板和三角压板构成。转动脚螺旋，可使圆水准器气泡居中，使仪器竖轴竖直。

2)水准尺及尺垫

(1)水准尺　水准尺是水准测量中使用的标尺，用优质木材或铝合金等材料制成，常用的水准尺有塔尺和双面尺两种。

图 1-23(a)所示为塔尺，形状呈塔形，由几节套接而成，有多种规格，尺的底部为零刻划，尺

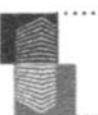

面以黑白相间的分划刻划，最小刻划为 1 cm 或 0.5 cm，米和分米处注有数字，大于 1 m 的数字注记加注红点或黑点，点的个数表示米数。塔尺携带方便，但在连接处常会产生误差，一般用于精度要求相对较低的水准测量工作中。

如图 1-23(b)所示，双面尺也称为直尺，尺长 3 m，双面尺在两面标注刻划，尺的分划线宽为 1 cm，其中，一面为黑白相间，称为黑面尺（也称基本分划），尺底端起点为零；另一面为红白相间，称为红面尺（也称辅助分划），尺底端起点是一个常数 $k$，一般为 4.687 m 或 4.787 m。不同尺常数的两根尺子组成一对使用，利用黑、红面尺零点相差的常数可对水准测量读数进行检核。双面尺主要用于三、四等水准测量工作中。

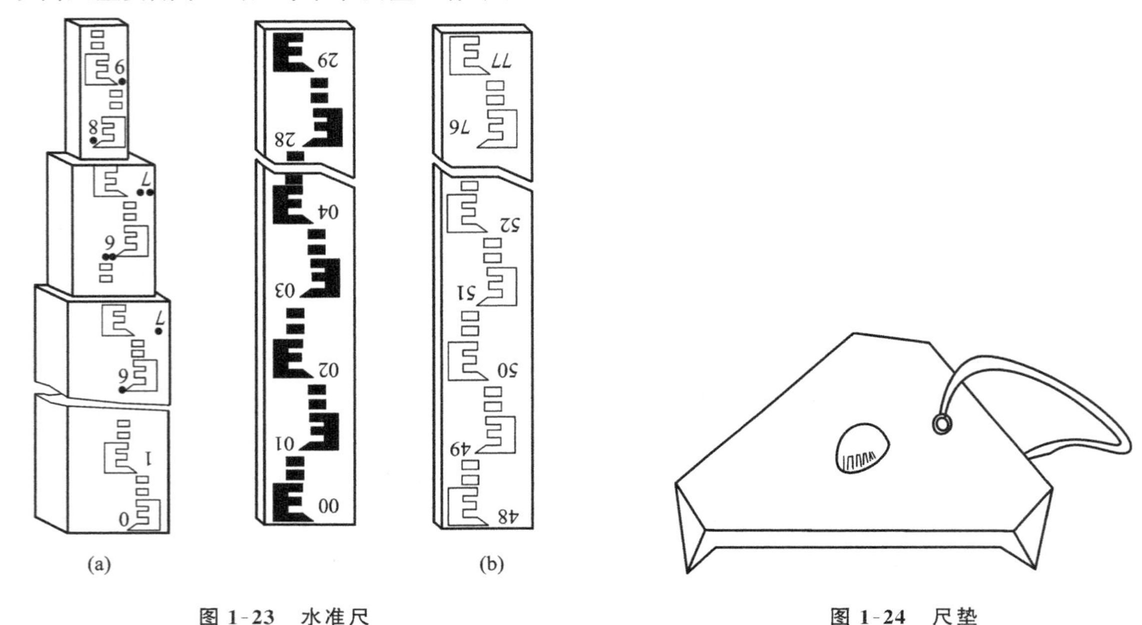

(a)　(b)

图 1-23　水准尺　　图 1-24　尺垫

(2)尺垫　如图 1-24 所示，尺垫用铁制成，呈三角形。上面有一个凸起的半圆球，半球的顶点作为转点标志，水准尺立于尺垫的半圆球顶点上。使用时应将尺垫下面的三个脚踏入土中使其稳固。

3)电子水准仪简介

1987 年瑞士莱卡(Leica)公司推出了世界上第一台电子水准仪 NA2000。在 NA2000 上首次采用数字图像技术处理标尺影像，并以 CCD 阵列传感器取代测量员的肉眼对标尺读数。这种传感器可以识别水准尺上的条码分划，并以相关技术处理信号模型，自动显示与记录标尺读数和视距，从而实现水准观测自动化。

经过近 20 年的发展，电子水准仪已经发展到了第二代、第三代产品，仪器精度也达到了一、二等水准测量的要求。图 1-25 所示为蔡司 DIN10/20 电子水准仪。

电子水准仪是在自动安平水准仪的基础上发展起来的。各个厂家的电子水准仪采用了大致相同的结构，其基本构造都是由光学机械部分、自动安平补偿装置和电子设备组成的。标尺的条形码标尺供电子测量使用。不同厂家的标尺编码方式和电子读数求值过程由于专利权原因而完全不同，因此不能相互使用。目前的电子水准仪，其照准标尺和望远镜调焦仍需要人工目视进行。由人工完成照准和调焦之后，标尺条码一方面被成像在望远镜的分划板上，供目视观测；另一方面通过望远镜的分光镜，标尺条码又被成像在光电传感器即阵列CCD器件上，供电子读数。因此，如果使用传统水准尺，通过目视观测，电子水准仪可以像自动安平水准仪一样使用，但是电子水准仪没有光学测微装置，当成普通自动安平水准仪使用时，测量精度低于电子测量时的精度。

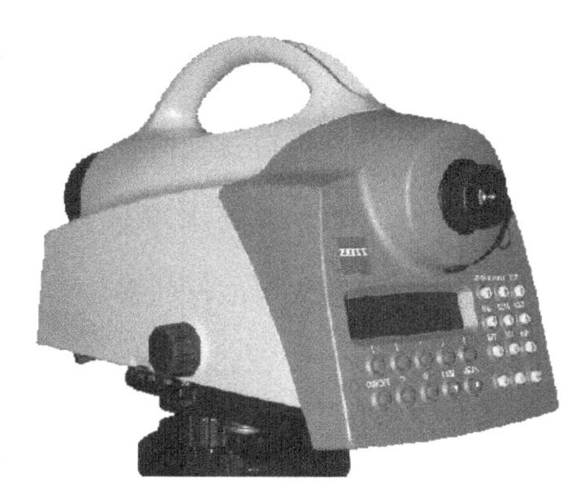

图1-25　蔡司DIN10/20电子水准仪

电子水准仪采用电子光学系统自动记录数据来代替人工读数，工作效率和测量精度大幅提高。电子水准仪操作简单，在粗略整平仪器并瞄准目标后，按下测量键3～4 s即可得到中丝读数和视距。即使在标尺倾斜、调焦不很清晰的情况下也能观测，仅观测速度略受影响。观测中即使尺子被局部遮挡，仍可进行观测。

电子水准仪在自动量测高程的同时，还可以进行视距测量。因此，电子水准仪可用于水准测量、地形测量和施工测量。

电子水准仪还可进行自动连续测量，自动记录数据，也可直接输入计算机进行处理。

### 4. 水准仪应满足的几何条件

如图1-26所示，水准仪主要几何轴线有望远镜视准轴（$CC$）、水准管轴（$LL$）、仪器竖轴（$VV$）和圆水准器轴（$L_0L_0$）。根据水准测量原理，水准仪必须提供一条水平视线，方可进行正常的水准生产作业。为保证水准仪能提供一条水平视线，各轴线间应满足的几何条件如下。

1）水准仪应满足的主要条件

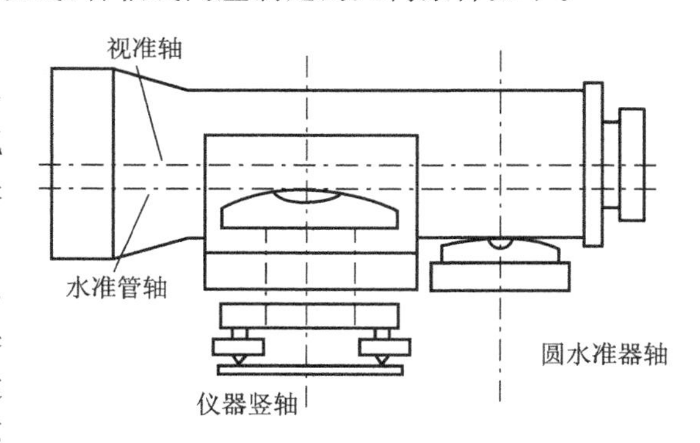


图1-26　水准仪几何轴线关系

（1）水准管轴应平行于望远镜的视准轴（$LL /\!/ CC$）。如果该项条件不满足，那么当水准管气泡居中后，水准管轴处于水平位置，而视准轴却未水平，这不符合水准测量原理。

（2）望远镜的视准轴不因调焦而变动位置。该项条件是为了满足第一个条件而提出的，如果望远镜在调焦时视准轴位置发生变动，就不能达到在不同位置的许多条视线都能够与一条固定不变的水准管轴平行的目的。望远镜的调焦在水准测量中是不可避免的，因此必须提出此项要求。

2）水准仪应满足的次要条件

（1）圆水准器轴应平行于仪器竖轴（$L_0L_0 /\!/ VV$）。满足该项条件的目的在于能迅速地粗略整平仪器，提高作业速度。当圆水准器的气泡居中时，仪器的竖轴基本处于竖直状态，仪器旋转至任何位置都易于使水准管气泡居中。

（2）十字丝横丝应垂直于仪器竖轴（横丝$\perp VV$）。满足该项条件的目的是确保仪器竖轴竖直时，可以方便进行目标照准操作，可以在水准尺上读数时不必严格用十字丝的中心点照准尺面中心，而用横丝去照准目标读数并读数，以此缩短仪器操作时间，提高观测效率。

以上这些条件在仪器出厂前经检验都应满足,但由于长期的使用和搬迁,仪器各部分的螺丝可能会发生松动,使各轴线之间的几何关系发生变化。所以水准测量作业前,应对水准仪进行检验,如有问题,应该及时校正,确保工作仪器满足几何条件。

### 5. $DS_3$ 型微倾式水准仪操作步骤

$DS_3$ 型微倾式水准仪的操作步骤可归纳为:安置仪器、粗略整平、瞄准和调焦、精确整平和读数等五步。

1)安置仪器

进行水准测量时,首先松开三脚架架腿的固定螺旋,伸缩三个脚腿使高度适中,再拧紧架腿固定螺旋,将三脚架安置在测站点上。若在比较平坦的地面上,应将三个脚置放点大致摆成等边三角形,调好三脚架的安放高度,且使脚架顶面大致水平,以稳定牢固地安置于地面上;在斜坡上,应将两个架腿平置于坡下,另一个架腿安置在斜坡方向上,踩实架腿安置脚架。三脚架安置好后,从仪器箱中取出仪器,用中心连接螺旋将仪器固定在三脚架上。

2)仪器粗略整平

粗略整平简称粗平,其目的是通过调节仪器脚螺旋使圆水准器气泡居中,达到水准仪的竖轴铅直,视线大致水平。粗平的操作过程如下。

(1)松开水平制动螺旋,转动仪器上部,使水准器面与任意两脚螺旋连线平行,如图 1-27(a)所示的 1、2 两个脚螺旋连线方向平行。

(2)分别以相对方向转动 1、2 两个脚螺旋,使气泡移动到圆水准器零点和 1、2 两个脚螺旋连线方向相垂直的交点上,如图 1-27(b)所示。气泡自 $a$ 移到 $b$,此时仪器在这两个脚螺旋连线的方向处于水平位置。注意气泡的运动规律:气泡移动的方向和左手大拇指旋动螺旋的旋进方向一致,与右手旋进方向相反。

(3)转动脚螺旋 3,使气泡居中,如图 1-27(c)所示。气泡自 $b$ 移到中心位置,则两个脚螺旋连线的垂线方向亦处于水平位置,从而完成仪器粗平操作。

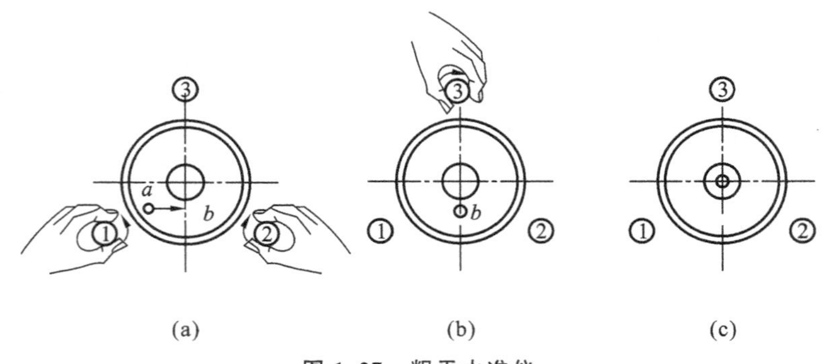


**图 1-27　粗平水准仪**

按上述方法反复调整脚螺旋,能使圆水准器气泡完全居中。脚螺旋转动的原则是:顺时针转动脚螺旋使该脚螺旋所在一端升高,逆时针转动脚螺旋使该脚螺旋所在一端降低,气泡偏向哪端说明哪端高,气泡的移动方向始终与左手大拇指转动的方向一致,称为左手大拇指法则。

3)瞄准与调焦

瞄准分为粗瞄和精瞄,粗瞄就是通过望远镜镜筒外的缺口和准星瞄准水准尺后,进行调焦,使镜筒内能清晰地看到水准尺和十字丝。具体的操作过程如下。

(1)旋松望远镜制动螺旋，将望远镜对准明亮的背景，转动目镜调焦螺旋使十字丝成像清晰。

(2)转动仪器，用望远镜镜筒外的缺口和准星粗略地瞄准水准尺，固定望远镜制动螺旋。

(3)旋动物镜对光螺旋，使尺子的成像清晰，并转动水平微动螺旋，使十字丝纵丝对准水准尺的中间，如图1-28所示。

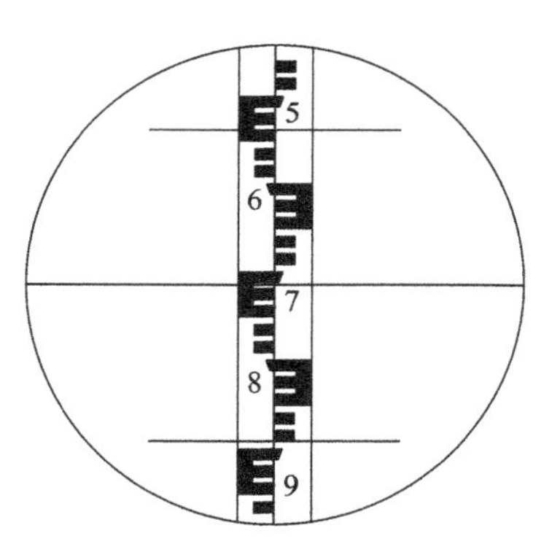

图1-28　瞄准水准尺

(4)消除视差。如果调焦不到位，尺子成像面与十字丝分划平面就会不重合，此时，观测者的眼睛靠近目镜端上下微微移动，就会发现十字丝和目标影像也随之变动，这种现象称为视差。如图1-29(a)、(b)所示为像与十字丝平面不重合的情况，当人眼位于中间2位置时，十字丝的交点$O$与目标的像$a$重合；当人眼睛略微向上位于1位置时，$O$与$b$重合；当人眼睛略微向下位于3位置时，$O$与$c$重合。如果连续使眼睛的位置上下移动，就好像看到物体的像在十字丝附近上下移动一样。图1-29(c)所示为不存在视差的情况，此时无论眼睛处于1、2、3哪个位置，目标的像均与十字丝平面重合。视差将影响观测结果的准确性，应予以消除。消除视差的方法是仔细反复进行目镜和物镜调焦，直到无论眼睛在哪个位置观察，尺像和十字丝均位于清晰状态，十字丝横丝所照准的读数始终不变。

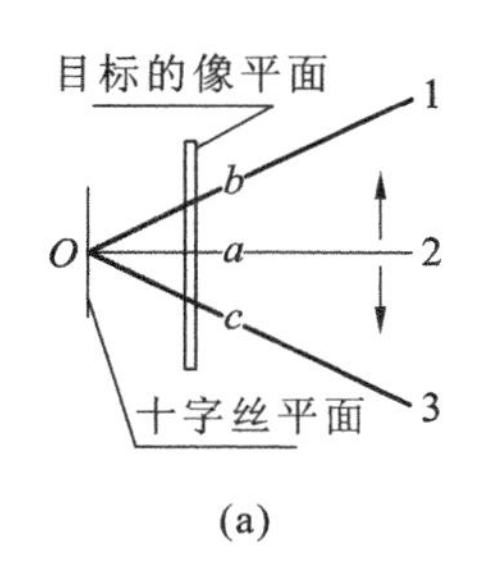

(a)

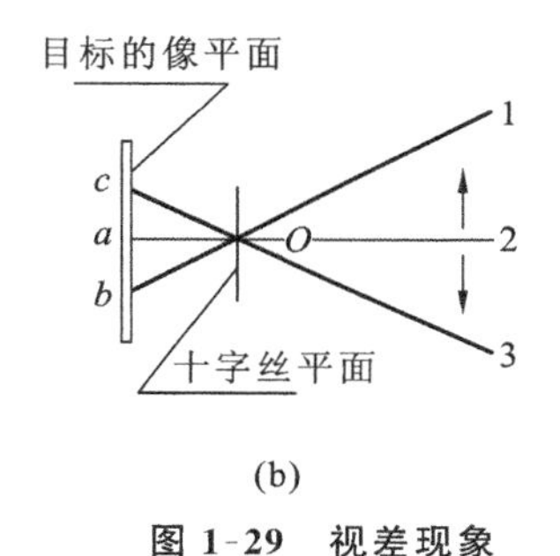

(b)

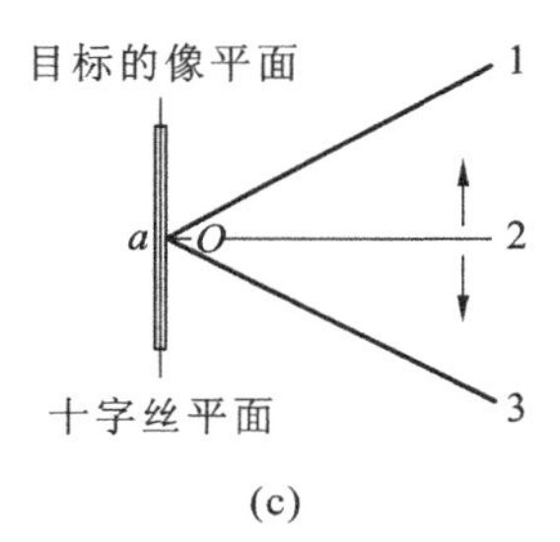

(c)

图1-29　视差现象

4)精确整平

精确整平简称精平，调节微倾螺旋，使符合水准器的气泡居中，即让目镜左边观察窗内的符合水准器的气泡两个半边影像完全吻合，这时望远镜的视准轴完全处于水平位置。每次读中丝读数前都应进行精平。由于气泡移动有惯性，所以转动微倾螺旋的速度不能太快，只有符合气泡两端影像完全吻合而又稳定不动，气泡才算居中。

5)读数与记录

符合水准器的气泡居中后，应立即读取十字丝中丝在水准尺上的读数。依次读出米、分米、厘米、毫米四位数，其中毫米位是估读的。如图1-30所示中丝读数为1.306 m，如果以毫米为单位读记为1 306 mm。读数后，应由记录员立即在手簿上记录相应数据。

由于水准仪有正像和倒像两种，读数时要注意遵循从小到大进行读数。正像仪器的尺像上丝读数大，下丝读数小；倒像仪器的尺像上丝读数小，下丝读数大。图1-30所示为倒像仪器观测时的尺像。

需要注意的是，当望远镜瞄准另一方向时，符合气泡两侧如果分离，则必须重新转动微倾螺旋使水准管气泡符合后才能对水准尺进行读数。

图1-30　水准尺读数

实际工作中，可应用十字丝分划板上的三横丝读取水准尺的上、中、下读数，称为三丝读数法。

### 6. 五等水准测量

五等水准测量主要用于高程控制点的加密，以便为地形测绘提供高程依据，广泛用于土木工程施工测量工作中。

1）水准点

采用水准测量方法测得高程的控制点称为水准点，常用 $BM$ 表示。例如，$BM_{\text{Ⅳ}2}$ 表明该水准点的精度等级为四等，在整条水准路线上的点号为第 2 号。水准点又分为永久性水准点和临时性水准点两种。

等级水准点应按规范要求埋设永久性标志，如图 1-31 所示。永久性水准点一般用石料或钢筋混凝土制成，深埋在地面冻土线以下，顶面埋设用不锈钢或其他不易腐蚀的材料制成的半球形标志。有些水准点也可设置在稳定的墙脚上，称为墙上水准点，如图 1-32 所示。

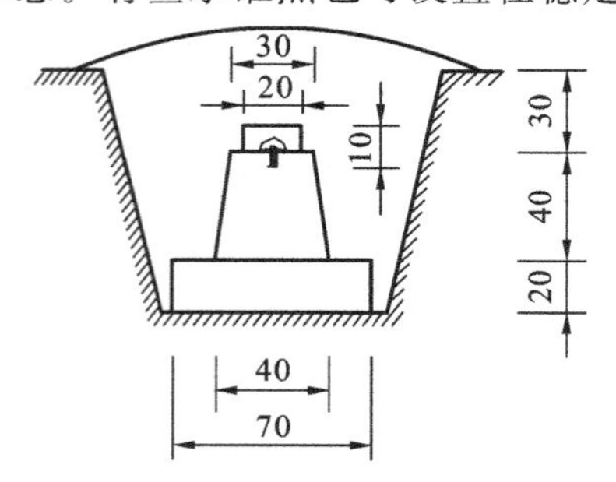


图 1-31　二、三等水准点标石埋设

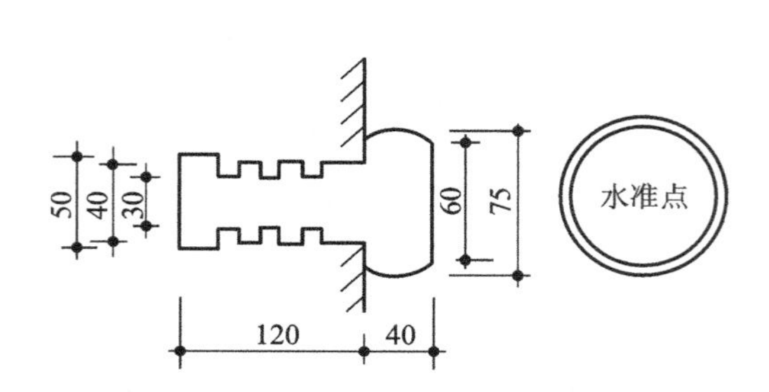


图 1-32　墙上水准点标石埋设

临时性的水准点可用地面上突出的坚硬岩石做记号，也可在松软的地面打入木桩，在桩顶钉一个小铁钉来表示水准点，在坚硬的地面上也可用油漆划出标记作为水准点，如图 1-33 所示。

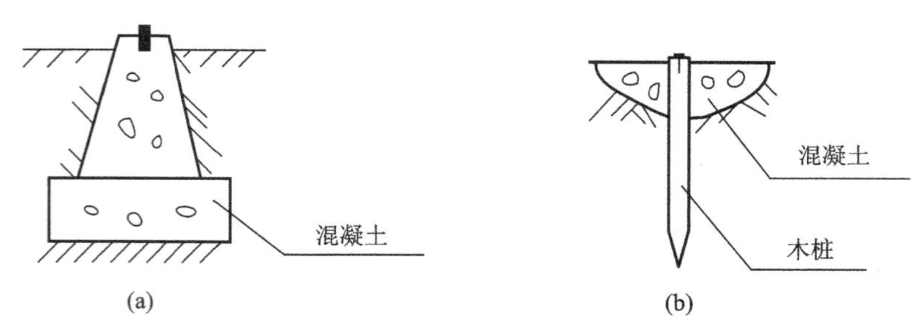


图 1-33　临时性水准点标志

埋设水准点后，应绘出水准点与附近地物的关系图，在图上还要写明水准点的编号等，称为点之记，以便日后寻找水准点位置。

水准点的布设与埋石，还应符合下列规定。

（1）应将点位选在质地坚硬、密实、稳固的地方或稳定的建筑物上，且便于寻找、保存和引测；当采用数字水准仪作业时，水准路线还应避开电磁场的干扰。

（2）宜采用水准标石，也可采用墙水准点。标志及标石的埋设规格，应按《工程测量规范》（GB 50026—2007）规范附录 D 执行。

（3）高程控制点间的距离，一般地区应为 1～3 km，工业厂区、城镇建筑区宜小于 1 km。但一个测区及周围至少应有三个高程控制点。

(4)埋设完成后，二、三等点应绘制点之记，其他控制点可视需要而定。必要时应设置指示桩。

2)水准线路

从一个水准点到另一个水准点所经过的水准测量路径称为水准线路。水准线路的布设形式一般有闭合水准线路、附合水准线路、支水准线路等几种。

(1)闭合水准线路　如图1-34(a)所示，$BM_1$ 为已知高程的水准点，1、2、3、4是待定高程的水准点。这样由一个已知高程水准点出发，经过各待定高程水准点又回到原已知点上的水准测量线路，称为闭合水准线路。

(2)附合水准线路　如图1-34(b)所示，$BM_2$ 和 $BM_3$ 为已知高程水准点，1、2、3为待定高程水准点。这种由一个已知高程水准点出发，经过各待定高程水准点后附合到另一个已知高程点上的水准线路，称为附合水准线路。

(3)支水准线路　如图1-34(c)所示，$BM_4$ 为已知高程水准点，1、2、3为待定高程水准点。这种既不联测到另一已知点，也未形成闭合环路的线路形式称为支水准线路。

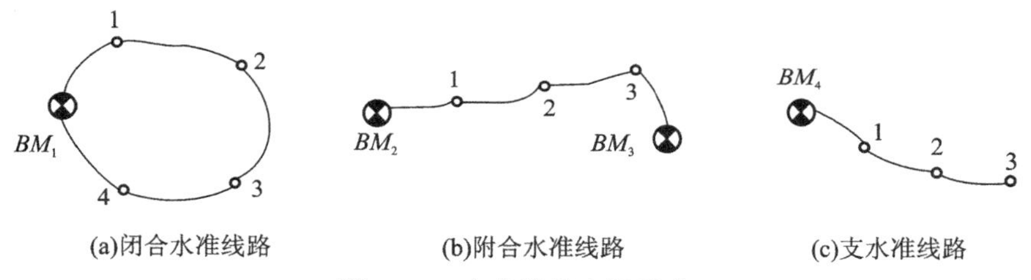


图1-34　水准线路布设形式

3)五等水准测量工作施测

水准测量工作施测包括水准线路的设计、水准点标石的埋设、水准测量外业观测数据的采集和水准内业处理等过程。

(1)水准测量的主要技术要求和水准观测的主要技术要求　依据工程测量规范规定，在开展水准测量作业时，必须按规范所规定的水准测量技术要求和水准观测要求实施。表1-2所示为各等级水准测量的主要技术要求。

表1-2　水准测量的主要技术要求

| 等级 | 每千米高差全中误差/mm | 路线长度/km | 水准仪型号 | 水准尺 | 观测次数 | | 往返较差、附合或环线闭合差 | |
|---|---|---|---|---|---|---|---|---|
| | | | | | 与已知点联测 | 附合或环线 | 平地/mm | 山地/mm |
| 二等 | 2 | — | $DS_1$ | 因瓦 | 往返各一次 | 往返各一次 | $4\sqrt{L}$ | — |
| 三等 | 6 | ≤50 | $DS_1$ | 因瓦 | 往返各一次 | 往一次 | $12\sqrt{L}$ | $4\sqrt{n}$ |
| | | | $DS_3$ | 双面 | | 往返各一次 | | |
| 四等 | 10 | ≤16 | $DS_3$ | 双面 | 往返各一次 | 往一次 | $20\sqrt{L}$ | $6\sqrt{n}$ |
| 五等 | 15 | — | $DS_3$ | 单面 | 往返各一次 | 往一次 | $30\sqrt{L}$ | — |

注：①结点之间或结点与高级点之间，其路线的长度，不应大于表中规定的0.7倍；

②$L$ 为往返测段，附合或环线的水准路线长度(km)；$n$ 为测站数；

③数字水准仪测量的技术要求和同等级的光学水准仪相同。

在进行水准测量外业观测工作时，应符合各等级水准观测的主要技术要求表中的相关规定，具体要求如表 1-3 所示。

**表 1-3　水准观测的主要技术要求**

| 等级 | 水准仪型号 | 视线长度/m | 前后视较差/m | 前后视累积差/m | 视线离地面最低高度/m | 基、辅分划或黑、红面读数较差/mm | 基、辅分划或黑、红面所测高差较差/mm |
|---|---|---|---|---|---|---|---|
| 二等 | $DS_1$ | 50 | 1 | 3 | 0.5 | 0.5 | 0.7 |
| 三等 | $DS_1$ | 100 | 3 | 6 | 0.3 | 1.0 | 1.5 |
| | $DS_3$ | 75 | | | | 2.0 | 3.0 |
| 四等 | $DS_3$ | 100 | 5 | 10 | 0.2 | 3.0 | 5.0 |
| 五等 | $DS_3$ | 100 | 近似相等 | — | — | — | — |

注：①二等水准视线长度小于 20 m 时，其视线高度不应低于 0.3 m；

②三、四等水准采用变动仪器高度观测单面水准尺时，所测两次高差较差，应与黑面、红面所测高差之差的要求相同；

③数字水准仪观测，不受基、辅分划或黑、红面读数较差指标的限制，但测站两次观测的高差较差，应满足表中相应等级基、辅分划或黑，红面所测高差较差的限值。

(2)五等水准测量工作外业观测步骤　如图 1-35 所示为某地所设计布设的五等水准线路中第一水准测段观测示意图，图中 $A$ 为已知高程点，$B$ 为待求高程点，$TP_1$、$TP_2$ 等点为该测段转点，线路的其他水准测段未表示。

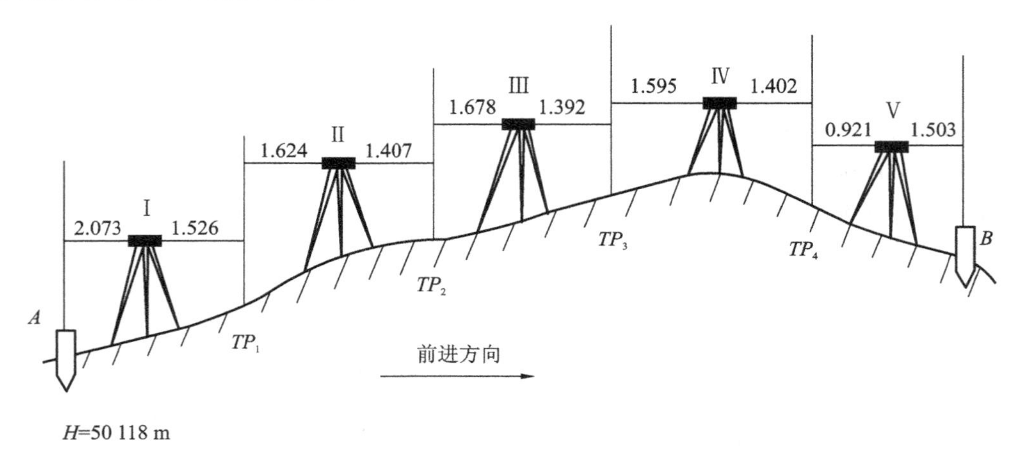


**图 1-35　水准测量外业观测示意图**

① 将水准尺立于已知高等级水准点上，作为后视，如图 1-35 所示 $A$ 点所立水准尺(此点是整个水准线路的起点，也是水准线路第一测段的起点，该点一般应是已知高等级水准点，其高程是整个水准线路高程解算的起算数据)。

② 在施测路线前进方向上的适当位置如 $TP_1$ 点处放置尺垫，并将尺垫踩实放好，在尺垫上竖立水准尺作为前视，然后将水准仪安置于水准路线上适当位置，如位置Ⅰ处，水准仪到 $A$ 点和 $TP_1$ 点的距离应基本相等，仪器到水准尺的距离不得大于 100 m(平坦场地)，以建立第一站，$A$ 点为后视水准点，$TP_1$ 为前视水准点，前后视距应大致相等。

③ 在进行第一站观测工作时，首先旋动仪器基座上的三个脚螺旋，完成仪器粗平操作，然后瞄准后视尺，并消除仪器视差，最后旋转微倾螺旋使管水准气泡符合以精平仪器，立即读取中丝

读数及上、下丝读数，记入观测手簿，如表1-4所示。

表1-4 水准测量手簿 单位：m

| 测站 | 测点 | 后视读数 | 前视读数 | 高差 | | 视距 | 备注 |
|---|---|---|---|---|---|---|---|
| | | | | + | − | | |
| Ⅰ | $A$ | 2.073 | | 0.547 | | 60.2 | |
| | $TP_1$ | | 1.526 | | | 59.8 | |
| Ⅱ | $TP_1$ | 1.624 | | 0.217 | | 56.7 | |
| | $TP_2$ | | 1.407 | | | 57.3 | |
| Ⅲ | $TP_2$ | 1.678 | | 0.286 | | 61.8 | |
| | $TP_3$ | | 1.392 | | | 62.4 | |
| Ⅳ | $TP_3$ | 1.595 | | 0.193 | | 49.5 | |
| | $TP_4$ | | 1.402 | | | 47.9 | |
| Ⅴ | $TP_4$ | 0.921 | | | 0.582 | 54.6 | |
| | $B$ | | 1.503 | | | 55.9 | |
| $\sum$ | | 7.891 | 7.230 | 1.243 | 0.582 | | |
| 计算校核 | $\sum a-\sum b=(7.891-7.230)\ \text{m}=+0.661\ \text{m}$<br>$\sum h=(1.243-0.582)\ \text{m}=+0.661\ \text{m}$(计算正确) | | | | | | |

④ 旋转水准仪，瞄准前尺(即立于$TP_1$点上的水准尺)，消除仪器视差，然后再次精平仪器，读取中丝读数及上、下丝读数，记入观测手簿。记录员根据记录的读数计算高差及前后视距，并比较计算前后视距差，其前后视距应大致相等，其差最好不大于5 m(否则应重新观测本测站)。

⑤ 将仪器按照线路前进方向搬迁至距离$TP_1$、$TP_2$两转点等距离处适当位置Ⅱ处，建立水准线路测量的第二站，如图1-35所示$TP_1$点之后的位置Ⅱ。立在第一站$TP_1$上的水准尺不动，此时，只把尺面转向前进方向，变成第二站的后尺，而将第一站后视点上的水准尺迁移到线路前进方向上适当的位置，如图1-35所示$TP_2$点，作为第二站的前尺。

然后按第一站相同的观测程序进行线路第二站水准测量工作，相应在外业数据手簿中记录观测数据。

⑥ 按照相同的方法和操作程序，依次沿水准路线前进方向建立各水准测站，并完成各测站的水准观测工作，直至观测到水准线段的终点$B$点(该点是整个水准线路第一测段的终点，且是该水准测段最后一站的前视水准点，是整个线路所设立的第一个未知高程点)为止，整个水准线路第一测段的外业数据采集工作完毕。

然后，按照水准线路第一测段相同的观测程序和方法依次观测完线路的其余各个测段，直至整个线路的终点，完成整个五等水准线路的外业数据采集工作。

由于测量误差的产生与测量工作中的观测者、仪器和外界条件等三个方面有关，所以整个测量过程应注意这些方面对测量成果的影响，从而最大限度地降低对测量结果的影响程度。

为减少水准测量误差，提高测量的精度，在整个测量过程中应注意以下内容：在测量工作之前，应对水准仪、水准尺进行检验，符合要求方可使用；每次读数前、后均应检查水准管气泡是否居中；读数之前检查是否存在视差，读数要估读至毫米；视线距离以不超过75 m为宜；为防止水准尺竖立不直和大气折光对测量结果产生的影响，要求水准尺上读取中丝的最小读数应大于0.3 m，最大读数应小于2.5 m；为防止仪器和尺垫下沉对测量的影响，应选择坚固稳定的地方作转点，使用尺垫时要用力踏实，在观测过程中保护好转点位置，精度要求高时也可用往返观测取平均值的方法以减少其误差的影响；读数时，记录员要复述，以便核对，记录要整齐、清楚，记录有误不准擦去及涂改，应划掉重写。

（3）水准外业观测数据记录与计算　按照以上观测程序测完整条水准路线后，得到水准外业观测数据手簿，如表1-4所示。在填写外业数据时，应注意把各个读数正确地填写在相应栏内。例如，仪器在测站Ⅰ时，起点 $A$ 上所得水准尺读数 2.073 m 应记入该点后视读数栏内，照准转点 $TP_1$ 所得读数 1.526 m 应记入 $TP_1$ 点前视读数栏内。后视读数减前视读数得 $A$、$TP_1$ 两点高差 +0.547 m 记入高差栏内，并将依据各测站相应水准尺所测得的上、下丝读数计算出的前后视距记入视距栏内。以后各测站观测所得均按同样方法记录和计算。各测站所得的高差代数和 $\sum h$，就是从起点 $A$ 到终点 $B$ 的高差。终点 $B$ 的高程等于起点 $A$ 的高程加 $A$、$B$ 间的高差。因为测量的目的是求 $B$ 点的高程，所以各转点的高程不需计算。其他各水准测段外业数据相应填写并计算。

（4）水准测量检核方法　方法如下。

① 计算检核。计算检核可以检查出每站高差计算中的错误，及时发现并纠正错误，保证计算结果的正确性。在每一测段结束后或手簿上每一页之末，必须进行计算校核。检查后视读数之和减去前视读数之和 $\sum a-\sum b$ 是否等于各站高差之和 $\sum h$，并等于终点高程减起点高程，如不相等，则计算中必有错误，应进行检查。但应注意，这种校核只能检查计算工作有无错误，而不能检查出测量过程中所产生的错误，如读错、记错等。为了保证观测数据的正确性，通常采用测站检核的方法来检查。

② 测站检核。测站检核一般采用两次仪器高法和双面尺法。

两次仪器高法：在一个测站上测得高差后，改变仪器高度，即将水准仪升高或降低（变动 10 cm 以上）后重新安置仪器，再测一次高差，两次测得的高差之差不超限时，取其平均值作为该站高差；否则，此限差须重新观测。

双面尺法：在一个测站上，不改变仪器高度，先用双面水准尺的黑面观测测得一个高差，再用红面观测测得一个高差，两个高差之差不超过限差，同时，每一根尺子红、黑两面读数的差与常数（4.687 m 或 4.787 m）之差不超限时，可取其平均值作为观测结果。如不符合要求，则需重测。

③ 成果检核。上述检核只能检查单个测站的观测精度和计算是否正确，此外还必须进一步对水准测量成果进行检核，即将测量结果与理论值比较，来判断观测精度是否符合要求，此检核工作应在整个水准线路外业工作完后进行。实际测量得到的线路高差与该线路理论高差之差为测量误差，称为高差闭合差，一般用 $f_h$ 表示

$$f_h=\sum h_{测}-h_{理}$$

高差闭合差的大小在一定程度上反映了测量成果的质量。如果高差闭合差在限差允许之内，则观测精度附合要求，否则应当重测。水准测量的高差闭合差的允许值根据水准测量的等级不同而异，具体如表1-2所示。

附合水准线路闭合差：对于附合水准线路，理论上在两已知高程水准点间所测得各站高差之和应等于起讫两水准点间的高程之差，即

$$h_{理}=h_{终点}-h_{起点}$$

所以附合水准线路的高差闭合差 $f_h$ 为

$$f_h=\sum h_{测}-(h_{终点}-h_{起点})$$

闭合水准线路闭合差：对于闭合水准线路，因为它起讫于同一个点，所以理论上整个线路的高差应等于零，即

$$h_{理}=0$$

如果实测高差之和不等于零，则其与理论高差的差值就是闭合水准线路闭合差，即

$$f_h=\sum h_{测}-(h_{终点}-h_{起点})=\sum h_{测}$$

支水准线路闭合差：支水准线路必须在起点、终点间用往、返测进行校核。理论上往返测量所得高差的绝对值应相等，但符号相反，或者是往返测高差的代数和应等于零，即

$$\sum h_{往}=-\sum h_{返} \quad 或 \quad \sum h_{往}+\sum h_{返}=0$$

如果往返测高差的代数和不等于零，其值即为支水准线路的高差闭合差，即

$$f_h=\sum h_{往}+\sum h_{返}$$

有时也可以用两组并测来代替一组的往返测以加快工作进度。两组所得高差应相等，若不等，其差值即为支水准线路的高差闭合差。

(5)五等水准测量内业计算　步骤如下。

① 高差闭合差的计算。当外业观测手簿检查无误后，便可进行内业计算，最后求得各待定点的高程。

水准路线的高差闭合差，根据其布设形式的不同而采用上述不同的计算公式进行，具体计算过程和步骤详见后面的示例。

② 高差闭合差的调整。当实际的高差闭合差在规范限差范围以内时，可以按简易平差方法将闭合差分配到各测段上。显然，高差测量的误差将随水准线路长度(或测站数)的增加而增加，所以分配的原则是把闭合差反号(即正误差反号为负，负误差反号为正)后，根据各测段路线的长度(或测站数)按正比例分配到各测段高差上，故各测段高差改正数为

$$v=-\frac{l}{L}\times f \quad 或 \quad v=-\frac{n}{N}\times f$$

式中：$l$ 和 $n$ 分别为各测段路线之长和测站数；

$L$ 和 $N$ 分别为水准路线总长和测站总数。

求得各水准测段高差改正数后，即可计算出各测段改正后高差，它等于每段实测高差与本段高差改正数之和。

③ 计算各待定点的高程。根据已知点高程和各测段改正后高差，便可依次推算出各待定点的高程。各点高程为其前一点高程加上该测段改正后的高差。

通常，在计算完水准路线各段高差之后，应再次计算路线闭合差。闭合差应为零，否则就应检查各项计算是否有误。

④ 水准线路内业计算示例。

示例1：附合水准路线的内业计算。表1-5所示为某附合水准线路内业计算实例，该计算采用简易平差方法，包括闭合差的计算、校核和分配，以及改正后高差与高程的计算等过程。

本附合水准线路共设置了5个水准点，各水准点间的距离和实测高差均列于表中。起点和终点高程为已知，计算出的线路高差闭合差为+0.075 m，按五等水准技术要求，小于允许闭合

差±0.105 m。表中高差的改正数是由水准线路长计算的，改正数总和必须等于实际闭合差，但符号相反。实测高差加上高差改正数得各测段改正后的高差。由起点Ⅳ$_{21}$的高程累计加上各测段改正后的高差，就得出相应各点的高程。最后计算出终点Ⅳ$_{22}$的高程应与该点的已知高程完全符合。

**表 1-5　附合水准线路高程测量内业计算**

| 点　号 | 距离/km | 实测高差/m | 改正数/mm | 改正后高差/m | 高程/m |
|---|---|---|---|---|---|
| Ⅳ$_{21}$ | | | | | 63.475 |
| | 1.9 | +1.241 | −12 | +1.229 | |
| $BM_1$ | | | | | 64.704 |
| | 2.2 | +2.781 | −14 | +2.767 | |
| $BM_2$ | | | | | 67.471 |
| | 2.1 | +3.244 | −13 | +3.231 | |
| $BM_3$ | | | | | 70.702 |
| | 2.3 | +1.078 | −14 | +1.064 | |
| $BM_4$ | | | | | 71.766 |
| | 1.7 | −0.062 | −10 | −0.072 | |
| $BM_5$ | | | | | 71.694 |
| | 2.0 | −0.155 | −12 | −0.167 | |
| Ⅳ$_{22}$ | | | | | 71.527 |
| $\sum$ | 12.2 | +8.127 | −75 | — | |

$f_h = \sum h_{测} - (h_{终点} - h_{起点}) = [8.127 - (71.527 - 63.475)]\ \text{m} = 0.075\ \text{m}$

$f_{允许} = \pm 30\sqrt{L} = \pm 30\sqrt{12.2}\ \text{mm} = \pm 104.8\ \text{mm}$（五等）　$f_h < f_{允许}$（合格）

示例 2：闭合水准路线的内业计算。表 1-6 所示为某闭合水准路线内业计算实例，该计算采用简易平差方法，包括闭合差的计算、校核和分配，以及改正后高差与高程的计算等过程。

该闭合水准线路设有 4 个未知水准点，各水准测段的测站数和实测高差均列于表中。$BM_1$ 为已知高程水准点，实测闭合差为+0.026 m，按五等水准技术要求，小于允许闭合差±0.048 m。表中高差改正数是依测站数相应计算的，改正数总和必须等于实测闭合差，但符号相反。实测高差加上高差改正数得各测段改正后高差。由起点 $BM_1$ 的高程累计加上各测段改正后高差，就得出相应各点高程。

**表 1-6　闭合水准测量高程的计算**

| 点　号 | 测　站　数 | 实测高差/m | 改正数/mm | 改正后高差/m | 高程/m |
|---|---|---|---|---|---|
| $BM_1$ | | | | | 26.262 |
| | 3 | +0.255 | −5 | +0.250 | |
| 1 | | | | | 26.512 |
| | 3 | −1.632 | −5 | −1.637 | |
| 2 | | | | | 24.875 |
| | 4 | +1.823 | −6 | +1.817 | |
| 3 | | | | | 26.692 |
| | 1 | +0.302 | −2 | +0.300 | |
| 4 | | | | | 26.992 |
| | 5 | −0.722 | −8 | −0.732 | |
| $BM_1$ | | | | | 26.262 |
| $\sum$ | 16 | +0.026 | −26 | 0 | |

$f_h = \sum h_{测} - (h_{终点} - h_{起点}) = [0.026 - (26.262 - 26.262)]\ \text{m} = 0.026\ \text{m}$

$f_{允许} = \pm 8\sqrt{N} = \pm 8\sqrt{16}\ \text{mm} = \pm 32.0\ \text{mm}$　$f_h < f_{允许}$（合格）

示例 3：支水准线路内业计算。对于支水准线路，应将高差闭合差按相反的符号平均分配在往测和返测的高差值上。具体计算举例如下。

在 $A$、$B$ 两点间进行往、返水准测量，已知 $H_A = 8.475$ m，$\sum h_{往} = 0.028$ mm，$\sum h_{返} = -0.018$ mm，$A$、$B$ 间线路长 $L$ 为 3 km，求改正后的 $B$ 点高程。

实测高差闭合差为

$$f_h=\sum h_{往}+\sum h_{返}=[0.028+(-0.018)]\ \mathrm{mm}=0.010\ \mathrm{mm}$$

允许高差闭合差为

$$f_{允许}=\pm 30\sqrt{L}=\pm 30\sqrt{3}\ \mathrm{mm}=\pm 52.0\ \mathrm{mm}$$

因 $f_h < f_{允许}$，故精度符合要求。

改正后往测高差为

$$\sum h'_{往}=\sum h_{往}+\frac{1}{2}\times(-f_h)=(0.028-0.005)\ \mathrm{m}=0.023\ \mathrm{m}$$

改正后返测高差为

$$\sum h'_{返}=\sum h_{返}+\frac{1}{2}\times(-f_h)=(-0.018-0.005)\ \mathrm{m}=-0.023\ \mathrm{m}$$

故 $B$ 点高程为

$$H_B=H_A+\sum h'_{往}=(8.475+0.023)\ \mathrm{m}=8.498\ \mathrm{m}$$

## 7. 高程测设

在建筑项目施工建设阶段，水准仪主要用来进行各施工层面竖向高度位置的标定工作，此项测量工作称为高程测设。将某施工层面的设计高度位置测出并标在该层面不同的位置处，这种测设工作称为抄平。在项目建设的施工过程中，拟建建筑各个部位的施工高度控制与测设，必须依据建筑施工图上设计的数据进行，在测设前应弄清楚施工场地上各高程控制点的位置、拟建建筑物的±0.000 层面（即建筑物底层室内地坪的相对标高值）的绝对标高数据、各施工层面设计标高数据，以及三者之间的相互关系，同时应了解工程施工进度，提前做好测设前的各项准备工作。各施工高程测设对象的测设数据来源于建筑施工图，应对照建筑施工图反复检查核对有关测设数据，若发现施工图存在问题，应及时反映，得到设计方的设计变更通知后，才能按照制定的测设方案进行施测。

高程测设的任务是，将各施工层面的设计高程测设到指定的桩位上。在施工建设工作中，高程测设方法主要在场地平整、基坑（槽）开挖、各楼层面高度位置确定、道路与管线中线坡度确定等场合使用。

高程测设的方法主要有视线高程测设法和全站仪高程测设法，在此只介绍基于水准仪的视线高程测设法，而全站仪高程测设法将在“全站仪的操作与应用”学习任务中介绍。

1）建筑物±0.000 层面高程测设

在建筑工程中，常将建筑物底层室内地坪面作为整栋建筑的标高零点，其相对标高标示为“±0.000”，它是其他施工层面高度位置的起算点，以它为基准，垂直高度在其上的层面为“+”标高，如第二楼层面等；垂直高度在其下的层面为“−”标高，如基础底面等。在建筑物的立面图、剖面图上均标注有各建筑层面与本建筑物±0.000 的相对位置及相对标高，因而，在建筑施工中，首先应测设出拟建建筑物±0.000 的实地空间高度位置，使之与该位置的设计标高（建筑物±0.000 相对应的绝对标高，该数据可在建筑总平面图上查得，或看建筑设计总说明）相等，然后，其余各层面的高度位置均可以该面为依据进行高程测设而标定。

如图 1-36 所示，已知水准点 $A$ 的高程 $H_A=22.345$ m，欲在某建筑物施工场地上的 $B$ 点木桩上标定出绝对高程为 23.016 m 的高程建筑物±0.000 的底层室内地坪面的高度位置，以作为其他施工层面的基准。

该面采用水准仪按视线高法的测设步骤如下。

首先，将水准仪安置在 $A$、$B$ 两点的中间位置，在 $A$ 点竖立水准尺，精平仪器，读取 $A$ 尺的中丝读数 $a=1.358$ m。则视线高为

$$H_i=H_A+a=(22.345+1.358)\ \text{m}=23.703\ \text{m}$$

计算出水准仪瞄准 $B$ 尺的中丝读数 $b$（其高程应等于建筑物±0.000 相对应的绝对标高 23.016 m），即 $b$ 应满足等式 $H_B=H_i-b$；由此可先计算出 $b$ 为

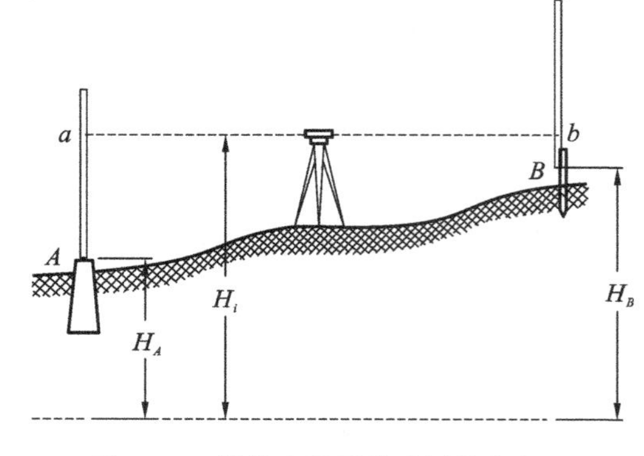


图 1-36　视线高程测设法测设高程

$$b=H_i-H_B=(23.703-23.016)\ \text{m}=0.687\ \text{m}$$

然后，在 $B$ 点木桩侧面立水准尺，并旋转仪器照准该尺，指挥立尺者，上下移动水准尺，当其上的尺读数刚好为所计算的 $b$（0.687 m）时，沿尺底在木桩侧面画横线，此时 $B$ 点的高程就等于欲测设的高程，则在 $B$ 点木桩上标定出绝对高程为 23.016 m 的高程建筑物±0.000 的底层室内地坪面。

当欲测设的高程与已知高程控制点之间的高差相差很大时，可以用悬挂钢尺来代替水准尺进行测设。

如图 1-37 所示，已知水准点 $A$ 的高程，欲在深基坑内测设出坑底的设计高程 $H_B$，可按下面步骤进行测设。

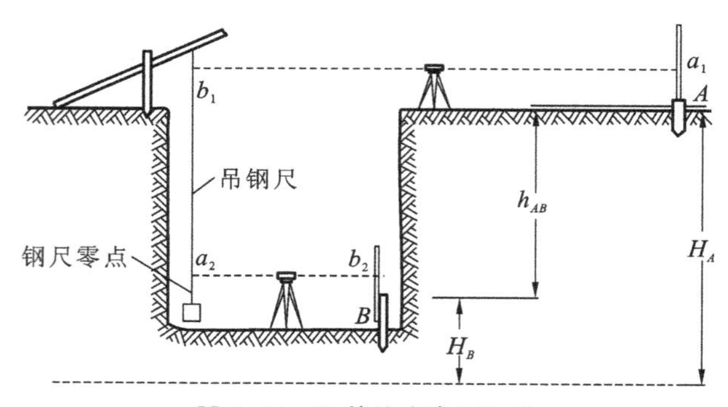


图 1-37　深基坑底高程测设

在深基坑一侧悬挂钢尺（钢尺的零点在坑下方，并挂一个重量约等于钢尺检定时的拉力的重锤，同时将重锤浸在油类液体中以固定钢尺），以代替水准尺作为高程测设时的标尺。

先在地面上的图示位置安置水准仪，精平后，读取 $A$ 点上水准尺的读数 $a_1$ 及钢尺上的读数 $b_1$；然后在深基坑内安置水准仪，读出钢尺上的读数为 $a_2$，假设 $B$ 点水准尺上的读数为 $b_2$，则有等式成立，即 $H_B-H_A=h_{AB}=(a_1-b_1)+(a_2-b_2)$，由此可事先计算出测设数据 $b_2$ 为 $b_2=H_A+a_1+a_2-b_1-H_B$。此时即可采用在木桩侧面画线的方法，沿尺底画横线，使 $B$ 点桩位侧面的水准尺读数等于 $b_2$，则 $B$ 点的高程就等于设计高程 $H_B$。

另外，在地下坑道施工中，高程点位通常设置在坑道顶部。通常当高程点位于坑道顶部时，在进行高程测设工作时可以将水准尺倒立在欲放桩位上。如图 1-38 所示，$A$ 点为已知高程 $H_A$

的水准点，$B$ 点为待测设高程为 $H_B$ 的位置，由于 $H_B=H_A+a+b$，则在 $B$ 点应有的标尺读数 $b=H_B-H_A-a$。因此，将水准尺倒立并紧靠 $B$ 点木桩上下移动，直到尺上读数为 $b$ 时，在桩侧面尺底对应位置画出设计高程 $H_B$ 的位置。

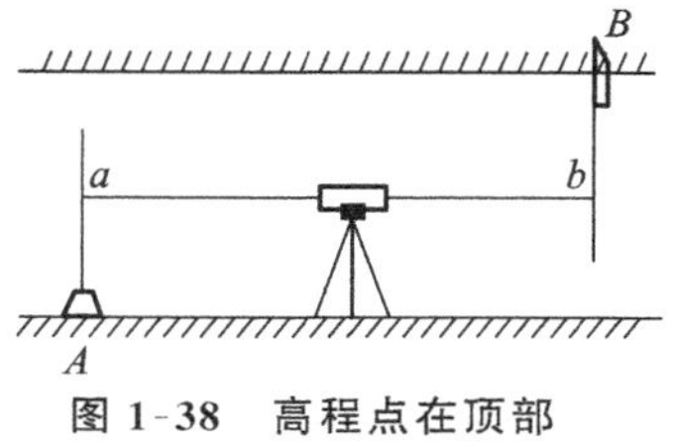

图 1-38 高程点在顶部的测设方法

2)坡度线测设方法

在修筑道路、敷设上下管道和开挖排水沟等工程的施工中，需要在地面上测设出设计的坡度线，以指导施工人员进行工程施工。坡度线的测设所用的仪器一般可用水准仪、经纬仪或全站仪。在此介绍采用水准仪测设坡度线的方法。

(1)水平视线法 如图 1-39 所示，在施工场地上有一高程控制点 $BM_1$，其高程为 30.500 m，要求测设出一条坡度线 $AB$。从工程图纸可知，$A$、$B$ 为设计坡度线的两端点，已知起始点 $A$ 的设计高程 $H_A=30.000$ m，$A$、$B$ 两点水平距离 $D_{AB}=72.000$ m，设计坡度为 $-1\%$，为使施工方便，要在直线方向上，每隔距离 $d=20$ m 钉一个木桩，要求在木桩上标定出坡度为 $i$ 的坡度线。

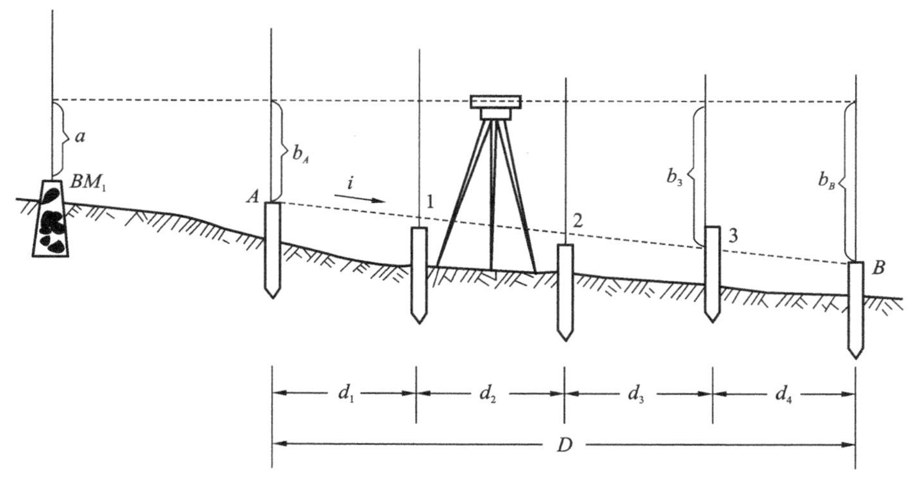

图 1-39 水平视线法测坡度线

测设坡度线 $AB$ 的步骤如下。

① 考虑施工方便，在 $AB$ 连线上从 $A$ 点起每隔 20 m 打一木桩，标号依次为 1、2、3，则 3、$B$ 两点的距离为 12 m。

② 计算各桩点的设计标高，计算式为

$$H_{设}=H_A+D_j\times i$$

式中：$D_j$ 为起点 $A$ 到 $j$($j=1,2,3$)点的距离；

$i$ 为设计坡度。

则地面各点的设计高程为

$$H_1=H_A+D_1\times i=[30.000+20\times(-0.01)]\ \text{m}=29.800\ \text{m}$$
$$H_2=H_A+D_2\times i=[30.000+40\times(-0.01)]\ \text{m}=29.600\ \text{m}$$
$$H_3=H_A+D_3\times i=[30.000+60\times(-0.01)]\ \text{m}=29.400\ \text{m}$$
$$H_B=H_A+D_B\times i=[30.000+72\times(-0.01)]\ \text{m}=29.280\ \text{m}$$

③ 安置水准仪于已知水准点 $BM_1$ 附近，后视其上的水准尺，得中丝读数 $a=1.456$ m，计算仪器的视线高为

$$H_i=H_{BM1}+a=(30.500+1.456)\ \text{m}=30.956\ \text{m}$$

再根据各点的设计高程计算出测设各点时的测设数据：$b=H_i-H_{设}$。具体为

$$b_A=H_i-H_A=(31.956-30.000)\ \text{m}=1.956\ \text{m}$$

$$b_1=H_i-H_1=(31.956-29.800)\ \text{m}=2.156\ \text{m}$$

$$b_2=H_i-H_2=(31.956-29.600)\ \text{m}=2.356\ \text{m}$$

$$b_3=H_i-H_3=(31.956-29.400)\ \text{m}=2.556\ \text{m}$$

$$b_B=H_i-H_B=(31.956-29.280)\ \text{m}=2.676\ \text{m}$$

④ 将水准尺分别贴靠在各木桩的侧面，上、下移动尺子，直至尺读数为 $b_{应}$ 时，在尺底部紧靠木桩侧壁处划一横线，即得各点的测设位置，该坡度线 $AB$ 便标定在地面上了。

(2)倾斜视线法　如图 1-40 所示，设地面上 $A$ 点的高程为 $H_A$，现欲从 $A$ 点沿 $AB$ 方向测设出一条坡度为 $i$ 的直线，$AB$ 间的水平距离为 $D$。

使用水准仪的测设方法如下。

① 首先计算出 $B$ 点的设计高程为 $H_B=H_A-i\times D$，然后应用水平距离和高程测设方法测设出 $B$ 点的高度位置。

② 在 $A$ 点安置水准仪，使一脚螺旋在 $AB$ 方向线上，另两脚螺旋的连线垂直于 $AB$ 方向线，并量取水准仪的高度 $i_A$。

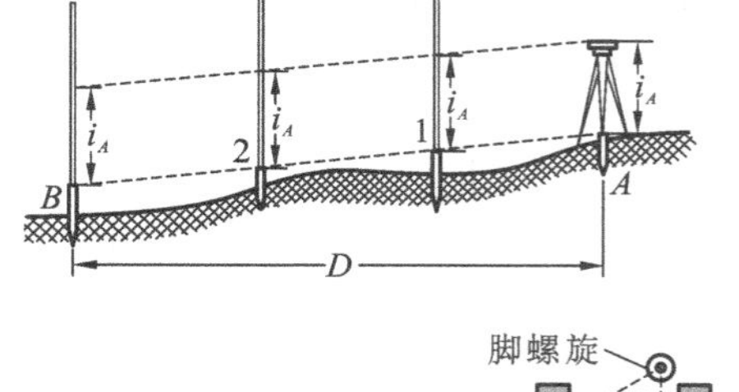

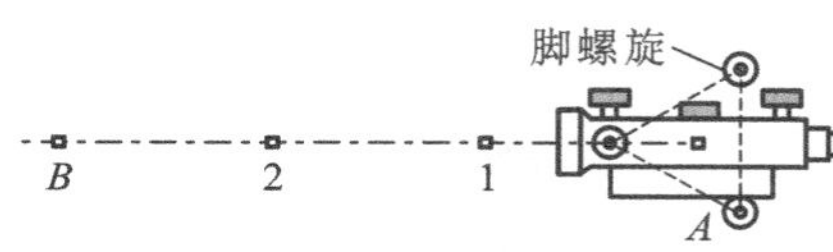

图 1-40　坡度线的测设

③ 用望远镜瞄准 $B$ 点上的水准尺，旋转 $AB$ 方向上的脚螺旋，使视线倾斜至水准尺读数为仪器高 $i_A$ 为止，此时，仪器视线坡度即为 $i$。

④ 在中间点 1、2 处打木桩，然后在桩顶上立水准尺使其读数均等于仪器高 $i_A$，这样各桩顶的连线就是测设在地面上的设计坡度线。

当设计坡度 $i$ 较大，超出了水准仪脚螺旋的最大调节范围时，应使用经纬仪进行坡度线的测设，方法同上。

## 活动 2　角度测量及水平角测设

角度测量是确定地面点位置的基本测量工作之一，包括水平角测量和竖直角测量。角度测量的主要仪器是经纬仪和全站仪。测量得到的水平角用于求算点的平面位置，而竖直角用于计算高差或将倾斜距离转化为水平距离。

### 1. 角度测量原理

1)水平角测量原理

所谓水平角，是指相交的两地面直线在水平面上的投影之间的夹角，也就是过两条地面直线的铅垂面所夹的两面角，角值 0°～360°。如图 1-41 所示，$A$、$B$、$C$ 为地面三点，过 $AB$、$BC$ 直

线的竖直面，在水平面 $P$ 上的交线 $A_1B_1$、$B_1C_1$ 所夹的角 $\beta$，就是直线 $AB$ 和 $BC$ 的水平角。此两面角在两竖直面交线 $OB_1$ 上任意一点可进行量测。设想在竖线 $OB_1$ 上的 $O$ 点放置一个按顺时针注记的全圆量角器(称为度盘)，使其中心正好在竖线 $OB_1$ 上，并成水平状态。$OA$ 竖直面与度盘的交线得一读数 $a$，$OC$ 竖直面与度盘的交线得另一读数 $c$，则 $c$ 减 $a$ 就是圆心角 $\beta$，即 $\beta=c-a$，这个 $\beta$ 就是该两地面直线间的水平角。

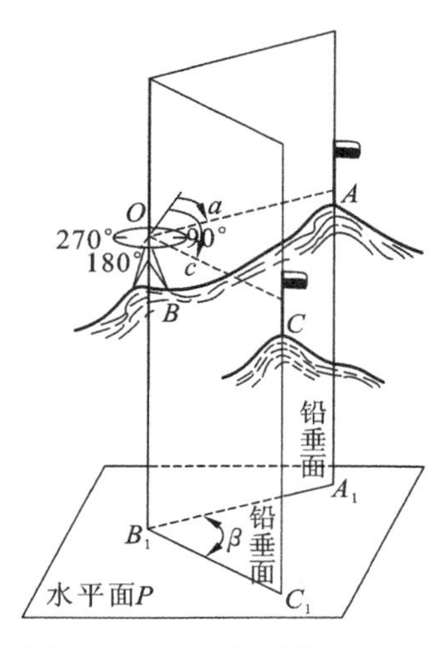

图 1-41 水平角测量原理

依据水平角测角原理，欲测出地面直线间的水平角，观测用的设备必须具备两个条件：

(1)须有一个与水平面平行的水平度盘，并要求该度盘的中心能通过操作与所测角度顶点处在一条铅垂线上；

(2)设备上要有个能瞄准目标点的望远镜，且要求该望远镜能上下、左右转动，在转动时还能在度盘上形成投影，并通过某种方式来获取对应的投影读数，以计算水平角。

经纬仪和全站仪便是按照此要求来设计和制造的，因而可以用其进行角度测量。进行角度测量时，首先通过对中操作将仪器安置于欲测角的顶点上，再整平仪器，使水平度盘成水平，再利用望远镜依次照准观测目标(至少两个)，利用读数装置，读取各自对应的水平读数，即可测得地面直线在交点处的水平角。

2)竖直角测量原理

竖直角是同一竖直面内目标方向与水平方向之间的夹角，也称为地面直线的高度角，简称竖角，一般用 $\alpha$ 表示。若地面直线的视线方向上倾，则直线的竖角为仰角，符号为正；反之，直线的视线方向下倾所构成的竖角为俯角，符号为负，角值都是0°～90°，如图 1-42 所示。另外，地面目标直线方向与该点的天顶方向(即铅垂线的反方向)所构成的角，称为地面直线的天顶距，一般用 $Z$ 表示，其大小为 0°～180°，没有负值。

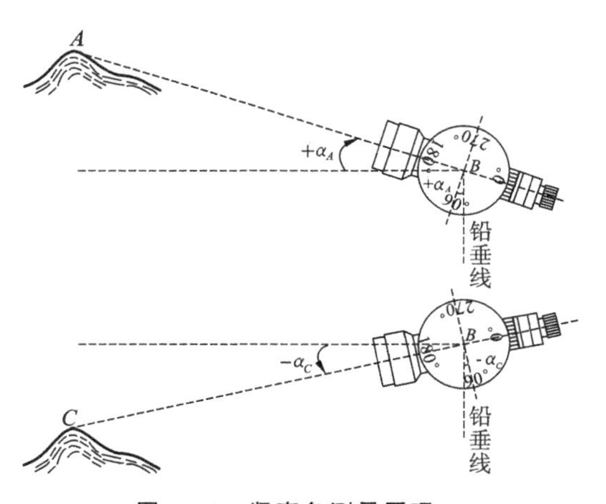

图 1-42 竖直角测量原理

依据竖直角定义，测定竖直角也与测量水平角一样，其角值大小应是度盘上两个方向读数之差。所不同的是在测量竖直角时，两个方向中必须有一个是水平方向。由于其方向是统一规定的，因而在制作竖直度盘时，不管竖盘的注记方式如何，当视线水平时，都可以将水平方向的竖盘读数注记为固定值，正常状态下，注记为 90°的整数倍。由此，在具体测量某一目标方向的竖直角时，只需对视线所指向的目标点照准并读取竖盘读数，即可计算出目标直线的竖直角。

## 2. $DJ_6$ 型光学经纬仪

光学经纬仪是采用光学度盘、借助光学放大和光学测微器读数的一种经纬仪。如图 1-43

所示为 $DJ_6$ 型光学经纬仪分拆示意图，由基座、水平度盘和照准部三部分组成。

经纬仪的类型很多，国产经纬仪按野外“一测回方向观测中误差”这一精度指标划分为 $DJ_1$、$DJ_2$、$DJ_6$ 几种型号。其中字母 D、J 分别为“大地测量”和“经纬仪”汉语拼音的第一个字母，而“$DJ_6$”表示经纬仪野外“一测回方向观测中误差”为 6″的仪器。图 1-44 所示为 $DJ_6$ 型光学经纬仪的结构。

1）照准部

照准部是指水平度盘之上，能绕其旋转轴旋转的全部部件的总称，是仪器的上部结构，它包括望远镜、横轴、竖直度盘、竖轴、U 形支架、管水准器、竖盘指标管水准器和读数装置等。

望远镜与竖盘相固连，安装在仪器的 U 形支架上，望远镜连同竖直度盘可绕横轴在竖直面内转动，理论上，望远镜视准轴应与横轴垂直，且横轴应通过竖直度盘的刻划中心。照准部的竖轴（即仪器的旋转轴）插入仪器基座的轴套内，因而，照准部可绕竖轴作水平旋转。

照准部在水平方向的转动，由水平制动、水平微动螺旋控制；望远镜在纵向的转动，由望远镜制动、望远镜微动螺旋控制。

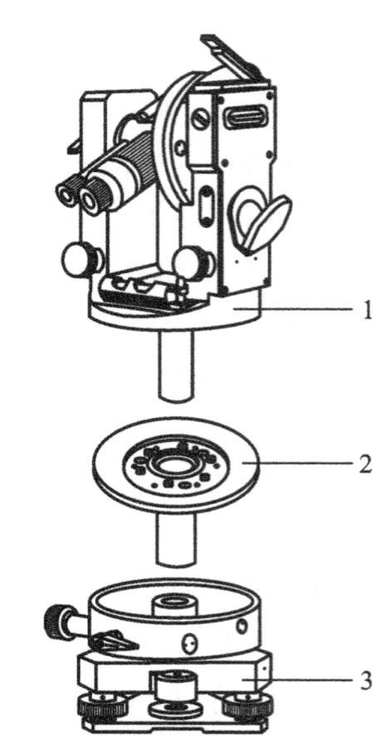


图 1-43　$DJ_6$ 型光学经纬仪分析示意图

1—照准部；2—水平度盘；3—基座

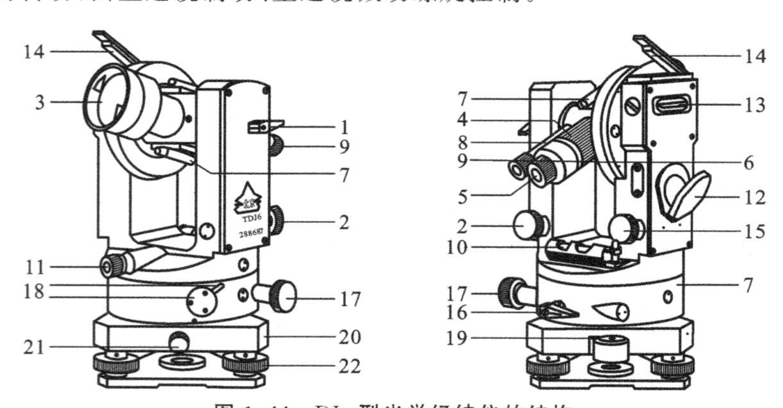


图 1-44　$DJ_6$ 型光学经纬仪的结构

1—望远镜制动螺旋；2—望远镜微动螺旋；3—物镜；4—物镜调焦螺旋；5—目镜；6—目镜调焦螺旋；7—光学瞄准器；8—度盘读数显微镜；9—度盘读数显微镜调焦螺旋；10—照准部管水准器；11—光学对中器；12—度盘照明反光镜；13—竖盘指标管水准器；14—竖盘指标管水准器观察反射镜；15—竖盘指标管水准器微动螺旋；16—水平方向制动螺旋；17—水平方向微动螺旋；18—水平度盘变换螺旋与保护卡；19—基座圆水准器；20—基座；21—轴套固定螺旋；22—脚螺旋

竖直度盘是由光学玻璃刻制而成的，用来度量竖盘读数。竖盘指标管水准器的微倾运动由竖盘指标管水准器微动螺旋控制（新型的仪器已用竖盘指标自动补偿装置来代替此控制装置）。

照准部上有一个管水准器，理论上，管水准器的管轴与竖轴应垂直，且与横轴平行。管水准器用于仪器精平操作，当管水准器气泡居中时，仪器的竖轴在铅垂线方向，此时仪器水平度盘处于水平状态。

光学读数装置一般由读数显微镜、测微器以及光路中一系列光学棱镜和透镜组成，用来读取水平度盘和竖直度盘所测方向的读数。

光学对点器用来调节仪器，以达到仪器的水平度盘中心与地面测角顶点处于同一铅垂线上的目的，此操作称为仪器的对中。

2）水平度盘

水平度盘部分主要由水平度盘、度盘变换手轮等组成。光学经纬仪的水平度盘由光学玻璃刻制而成，安装在水平度盘轴套外围，且不与仪器的中心旋转轴接触，此为仪器的中间部分。理论上，水平度盘平面应与竖轴垂直，竖轴应通过水平度盘的刻划中心。整个度盘全圆周按0°～360°均匀分割为若干等份，且按顺时针刻划注记，目前，光学经纬仪的度盘分划值有60′、30′、20′等几种，其中前两种用于6″级仪器，而20′的度盘则装配在$DJ_2$型经纬仪上。

在水平角测角过程中，水平度盘固定不动，不随照准部转动。为了角度计算的方便，在观测开始之前，通常将起始方向的水平度盘读数配置为0°左右（或其他设计好的数字），这就需要有控制水平度盘转动的部件。故仪器上设有控制水平度盘转动的装置，目前仪器上大多采用“水平度盘位置变换螺旋”装置，该装置也称为换盘手轮，如图1-44指示线18所示。

仪器的照准部上安装有度盘读数设备，当望远镜经过旋转照准目标时，视准轴由一目标转到另一目标，这时读数指标所指的水平度盘数值的变化即为两目标直线间的水平角值。

3）基座

基座用于支撑整个仪器，利用中心螺旋将仪器紧固在三脚架上。基座上有三个脚螺旋和一个圆水准器，用来调平仪器。水平度盘旋转轴套套在竖轴套外围，拧紧轴套固定螺旋，可将仪器固定在基座上；旋松该螺旋，可将经纬仪水平度盘连同照准部从基座中拔出。经纬仪中心连接螺旋必须内空能透视，且有吊挂垂球装置，以便利用光学对中器或垂球进行仪器的对中。

### 3. $DJ_6$型光学经纬仪的读数装置及读数方法

光学经纬仪的读数装置包括度盘、光路系统和测微器。

水平度盘和竖直度盘上的分划线，通过一系列棱镜和透镜成像显示在望远镜旁的读数显微镜内。$DJ_6$型光学经纬仪的读数装置可以分为测微尺读数和单平板玻璃读数两种。目前，国产$DJ_6$型光学经纬仪一般用测微尺读数装置，这是一种度盘分划值为60′的读数装置，所谓度盘分划值是指水平度盘上的相邻两最小分划线间的弧长所对应的圆心角。

1）测微尺读数装置

测微尺读数装置是将水平玻璃度盘和竖直玻璃度盘均刻划平分为360格，每格的角度为1°，顺时针注记。仪器内设有两个测微尺，测微尺上刻划有60格。仪器制造时，度盘上一格成像的宽度正好等于测微尺上刻划的60格的宽度，因此测微尺上一小格代表1′。通过棱镜的折射，两个度盘分划线的像连同测微尺上的刻划和注记可以被读数显微镜观察到，读数装置大约将两个度盘的刻划和注记放大了65倍。

注记有“水平”（有些仪器为“Hz”或“—”）字样窗口的像是水平度盘分划线及其测微尺的像，注记有“竖直”（有些仪器为“V”或“⊥”）字样窗口的像是竖直度盘分划线及其测微尺的像。

2）读数方法

以测微尺上的“0”分划线为读数指标，“度”数由落在测微器上的度盘分划线的注记读出，测微尺的“0”分划线与度盘上的“度”分划线之间的、小于1°的部分在测微尺上读出；最小读数可以估读到测微尺上1格的1/10，即为0.1′或6″。

如图1-45所示的水平度盘读数为214°54.7′，竖直度盘读数为79°05.5′。测微尺读数装置的读数误差为测微尺上1格的1/10，即0.1′或6″。

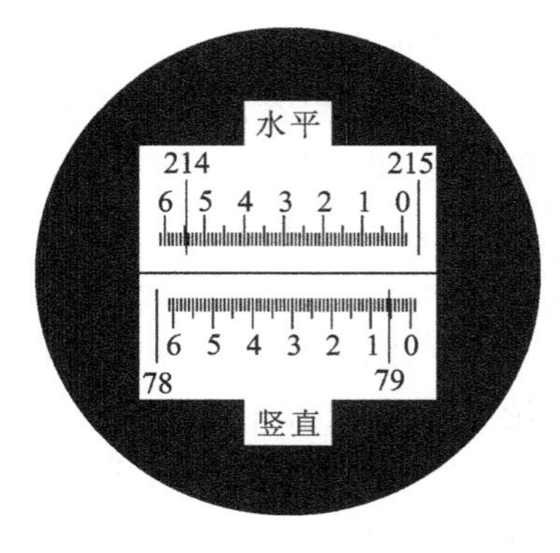


图1-45 测微尺测微器读数窗口

#### 4. $DJ_6$型光学经纬仪的操作步骤

1）经纬仪的安置

经纬仪的安置包括对中和整平。对中的目的是使仪器水平度盘中心与测站点标志中心处于同一铅垂线上；整平的目的是使仪器的竖轴竖直，从而使水平度盘和横轴处于水平位置，竖直度盘位于铅垂平面内。

仪器安置的操作步骤如下。

(1)首先打开三脚架腿，调整其长度，使脚架高度适合于观测者的身高，然后张开三脚架，将其安置在测站点上（应使三脚架头大致水平），最后，从仪器箱中取出经纬仪放置在三脚架头上，并使仪器基座中心基本对齐三脚架头的中心，旋紧连接螺旋后，即可进行对中及整平操作。

(2)光学对中是使用光学对中器进行仪器对中的方法。光学对中器是一种小型望远镜，它由保护玻璃、反光棱镜、物镜、物镜调焦镜、对中标志分划板和目镜组成，如图1-46所示。当照准部水平时，对中器的视线经棱镜折射后的一段成铅垂方向，且与竖轴中心重合。若地面标志中心与光学对中器分划板中心重合，则说明竖轴中心已位于所测角度顶点的铅垂线上。使用光学对中器之前，应先旋转目镜调焦螺旋使对中标志分划板清晰，再旋转物镜调焦螺旋（有些仪器是拉伸光学对中器）看清地面的测点标志。光学对中器可使对中误差小于1 mm。

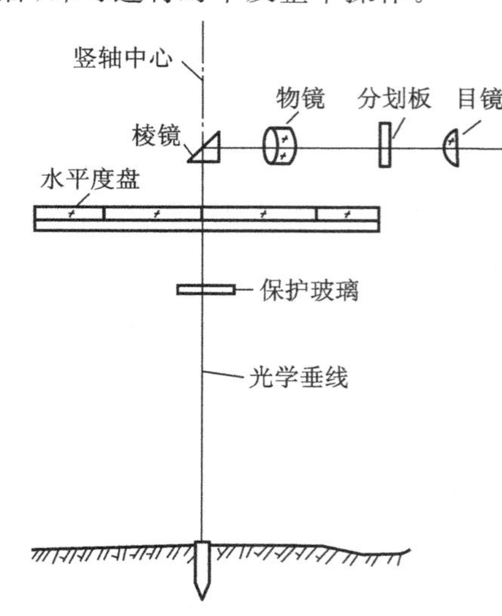


图1-46 光学对中器光路图

操作方法：固定三脚架的某条架腿于地面适当位置作为支点，两手分别握住另外两条架腿，提起并作前后左右的微小移动，在移动的同时，从光学对中器中观察，使对中器的中心对准地面标志中心，然后，放下两架腿，固定于地面上（为提高操作速度，可用脚螺旋使对中器对准标志中心）。此时照准部并不水平，应分别调节三脚架的三个架腿高度（脚架支点位置不得移动），使仪器上的圆水准器气泡居中（即使照准部大致水平），完成对中操作。

(3)整平仪器　整平分粗平和精平。粗平是伴随对中过程而完成的，其操作方法是依次调节伸缩三脚架腿直至使仪器的圆水准器气泡居中，其规律是圆水准器气泡向伸高脚架腿的一侧移动。精平是旋转脚螺旋使管水准器气泡居中来操作的，在整平时，要求首先转动照准部使管水准器轴旋至相互垂直的两个方向上，然后调整相应的脚螺旋分别使气泡居中，其中一个方向应与任意两个脚螺旋中心的连线方向平行，如图1-47所示。

精平的具体操作方法：首先转动照准部，使水准管平行于任意两个脚螺旋连线方向，然后两手同时向内或向外旋转这两个脚螺旋使管水准器气泡居中，再将照准部旋转90°，使水准管垂直于原先的位置，用第三个脚螺旋再次使管水准器气泡居中，也就是通过操作使仪器管水准器在

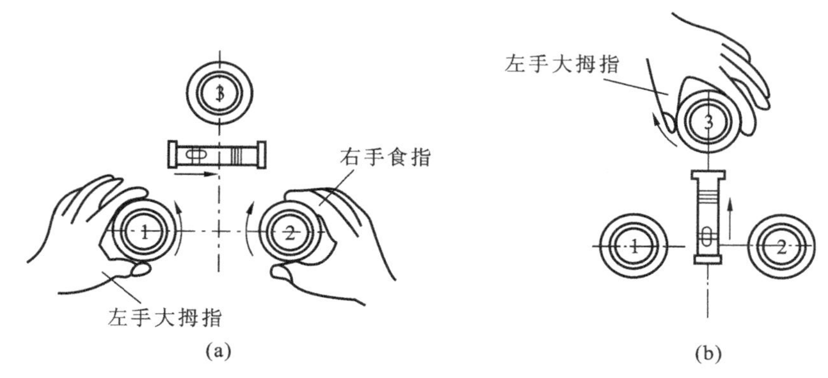


图 1-47 经纬仪的精平操作

相互垂直的两个方向上均居中，如图 1-47 所示。注意：整平工作应反复进行，直到管水准器气泡在任何方向都居中为止。

仪器整平后，应进行检查，若光学对中器十字丝已偏离标志中心，则平移仪器基座（注意：不要有旋转运动），使对中标志准确对准测站点的中心，拧紧连接螺旋。再检查整平是否已被破坏，若已被破坏，则再用脚螺旋整平仪器。此两项操作应反复进行，直到管水准器气泡居中且光学垂线仍对准测站标志中心为止。

安置好经纬仪后，即可开始角度观测。

2）目标瞄准

瞄准是指望远镜十字丝交点精确照准目标。测角时的照准标志，一般是竖立于测点的标杆、测钎、用三根竹竿悬吊垂球的线或对中觇牌，如图 1-48 所示。测量水平角时，应以望远镜的十字丝竖丝瞄准照准标志，如图 1-49 所示。

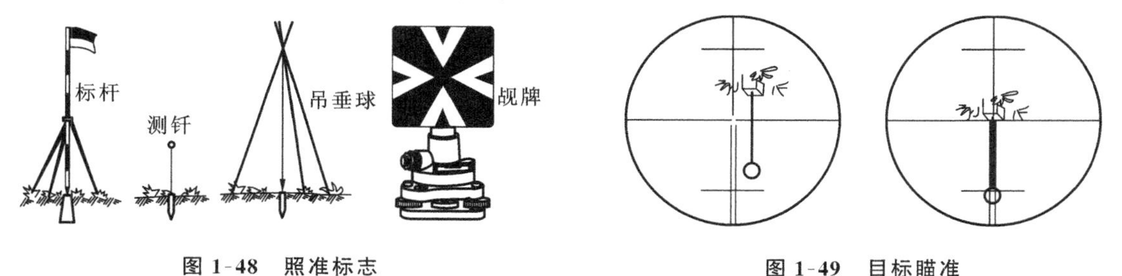


图 1-48 照准标志　　图 1-49 目标瞄准

望远镜瞄准目标的操作步骤如下。

（1）目镜对光　松开望远镜制动螺旋和水平制动螺旋，将望远镜对向明亮的背景（如白墙、天空等，注意不要对向太阳），转动目镜使十字丝清晰。

（2）瞄准目标　用望远镜上的粗瞄器瞄准目标，旋紧制动螺旋，转动物镜调焦螺旋使目标清晰，旋转水平微动螺旋和望远镜微动螺旋，精确瞄准目标。可用十字丝纵丝的单线平分目标，也可用双线夹住目标，如图 1-49 所示。

3）读数与记录

瞄准目标后，即可读取照准方向的目标方向读数。先打开度盘照明反光镜，调整反光镜的开度和方向，使读数窗亮度适中，并旋转读数显微镜的目镜，使刻划线清晰，然后读数。最后，将所读数据记录在观测手簿上相应位置。

### 5. 水平角观测

在角度观测中，为了消除仪器的某些误差，需要用盘左和盘右两个位置进行观测。盘左又称正镜，就是观测者对着望远镜的目镜时，竖盘在望远镜的左侧；盘右又称倒镜，是指观测者对着望远镜的目镜时，竖盘在望远镜的右测。习惯上，将盘左和盘右观测合称为一测回观测。

水平角观测方法主要是测回法和方向观测法。

1）测回法

测回法仅适用于观测两个方向形成的单角。如图 1-50 所示，在测站点 $B$，需要测出 $BA$、$BC$ 两方向间的水平角 $\beta$，则操作步骤如下。

图 1-50　测回法测水平角

（1）安置经纬仪于角度顶点 $B$，进行对中、整平，并在 $A$、$C$ 两点立上照准标志。

（2）将仪器置为盘左位。转动照准部，利用望远镜准星初步瞄准 $A$ 点，调节目镜和望远镜调焦螺旋，使十字丝和目标像均清晰，以消除视差。再用水平微动螺旋和竖直微动螺旋进行微调，直至十字丝中点照准目标为止。此时，打开换盘手轮进行度盘配置，将水平度盘的方向读数配置为 0°0′0″或稍大一点，读数 $a_L$ 并记入记录手簿，如表 1-7 所示。松开制动扳手，顺时针转动照准部，同上操作，照准目标 $C$ 点，读数 $c_L$ 并记入手簿，则盘左所测水平角为

表 1-7　测回法测水平角记录手簿

| 测　站 | 目　标 | 竖盘位置 | 水平度盘读数/（°　′　″） | 半测回角值/（°　′　″） | 一测回平均角值/（°　′　″） | 各测回平均值/（°　′　″） |
|---|---|---|---|---|---|---|
| 一测回 $B$ | $A$ | 左 | 0 06 24 | 111 39 54 | 111 39 51 | 111 39 52 |
| | $C$ | | 111 46 18 | | | |
| | $A$ | 右 | 180 06 48 | 111 39 48 | | |
| | $C$ | | 291 46 36 | | | |
| 二测回 $B$ | $A$ | 左 | 90 06 18 | 111 39 48 | 111 39 54 | |
| | $C$ | | 201 46 06 | | | |
| | $A$ | 右 | 270 06 30 | 111 40 00 | | |
| | $C$ | | 21 46 30 | | | |

$$\beta_L = c_L - a_L$$

（3）松开制动螺旋将仪器换为盘右位。先照准 $C$ 目标，读数 $c_R$；再逆时针转动照准部，直至照准目标 $A$ 为止，读数 $a_R$，计算盘右水平角为

$$\beta_R = c_R - a_R$$

（4）计算一测回角度值。当上下半测回值之差在±40″内时，取两者的平均值作为角度测量

值;若超过此限差值,则应重新观测。即一测回的水平角值为

$$\beta=\frac{\beta_L+\beta_R}{2}$$

当测角精度要求较高时,可以观测多个测回,取其平均值作为水平角测量的最后结果。为了减少度盘刻划不均匀所产生的误差,在进行不同测回观测角度时,应利用仪器上的换盘手轮装置来配置每测回的水平度盘起始读数,$DJ_6$ 型光学经纬仪每个测回间应按 180°/$n$ 的角度间隔值变换水平度盘位置。例如,若某角度需测四个测回,则各测回开始时其水平度盘应分别设置成略大于 0°、45°、90°和 135°。

2)方向观测法(全圆方向法)

当测站上的目标方向观测数在三个或三个以上时,一般采用方向观测法。

如图 1-51 所示,测站点为 $O$ 点,观测方向有 $A$、$B$、$C$、$D$ 点四个。为测出各方向相互之间的角值,可用方向观测法先测出各方向值,再计算各角度值。

在 $O$ 点安置经纬仪,盘左位置,瞄准第一个目标(在 $A$、$B$、$C$、$D$ 点四个目标中选择一个标志十分清晰且通视好的点作为零方向),此处选 $A$ 点作为第一目标,通常称为零方向,旋紧水平制动螺旋,转动水平微动螺旋精确瞄准,转动度盘变换器使水平度盘读数略大于 0°,再检查望远镜是否精确瞄准,然后读数,零方向读数与置数之差不允许超过测微器增量的一半。顺时针方向旋转照准部,依次照准 $B$、$C$、$D$ 点,最后闭合到零方向 $A$ 点(这一步骤称为"归零"),所有读数依次序记在手簿中相应栏内(以 $A$ 点方向为零方向的记录计算表格见表 1-8)。

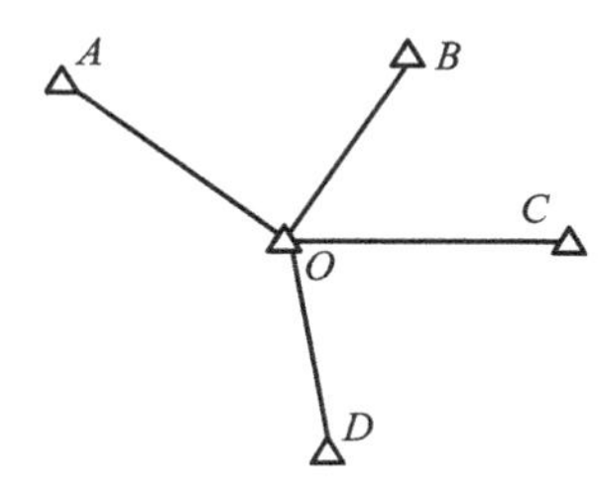

图 1-51 方向观测法

纵转望远镜,逆时针方向旋转照准部 1～2 周后,精确照准零方向 $A$ 点,读数。再逆时针方向转动照准部,按上半测回的相反次序观测 $D$、$C$、$B$ 点,最后观测至零方向 $A$ 点(即归零)。同样,将各方向读数值记录在手簿中,见表 1-8。

表 1-8 方向观测法测水平角记录手簿

| 测站 | 测回数 | 目标 | 读数 盘左/(° ′ ″) | 读数 盘右/(° ′ ″) | 2C=左－(右±180°)/(″) | 平均读数=$\frac{1}{2}$[左+(右±180°)]/(° ′ ″) | 归零后方向值/(° ′ ″) | 各测回归零方向值的平均值/(° ′ ″) |
|---|---|---|---|---|---|---|---|---|
| | | | | | | (0 02 06) | | |
| 0 | 1 | $A$ | 0 02 06 | 180 02 00 | +6 | 0 02 03 | 0 00 00 | |
| | | $B$ | 51 15 42 | 231 15 30 | +12 | 51 15 36 | 51 13 30 | |
| | | $C$ | 131 54 12 | 311 54 00 | +12 | 131 54 06 | 131 52 00 | |
| | | $D$ | 182 02 24 | 2 02 24 | 0 | 182 02 24 | 182 00 18 | |
| | | $A$ | 0 02 12 | 180 02 06 | +6 | 0 02 09 | | |
| | | | | | | (90 03 32) | | |
| 0 | 2 | $A$ | 90 03 30 | 270 03 24 | +6 | 90 03 27 | 0 00 00 | 0 00 00 |
| | | $B$ | 141 17 00 | 321 16 54 | +6 | 141 16 57 | 51 13 25 | 51 13 28 |
| | | $C$ | 221 55 42 | 41 55 30 | +12 | 221 55 36 | 131 52 04 | 131 52 02 |
| | | $D$ | 272 04 00 | 92 03 54 | +6 | 272 03 57 | 182 00 25 | 182 00 22 |
| | | $A$ | 90 03 36 | 270 03 36 | 0 | 90 03 36 | | |

半测回中，零方向有前、后两次读数，两次读数之差称为半测回归零差。若不超过限差规定，则取平均值得半测回零方向观测值，最后把两个半测回的平均值相加并取平均，即计算出一测回零方向的平均方向值，并记于手簿相应栏目，如表 1-8 中第 7 列的 0°02′06″。

为了便于以后的计算和比较，要把每一测回的起始方向值（即零方向一测回平均值）转化成 0°00′00″，即得零方向的归零值为 0°00′00″。

取同一方向两个半测回归零后的平均值，即得每个方向一测回平均方向值。当观测了多个测回时，还需计算各测回同一方向归零后方向值之差，称为各测回方向差。该值若在规定限差内，取各测回同一方向的方向值的平均值为该方向的各测回平均方向值，如表 1-8 中第 9 列的各方向值数据。

所需要的水平角可以从有关的两个方向观测值相减得到。按现行测量规范的规定，方向观测法的限差应符合表 1-9 所示的规定。而在表 1-8 所示的计算中，两个测回的归零差分别为 6″和 12″，小于限差要求的 18″；$B$、$C$、$D$ 点三个方向值两测回较差分别为 5″、4″、7″，小于限差要求的 24″。观测结果满足规范的要求。应注意：用 $DJ_6$ 型光学经纬仪观测时不需计算 2$C$ 差，但若使用 $DJ_2$ 型光学经纬仪观测，还需计算 2$C$ 值，计算公式为 $2C=L-(R\pm180°)$。2$C$ 值是使用 $DJ_2$ 型光学经纬仪以上仪器进行观测时，其成果中的一个有限差规定的项目，但它不是以 2$C$ 的绝对值的大小作为是否超限的标准，而是以各个方向的 2$C$ 的变化值（即最大值与最小值之差）作为是否超限的标准。

**表 1-9　方向观测法的各项限差规定**

| 经纬仪型号 | 半测回归零差 | 一测回内 2$C$ 互差 | 同一方向值各测回较差 |
|---|---|---|---|
| $DJ_2$ | 12″ | 18″ | 9″ |
| $DJ_6$ | 18″ | — | 24″ |

3）水平角观测注意事项

（1）仪器高度要和观测者的身高相适应；三脚架要踩实，仪器与脚架连接要牢固，操作仪器时不要用手扶三脚架；转动照准部和望远镜之前，应先松开制动螺旋，使用各种螺旋时用力要轻。

（2）精确对中，特别是对短边测角时，对中要求应更严格。

（3）当观测目标间高低相差较大时，更应注意仪器整平。

（4）照准标志要竖直，尽可能用十字丝交点瞄准标杆或测钎底部。

（5）记录要清楚，应当场计算，发现错误，立即重测。

（6）一测回水平角观测过程中，不得再调整照准部管水准器气泡，如气泡偏离中央超过两格，则应重新对中与整平仪器，重新观测。

## 6. 竖直角观测

1）竖直角的用途

竖直角主要用于将观测的倾斜距离转化为水平距离或计算三角高程。

（1）倾斜距离转化为水平距离　如图 1-52 所示，测得 $A$、$B$ 两点间的斜距 $S$ 和竖直角 $\alpha$，则其两点间的水平距离 $D$ 为

$$D=S\cos\alpha$$

（2）计算三角高程　如图 1-53 所示，当用水准测量方法测定 $A$、$B$ 两点间的高差 $h_{AB}$ 有困

难时，可以利用图中测得的斜距 $S$、竖直角 $\alpha$、仪器高 $i$、目标高 $v$，按下列公式计算出高差 $h_{AB}$ 为

$$h_{AB}=S\sin\alpha+i-v$$

当已知 $A$ 点的高程 $H_A$ 时，则 $B$ 点的高程 $H_B$ 为

$$H_B=H_A+h_{AB}=H_A+S\sin\alpha+i-v$$

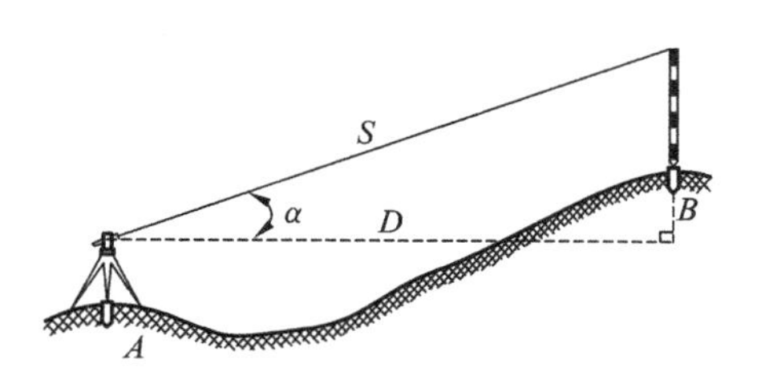


图 1-52　水平距离的计算

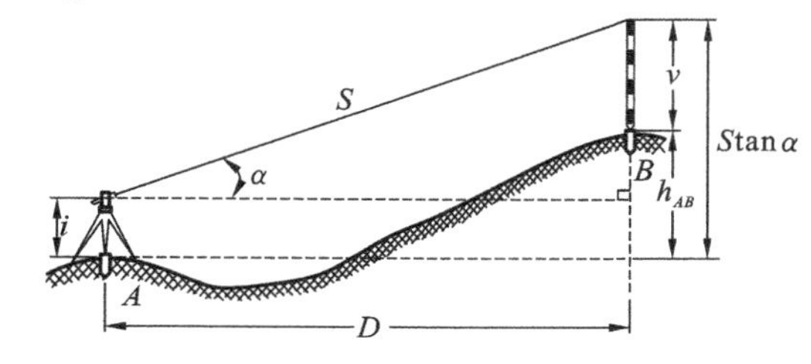


图 1-53　三角高程的计算

三角高程测量方法是一种很实用的高程测量方法，特别是在山地、丘陵地区，工作起来极为方便，现在测量工作中大量使用全站仪，更显得此种测量方法的重要性和实用性。

2)竖盘的构造

如图 1-54 所示，经纬仪竖盘安装在望远镜横轴一端并与望远镜连接在一起，这样，竖盘可

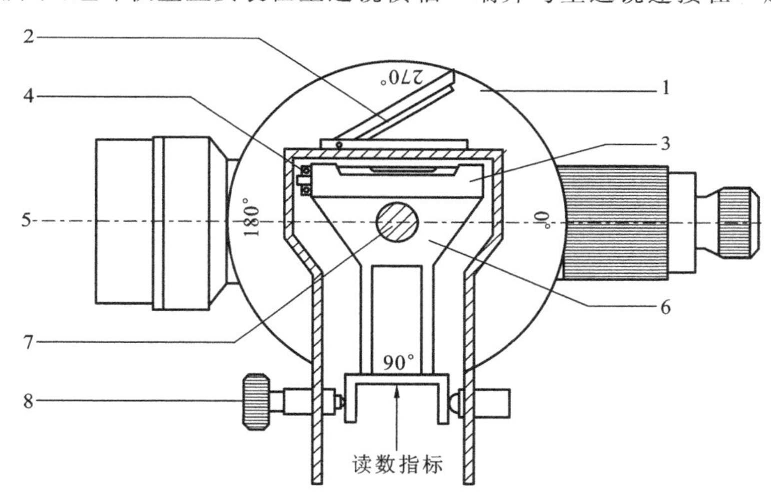


图 1-54　竖盘的构造

1—竖直度盘；2—竖盘指标管水准器反射镜；3—竖盘指标管水准器；4—竖盘指标管水准器校正螺丝；
5—望远镜视准轴；6—竖盘指标管水准器支架；7—横轴；8—竖盘指标管水准器微动螺旋

随望远镜一起绕横轴旋转，且竖盘面垂直于横轴。

竖直度盘与竖盘指标管水准器(或竖盘指标自动补偿装置)连接在一起，旋转竖盘指标管水准器微动螺旋将带动竖盘指标管水准器和竖盘读数指标一起做微小的转动。

竖盘的注记形式较多，目前常见的注记形式为全圆注记，即竖盘注记为 0°～360°，分顺时针和逆时针注记两种形式，本书只以顺时针注记的竖盘形式为例予以介绍。竖盘读数指标的正确位置是：当视线水平，望远镜处于盘左且竖盘指标管水准器气泡居中时，读数窗中的竖盘读数应为 90°(有些仪器设计为 0°，本书约定为 90°)。

3)竖直角和指标差的计算公式

(1)竖直角的计算　竖直角(高度角)是在同一竖直面内目标方向与水平方向间的夹角。所

以要测定某目标的竖直角，也应是两个目标方向的竖盘读数之差。不过对于任何形式的竖盘，当视线水平时，无论是盘左或是盘右，水平方向的竖盘读数已设为固定值，正常状态下应为90°的整数倍。所以测量地面直线的竖角时只需对视线指向的目标进行观测读数即可。

以仰角为例，只需先将望远镜放在大致水平的位置，然后观察竖盘读数，再使望远镜逐渐上倾，继续观察竖盘读数是增加还是减少，便可得出竖角计算的通用公式：

① 当望远镜视线上倾，竖盘读数增加，则

竖角 $\alpha$＝瞄准目标时的竖盘读数－视线水平时的竖盘读数

② 当望远镜视线上倾，竖盘读数减少，则

竖角 $\alpha$＝视线水平时的竖盘读数－瞄准目标时的竖盘读数

现以常用的 $DJ_6$ 型光学经纬仪的竖盘注记为顺时针方向为例来介绍其计算公式。

如图1-55(a)所示，望远镜为盘左位置，当视线水平，且竖盘指标管水准器气泡居中时，读数窗中的竖盘读数为90°；当望远镜抬高一个角度 $\alpha$ 照准目标，竖盘指标管水准器气泡居中时，竖盘读数设为 $L$（为减少），则盘左观测的竖角为

$$\alpha_L = 90° - L$$

如图1-55(b)所示，纵转望远镜成盘右位置，当视线水平，且竖盘指标管水准器气泡居中时，读数窗中的竖盘读数为270°；当望远镜抬高一个角度 $\alpha$ 照准目标，竖盘指标管水准器气泡居中时，竖盘读数为 $R$（为增加），则盘右观测的竖角为

$$\alpha_R = R - 270°$$

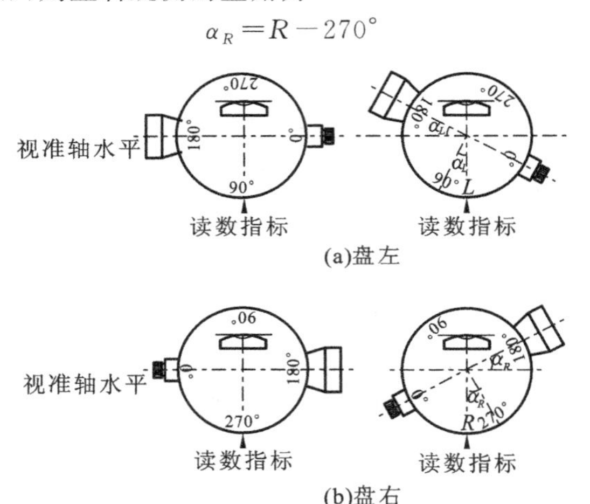


**图1-55　竖角(高度角)计算**

将盘左、盘右观测的竖角 $\alpha_L$ 和 $\alpha_R$ 取平均值，即得此种竖盘注记形式下竖角 $\alpha$ 为

$$\alpha = \frac{1}{2}(\alpha_L + \alpha_R) = \frac{1}{2}[(R - L) - 180°]$$

由上式计算出的值为“＋”时，$\alpha$ 为仰角；为“－”时，$\alpha$ 为俯角。

(2)指标差的计算　当望远镜成视线水平状态，且竖盘指标管水准器气泡居中时，读数窗中的竖盘读数为90°(盘左)或270°(盘右)的情形，称为竖盘指标管水准器和竖盘读数关系正确。但对于通常使用的经纬仪来讲，两者间的关系并非处于绝对的正确位置。当竖盘指标管水准器和竖盘读数关系不正确时，则在望远镜视线水平且竖盘指标管水准器气泡居中的情形下，读数窗中的竖盘读数相对于正确值90°(盘左)或270°(盘右)就有一个小的角度偏差 $x$，称为竖盘指标差，如图1-56所示。设所测竖角的正确值为 $\alpha$，则考虑指标差 $x$ 的竖角计算公式为

$$\alpha = 90° + x - L = \alpha_L + x$$

$$\alpha = R-(270°+x)=\alpha_R - x$$

上两式相减，即可计算出指标差 $x$ 为

$$x=\frac{1}{2}(\alpha_R-\alpha_L)=\frac{1}{2}(R+L)-180°$$

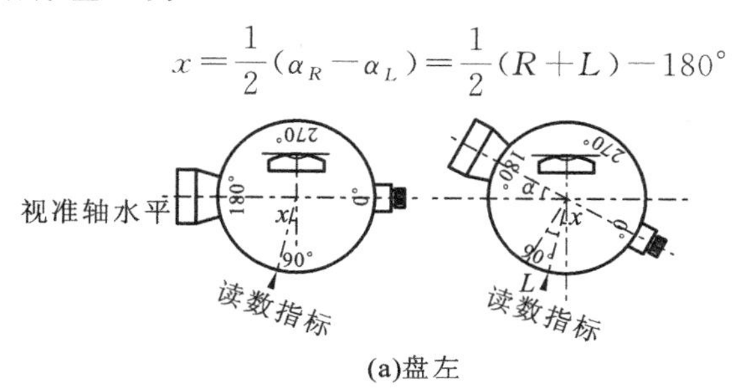

(a)盘左

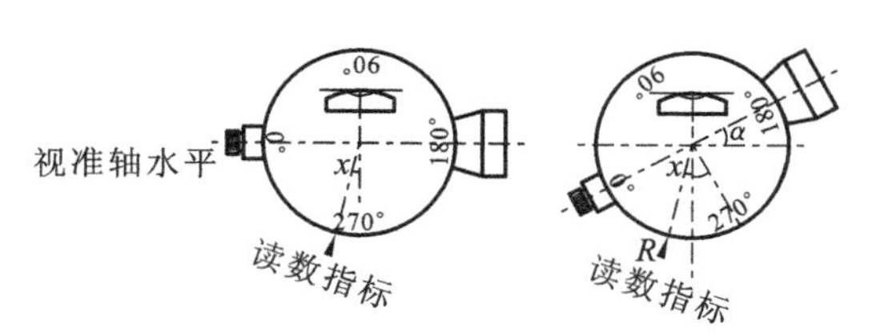

(b)盘右

**图 1-56　有指标差 $x$ 的竖角计算**

取盘左与盘右所测竖角的平均值，即可得到消除了指标差 $x$ 的竖角 $\alpha$。但对 $DJ_6$ 型经纬仪而言，其指标差 $x$ 变化允许值不得大于 25″。

4）竖直角的观测、记录与计算

竖直角观测须用横丝瞄准目标的特定位置，例如，标杆的顶部或标尺上的某一位置。地面目标直线的竖直角一般用测回法观测，竖直角观测的操作程序如下。

（1）在测站点上安置好经纬仪，对中、整平，并用小钢尺量出仪器高。仪器高是测站点标志顶部到经纬仪横轴中心的垂直距离。

（2）盘左瞄准目标，使十字丝横丝切于目标某一位置，旋转竖盘指标管水准器微动螺旋使竖盘指标管水准器气泡居中，读取竖直度盘读数。将数据记录于手簿，计算盘左竖角

$$\alpha_L=90°-L$$

（3）盘右瞄准目标，使十字丝横丝切于目标同一位置，旋转竖盘指标管水准器微动螺旋使竖盘指标管水准器气泡居中，读取竖直度盘读数。将数据记录于手簿，计算盘右竖角

$$\alpha_R=R-270°$$

（4）当指标差 $x$ 变化值在规定的限差内时，计算竖角的一测回值为

$$\alpha=\frac{1}{2}(\alpha_L+\alpha_R)=\frac{1}{2}[(R-L)-180°]$$

竖直角的观测数据记录及计算见表 1-10。

**表 1-10　竖直角观测手簿**

| 测站 | 目标 | 竖盘位置 | 竖盘读数/(°　′　″) | 半测回竖直角/(°　′　″) | 指标差 | 一测回竖直角/(°　′　″) |
|---|---|---|---|---|---|---|
| A | B | 左 | 81 18 42 | +8 41 18 | +6 | +8 41 24 |
| | | 右 | 278 41 30 | +8 41 30 | | |
| | C | 左 | 124 03 30 | −34 03 30 | +12 | −34 03 18 |
| | | 右 | 235 56 54 | −34 03 06 | | |

### 7. 经纬仪应满足的几何条件

1）水平角观测对经纬仪的要求

从测角原理及仪器构造来看，要使所测的角度达到规定的精度，经纬仪的主要轴线和平面之间，务必满足水平角观测所提出的条件。如图 1-57 所示，经纬仪的主要轴线有视准轴（$CC$）、照准部水准管轴（$LL$）、竖轴（$VV$）和横轴（$HH$）。此外还有望远镜的十字丝横丝。根据水平角的定义，仪器在水平角测量时应满足如下条件：

（1）竖轴必须竖直；

（2）水平度盘必须水平，其度盘分划中心应在竖轴上；

（3）望远镜上下转动时，视准轴形成的视准面必须是竖直面。

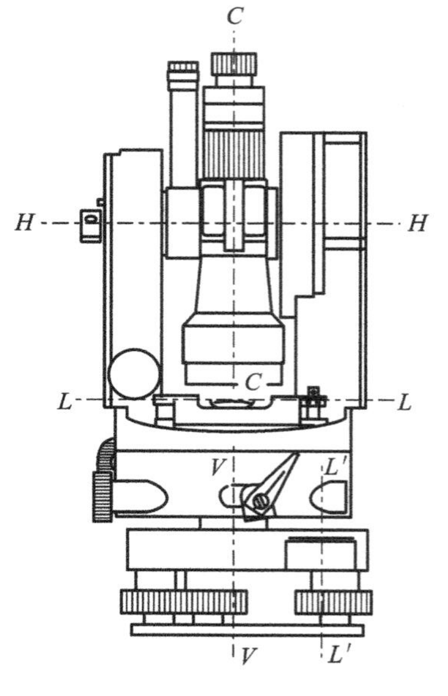

图 1-57　经纬仪轴线

2）经纬仪满足的几何条件

基于以上对仪器的要求，仪器厂在装配仪器时，已将水平度盘与竖轴安装成相互垂直关系，因而只要竖轴竖直，水平度盘即可水平。而竖轴的竖直是利用照准部的管水准器气泡居中，即水准管轴水平来实现的。所以，上述的（1）、（2）两项要求可由照准部水准管轴应与竖轴垂直来保证。

视准面必须竖直，实际上是由两个条件来保证的。首先，视准面必须是平面，其要求视准轴应垂直于横轴；其次，该平面必须是竖直平面，要求横轴还必须水平，横轴必须垂直于竖轴。

综上所述，经纬仪理论上应满足如下条件：

（1）照准部水准管轴应垂直于竖轴；

（2）视准轴应垂直于横轴；

（3）横轴应垂直于竖轴；

（4）用于瞄准的十字丝竖丝应垂直于横轴；

（5）当竖直度盘指标管水准器气泡居中时，若视线水平，其水平方向的竖盘读数应为 90°的整数倍，即在观测竖角时，竖盘指标差应在规定的范围内。

除此之外，为了保证光学对中的精度，还应满足光学对中器的视准轴应与竖轴重合的条件。

### 8. 水平角测设

水平角测设的任务是，根据地面已有的一个已知方向，将设计角度的另一个方向测设到地面上。水平角测设的仪器是经纬仪或全站仪。

1）正倒镜分中法

如图 1-58(a)所示，设地面上已有 $AB$ 方向，要在 $A$ 点以 $AB$ 为起始方向，向右侧测设出设计的水平角 $\beta$。将经纬仪（或全站仪）安置在 $A$ 点后，其测设工作步骤如下。

（1）盘左瞄准 $B$ 点，读取水平度盘读数为 $L_A$，松开制动螺旋，顺时针转动仪器，当水平度盘读数约为 $L_A+\beta$ 时，制动照准部，旋转水平微动螺旋，使水平度盘读数准确对准 $L_A+\beta$ 数值，并依视线方向在地面上定出 $C'$点。

（2）倒转望远镜成盘右位置，瞄准 $B$ 点，按相同的操作方法在地面上定出 $C''$点；取 $C'$、$C''$的

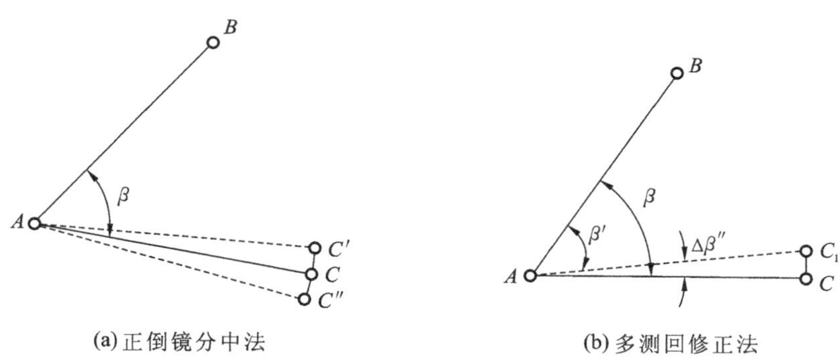

(a)正倒镜分中法
(b)多测回修正法
图 1-58　水平角测设

中点为 C,则∠BAC 即为在地面上所测设出角值为 $\beta$ 的水平角。

2)多测回修正法

首先用正倒镜分中法测设出 $\beta$ 角定出 $C_1$。然后用多测回法测量$\angle BAC_1$(一般 2～3 测回),设角度观测的平均值为 $\beta'$,则其与设计角值 $\beta$ 的差 $\Delta\beta=\beta'-\beta$(以秒为单位),如果 $AC_1$ 的水平距离为 $D$,则 $C_1$ 点偏离正确点位 $C$ 的距离为$CC_1=D\tan\Delta\beta=D\times\dfrac{\Delta\beta}{\rho}$。

在图 1-58(b)中,假若 $D$ 为 123.456 m,$\Delta\beta=-12''$,则 $CC_1=7.2$ mm。因 $\Delta\beta<0$,说明测设的角度小于设计的角度,所以应对其进行调整。此时,可用小三角板,从 $C_1$ 点起,沿垂直于 $AC_1$ 方向的垂线向外量 7.2 mm 定出 $C$ 点,则$\angle BAC$ 即为最终测设的角度 $\beta$。

## 活动 3　钢尺量距与水平距离测设

地面上两点间的距离是指这两点沿铅垂线方向在大地水准面上投影点间的弧长。在测区面积不大的情况下,可用水平面代替水准面。两点间连线投影在水平面上的长度为水平距离。不在同一水平面上的两点间连线的长度称为两点间的倾斜距离。

测量地面两点间的水平距离是确定地面点位的基本测量工作之一。距离测量的方法有多种,常用的距离测量方法有:钢尺量距、视距测量、光电测距。可根据不同的侧距精度要求和作业条件(仪器、地形)选用测量工具和方法。

### 1. 钢尺量距的工具和设备

钢尺量距常用测量工具和设备有钢尺、标杆、测钎和垂球等。

1)钢尺

钢尺是采用经过一定处理的优质钢制成的带状尺,长度通常有 20 m、30 m 和 50 m 等几种,卷放在金属架上或圆形盒内。钢尺按零点位置的不同分为端点尺和刻线尺。如图 1-59(a)所示,端点尺的零点在尺的最外端,此种类型的钢尺从建筑物的竖直面接触量起较为方便;如图 1-59(b)所示,刻线尺以尺上第一条分划线作为尺子零点,此种尺丈量时,用零点分划线对准丈量对象的起始点位较为准确、方便。

有的尺基本分划为 cm,适用于一般量距;有的尺基本分划为 mm,适用于较精密的量距。精密的钢尺制造时有规定的温度和拉力,如在尺端标有 30 m、20°、10 kg 的字样,这表明在规定的标准温度和拉力条件下，该钢尺的标准长度是 30 m。钢尺一般用于精度较高的距离测量工作中。由于钢尺较薄，性脆易折，应防止打结和车轮碾压。钢尺受潮易生锈，应防雨淋、水浸。

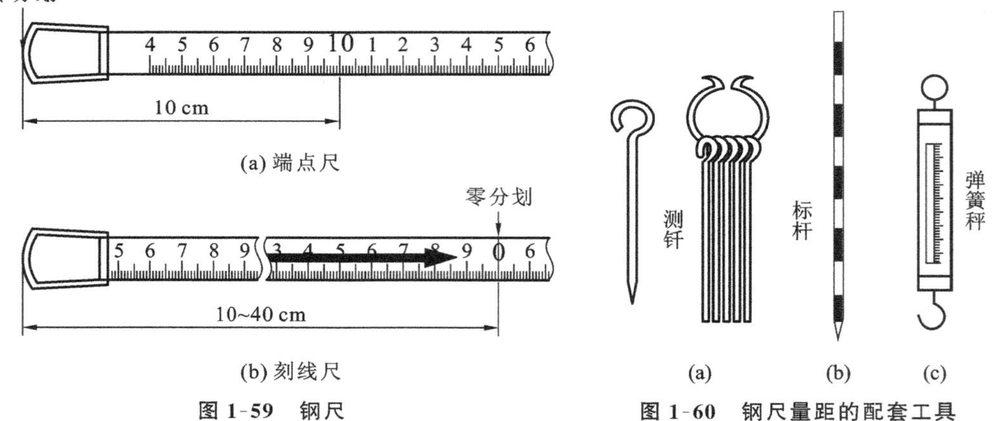


图 1-59　钢尺

图 1-60　钢尺量距的配套工具

2)测钎

测钎一般用长约 25～35 cm、直径为 3～4 mm 粗的铁丝制成，如图 1-60(a)所示，一端卷成小圆环，便于套在另一铁环内，以 6 根或 11 根为一串，另一端磨削成尖锥状，以便插入地里。测钎主要用来标定整尺端点位置和计量丈量的整尺数。

3)标杆

标杆又称花杆，多数用圆木杆制成，也有金属的圆杆。全长 2～3 m，杆上涂以红、白相间的两色油漆，间隔长为 20 cm，如图 1-60(b)所示。杆的下端有铁制的尖脚，以便插入土地内。标杆是一种简单的测量照准标志，在丈量中用于直线定线和投点。

4)垂球

垂球也称线垂，为铁制圆锥状。距离丈量时利用其吊线为铅垂线之特性，用于铅垂投点位及对点、标点。此外，在精密量距时，还需用到温度计、弹簧秤等工具，如图 1-60(c)所示。

## 2. 普通钢尺量距施测方法及步骤

钢尺量距工作一般需要三人，分别担任前司尺员、后司尺员和记录员。丈量方法因地形而有所不同。

1)直线定线

当两点间的距离较长或地势起伏较大时，为能沿着直线方向进行距离丈量工作，需在直线方向线上标定若干个点，它既能标定直线，又可作为分段丈量的依据，这种在直线方向上标定点位的工作称为直线定线。直线定线根据精度要求不同，可分为标杆定线、细绳定线和经纬仪定线。

(1)标杆定线(又称目估定线)　如图 1-61 所示，$A$、$B$ 点为地面上待量距的两个端点，为进行钢尺量距，须在 $AB$ 直线上定出 1、2 等点。先在 $A$、$B$ 两点竖立标杆，甲站在 $A$ 点标杆后约 1 m 处，自 $A$ 点标杆的一侧照准 $B$ 点标杆的同一侧形成视线，乙按甲的指挥左右移动标杆，当标杆的同一侧移入甲的视线时，甲喊“好”，乙在标杆处插上测钎即为 1 点。同法可定出后续各点。直线定线一般应由远到近，即先定 1 点，再定 2 点，如果需将 $AB$ 直线延长，也可按上述方法将 1、2 等点定在 $AB$ 的延长线上。定线两点之间的距离要稍小于一整尺长，此项工作一般

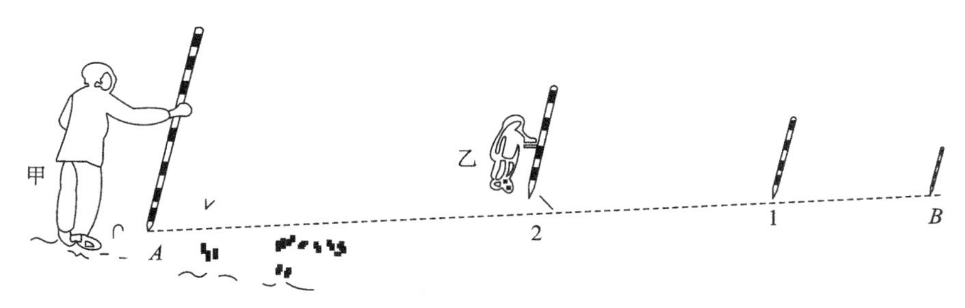


图 1-61　标杆定线

与丈量同时进行，即边定线边丈量。

(2)细绳定线(又称拉线定线)　定线时，先在直线 $A$、$B$ 两点间拉一细绳，然后沿着细绳按照定线点间距(要稍小于一整尺子长)定出各中间点，并做上相应标记。

(3)经纬仪定线　如图 1-62 所示，欲在 $AB$ 直线上定出 1、2 等点，可利用经纬仪建立地面直线视线方向，并在地上投出中间点得到。甲在 $A$ 点安置经纬仪，对中、整平后，用望远镜照准 $B$ 点处竖立的标志，固定仪器照准部，将望远镜俯向 1 点处投测，指挥乙手持标志(测钎或标杆)移动，当标志与十字丝竖丝重合时，将标志立在直线上 1 点处。其他 2、3 等点的投测，只需将望远镜的俯、仰角度变化，即可向近处或远处投得其他各点，使投测点均在 $AB$ 直线上。

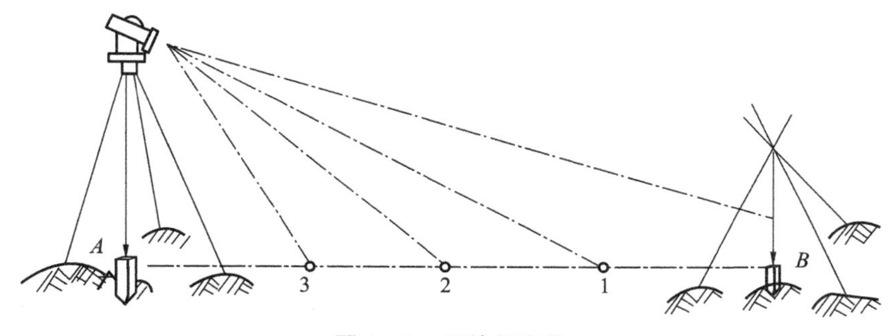


图 1-62　经纬仪定线

2)钢尺量距

(1)平坦地面量距。

① 量距方法。如图 1-63 所示，欲测量 $A$、$B$ 两点之间水平距离时，应先在 $A$、$B$ 外侧各竖立一根标杆，作为丈量时定线的依据，清除直线上的障碍物以后，即可开始丈量。丈量时，后司尺员持钢尺零端，站在 $A$ 点处，前司尺员持钢尺末端并携带一组测钎沿丈量方向($AB$ 方向)前进，行至刚好为一整尺长处停下，拉紧钢尺。后司尺员用手势指挥前司尺员持尺左、右移动，使钢尺位于 $AB$ 直线方向上。然后，后司尺员将尺零点对准 $A$ 点，当两人同时用力将钢尺拉紧、拉稳时，后司尺员发出“预备”口令，此时前司尺员在尺的末端刻划线处，竖直地插下一测钎，并喊“好”，即量完了第一个整尺段。接着，前、后司尺员将尺举起前进，同法，量出第二个整尺段，依次继续丈量下去，直至最后不足一整尺段的长度(称为余长，一般记为 $q$)为止。丈量余长时，前司尺员将尺上某一整数分划对准 $B$ 点，由后司尺员对准第 $n$ 个测钎点，并从尺上读出读数，两数相减，即可求得不足一尺段的余长，则 $A$、$B$ 两点之间的水平距离为

$$D_{AB}=n\times l+q$$

式中：$D_2$ 为整尺段数；

$l$ 为整尺的名义长度；

$q$ 为余长。

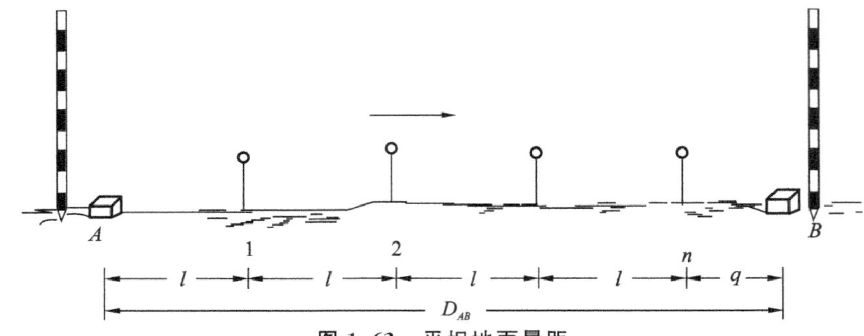


图 1-63　平坦地面量距

② 量距精度评定。为了防止错误和保证量距精度，应对量测的直线进行往返丈量。由 $A$ 点量至 $B$ 点称为往测，由 $B$ 点量至 $A$ 点称为返测，往返距离较差与平均距离之比称为相对误差 $k$，通常把 $k$ 化为一个分子为 1 的分数，以此来衡量距离丈量的精度。计算如下

$$\overline{D}=\frac{1}{2}(D_{往}+D_{返})\qquad \Delta D=|D_{往}-D_{返}|$$

则

$$k=\frac{\Delta D}{\overline{D}}=\frac{1}{M}$$

式中：

$$M=\frac{\overline{D}}{\Delta D}$$

一般情况下，在平坦地区进行钢尺量距时，其相对误差不应超过 1/3 000，在量距困难的地区，相对误差也不应大于 1/1 000。若符合要求，则取往返测量的平均长度作为观测结果。若超过该范围，应分析原因，重新进行测量。

例如，测量 $AB$ 直线，其往测值为 136.392 m，返测值为 136.425 m，则其往返测较差为 $\Delta D=|D_{往}-D_{返}|=0.033$ m，平均距离为 136.409 m。量距精度为

$$k=\frac{0.033}{136.409}=\frac{1}{4\ 134}(满足精度要求)$$

钢尺量距丈量数据记录及计算见表 1-11。

表 1-11　普通钢尺量距记录手簿　　单位：m

钢尺长度：$l$= 30 m　日期：2009 年 11 月 18 日　组长：刘洋

| 直线编号 | 测量方向 | 整尺段长 $n\times l$ | 余长 $q$ | 全长 $D$ | 往返平均数 | 精度（$k$ 值） | 备　注 |
|---|---|---|---|---|---|---|---|
| $AB$ | 往 | 4×30 | 16.392 | 136.392 | 136.409 | 1/4 134 | |
| | 返 | 4×30 | 16.425 | 136.425 | | | |
| $BC$ | 往 | 3×30 | 5.123 | 95.123 | 95.149 | 1/1 830 | 相对误差超限，重测 |
| | 返 | 3×30 | 5.175 | 95.175 | | | |
| $CD$ | 往 | 3×30 | 5.169 | 95.169 | 95.176 | 1/7 321 | |
| | 返 | 3×30 | 5.182 | 95.182 | | | |

(2)倾斜地面量距。

① 水平量距法(又称平量法)。在倾斜地面上量距时,若地面起伏不大,可将尺子拉成水平后进行丈量。如图1-64所示,欲丈量直线 $AB$ 的水平距离,可将 $AB$ 分成若干小段进行丈量,每段的长度视坡度大小、量距方便而定。在每小段端点插上标杆定线,拔下标杆,再架上竹架挂垂球,使垂球尖对准标杆尖的原有位置,这样各小段的垂球线即落在 $AB$ 直线上,且又可供前司尺员量距读数时作依据。丈量时,目估使尺面水平,按平坦地面量距方法进行,从 $A$ 点开始量起,直至丈量最后一段对准 $B$ 点,各测段丈量结果的总和便是直线 $AB$ 的水平距离。

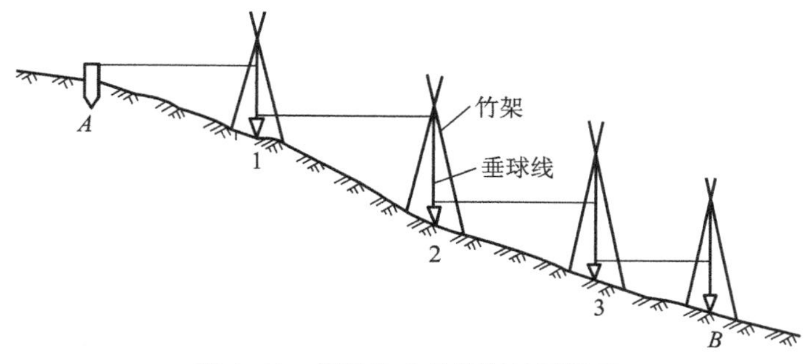


图1-64 平量法丈量倾斜地面距离

② 倾斜量距法(又称斜量法)。如果 $A$、$B$ 两点间有较大的高差,但地面坡度比较均匀,大致成一倾斜面,如图1-65所示,可沿地面直接丈量倾斜距离 $L$,并测定其倾角 $\alpha$(用经纬仪测竖角)或两点间的高差 $h$,则可计算出直线的水平距离为

$$D=L\cos\alpha \quad 或 \quad D=\sqrt{L^2-h^2}$$

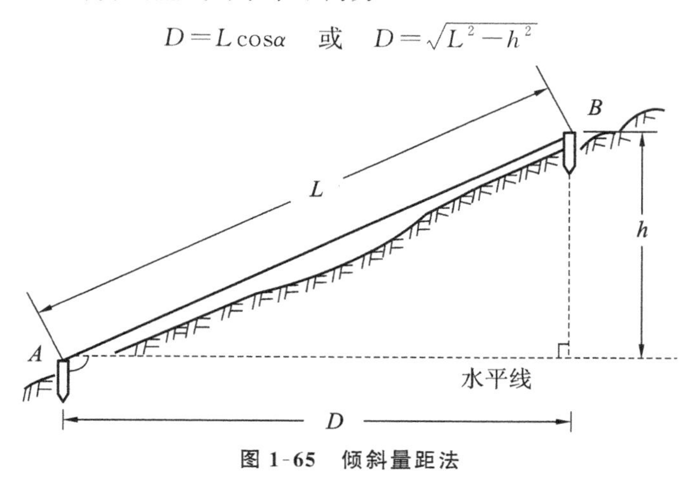


图1-65 倾斜量距法

(3)普通钢尺量距注意事项。

① 应熟悉钢尺的零点位置和尺面注记。

② 前、后司尺员须密切配合,尺子应拉直,用力要均匀,对点要准确,保持尺子水平。读数时应迅速、准确、果断。

③ 测钎应竖直、牢固地插在尺子的同一侧,位置要准确。

④ 记录要清楚,要边记录边复诵读数。

⑤ 注意保护钢尺,严防钢尺打卷、车轧且不得沿地面拖拉钢尺。前进时,应有人在钢尺中部将钢尺托起。

⑥ 每日用完后,应及时擦净钢尺。若暂时不用时,擦拭干净后,还应涂上黄油,以防生锈。

### 3. 水平距离测设

水平距离测设的任务是，将设计距离测设在已标定的方向线上，并定出满足设计要求的设计点位。测设的工具可用钢尺、测距仪或全站仪。在此介绍使用钢尺测设水平距离的方法。

1）一般方法

在地面上，由已知点 $A$ 开始，沿给定方向，用钢尺量出已知水平距离 $D$ 定出 $B$ 点。为了校核与提高测设精度，在起点 $A$ 处改变读数，按同法量已知距离 $D$ 定出 $B'$点。由于量距有误差，$B$ 与 $B'$两点一般不重合，其相对误差在允许范围内时，则取 $B$、$B'$两点的中点作为最终位置。

2）精密方法

当水平距离的测设精度要求较高时，按照上面一般方法测设出的水平距离，还应再加上尺长、温度和倾斜三项改正。也就是说，所测设的水平距离的名义长度 $D'$，加上尺长改正 $\Delta D_d$、温度改正 $\Delta D_t$ 和高差倾斜改正 $\Delta D_h$ 后应等于设计水平距离 $D$。故在精密测设水平距离时，应根据设计水平距离计算出应测设的名义距离，便可在实地定出水平距离来。

【例 1-1】 在图 1-66 所示的倾斜地面上，需要在 $AC$ 方向上，使用 30 m 的钢尺，测设水平长度为 58.692 m 的一段距离以定出 $C_0$ 点。设所用钢尺的尺长方程式为

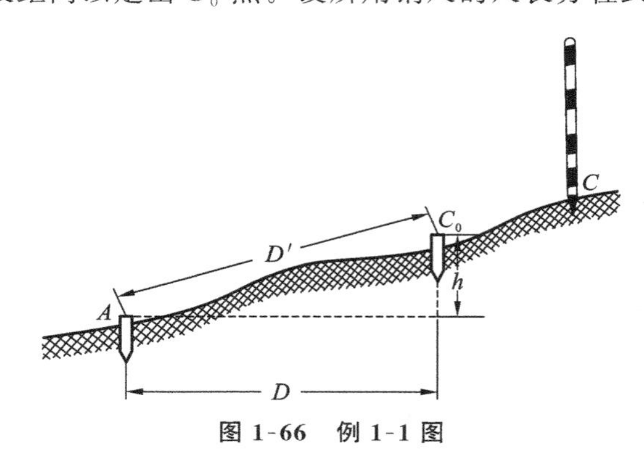


图 1-66 例 1-1 图

$$l_t = l_0 + \Delta l + \alpha(t - 20℃)l_0 = 30\ \text{m} + 3.0\ \text{mm} + 0.375\ \text{m}(t - 20℃)$$

$A$、$C_0$ 两点的高差 $h=1.200$ m，测设时的温度为 $t=8℃$，试计算使用此把钢尺进行测设，在 $AC$ 方向上沿倾斜地面应量出的名义长度是多少？

【解】 首先计算出在测设时应产生的三差改正数分别为

尺长改正 $$\Delta D_d = D \times \frac{\Delta l}{l_0} = 58.692 \times \frac{0.003}{30}\ \text{m} = 0.006\ \text{m}$$

温度改正 $$\Delta D_t = 0.375 \times (8-20) \times \frac{58.692}{30}\ \text{m} = -0.009\ \text{m}$$

倾斜改正 $$\Delta D_h = -\frac{h^2}{2D} = -\frac{1.2^2}{2 \times 58.692}\ \text{m} = -0.012\ \text{m}$$

则实地应量出的名义长度为

$$D' = D - \Delta D_d - \Delta D_t - \Delta D_h = (58.692 - 0.006 + 0.009 + 0.012)\ \text{m} = 58.707\ \text{m}$$

故实地测设时，在 $AC$ 方向上，从 $A$ 点沿倾斜地面量距离 58.707 m，即可定出 $C_0$ 点，此时 $A$、$C_0$ 两点的水平距离即为 58.692 m。

# 活动4　全站仪及其基本测量功能

全站仪又称全站型电子速测仪，是集光电测距仪、电子经纬仪和微型计算机为一体的现代精密测量仪器，由电子测距仪、电子经纬仪和电子记录装置三部分组成。全站仪的电子记录装置由存储器、微处理器、输入/输出设备组成。微处理器对获取的斜距、水平角、竖直角、视准轴误差、指标差、棱镜常数、气温、气压等信息进行处理，可以获得各种改正后的数据。存储器中固化了一些常用的测量程序，如坐标测量、导线测量、放样测量、后方交会等，只要进入相应的测量程序模式，输入已知数据，便可依据程序进行测量过程，获取观测数据，并解算出相应的测量结果。全站仪自动化程度高，功能多，精度好，通过配置适当接口，野外采集的测量数据即可直接传输到计算机进行数据处理或进入自动化绘图系统。

全站仪的应用可归纳为四个方面：一是在地形测量中，可将控制测量和碎步测量同时进行；二是可用于施工放样测量，将设计好的管线、道路，工程建设中的建筑物、构筑物等的位置按图纸设计数据测设到地面上；三是可用于导线测量、前方交会、后方交会等，不但操作简便且速度快、精度高；四是通过数据输入/输出设备，将全站仪与计算机、绘图仪连接在一起，形成一套完整的测绘系统，从而大大提高测绘工作的质量和效率。

## 1. 全站仪的基本结构

全站仪的种类很多，各种型号仪器的基本结构大致相同。现以日本拓普康公司生产的GTS-330系列全站仪为例进行介绍。GTS-330系列全站仪的外观与普通电子经纬仪的外观相似。

1）基本结构

图1-67所示为GTS-330系列全站仪的结构图。

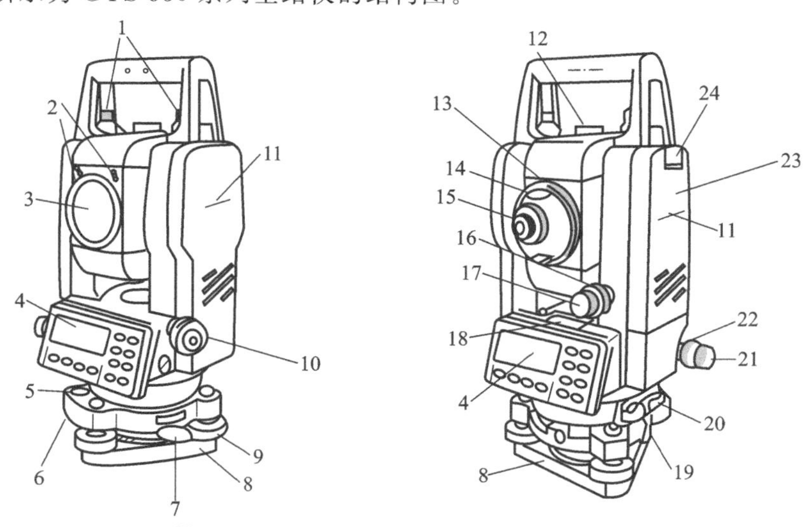


**图1-67**　GTS-330(332、335)**全站仪的结构图**

1—提手固定螺旋；2—定点指示器；3—物镜；4—显示屏；5—圆水准器；6—圆水准器校正螺钉；7—基座固定钮；8—底板；9—脚螺旋；10—光学对中器；11—仪器中心标志；12—粗瞄准器；13—望远镜调焦螺旋；14—望远镜把手；15—目镜；16—垂直制动螺旋；17—垂直微动螺旋；18—管水准器；19—串行信号接口；20—外接电源接口；21—水平微动螺旋；22—水平制动螺旋；23—机载电池BT-52QA；24—电池锁紧杆

2）显示

（1）显示屏　显示屏采用点阵式液晶（LCD）显示，可显示 4 行，每行 20 个字符，通常前三行显示的是测量数据，最后一行显示的是随测量模式变化而变化的按键功能。

（2）对比度与照明　显示屏的对比度与照明可以调节，具体可在菜单模式或者星键模式下依据其中文操作指示来调节。

（3）加热器（自动）　当气温低于 0℃时，仪器的加热器就自动工作，以保持显示屏正常显示，加热器开/关的设置方法依据菜单模式下的操作方法进行。加热器工作时，电池的工作时间会变短一些。

（4）显示符号　显示屏中显示的符号如表 1-12 所示。

**表 1-12　显示符号及其含义**

| 显示符号 | 含　义 | 显示符号 | 含　义 |
|---|---|---|---|
| V% | 垂直角（坡度显示） | N | 北向坐标 |
| HR | 水平角（右角） | E | 东向坐标 |
| HL | 水平角（左角） | Z | 高程 |
| HD | 水平距离 | * | EDM（电子测距）正在进行 |
| VD | 高差 | m | 以 m 为单位 |
| SD | 倾斜 | f | 以英尺（ft）或者英尺/英寸（in）单位变换 |

3）操作键

显示屏上的各操作键如图 1-68 所示，具体名称及功能说明如表 1-13 所示。

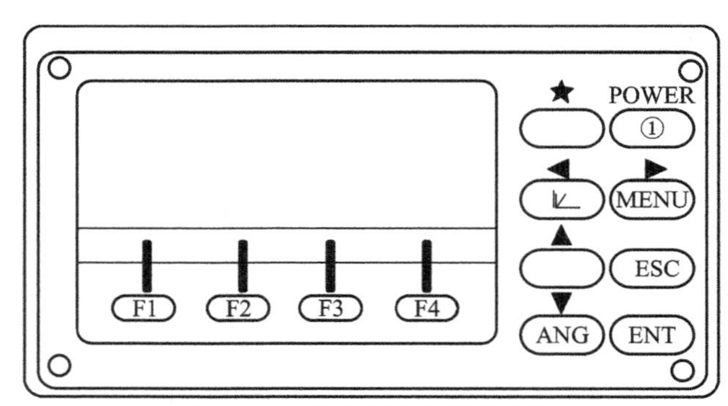


**图 1-68　显示屏操作键示意图**

**表 1-13　操作键名称及功能说明**

| 操作键 | 名　称 | 功　能 |
|---|---|---|
| ★ | 星键 | 星键模式用于如下项目的设置或显示：①显示屏对比度；②十字丝照明；③背景光；④倾斜改正；⑤定线点指示器（仅适用于有定线点指示器类型）；⑥设置音响模式 |
|  | 坐标测量键 | 坐标测量模式 |
|  | 距离测量键 | 距离测量模式 |
| ANG | 角度测量键 | 角度测量模式 |
| POWER | 电源键 | 电源开关 |
| MENU | 菜单键 | 在菜单模式和正常测量模式之间切换，在菜单模式下可设置应用测量与照明调节、仪器系统误差改正 |

续表

| 操作键 | 名　称 | 功　能 |
| --- | --- | --- |
| ESC | 退出键 | (1) 返回测量模式或上一层模式<br>(2) 从正常测量模式直接进入数据采集模式或放样模式<br>(3) 也可用做正常测量模式下的记录键 |
| ENT | 确认输入键 | 在输入值末尾按此键 |
| F1～F4 | 软键(功能键) | 对应于显示的软键功能信息 |

4)软键(功能键)

软键共有四个,即F1、F2、F3、F4键,每个软键的功能见相应测量模式的相应显示信息,在各种测量模式下分别有其不同的功能。

标准测量模式有三种,即角度测量模式、距离测量模式和坐标测量模式。各测量模式又有若干页,可以用F4键翻页。

5)星键模式

如图1-69所示,按星键即可看到下列仪器设置选项,具体说明如表1-14所示。

(1) 调节显示屏的黑白对比度(0～9级)[▲或▼键]。

(2) 调节十字丝照明亮度(1～9级)[◀或▶键]。

(3) 显示屏照明开/关[F1键]。

(4) 设置倾斜改正[F2键]。

(5) 定线点指示灯开/关[F3键](仅适用于有定线点指示器的仪器)。

(6) 设置音响模式(S/A)[F4键]。

注:当主程序运行与星键相同的功能时,星键模式无效。

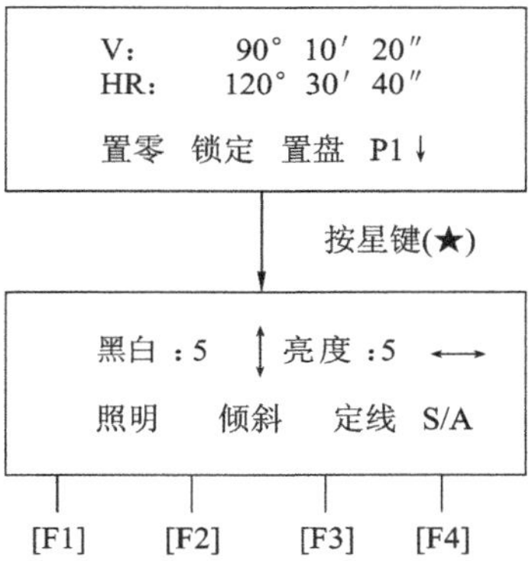

V:　　90° 10′ 20″
HR:　120° 30′ 40″
置零　锁定　置盘　P1↓

按星键(★)

黑白 :5 ↕ 亮度 :5 ⟷
照明　倾斜　定线　S/A

[F1]　[F2]　[F3]　[F4]

图1-69　星键模式菜单

表1-14　星键模式操作说明

| 键 | 显示符号 | 功　能 |
| --- | --- | --- |
| F1 | 照明 | 显示屏背景光开关 |
| F2 | 倾斜 | 设置倾斜改正,若设置为开,则显示倾斜改正值 |
| F3 | 定线 | 定线点指示器开关(仅适用于有定线点指示器的类型) |
| F4 | S/A | 显示EDM回光信号强度(信号)、大气改正值(PPM)和棱镜常数值(棱镜) |
| ▲或▼ | 黑白 | 调节显示屏对比度(0～9级) |
| ◀或▶ | 亮度 | 调节十字丝照明亮度(1～9级)<br>十字丝照明开关和显示屏背景光开关是联通的 |

6)串行信号接口

GTS-330系列全站仪的串行信号接口用来与计算机或者拓普康公司数据采集器进行连接,计算机或者采集器能够从仪器接收到数据或发送预置数据(如水平角等)。

7)反射棱镜

可根据需要选用拓普康公司生产的各种棱镜框、棱镜、标杆连接器、三脚基座连接器以及三脚基座等系统组件,并可根据测量的需要进行组合,形成满足各种距离测量所需的棱镜组合。

使用全站仪进行测量时，反射棱镜是不可缺少的配件工具。棱镜有单棱镜、三棱镜、测杆棱镜等不同种类，如图 1-70 所示。

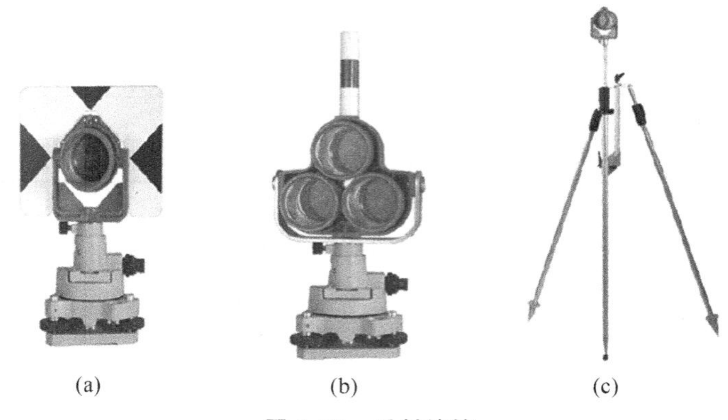
(a)　(b)　(c)

**图 1-70　反射棱镜**

不同的棱镜数量，其测程不同，棱镜数越多，其测程越大，但全站仪的测程是有限的，所以棱镜数应根据全站仪的测程和所测距离来选择。

单棱镜、三棱镜等在使用时一般安置在三脚架上，用于控制测量。在放样测量和精度要求不高的测量中，采用测杆棱镜是十分便利的。

拓普康公司生产的棱镜常数为 0，设置棱镜改正值为 0。若使用其他厂家生产的棱镜，则在使用之前应先设置一个相应的常数，即使电源关闭，所设置的值也被保存在仪器中。

### 2. 全站仪的基本设置

无论何种类型的全站仪，在开始测量前，都应进行一些必要的准备工作，如水平度盘及竖直度盘指标设置、仪器参数和使用单位的设置、棱镜常数改正值和大气改正值的设置等。准备工作完成后，方可开始进行测量。下面以 GTS-330 系列全站仪为例，介绍其设置方法。

1）*初始设置*

（1）单位设置。

① 温度和气压单位设置。其内容为选择大气改正用的温度单位和气压单位。温度单位有℃、℉ 两个选项；气压单位有 hPa、mmHg、inHg 三个选项。

② 角度单位设置。选择测角单位，有 deg、gon、mil（度、哥恩、密位）三个选项。

③ 距离单位设置。选择测距单位，有 m、ft、ft/in（米、英尺、英尺/英寸）三个选项。

下面将以示例的形式叙述单位参数的设置方法。

例如，设置气压和温度单位为 hPa 和℉ 的设置方法。其操作步骤如图 1-71 所示（其他设置方法依照此例进行相应操作即可）。

（2）模式设置。模式设置项目有开机模式、精测/粗测/跟踪、平距/斜距、竖角、ESC 键模式及坐标检查等。具体设置方法依据模式设置菜单进行，可参照单位设置操作方法进行设置。

（3）其他设置。该项设置有许多项，一般选择仪器的默认值即可。

2）*大气改正值的设置*

光线在空气中的传播速度并非常数，它随大气温度和压力的改变而改变，GTS-330 系列全

| 操作过程 | 操作 | 显示 |
| --- | --- | --- |
| ①按住[F2]键开机 | [F2]<br>+<br>开机 | 参数组2<br>F1：单位设置<br>F2：模式设置<br>F3：其他设置 |
| ②按[F1]（单位设置）键 | [F1] | 单位设置　　1/2<br>F1：温度和气压<br>F2：角度<br>F3：距离　　P↓ |
| ③按[F1]（温度和气压）键 | [F1] | 温度和气压设置<br>温度：　　℃<br>气压：　　mmHg<br>℃　℉　---　回车 |
| ④按[F2]（℉）键，再按[F4]（回车）键 | [F2]<br>[F4] | 温度和气压设置<br>温度：　　℉<br>气压：　　mmHg<br>hPa mmHg　inHg　回车 |
| ⑤按[F1]（hPa）键，再按[F4]（回车）键<br>返回单位设置菜单 | [F1]<br>[F4] | 单位设置　　1/2<br>F1：温度和气压<br>F2：角度<br>F3：距离　　P↓ |
| ⑥按[ESC]键<br>返回参数设置（参数组2）菜单 | [ESC] | 参数组2<br>F1：单位设置<br>F2：模式设置<br>F3：其他设置 |

图 1-71　单位设置示例

站仪一旦设置了大气改正值便可自动对测距结果实施大气改正。仪器的标准大气状态为：温度为 15℃/59°F，气压为 1 013.25 hPa / 760 mmHg / 29.9 inHg，此时大气改正值为 0 PPM。大气改正值在关机后仍可保留在仪器内存中。其设置方法有以下两种。

（1）直接设置温度和气压。预先测得测站周围的温度和气压，例如设置温度为＋26 ℃，气压为 1 017 hPa，其操作步骤如图 1-72 所示，其中，字母、数字输入方法参见后面相关介绍。

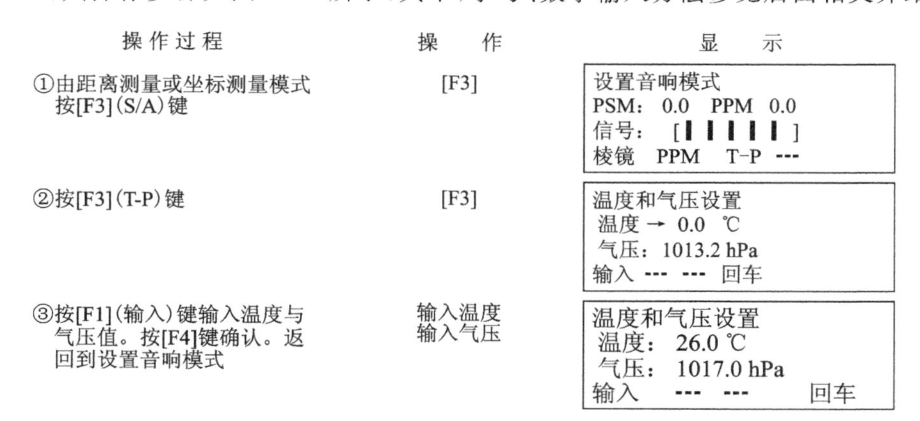

| 操作过程 | 操作 | 显示 |
| --- | --- | --- |
| ①由距离测量或坐标测量模式按[F3]（S/A）键 | [F3] | 设置音响模式<br>PSM：0.0　PPM　0.0<br>信号：[▌▌▌▌▌]<br>棱镜　PPM　T-P　--- |
| ②按[F3]（T-P）键 | [F3] | 温度和气压设置<br>温度 → 0.0　℃<br>气压：1013.2 hPa<br>输入　---　---　回车 |
| ③按[F1]（输入）键输入温度与气压值。按[F4]键确认。返回到设置音响模式 | 输入温度<br>输入气压 | 温度和气压设置<br>温度：26.0 ℃<br>气压：1017.0 hPa<br>输入　---　---　回车 |

图 1-72　温度和气压设置

（2）直接设置大气改正值。测定温度和气压，然后从大气改正图上或根据改正公式求得大气改正值 PPM。其操作步骤如图 1-73 所示。

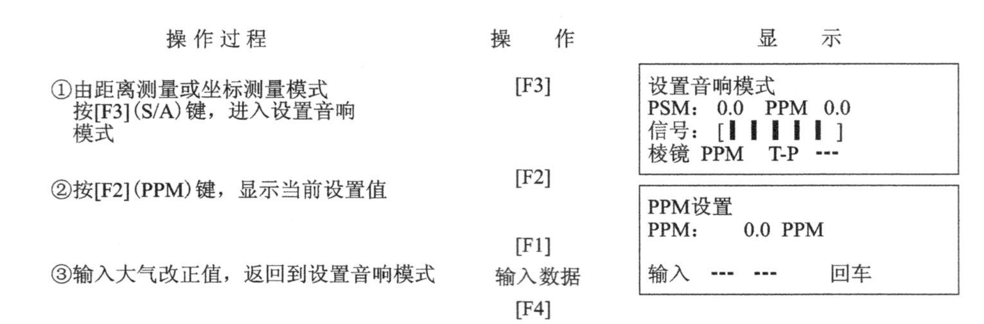


**图 1-73　大气改正值设置**

## 3. 全站仪的操作

1）安置

将仪器安置在三脚架上，精确对中和整平。在操作时应使用中心连接螺旋直径为 5/8 in(1.587 5 cm)的拓普康公司生产的宽框木制三脚架。其具体操作方法与光学经纬仪的安置相同。一般采用光学对中器完成对中，利用长管水准器精平仪器。

2）开机

首先确认仪器已经整平，然后打开电源开关（POWER 键）。仪器开机后应确认棱镜常数(PSM)和大气改正值(PPM)，并可调节显示屏，然后根据需要进行各项测量工作。

3）字母、数字输入方法

在此介绍该仪器字母、数字的输入方法，如仪器高、棱镜高、测站点和后视点的参数的输入，具体操作如图 1-74 所示。

若要修改字符，可按[←]或[→]键将光标移到需修改的字符上，并再次输入。

4）角度测量

(1)水平角(右角)和垂直角测量。将仪器调为角度测量模式，其操作按图 1-75 所示进行。

(2)水平角(右角/左角)的切换。将仪器调为角度测量模式，按图 1-76 所示操作过程进行水平角(右角/左角)的切换。

(3)水平方向值的设置方法。(目标方向的配盘)

① 通过锁定角度值进行设置。将仪器调为角度测量模式，按图 1-77 所示操作过程进行角度值设置。

② 通过键盘输入进行设置。将仪器调为角度测量模式，按图 1-78 所示通过键盘输入水平角度值。

(4)垂直角百分度(%)模式。将仪器调为角度测量模式，按以下操作进行。

① 按[F4](↓)键转到显示屏第二页。

② 按[F3](V%)键。显示屏即显示 V%，进入垂直角百分度(%)模式。

5）距离测量

在利用仪器进行距离测量时，首先应对仪器进行基本设置，如大气改正设置、温度设置、棱镜常数设置等，通过设置，仪器的工作状态就会与测区的气压、温度等状况相一致，与所用配套棱镜的安置情况一致。

| 操作过程 | 显示 |
|---|---|
| 输入字符<br>①按[↑]或[↓]键将箭头移到待输入的条目 | 点号 →<br>标识符:<br>仪高 :　0.000　m<br>输入　查找　记录　测站 |
| ②按[F1](输入)键，箭头即变成等号(=)，这时在底行上显示字符<br>③按[↑]或[↓]键，选择另一页 | 点号 =<br>标识符:<br>仪高 :　0.000　m<br>1234　5678　90. -[ENT]<br>----------------------------------<br>ABCD　EFGH　IJKL　[ENT]<br>[F1]　[F2]　[F3]　[F4] |
| ④按软功能键选择一组字符<br>例：按[F2](EFGH)键 | 点号 →<br>标识符:<br>仪高 :　0.000　m<br>(E)　(F)　(G)　(H)<br>[F1]　[F2]　[F3]　[F4] |
| 输入字符<br>⑤按软键选择某个字符<br>例：按[F3](G)键 | 点号 =G<br>标识符:<br>仪高 :　0.000　m<br>ABCD　EFGH　IJKL　[ENT] |
| 按同样方法输入下一个字符 | 点号 =GOOD-1<br>标识符:<br>仪高 :　0.000　m<br>ABCD　EFGH　IJKL　[ENT] |
| ⑥按F4(ENT)键，箭头移动到下一个条目 | 点号 =GOOD-1<br>标识符: →<br>仪高 :　0.000　m<br>输入　查找　记录　测站 |

**图 1-74　字母及数字输入方法示例**

| 操作过程 | 操作 | 显示 |
|---|---|---|
| ①照准第一个目标*A* | 照准目标*A* | V:　90° 10′ 20″<br>HR:　120° 30′ 40″<br>置零　锁定　置盘　P1↓ |
| ②设置目标*A*水平角为0° 00′ 00″<br>按[F1](置零)键和(是)键 | [F1] | 水平角置零<br>>OK?<br>---　---　[是] [否] |
| | [F3] | V:　90° 10′ 20″<br>HR:　0° 00′ 00″<br>置零　锁定　置盘　P1↓ |
| ③照准第二个目标*B*，显示目标*B*的V/H | 照准目标*B* | V:　96° 48′ 24″<br>HR:　153° 29′ 21″<br>置零　锁定　置盘　P1↓ |

**图 1-75　水平角(右角)和垂直角测量**

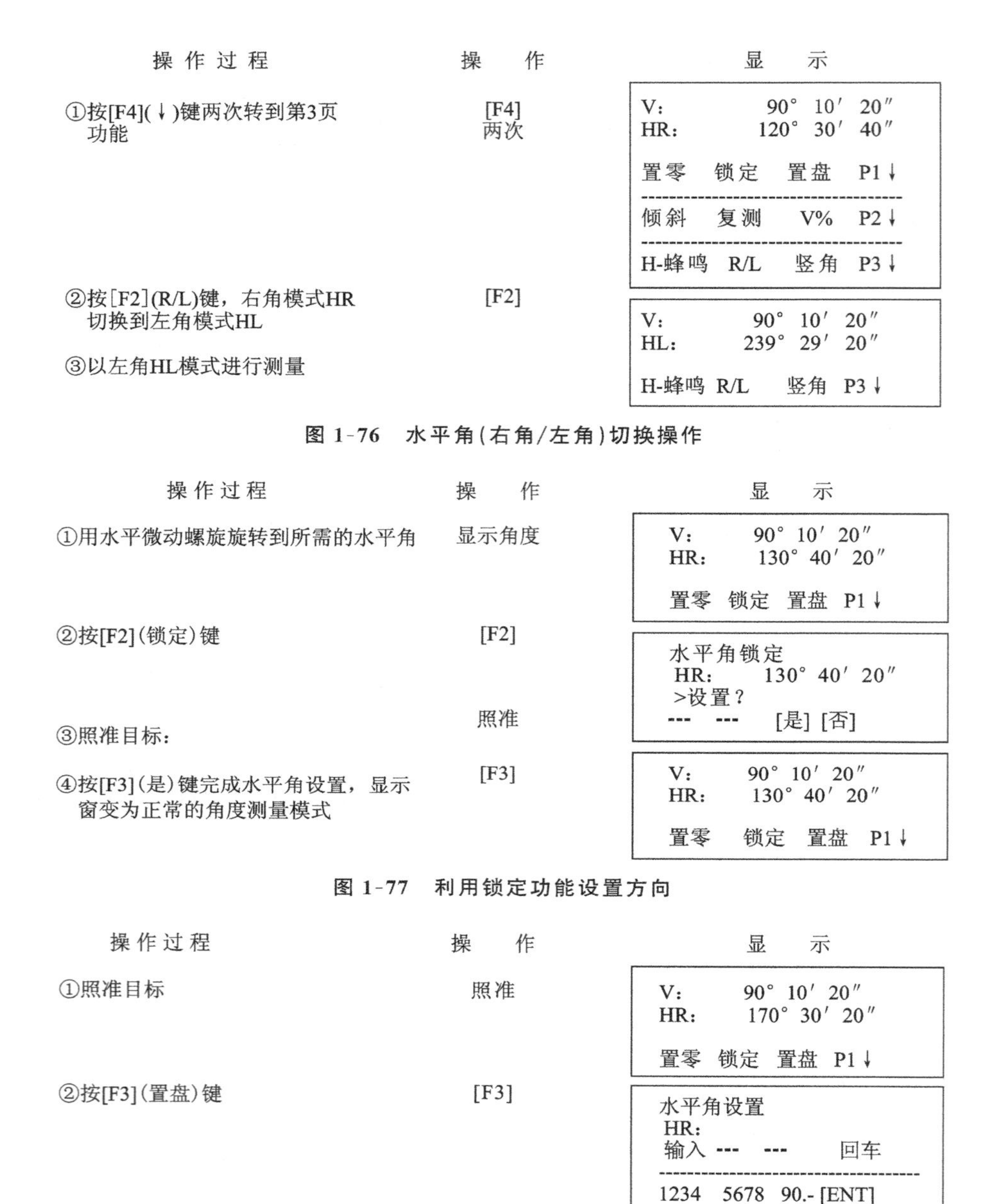


图 1-76 水平角(右角/左角)切换操作



图 1-77 利用锁定功能设置方向



图 1-78 从键盘输入设置方向

拓普康的棱镜常数为 0，设置棱镜改正为 0。棱镜在使用时，还应看对中杆中心和棱镜顶点之间的关系，如果两者在同一铅垂位置，则棱镜常数为 0。如果从仪器方向看棱镜顶点远于对中杆中心，则棱镜常数为负值，目前一般为 $-30$ mm。原因是测距的光路要比实际距离的 2 倍长一点，也就是说，棱镜常数的数值＝对中杆中心和棱镜表面的距离。这一点务必注意，否则，设置不对，距离就会测错。

(1)距离测量(连续测量)。将仪器调为角度测量模式,然后按图1-79所示步骤进行操作。

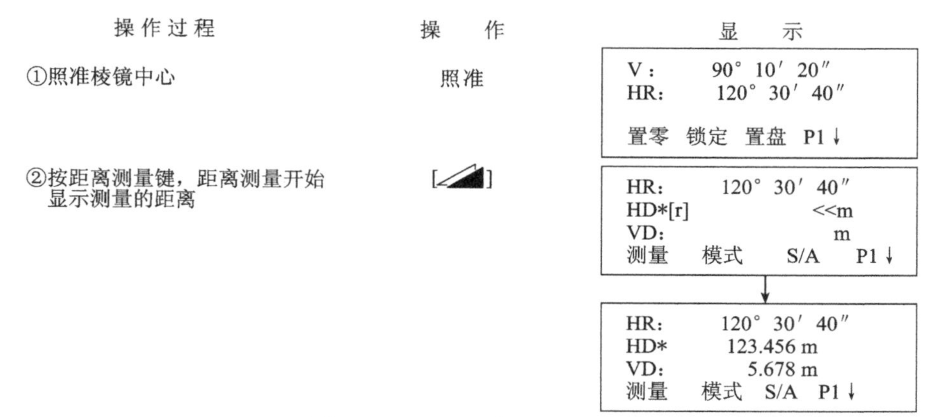


图1-79 距离测量(连续测量)

(2)距离测量(N次测量/单次测量)。当输入测量次数后,GTS-330系列全站仪就将按设置的次数进行测量,并显示出距离平均值。当输入测量次数为1时,因为是单次测量,仪器不显示距离平均值,该仪器出厂时已被设置为单次测量。首先将仪器调为角度测量模式,然后按图1-80所示步骤进行操作。

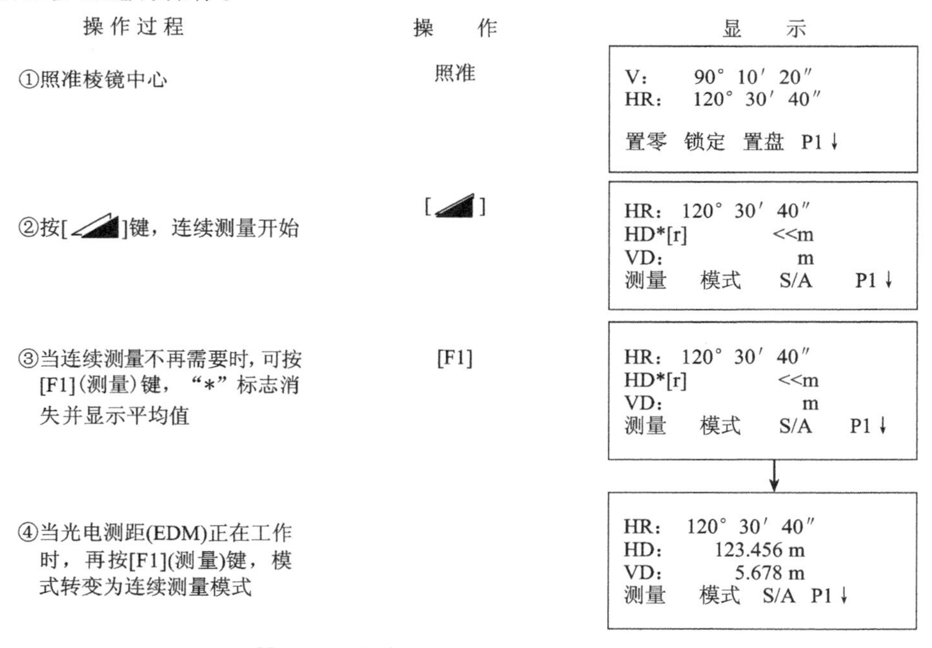


图1-80 距离测量(N次测量/单次测量)

(3)精测模式/跟踪模式/粗测模式。

① 精测模式。这是正常的测距模式,最小显示单位为0.2 mm或1 mm,其测量时间为:0.2 mm模式下大约为2.8 s,1 mm模式下大约为1.2 s。

② 跟踪模式。此模式观测时间要比精测模式短,最小显示单位为10 mm,测量时间约为0.4 s。

③ 粗测模式。该模式观测时间比精测模式短,最小显示单位为10 mm或1 mm,测量时间约为0.7 s。具体操作如图1-81所示。

| 操作过程 | 操　作 | 显　示 |
| --- | --- | --- |
| | | HR:　120° 30′ 40″<br>HD*　123.456 m<br>Vd:　5.678 m<br>测量　模式　S/A　P1↓ |
| ①在距离测量模式下按[F2](模式)键，设置模式的首字符(F/T/C)将显示出来(F: 精测　T: 跟踪　C: 粗测) | [F2] | HR:　120° 30′ 40″<br>HD*　123.456 m<br>Vd:　5.678 m<br>精测　跟踪　粗测　F |
| ②按[F1](粗测)键，[F2](跟踪)键或[F3](粗测)键 | [F1]-[F3] | HR:　120° 30′ 40″<br>HD*　123.456 m<br>VD:　5.678 m<br>测量　模式　S/A　P1↓ |

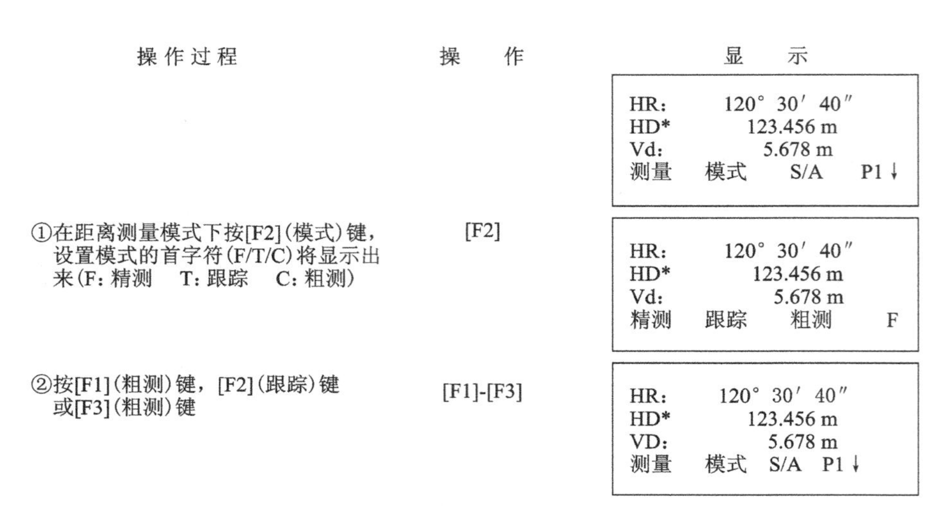

**图 1-81　粗测、精测及跟踪测量**

6）坐标测量

（1）测站点坐标的设置。设置仪器（测站点）相对于测量坐标原点的坐标，仪器可自动转换和显示未知点（棱镜点）在该坐标系中的坐标，其具体操作如图 1-82 所示。

（2）仪器高的设置。电源关闭后，可保存仪器高，具体操作步骤如图 1-83 所示。

（3）目标高（棱镜高）的设置。此项功能用于获取 $Z$ 坐标值，电源关闭后，可保存目标高，具体操作步骤如图 1-84 所示。

（4）坐标测量的过程。输入仪器高和棱镜高后进行坐标测量时，可直接测定未知点的坐标。具体步骤如下。

① 设置测站点的坐标值，并完成定向点坐标输入，进行仪器的定向操作（定向点的设置方法与测站点的设置方法基本相同，参见图 1-82）。

| 操作过程 | 操　作 | 显　示 |
| --- | --- | --- |
| ①在坐标测量模式下，按[F4]（↓）键进入第2页功能 | [F4] | N:　123.456 m<br>E:　34.567 m<br>Z:　78.912 m<br>测量　模式　S/A　P1↓<br>----------------------------------<br>镜高　仪高　测站　P2↓ |
| ②按[F3]（测站）键 | [F3] | N→　0.000 m<br>E:　0.000 m<br>Z:　0.000 m<br>输入　---　---　回车<br>----------------------------------<br>1234　5678　90.-[ENT] |
| ③输入$N$坐标 | [F1]<br>输入数据<br>[F4] | N　51.456 m<br>E→　0.000 m<br>Z:　0.000 m<br>输入　---　---　回车 |
| ④按同样方法输入$E$和$Z$坐标。输入数据后，显示屏返回坐标测量模式 | | N:　51.456　m<br>E:　34.567　m<br>Z:　78.912　m<br>测量　模式　S/A　P1↓ |

**图 1-82　测站点坐标设置**

② 设置仪器高和目标高，参见图 1-83、图 1-84。

③ 照准待定未知点上棱镜，进行坐标测量，即可显示待测点的坐标。通常，若测站点的坐标未输入（即未进行第一步测站点设置操作），仪器缺省的测站点坐标为（0，0，0）。当仪器高未输入时，以 0 计算；当棱镜高未输入时，以 0 计算。

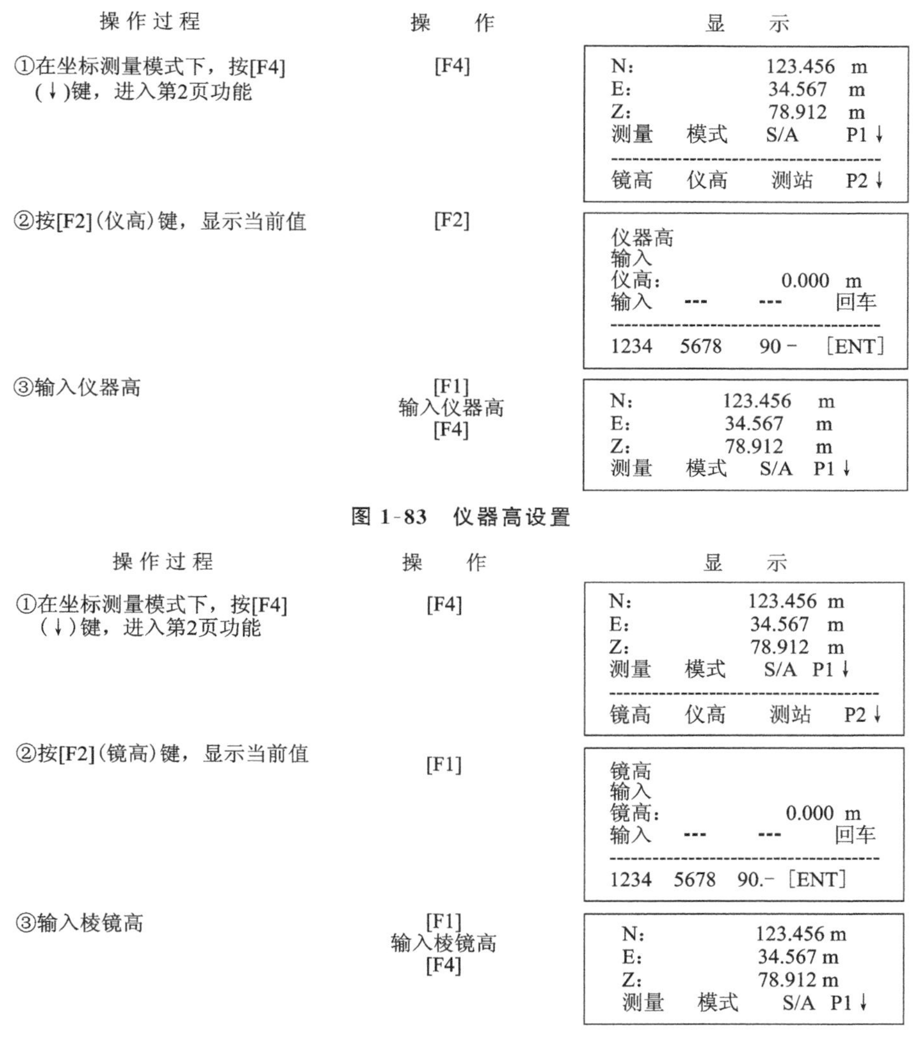


图 1-83　仪器高设置



图 1-84　目标高（棱镜高）设置

用全站仪测量坐标时，具体操作步骤如图 1-85 所示。

7）数据采集测量

GTS-330 系列全站仪可将测量数据存储于仪器内存中，内存的文件划分为测量数据文件和坐标文件两类，文件数最大可达 30 个。

被采集的数据（测量数据）存储在测量数据文件中。仪器测点数目（在未使用内存于放样模式的情况下）最多可达 8 000 个，由于内存供数据采集模式和放样模式使用，因此当放样模式在使用时，可存储测点的数目就会减少。

在关闭电源时，应确认仪器处于主菜单显示屏或角度测量模式，这样可以确保存储器输入/输出过程能顺利完成，避免存储数据时可能出现数据丢失现象。

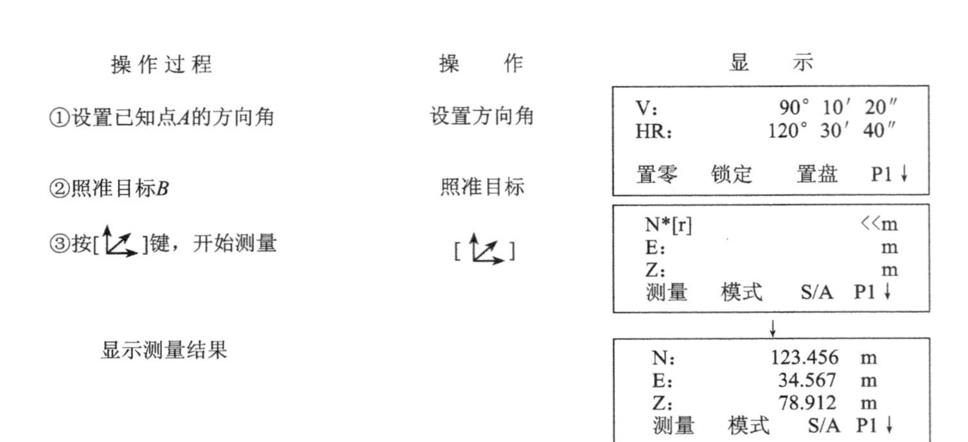


图 1-85　全站仪坐标测量

具体的数据采集菜单操作如下。

按[MENU]键，仪器进入主菜单 1/3 模式；按[F1]（数据采集）键，显示数据采集菜单 1/2，具体操作步骤如图 1-86 所示。

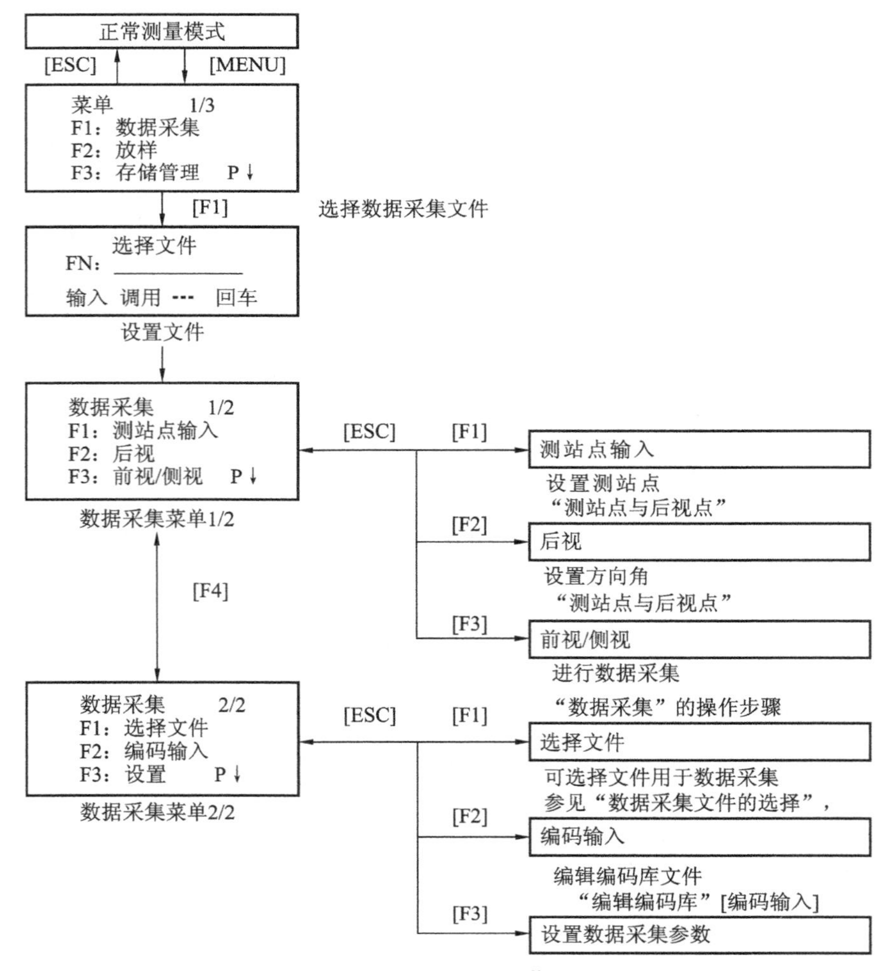


图 1-86　数据采集菜单

(1)数据采集的准备工作。

① 选定或建立一个数据采集文件。在启动数据采集模式之前会出现文件选择显示屏,由此可选定一个文件,文件选择也可在该模式下的数据采集菜单中进行。具体操作步骤如图 1-87 所示。

| 操作过程 | 操　作 | 显　示 |
|---|---|---|
| 在面板上按[MENU]键进入菜单界面 | 按[MENU] | 菜单　1/3<br>F1:数据采集<br>F2:放样<br>F3:存储管理　P↓ |
| ① 由主菜单 1/3 按[F3](存储管理)键 | [F3] | 存储管理　1/3<br>F1:文件状态<br>F2:查找<br>F3:文件维护　P↓ |
| ② 按[F4](翻页)键,进入存储管理的第二页 | [F4] | 存储管理　2/3<br>F1:输入坐标<br>F2:删除坐标<br>F3:输入编码　P↓ |
| ③ 按[F1]键,进入选定文件页面 | [F1] | 选择文件<br>FN:________<br>输入　调用　…　回车 |
| ④ 按[F1]键,新建一个文件,并按字符及数字的输入方法输入文件名 YXP。并按[F4]键确认,进入输入坐标数据页面 | [F1]<br>+<br>[F4] | 输入坐标数据<br>点号:________<br>输入　调用　…　回车 |
| ⑤ 按[F1]键,输入点号 N1,并按[F4]键确认,进入坐标数据输入页面 | [F1]<br>+<br>[F4] | N→　m<br>E　m<br>Z　m<br>输入　调用　…　回车 |
| ⑥ 完成 N1 点的坐标输入(N,E,Z)按[F4]键确认,即自动进入第二点 N2 的数据输入界面<br>⑦ 按相同的方法完成第二点 N2 的数据输入,以此类推,输完所有坐标数据。最终建立好该坐标文件 | [F4] | 输入坐标数据<br>点号:N2______<br>输入　调用　…　回车 |

**图 1-87　数据采集文件建立或选定**

② 坐标文件的选择(供数据采集用)。若需调用坐标数据文件中的坐标作为测站点或后视点坐标用,则预先应由数据采集菜单 2/2 选择一个坐标文件。具体操作步骤如图 1-88 所示。

③ 测站点与后视点。测站点与定向角在数据采集模式和正常坐标测量模式是相互通用的,

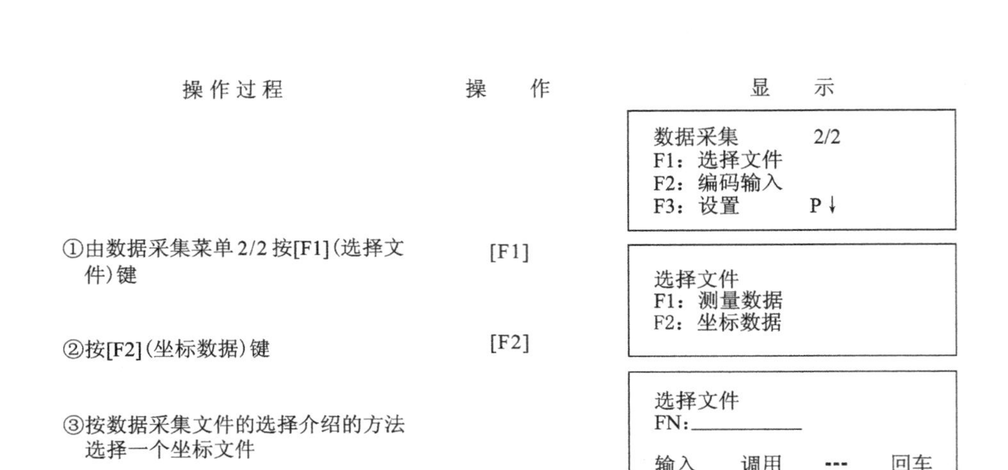


**图 1-88　坐标文件的选择**

可以在数据采集模式下输入或改变测站点和定向角数值。

① 测站点坐标可调用内存中的坐标数据或直接由键盘输入数据两种方法设定。

② 后视点定向角可按如下三种方法设定：利用内存中的坐标数据设定；直接由键盘输入后视点坐标；直接由键盘输入设置的定向角。

(2)数据采集的操作步骤。

数据采集的具体操作步骤如图 1-89 所示。其中，点编码可以通过输入编码库中的登记号来输入，为了显示编码库文件内容，可按[F2]查找键，其具体操作见仪器说明书相关内容。

8)放样测量

在实施放样测量前，应按照与数据采集相同的方法进行坐标文件的建立，以方便在放样工作中进行数据调用。由于在利用菜单模式进行放样测量(或是数据采集)工作时，首先必须建立测站，且需设置好仪器后视定向方向，所以，为提高工作效率，可以先在仪器内存创建含测量控制点和待放样点坐标的坐标文件，并取好文件名。然后，便可在进行站点设置和定向设置操作工作时，调用坐标数据文件中的坐标作为测站点或后视点坐标用。施工放样工作的步骤如下。

(1)确定好施工场地上的施工控制点，编制坐标文件，并在仪器中建立好该文件。

(2)建立待放样点的测设数据文件，并将其各点数据均添加到控制点的坐标文件中。

(3)在某施工测量控制点上安置好全站仪，并切换到菜单模式。

(4)在菜单界面下，按[F2]功能键，即进入放样模式下的选择文件界面，此时即可按[F2]功能键，进行文件调用，在查找菜单中通过上下键找到编制好的坐标文件名，再按[F4]功能键确认，仪器即自动跳转到放样程序状态。

(5)在放样程序界面下，按[F1]功能键，进入到测站点设置界面，此时首先通过调用方式找到该施工控制点对应的点号，再按[F4]功能键确认，仪器自动显示该点的坐标，并予以询问，看其坐标是否有误，若无误，按[F3]功能键进行设置；仪器又自动跳转到仪器高的设置页面，此时可按数字的输入方法将量好的仪器高数据输入进去，并按[F4]功能键，完成站点设置。仪器自动跳转至放样程序界面。

(6)站点设置好后，在放样程序界面下，按[F2]功能键，即进入到后视方向的设置页面，同样可以通过调用方式找到该定向控制点对应的点号，再按[F4]功能键确认，仪器自动显示该点的

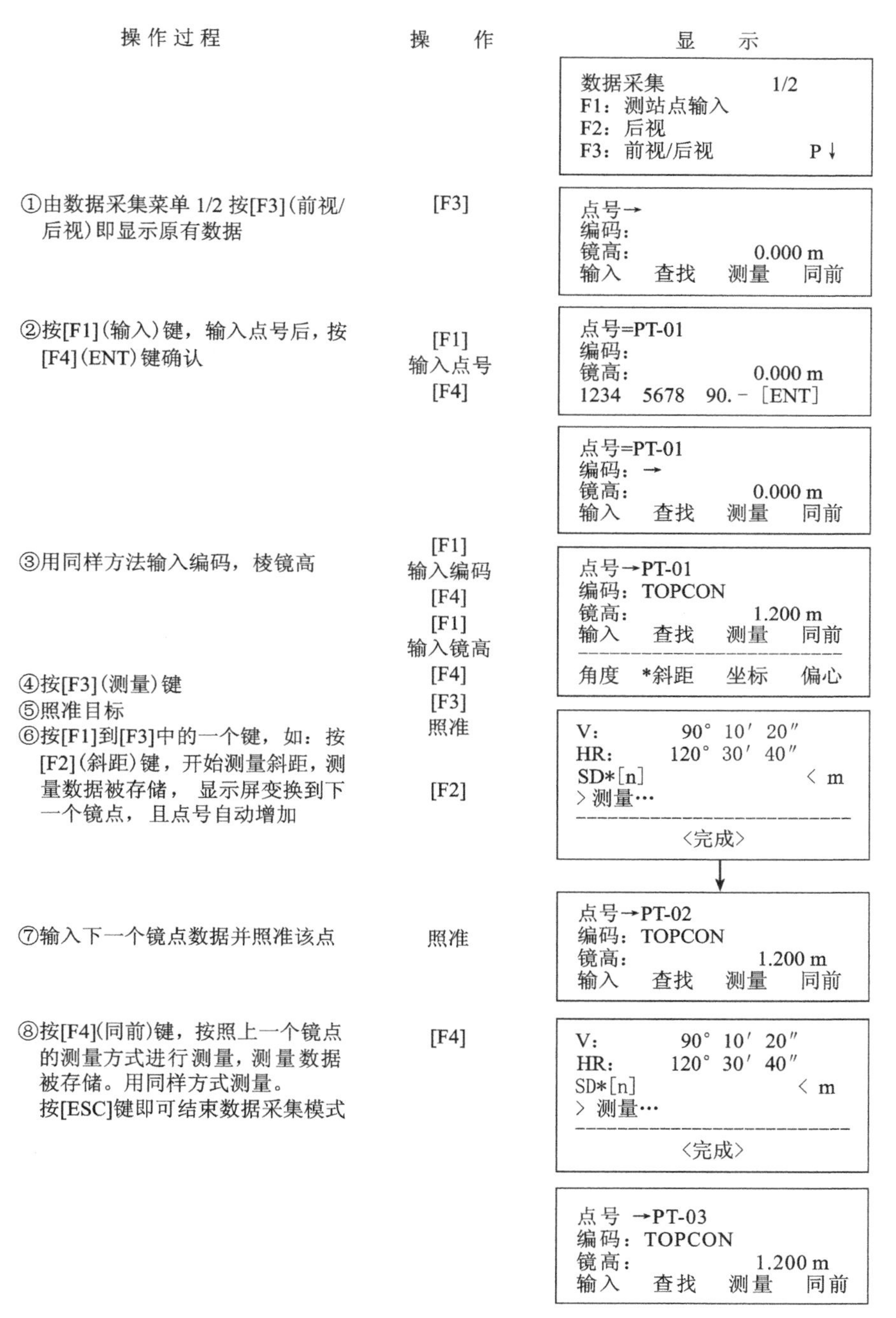


**图 1-89 数据采集操作方法**

坐标，并予以询问，看其坐标是否有误，若无误，按[F3]功能键进行设置，此时仪器完成后视方向方位角的计算，并要求进行定向点目标照准，此时要立即旋转仪器，准确照准定向点，然后按[F3]功能键，完成后视方向的设置。仪器又自动跳转到放样程序主界面。

(7)在放样程序主界面中，按[F3]功能键进入到放样工作界面。首先要求确定放样点号，此时同样采用调用方式，来定待放样点，在坐标文件中找到后，按[F4]功能键确认，仪器自动显示该点的坐标，并予以询问，看其坐标是否有误，若无误，按[F3]功能键，仪器进入棱镜高度设置界面，按照实际的棱镜高度设置好，并按[F4]功能键，仪器即显示出采用极坐标进行放样的测设数据（计算出的角度 *HR* 和距离 *HD*），按照极坐标法的思想，先确定方向，再定点位平面位置，最后确定高度位置；按[F4]功能键，进行角度差的计算，并显示出目前照准方向与待定出方向之间的角差，随后操作者旋动仪器，减小角差直至为 0，并用固定螺旋锁定方向，用微动螺旋精确使角差达到要求；方向定准后，指挥跑尺员在地面标记该方向。随后按[F2]功能键，进入距离放样状态，在界面中可选择坐标、或是测距模式，以便通过实际测量，计算出 *dHD*，根据该数值即可指挥跑尺员在该方向的地面上移动，直至 *dHD* 为零，最后用桩予以标定，该待测点。

(8)若还需进行高度放样，则按照仪器的操作提示依次进行即可。

放完一点后，务必进行检核，最终保证点位误差在施工对象的规范所允许的限度内，即满足建筑限差对放样工作的要求。

在进行放样工作之前，若没有建立坐标文件，那么在设置测站点和后视方向时，便不能采用坐标调用的方式来输入控制点坐标，而只能在进行测站点设置（或定向点设置）时，采用键盘输入方式来输入站点坐标（或定向点坐标），以完成仪器的放样设置工作。其具体的操作参见数据采集的相关介绍。

测站点与定向方向的设置在放样测量模式、数据采集模式和正常坐标测量模式中是相互通用的，因而当在任意模式下设好站点及后视方向后，便不需在其他模式下重新设置，利用 GTS-330 系列全站仪（或其他类型的全站仪）时，为了方便和实用，通常是在放样测量模式下进行测站点的设置和后视方向的设置，然后若需要进行坐标测量或是数据采集，只需切换测量模式，直接工作，而不必重新设置仪器，但假若工作中间，出现中断或是仪器发生移动，则必须重新安置仪器，并完成设置工作。

9)全站仪无仪器高法测设高程

在高低起伏较大的施工场地上实施高程放样工作时，水准仪使用起来不甚方便，特别是在进行大型体育馆的网架施工、桥梁构件安装、工业厂房及机场屋架安装等工作中，用水准仪进行高程测设工作就更困难，此时可用全站仪无仪器高法来直接测设出各施工对象的高程位置，使其与设计数据相符，且在规范允许的限差范围内。

如图 1-90 所示，已知高程控制点 *A*（设目标高为 $l$，当目标采用反射片时 $l$ 为 0），要求放样 *B*、*C*、*D* 等目标点的高程，使其各等于设计高程值。首先在 *O* 点处安置全站仪，对中、整平（不需量仪器高），后视已知点 *A*，测得 *OA* 的距离 $S_1$（为两点间斜距）和竖直角 $\alpha_1$，计算出全站仪中心 *O* 点的高程为

$$H_O = H_A + l - \Delta h_1$$

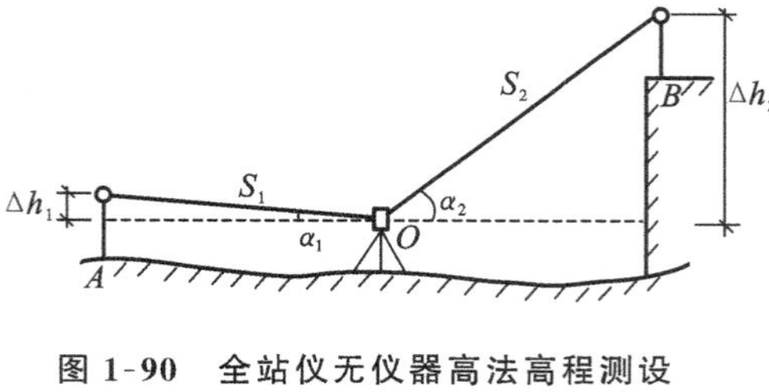

**图 1-90　全站仪无仪器高法高程测设**

然后对待放样点 *B* 进行测量，测得 *OB* 的距离 $S_2$ 和竖直角 $\alpha_2$，并顾及上式，计算出 *B* 点的高程为

$$H_B = H_O + \Delta h_2 - l = H_A - \Delta h_1 + \Delta h_2$$

将测得的高程 $H_B$ 与设计值相比较，并计算出差值，然后指挥持镜杆者放样出高程 *B* 点。

由于该方法不需量取仪器高，克服了在利用三角原理测高程时需量仪器高而产生较大误差的弱点，因而用无仪器高作业法进行高程放样具有很高的精度。

在使用该方法时，首先应对温度、气压如实测量，并设置好仪器中的相应改正，其次，当测站与目标点之间的距离超过 150 m 时，在上面的高差计算式中必须考虑大气折光和地球曲率的影响。事实上，目前所生产的全站仪中已考虑了此项改正。

就 GTS-330 系列全站仪而言，除了上面这些基本的和常用的测量方式之外，还有一些其他的测量工作方式，如悬空测量、偏心测量等在此不作介绍，具体可参见厂家的仪器使用说明书。另外，在数据通信方面，必须配合相关的数据传输软件，在软件的支持下，只要利用数据线连接好全站仪与计算机，并设置好相应的通信参数，便可方便地进行双向数据通信，完成数据的下载及上传工作。

对全站仪的操作和应用而言，由于市面上品牌太多，生产厂家也多，不可能就各种仪器分别介绍，只能就其市场占有率高一点的仪器作一说明，以抛砖引玉。目前，我国南方测绘生产的系列全站仪的市场占有率很高，其仪器的基本结构和操作原理与拓普康仪器的相似，因而在操作使用上也基本相同，无论是角度测量、距离测量、坐标测量或是菜单模式下的数据采集测量和放样测量，其设置方法，操作步骤大至相当，其操作使用可参照上面的介绍予以相应使用，在此不作专门介绍。

### 4. 全站仪使用注意事项

全站仪是集电子经纬仪、电子测距仪和电子记录装置为一体的现代精密测量仪器，其结构复杂且价格昂贵，因此必须严格按操作规程进行操作，并注意维护。

1）一般操作注意事项

（1）使用前应结合仪器，仔细阅读使用说明书，熟悉仪器各功能和实际操作方法。

（2）望远镜的物镜不能直接对准太阳，以避免损坏测距部的发光二极管。

（3）在阳光下作业时必须打伞，防止阳光直射仪器。

（4）迁站时即使距离很近，也应取下仪器装箱后方可移动。

（5）仪器安置在三脚架上前，应旋紧三脚架的三个伸缩螺旋。仪器安置在三脚架上时，应旋紧中心连接螺旋。

（6）运输过程中必须注意防振。

（7）仪器和棱镜在温度的突变中会降低测程，影响测量精度。要使仪器和棱镜逐渐适应周围温度后方可使用。

（8）作业前检查电压是否满足工作要求。

（9）在需要进行高精度观测时，应采取遮阳措施，防止阳光直射仪器和三脚架，影响测量精度。

（10）三脚架伸开使用时，应检查其部件，包括各种螺旋应活动自如。

2）仪器的维护

（1）每次作业后，应用毛刷扫去灰尘，然后用软布轻擦。镜头不能用手擦，可先用毛刷扫去浮尘，再用镜头纸擦净。

（2）无论仪器出现任何现象，切不可拆卸仪器或添加任何润滑剂，而应与厂家或维修部门联系。仪器应存放在清洁、干燥、通风、安全的房间内，并有专人保管。

（3）电池充电时间不能超过充电器规定的时间。仪器长时间不用，一个月之内应充电一次。

仪器存放温度保持在－30～＋60℃以内。

## 活动5 全球卫星定位系统及卫星定位测量施测

### 1. 全球卫星定位系统简介

全球卫星定位系统（global positioning system，GPS）作为新一代卫星导航定位系统，经过20多年的发展已经成为一种被广泛采用的系统，是一种借助分布在空中的多个GPS通信卫星确定地面点的位置的新型定位系统。在测量中采用卫星定位技术，主要用于高精度大地测量和控制测量，以建立各种类型和不同等级的测量控制网。现在，它还用于各种类型的工程施工放样、测图及工程变形观测等工作中，尤其是在建立测量控制网方面，GPS技术已基本上取代了常规测量手段，成为主要的技术手段。目前，我国采用GPS技术布设了新的国家大地测量控制网，很多城市也都采用该技术建立了城市控制网。现今，在各种类型的工程测量中，已开始大量采用GPS技术，如北京地铁GPS控制网、秦岭铁路隧道施工GPS控制网等。

GPS能独立、迅速和精确地确定地面点的位置，与常规控制测量技术相比，它有许多优点。

（1）不要求测站间的通视，因而可以按需布点，且不需建造测站觇标。

（2）控制网的网形已不再是决定精度的重要因素，点与点之间的距离可以自由布设。可以在较短时间内以较少的人力消耗来完成外业观测工作，观测（卫星信号接收）的全天候优势更为显著。

（3）GPS接收机高度自动化，内外业紧密结合，软件系统的日益完善，可以迅速提交测量成果。

（4）精度高，用载波相位进行相对定位，可达到±（5 mm＋1 PPM×$D$）的精度。

（5）节省经费和工作效率高，用GPS技术建立测量控制网，要比常规测量技术节省70％～80％的外业费用。同时，作业速度快，使工期大大缩短，所以经济效益显著。

### 2. 全球卫星定位系统的组成

GPS由三部分组成，即空中GPS卫星星座、地面监控部分和用户设备部分（GPS接收机）。

*1）GPS卫星星座*

GPS卫星星座由24颗卫星构成，其中21颗工作卫星，3颗备用卫星，24颗卫星均匀分布在6个轨道面上，轨道面倾角为55°，各轨道面之间相距地球心角60°，轨道平均高度20 200 km，卫星运行周期为11小时58分12秒（恒星时）。GPS卫星星座的空间布置，保证了在地球上任何地点、任何时刻至少均能同时观测到4颗（及以上）卫星，以满足精密导航与定位的需要。每颗GPS卫星上装备有4台高精度原子钟，它为GPS提供高精度的时间标准，另外还携带有无线电信号收发机和微处理机等设备。

所谓恒星时（ST），是由春分点的周日视运动所确定的时间，以地球自转周期为基础，并与地球自转角度相对应的一种时间系统。春分点连续两次通过本地子午圈的时间间隔为1恒星日，含24恒星时，所以恒星时在数值上等于春分点相对于本地子午圈的时角。1恒星时为60恒星分，1恒星分为60恒星秒。

2)地面监控部分

地面监控部分主要由分布在全球的9个地面站组成,其中包括卫星监测站、主控站和信息注入站。监测站5个,在主控站的直接控制下对GPS卫星进行连续观测和收集有关的气象数据,进行初步处理并存储和传送到主控站,用于确定卫星的精密轨道。主控站1个,协调和管理所有地面监控系统的工作,推算各卫星的星历、钟差和大气延迟修正参数,并将这些数据和管理指令送至信息注入站。信息注入站3个,在主控站的控制下,将主控站传来的数据和指令注入相应卫星存储器,并监测注入信息的正确性。

3)*GPS* 接收机

GPS接收机包括接受机主机、天线和电源,其主要功能是接收GPS卫星发射的信号,以获得必要的导航和定位信息及观测量,并经初步数据处理而实现实时导航和定位。目前,国内常用的静态定位GPS接收机主要有Trimble、Leica、Ashtech、Novatel、Sokkia、中海达、南方等厂家生产的接收机。

### 3. 卫星定位测量

目前,GPS测量被广泛应用于大地测量、工程测量、地籍测量及变形监测中,它主要用于建立各种级别、不同用途的平面控制网。

1)*GPS* 测量的优点

GPS测量在测量中主要用于测定各种用途的平面控制点。其中,较为常见的是利用卫星定位方法建立各种类型和等级的平面控制网。当前,在此方面,卫星定位技术已基本上取代了常规的测量方法,成为主要的平面测量控制手段。与常规方法相比较,GPS测量在布设平面控制网方面具有以下一些特点。

(1)测量精度高。GPS测量的精度要明显高于一般的常规测量手段,GPS测量控制网基线向量的相对精度一般在$10^{-5}$~$10^{-9}$之间,这是普通测量方法很难达到的。

(2)选点灵活、不需要觇标、费用低。GPS测量不要求测站点相互通视,不需要建造觇标,作业成本低,大大降低了布网费用。

(3)全天候作业。在任何时间、任何气候条件下,均可以进行GPS测量,大大方便了测量作业,有利于按时、高效地完成GPS测量控制网的布设。

(4)观测时间短。采用GPS测量控制网布设一般等级的平面控制网时,在每个测站上的观测时间一般为1~2 h,采用快速静态定位的方法,观测时间更短。

(5)观测、处理自动化。采用卫星定位技术建立平面控制网,其观测工作和数据处理过程均高度自动化。

2) *GPS* 测量控制网布设方法与步骤

(1)GPS测量控制网的等级。根据国家2008年所颁布的工程测量规范,在工程测量工作中,其相关测量工作所布设的GPS测量控制网的等级分成二等、三等、四等、一级、二级五个级别。各等级GPS测量控制网的主要技术指标应符合表1-15所示的规定。

各等级GPS测量控制网相邻点间的基线精度可表示为

$$\sigma=\sqrt{A^2+(B\cdot d)^2}$$

式中:$\sigma$ 为基线长度中误差(mm);

$A$ 为固定误差(mm)；

$B$ 为比例误差系数(mm/km)；

$d$ 为平均边长(km)。

**表 1-15　GPS 测量控制网的主要技术要求**

| 等　　级 | 平均边长 /km | 固定误差 $A$/mm | 比例误差系数 $B$/(mm/km) | 约束点间的边长相对中误差 | 约束平差后最弱边相对中误差 |
|---|---|---|---|---|---|
| 二等 | 9 | ≤10 | ≤2 | ≤1/250 000 | ≤1/120 000 |
| 三等 | 4.5 | ≤10 | ≤5 | ≤1/150 000 | ≤1/70 000 |
| 四等 | 2 | ≤10 | ≤10 | ≤1/100 000 | ≤1/40 000 |
| 一级 | 1 | ≤10 | ≤20 | ≤1/40 000 | ≤1/20 000 |
| 二级 | 0.5 | ≤10 | ≤40 | ≤1/20 000 | ≤1/10 000 |

(2)GPS 测量控制网观测精度的评定。GPS 测量控制网观测精度的评定应满足下列要求。

① GPS 测量控制网的测量中误差为

$$m=\sqrt{\frac{1}{N}\left[\frac{W^2}{3n}\right]}$$

$$W=\sqrt{W_x^2+W_y^2+W_z^2}$$

式中：$m$ 为 GPS 测量控制网测量中误差；

$N$ 为 GPS 测量控制网中异步环的个数；

$n$ 为异步环的边数；

$W$ 为异步环的环闭合差；

$W_x$、$W_y$、$W_z$ 为异步环的各坐标分量闭合差。

② GPS 测量控制网的测量中误差，应满足相应等级控制网的基线精度要求，并符合下式的规定

$$m\leqslant\sigma$$

(3)GPS 测量控制网的布设方法。

① GPS 测量控制网的布设要求：应根据测区的实际情况、精度要求、卫星状况、接收机的类型和数量以及测区已有的测量资料进行综合设计；首级网布设时，宜联测 2 个以上高等级国家控制点或地方坐标系的高等级控制点；控制网内的长边宜构成大地四边形或中点多边形；控制网应由独立观测边构成一个或若干个闭合环或附合路线，各等级控制网中构成闭合环或附合路线的边数不宜多于 6 条；各等级控制网中独立基线的观测总数，不宜少于必要观测量的 1.5 倍；加密网应根据工程需要，在满足工程测量规范精度要求的前提下采用比较灵活的布网方式；对于采用 GPS-RTK 测图的测区，在控制网的设计中应顾及参考站点的分布及位置。

② GPS 测量控制点位选定的要求：点位应选在质地坚硬、稳固可靠的地方，同时要有利于加密和扩展，每个控制点至少应有一个通视方向；视野开阔，高度角在 15°以上的范围内，应无障碍物；点位附近不应有强烈干扰接收卫星信号的干扰源或强烈反射卫星信号的物体；充分利用符合要求的已有控制点。

③ GPS 平面控制网的建网形式。GPS 平面控制网的建网形式有跟踪站式、会战式、多基准

站式(枢纽点式)、同步图形扩展和单基准站式。

下面主要介绍建立GPS平面控制网时最常用的同步图形扩展布网形式的布设方法。

所谓同步图形扩展,就是多台接收机在不同测站上进行同步观测,在完成一个时段同步观测后,又迁移到其他的测站上进行同步观测,每次同步观测都可以形成一个同步图形(同步观测时各GPS点组成的图形称为同步图形)的方法。在测量过程中,不同的同步图形间一般有若干个公共点相连,整个GPS控制由这些同步图形构成。同步图形扩展式布网形式具有扩展速度快、图形强度较高、作业方法简单的优点。

采用同步图形扩展式布设GPS平面控制网时,其观测作业方式主要有点连式(见图1-91)、边连式(见图1-92)、网连式(见图1-93)和混连式几种。

图1-91　点连式

图1-92　边连式

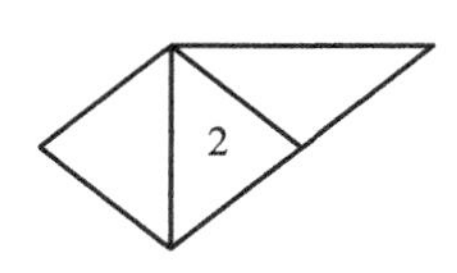


图1-93　网连式

所谓点连式,是在观测作业时,相邻的同步图形间只通过一个公共点相连的方式。这样,当有 $m$ 台仪器共同作业时,每观测一个时段,就可以测得 $m-1$ 个新点,在这些仪器观测了 $s$ 个时段后,就可以测得 $1+s\times(m-1)$ 个点。该观测作业方式的优点是作业效率高,图形扩展迅速;缺点是图形强度低,连接点发生问题,将影响到后面的同步图形。

所谓边连式,是在观测作业时,相邻的同步图形间有一条边(即两个公共点)相连的方式。这样,当有 $m$ 台仪器共同作业时,每观测一个时段,就可以测得 $m-2$ 个新点,在这些仪器观测了 $s$ 个时段后,就可以测得 $2+s\times(m-2)$ 个点。边连式观测作业方式具有较好的图形强度和较高的作业效率。

所谓网连式,是在观测作业时,相邻的同步图形间有3个以上(含3个)的公共点相连的方式。这样,当有 $m$ 台仪器共同作业时,每观测一个时段,就可以测得 $m-k$ 个新点(即 $k$ 个公共点),当这些仪器观测了 $s$ 个时段后,就可以测得 $k+s\times(m-k)$ 个点。

在实际的GPS观测作业中,一般并不是单独采用上面所介绍的某一种观测作业模式,而是根据具体情况,有选择地灵活采用这几种方式作业,此种观测作业方式就是所谓的混连式。混连式观测作业方式是实际作业中最常用的作业方式,它是点连式、边连式和网连式的一个结合体。

④ GPS控制测量作业的基本技术要求。在进行GPS控制测量作业时,应满足如表1-16所示的基本技术要求。

表1-16　GPS控制测量作业的基本技术要求

| 等级 | | 二等 | 三等 | 四等 | 一级 | 二级 |
|---|---|---|---|---|---|---|
| 接收机类型 | | 双频或单频 | 双频或单频 | 双频或单频 | 双频或单频 | 双频或单频 |
| 仪器标称精度 | | 10mm+2ppm | 10mm+5ppm | 10mm+5ppm | 10mm+5ppm | 10mm+5ppm |
| 观测量 | | 载波相位 | 载波相位 | 载波相位 | 载波相位 | 载波相位 |
| 卫星高度角/(°) | 静态 | ≥15 | ≥15 | ≥15 | ≥15 | ≥15 |
| | 快速静态 | — | — | — | ≥15 | ≥15 |

续表

| 等　　级 | | 二　　等 | 三　　等 | 四　　等 | 一　　级 | 二　　级 |
| --- | --- | --- | --- | --- | --- | --- |
| 有效观测卫星数 | 静态 | ≥5 | ≥5 | ≥4 | ≥4 | ≥4 |
| | 快速静态 | — | — | — | ≥5 | ≥5 |
| 观测时段长度/min | 静态 | ≥90 | ≥60 | ≥45 | ≥30 | ≥30 |
| | 快速静态 | — | — | — | ≥15 | ≥15 |
| 数据采样间隔/s | 静态 | 10～30 | 10～30 | 10～30 | 10～30 | 10～30 |
| | 快速静态 | — | — | — | 5～15 | 5～15 |
| 点位几何图形强度因子（PDOP 值） | | ≤6 | ≤6 | ≤6 | ≤8 | ≤8 |

注：当采用双频接收机进行快速静态测量时，观测时段长度可缩短为 10 min。

（4）GPS 测量控制网布设步骤。

布设 GPS 测量控制网时主要分测前、测中和测后三个阶段进行。

① 测前工作。

*项目的提出*　一项 GPS 测量工程项目，往往是由工程发包方、上级主管部门或其他单位或部门提出，由 GPS 测量队伍具体实施的。对于一项 GPS 测量工程项目，一般有如下一些要求：测区位置及其范围，测区的地理位置、范围，控制网的控制面积；用途和精度等级，控制网将用于何种目的，其精度要求是多少，要求达到何种等级，点位分布及点的数量；控制网的点位分布、点的数量及密度要求，是否有对点位分布有特殊要求的区域；提交成果的内容，用户需要提交哪些成果；所提交的坐标成果分别属于何种坐标系；所提交的高程成果分别属于哪种高程系统；除了提交最终的结果外，是否还需要提交原始数据或中间数据等；时限要求，对提交成果的时限要求，即何时是提交成果的最后期限；投资经费，对工程的经费投入数量。

*技术设计*　负责 GPS 测量的单位在获得了测量任务后，需要根据项目要求和相关技术规范进行测量工程的技术设计。

*测绘资料的收集与整理*　在开始进行外业测量之前，收集与整理现有测绘资料也是一项极其重要的工作。需要收集整理的资料主要包括测区及周边地区可利用已知点的相关资料（点之记、坐标等）和测区的地形图等。

*仪器的检验*　对将用于测量的各种仪器（包括 GPS 接收机及相关设备、气象仪器等）进行检验，以确保仪器能够正常工作。

*踏勘、选点和埋石*　在完成技术设计和测绘资料的收集与整理后，需要根据技术设计的要求对测区进行踏勘，并进行选点、埋石等工作。

② 测量实施中的工作。

*实地了解测区情况*　由于在很多情况下，选点、埋石和测量是分别由两个不同的队伍或两批不同的人员完成的，因此，在负责 GPS 测量作业的队伍到达测区后，需要先对测区的情况作一个详细的了解。主要了解的内容包括点位情况（点的位置、上点的难度等）、测区内经济发展状况、民风民俗、交通状况、测量人员生活安排等。这些对于今后测量工作的开展是非常重要的。

*卫星状况预报*　根据测区的地理位置以及最新的卫星星历，对卫星状况进行预报，作为选择合适的观测时间段的依据。所需预报的卫星状况有卫星的可见性、可供观测的卫星星座、随

时间变化的PDOP值、随时间变化的RDOP值等。对于个别有较多或较大障碍物的测站，需要评估障碍物对GPS测量可能产生的不良影响。

*确定作业方案* 根据卫星状况、测量作业的进展情况，以及测区的实际情况，确定出具体的作业方案，以作业指令的形式下达给各个作业小组，根据情况，作业指令可逐天下达，也可一次下达多天的指令。作业方案的内容包括作业小组的分组情况、GPS测量的时间段以及测站等。

*外业观测* 各GPS测量小组在得到作业指挥员所下达的作业指令后，应严格按照作业指令的要求进行外业观测。在进行外业观测时，外业观测人员除了严格按照作业规范、作业指令进行操作外，还要根据一些特殊情况，灵活地采取应对措施。在外业工作中常见的情况有不能按时开机、仪器故障和电源故障等。

外业作业同时，应做好测站记录，包括控制点点名、接收机序列号、仪器高、开关机时间等相关的测站信息。

*数据传输与转储* 在一段外业观测结束后，应及时地将观测数据传输到计算机中，并根据要求进行备份，在数据传输时需要对照外业观测记录手簿，检查所输入的记录是否正确。数据传输与转储应根据条件，及时进行。

*基线处理与质量评估* 对所获得的外业数据及时地进行处理，解算出基线向量，并对解算结果进行质量评估。作业指挥员需要根据基线解算情况作下一步GPS测量作业的安排，重复确定作业方案、外业观测、数据传输与转储、基线处理与质量评估四步，直至完成所有GPS测量工作为止。

③ 测后工作。

*结果分析(网平差处理与质量评估)* 对外业观测所得到的基线向量进行质量检验，并对由合格的基线向量所构建成的GPS基线向量网进行平差解算，得出网中各点的坐标成果。如果需要利用GPS测量控制网中各点的正高或正常高，还需要进行高程拟合。

*技术总结* 根据整个GPS测量控制网的布设及数据处理情况，进行全面的技术总结。

*成果验收* 按照工程测量规范要求对测量成果进行验收。

# 任务5 测量误差规律及数据衡量标准

## 活动1 测量误差及其规律

为了能得到可靠的测量结果，研究观测误差的来源及其规律，采取各种措施消除或减小误差影响是测量工作者的一项主要任务。

### 1. 测量误差

1）测量误差的概念

测量实践表明，在测量工作中，无论测量仪器、设备多么精密，无论观测者多么仔细认真，也无论观测环境多么良好，在测量结果中总是会有误差存在。

例如，对某三角形的三个内角进行观测时，其三个角观测值之和大都不等于 180°；又如，观测某一闭合水准路线时，各测站的高差之和即高差闭合差也常常不等于零，再者对地面某两点之间的距离进行多次观测，其观测结果总是不同的。也就是说，在进行观测工作时，所测得的这些观测值之间，或观测值和真值之间总会存在着一定程度的差异，即测量结果中存在着测量误差，或者说，测量误差是不可避免的。

测量中真值与观测值之差称为误差，严格意义上讲应称为真误差。在实际工作中观测对象的真值不易测定，一般把某一测量的准确值（通过多次准确测量取平均的方法获得）与其近似值（实际观测值）之差也称为误差。

2）测量误差产生的原因

测量工作是观测者使用某种测量仪器、工具，在一定的外界环境中进行的。所以引起测量误差的因素，概括起来主要有以下三个方面。

（1）测量仪器、工具的原因　测量工作需要用测量仪器进行，而每一种测量仪器具有一定的精确度，使测量结果受到一定的影响。例如，测角仪器的度盘分划误差可能达到 3″，由此使所测的角度产生误差。另外，测量仪器、工具构造上的不完善，以及检验校正不够彻底（例如，测量仪器轴线位置不准确），必然会对观测产生影响，测量结果中就不可避免地存在相应的误差。

（2）观测者的原因　由于观测者的感觉器官的鉴别能力存在局限性，所以对于仪器的对中、整平、照准、读数等操作，无论怎样仔细地工作都会产生误差。例如，在厘米分划的水准尺上，由观测者估读毫米数，则 1 mm 以下的估读误差是完全有可能产生的。另外，观测者技术熟练程度也会给观测结果带来不同程度的影响。

（3）外界环境的影响　进行外业观测时，所处的外界环境中的空气湿度、温度、风力、气压、阳光照射、大气折光、空气中的粉尘、烟雾、地表的沉降等客观情况时时不断发生变化，必然使观测结果产生误差。例如，温度变化使钢尺产生伸缩，风吹和日光照射使仪器的安置不稳定，大气折光使望远镜的照准产生偏差等。

测量仪器、观测者和外界环境这三方面是测量工作得以进行的必要条件，通常把这三个方面的因素综合起来称为观测条件。这些观测条件都有其本身的局限性，对测量精度具有一定的影响，所以，测量结果产生误差是不可避免的。误差的大小决定观测的精度。凡是观测条件相同的同类观测称为“等精度观测”，观测条件不同的同类观测则称为“非等精度观测”。观测条件与观测结果的精度有着密切的关系，在较好的观测条件下进行观测所得的观测结果的误差相对要小，因而精度就较高；反之，观测结果的误差较大，精度相对较低。

在进行测量工作时，人们总是希望测量误差越小越好。但要真正做到这一点，需要使用高精密度的仪器，采用十分严密的观测方法，成本很高。而实际工作中，根据不同的测量任务，允许测量结果中存在一定程度的测量误差。因此，测量工作的质量目标应是做到将测量误差控制在测量任务相适应的精度要求范围内。

3)测量误差的分类

测量误差按其产生的原因和对观测结果影响性质的不同，可分为系统误差、偶然误差和粗差三类。

(1)系统误差　在相同的观测条件下，对某量值进行一系列观测，如果出现的误差在符号及数值大小方面均相同，或按一定的规律变化，则这种误差称为“系统误差”。

系统误差产生的原因主要是仪器制造或校正不完善、观测人员操作习惯和测量时外界环境的变化等。例如，进行钢尺量距时，用名义长度为 30 m 而实际正确长度为 30.001 m 的钢尺，每量一尺段就有使距离量短了 0.001 m 的误差，其量距误差的符号未变，且量距误差与所量距离的长度成正比。可见系统误差具有累积性。又如，某些观测者在照准目标时，总习惯把望远镜十字丝对准于目标的某一侧，也会使观测结果带有系统误差。

系统误差具有积累性，对测量成果影响很大。但系统误差对观测值的影响在符号和大小上具有一定的数学或物理上的规律性。因此在实际测量工作时，如果这种规律性能够被找到，则系统误差对观测值的影响，可以通过采取适当的观测程序、观测方法或计算改正来消除或减弱。例如，在水准测量中采用前后视距相等来消除视准轴与管水准器轴不平行而产生的误差，在水平角观测中采用盘左、盘右观测来消除视准轴误差等。

(2)偶然误差　在相同的观测条件下，对某量值进行一系列观测，如果出现的误差在符号和数值大小方面都具有不确定性，从表面上看没有任何规律性，但就大量观测误差总体而言，又服从于一定的统计规律性，这种误差称为“偶然误差”。偶然误差是由人力所不能控制的因素或无法估计的因素(如人眼的分辨能力、仪器的极限精度、气象条件因素等)共同引起的测量误差，其数值正负、大小纯属偶然。例如，读数的估读误差、望远镜的照准误差、经纬仪的对中误差等。

偶然误差是由观测者、仪器和外界条件等多方面引起的，并随各种偶然因素综合影响而不断变化。对于偶然误差，找不到一个能完全消除它的办法，只能够采用多次观测，取其平均值的方法，来抵消一些偶然误差。因此可以说在一切测量结果中不可避免地存在偶然误差。偶然误差是不可避免的，但通过长期测量研究，发现在相同的观测条件下，多次观测某一量值，所出现的偶然误差具有一定统计规律。

(3)粗差　由于观测者的粗心或各种干扰造成的大于测量结果限差的误差称为粗差，如瞄准目标出错、读数时读错大数等。

4）测量误差的处理原则

粗差是大于测量限差的误差，是由于观测者的粗心大意或受到干扰所造成的测量错误。而错误应该可以避免，包含有错误的观测值应该舍弃，并重新进行观测。

为了防止测量错误的发生和提高观测成果的质量，在测量工作中，一般需要对观测对象进行多于必要观测次数的观测，称为“多余观测”。例如，一段距离用往、返测量，如果将往测作为必要观测，则返测就属于多余观测。又如，对地面三个点构成的三角形进行平面三角测量，分别在三个点上测量水平角，其中两个角度观测属于必要观测，则第三个角度的观测就属于多余观测。有了多余观测，就可以进行比较，发现观测值中的错误，以便将其剔除和重测。由于观测值中的偶然误差不可避免，有了多余观测，观测值之间必然产生矛盾（出现往返差、不符值、闭合差等），此时，可以根据差值的大小来评定测量的精度。差值如果大到一定程度，就认为观测值超限，不满足精度要求，应予返工重测；差值如果在规范限差值以内，则按偶然误差的规律加以处理，调整差值，以消除误差，最终求得最可靠的数值。

至于观测值中的系统误差，应该尽可能按其产生的原因和规律采用适当的操作程序加以改正、抵消或削弱。例如，在钢尺量距中，可以按检定的尺长方程式对量得长度予以尺长改正等。也就是说，在观测过程中，系统误差与偶然误差尽管同时产生，但在系统误差采取了适当的方法加以消除或减小以后，决定观测结果的精度的主要因素就是偶然误差，偶然误差是影响观测结果精度的主要原因，所以在测量误差理论中研究对象主要是偶然误差。

## 2. 偶然误差的特性

测量误差理论主要讨论根据一系列具有偶然误差的观测值如何求得最可靠的结果和评定观测成果的精度。为此，需要对偶然误差的性质作进一步的讨论。

设某观测量值的真值为 $X$，在相同的观测条件下对此量值进行了 $n$ 次观测，得到的观测值为 $l_1,l_2,\cdots,l_n$，在每次观测中产生的偶然误差（又称“真误差”）为 $\Delta_1,\Delta_2,\cdots,\Delta_n$，则定义

$$\Delta_i=X-l_i \quad (i=1,2,\cdots,n) \tag{1-12}$$

偶然误差从表面上看似乎没有规律性，即从单个或少数几个误差的大小和符号的出现上呈偶然性，但从整体上对偶然误差加以归纳统计，则显示出一种统计规律，而且观测次数越多，这种规律性表现得越明显。

现以一测量实例进行统计分析：例如，在相同的观测条件下，对 358 个三角形的内角进行了观测。由于观测值含有偶然误差，每个三角形的内角和均不等于 180°。设三角形内角和的真值为 $X$，观测值为 $L$，其真值与观测值之差为真误差 $\Delta$。用下式表示为

$$\Delta_i=X-L_i \quad (i=1,2,\cdots,358) \tag{1-13}$$

由式(1-13)计算出 358 个三角形内角和真误差，并取误差区间为 0.2″，以误差的大小和正负号，分别统计出它们在各误差区间内的个数 $V$ 和频率 $V/n$，结果列于表 1-17 中。

**表 1-17　偶然误差的区间分布统计**

| 误差区间 $d\Delta/(″)$ | 正误差 | | 负误差 | | 合计 | |
|---|---|---|---|---|---|---|
| | 个数 $V$/个 | 频率 $V/n$ | 个数 $V$/个 | 频率 $V/n$ | 个数 $V$/个 | 频率 $V/n$ |
| 0.0～0.2 | 45 | 0.126 | 46 | 0.128 | 91 | 0.254 |
| 0.2～0.4 | 40 | 0.112 | 41 | 0.115 | 81 | 0.226 |

续表

| 误差区间 dΔ/(″) | 正误差 | | 负误差 | | 合计 | |
|---|---|---|---|---|---|---|
| | 个数 $V$/个 | 频率 $V/n$ | 个数 $V$/个 | 频率 $V/n$ | 个数 $V$/个 | 频率 $V/n$ |
| 0.4～0.6 | 33 | 0.092 | 33 | 0.092 | 66 | 0.184 |
| 0.6～0.8 | 23 | 0.064 | 21 | 0.059 | 44 | 0.123 |
| 0.8～1.0 | 17 | 0.047 | 16 | 0.045 | 33 | 0.092 |
| 1.0～1.2 | 13 | 0.036 | 13 | 0.036 | 26 | 0.073 |
| 1.2～1.4 | 6 | 0.017 | 5 | 0.014 | 11 | 0.031 |
| 1.4～1.6 | 4 | 0.011 | 2 | 0.006 | 6 | 0.017 |
| 1.6以上 | 0 | 0 | 0 | 0 | 0 | 0 |
| | 181 | 0.505 | 177 | 0.495 | 358 | 1.000 |

从表1-17中可看出，最大误差不超过1.6″，小误差比大误差出现的频率高，绝对值相等的正、负误差出现的个数近于相等。由大量实验统计结果归纳出偶然误差特性如下。

(1)在一定的观测条件下，偶然误差的绝对值不会超过一定的限度。

(2)绝对值小的误差比绝对值大的误差出现的可能性大。

(3)绝对值相等的正误差与负误差出现的机会相等。

(4)当观测次数无限增多时，偶然误差的理论平均值趋近于零，即

$$\lim_{n\to\infty}\frac{\Delta_1+\Delta_2+\cdots+\Delta_n}{n}=\lim_{n\to\infty}\frac{[\Delta]}{n}=0 \tag{1-14}$$

上述第四个特性说明，偶然误差具有抵偿性，它是由第三个特性导出的。

对于一系列的观测而言，不论其观测条件是好是差，也不论是对同一个量值还是对不同的量值进行观测，只要这些观测是在相同的条件下独立进行的，则所产生的一组偶然误差必然都具有上述的四个特性。而且，当观测个数 $n$ 越多时，这种特性表现越明显。测量中通常采用多次观测，取观测结果的算术平均值，来减少其偶然误差，提高观测成果的质量。

## 活动2　衡量观测数据精度的指标

测量工作不仅要对观测量值进行观测并求出结果，还必须对测量结果的精确程度做出评定。所谓精度，就是指观测值误差分布的密集或离散程度，也就是指离散度的大小。从上节可知，在一定的观测条件下进行的一组观测中，其观测值的偶然误差具有某种统计规律，即它对应着一种确定的误差分布，这种误差分布可以从误差分布表或误差分布曲线来直观表示。不难理解，如果误差分布较为密集，则说明小误差出现较多，其整体的离散度较小，表明该组观测值质量较好，观测精度较高；反之，若误差分布较为离散，即离散度较大，则表明该组观测质量较差，其观测精度较低。观测值的精度高低，可以通过比较不同观测成果的误差分布来予以判断。按照概率统计原理，可以用一些数字特征来说明误差分布的密集或离散的程度，因为一种分布一定对应着一些数字特征。这种具体的数字能够反映出误差分布的密集或离散程度，测量上将这些数字特征称为衡量观测数据精度的指标。衡量精度的指标有很多种，以下重点介绍三种常用的衡量观测数据精度的精度指标。

### 1. 中误差

中误差是测量工作中最为常用的衡量观测数据精度的标准。

在相同的观测条件下，对某未知量进行 $n$ 次观测，其观测值分别为，$l_1,l_2,\cdots,l_n$，若该未知量的真值为 $X$，则真值与观测值的差值为真误差，其值为 $\Delta_i=X-L_i$，相应的 $n$ 个观测值的真误差分别为 $\Delta_1,\Delta_2,\cdots,\Delta_n$。各真误差平方的平均数的平方根，称为中误差，也称均方误差，即

$$m=\pm\sqrt{\frac{[\Delta^2]}{n}}=\pm\sqrt{\frac{\Delta_1^2+\Delta_2^2+\cdots+\Delta_n^2}{n}} \tag{1-15}$$

式中：$m$ 为观测值的中误差，即该组观测值的每个观测值都具有此 $m$ 值的精度水平。

【例 1-2】 设有两组等精度观测列，其真误差分别为

第一组　$-3''$、$+3''$、$-1''$、$-3''$、$+4''$、$+2''$、$-1''$、$-4''$

第二组　$+1''$、$-5''$、$-1''$、$+6''$、$-4''$、$0''$、$+3''$、$-1''$

试求：这两组观测值的中误差。

【解】 $m_1=\pm\left(\sqrt{\frac{9+9+1+9+16+4+1+16}{8}}\right)''=\pm2.9''$

$$m_2=\pm\left(\sqrt{\frac{1+25+1+36+16+0+9+1}{8}}\right)''=\pm3.3''$$

比较 $m_1$ 和 $m_2$ 可知，第一组观测值的精度要比第二组的高。

必须指出，在相同的观测条件下所进行的一组观测中，由于它们对应着同一种误差分布，因此，对于这一组中的每一个观测值，虽然各真误差彼此并不相等，有的甚至相差很大，但它们的精度均相同，即都为同精度观测值。

中误差不等于真误差，它是一组真误差的代表值，中误差的大小反映了该组观测值精度的高低，并明显反映观测值中较大误差的影响。

### 2. 极限误差

由偶然误差的第一特性可知，在一定的观测条件下，偶然误差的绝对值不会超过一定的限值。这个限值就是极限误差或称允许误差。那么此限值有多大呢？根据误差理论和大量的实践证明，在一系列的同精度观测误差中，真误差绝对值大于中误差的偶然误差出现的概率约为31.7%；而绝对值大于 2 倍中误差的偶然误差出现的概率约为 4.5%；绝对值大于 3 倍中误差的偶然误差出现的概率仅有 0.3%，也就是说，在观测次数不多的情况下，大于 3 倍中误差的偶然误差实际上是不可能出现的。因此，通常以 3 倍中误差作为偶然误差的极限值 $\Delta_{限}$，并称为极限误差，即

$$\Delta_{限}=3m \tag{1-16}$$

在测量实践工作中，一般取 2 倍中误差作为观测值的极限误差，即

$$\Delta_{限}=2m \tag{1-17}$$

测量规范中的限差通常是以 $2m$ 作为极限误差的。当某观测值的误差超过了极限误差时，将认为该误差不符合要求，相应的观测值应舍去不用，并进行重测、补测。

### 3. 相对误差

对于某些观测结果，有时单靠中误差还不能完全表达观测结果的好坏。例如，分别丈量

了1 000 m及500 m的两段距离，它们的中误差均为±2 cm，虽然两者的中误差相同，但就单位长度而言，两者精度并不相同。实际上，距离测量的误差与距离大小有关，距离越大，误差的积累越大。为了客观反映实际精度，常采用相对误差来表示误差。相对中误差是观测值中误差$m$与相应观测值的比值，用$k$表示。它是一个无量纲的数，常用分子为1的分数表示，即用$k=\frac{1}{N}$表示。

如上述两段距离，前者的相对中误差为$\frac{1}{50\ 000}$，而后者的则为$\frac{1}{25\ 000}$，表明前者精度高于后者。

在距离测量中，通常用往返测量结果的较差率来衡量，往返测较差与距离平均值之比就是所谓的相对误差。

对于真误差与极限误差，有时也用相对误差来表示。例如，经纬仪导线测量时，规范中所规定的图根经纬仪导线的相对闭合差不能超过$\frac{1}{2\ 000}$，它就是相对极限误差。而在实测中所产生的相对闭合差，则是相对真误差。

与相对误差相对应，真误差、中误差、极限误差均称为绝对误差。

## 小结

1. 建筑工程测量工作的主要任务

① 测绘大比例尺地形图；②施工测量；③变形观测。测量工作贯穿于工程建设的整个过程，这就要求从事工程建设的人员，应掌握必要的测量知识与技能。

2. 测量工作的定位原理和方法

本学习任务的重点内容就是在理解掌握测量工作的基准面和基准线的基础上，学习地面点的平面位置和高度位置的确定原理和方法。测量工作的基准面是大地水准面，基准线是铅垂线。注意理解大地水准面是个不规则的闭合曲面，由此引出了以规则的参考椭球体作为地球的参考形状和大小。

第二个重点内容是测量坐标系统和高程系统的建立及应用。测量坐标系统和高程系统是学习的重点内容，主要介绍了平面位置确定的三种坐标系统，即大地坐标系、高斯平面直角坐标系和独立平面直角坐标系。

地面点的高程是确定地面点位置的一个基本要素，高程有绝对高程和相对高程两种。两点的高程之差称为高差。我国的高程系统主要有“1956黄海高程系”和“1985国家高程基准”，使用资料时，要注意不同高程系统间的换算。

3. 测量的基本工作和原则

测量的基本工作是水平距离测量、水平角测量和高差测量(或高程测量)。地面点的空间位置是用坐标和高程来确定的，但一般不是直接测定，而是通过测量水平距离和水平角经过计算得到平面坐标，通过高差测量计算得到高程。在普通测量工作中往往用水平面代替水准面，在与精密仪器测量的精度进行比较后得出结论：在半径为10 km的圆面积范围内，以水平面代替水准面所产生的距离误差可以忽略不计,在精度要求较低时,这个范围还可以相应扩大;在面积为 100 $km^2$ 内的多边形,进行水平角测量,可以不考虑水准面曲率的影响;但水准面曲率对高程的影响是不能忽视的。测量工作必须遵守“由整体到局部,先控制后碎部,由高级到低级”的原则。

测设的基本工作有水平角度测设、水平距离测设和高程测设三种基本测设方法。

4. 测量仪器及其基本测量工作和测设工作施测

(1)水准仪及水准测量施测。本学习任务着重介绍了 $DS_3$ 型微倾水准仪构造、使用操作步骤(包括仪器安置、粗平、瞄准和调焦、精平、读数五个步骤)、水准线路的施测等知识内容和相关的技能操作内容。水准测量按精度的高低,分为一、二、三、四、五等几个水准测量等级。在外业进行水准测量时,重要的是要掌握水准测量原理和水准测量工作观测方法、数据记录和计算方法。水准测量一般按照一定的水准路线施测,水准路线主要有闭合水准路线、附合水准路线和支水准路线。

水准测量外业结束后即可进行内业计算,内业计算的目的是合理地调整高差闭合差,计算出未知点的高程。内业计算首先计算高差闭合差,并与高差闭合差允许值进行比较,在其符合要求的情况下进行后续计算;按照与测站数(或距离)成正比反号均分的原则计算高差闭合差的调整值;计算改正后的高差;最后计算出未知点的高程。

(2)经纬仪及角度测量施测。角度测量是确定地面点位的基本测量工作之一,角度测量包括水平角测量和竖直角测量。

(3)钢尺量距、全站仪、GPS 接收机等仪器及其相应的使用原理和方法。

(4)拓普康 GTS-330 系列全站仪的构造,以及全站仪的基本操作步骤和角度(水平角、竖直角)测量、距离(斜距、平距)测量、高差测量、坐标测量和放样测量等测量工作的施测方法。

5. 观测误差规律及其衡量测量数据精度的指标

掌握测量误差的定义和观测误差的来源;掌握测量误差的分类及其存在的规律;重点掌握偶然误差的特性;掌握衡量精度的标准:中误差、极限误差、相对误差的基本概念和基本计算。

(1)中误差。即在等精度观测时取各次观测值真误差平方的平均值再开方,以公式表示为

$$m=\pm\sqrt{\frac{[\Delta^2]}{n}}=\pm\sqrt{\frac{\Delta_1^2+\Delta_2^2+\cdots+\Delta_n^2}{n}}$$

(2)极限误差(或称允许误差)。在实际测量工作中,一般取 2 倍中误差作为观测值的允许误差,即 $\Delta_{限}=2m$。

(3)相对误差。即观测值中误差 $m$ 与相应观测值的比值,常用分子为 1 的分数表示。

1. 建筑工程测量的任务是什么?其内容包括哪些?

2. 测量工作的实质是什么?

3. 何谓大地水准面、1985 年国家高程基准、绝对高程、相对高程和高差?

4. 测量上的平面直角坐标系与数学上的平面直角坐标系有什么区别?

5. 确定地面点位置的三个基本要素是什么?测量的三项基本工作是什么?

6. 测量工作的原则和程序是什么?

7. 已知地面某点相对高程为 21.580 m,其对应的假定水准面的绝对高程为 168.880 m,则该点的绝对高程为多少?要求绘出示意图表示点位与基准面。

8. 什么是后视点、前视点及转点?

9. 何谓视准轴?何谓视差?视差形成的原因是什么?如何消除视差?

10. 水准仪上的圆水准器与管水准器各起什么作用?当圆水准器气泡居中时,管水准器的气泡是否也居中吻合?为什么?

11. 在一个测站的观测过程中,当读完后视读数,继续观测前视点读数时,发现圆水准气泡偏离中心位置,此时能否转动脚螺旋使气泡居中,然后继续观测前视点?为什么?

12. 试简述在一个测站上进行水准测量的工作步骤。

13. 在进行水准观测工作中,为什么要求每站的前、后视距大致相等?

14. 水准仪有哪些主要的几何轴线?它们之间应满足哪些条件?其中什么是主要条件?为什么?

15. 设 $A$ 点高程为 45.326 m,当后视读数为 1.478 m,前视读数为 1.692 m 时,试问视线高为多少? $B$ 点的高程是多少?要求绘图说明。

16. 如图 1-94 所示为某附合水准路线等外水准测量观测成果,$H_{BM1}=50.000$ m,$H_{BM2}=47.824$ m。试根据给定的已知数据及观测数据,计算各待定点的高程(列表计算并评定精度)。

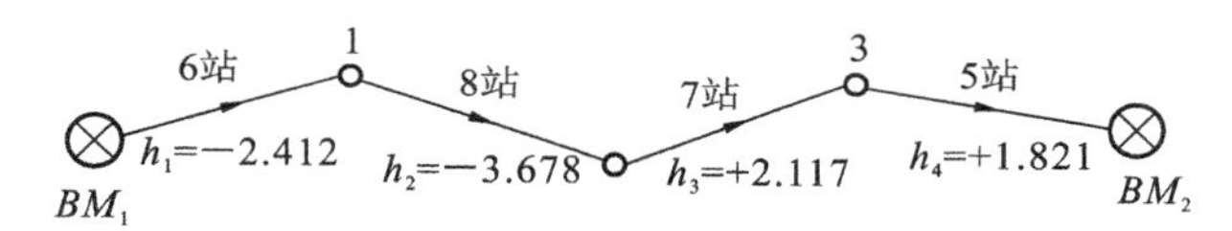


图 1-94 题 1-16 图

17. 如图 1-95 所示,为某闭合水准路线等外水准外业观测数据,试依据给定的已知点高程及观测数据,计算各点的高程(要求列表计算并评定精度)。

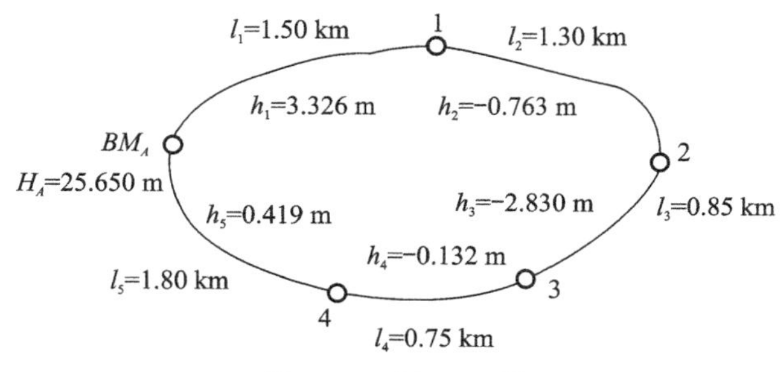


图 1-95 题 1-17 图

18. 何谓水平角?试述用经纬仪测量水平角的原理,绘图说明。

19. 何谓竖直角?为什么测竖直角时只需瞄准一个目标?

20. 用经纬仪测角时,若照准同一竖直面内不同高度的两目标点,其水平度盘读数是否相同?若经纬仪架设高度不同,照准同一目标点,则该点的竖直角是否相同?

21. 经纬仪的构造有哪几个主要部分,它们各起什么作用?

22. 经纬仪上有几对制动、微动螺旋?它们各起什么作用?如何正确使用它?

23. 何谓水平度盘分划值?在经纬仪中,常用的度盘分划一般有哪几种?各适用于哪类型的仪器?

24. 安置经纬仪时,对中和整平的目的是什么?若用光学对中器应如何进行?

25. 测回法适用于什么情况?试说明测回法的观测步骤。

26. 试述用方向观测法观测水平角的步骤。如何进行记录、计算?有哪些限差规定?

27. 何谓竖盘指标差?如何计算和检验竖盘指标差?

28. 试完成水平角观测记录表(见表1-18)相关计算。

**表1-18 测回法观测记录表**

| 测站 | 测回 | 垂直度盘位置 | 目标 | 度盘读数/(° ′ ″) | 半测回角值/(° ′ ″) | 一测回角值/(° ′ ″) | 各测回平均角值/(° ′ ″) |
|---|---|---|---|---|---|---|---|
| 0 | 1 | 左 | A | 0 00 06 | | | |
| | | | B | 148 36 18 | | | |
| | | 右 | A | 180 00 12 | | | |
| | | | B | 328 36 30 | | | |
| 0 | 2 | 左 | A | 90 01 12 | | | |
| | | | B | 238 37 30 | | | |
| | | 右 | A | 270 01 18 | | | |
| | | | B | 58 37 24 | | | |

29. 根据水平角观测原理,理论上经纬仪应满足哪些几何条件?

30. 何谓系统误差?偶然误差?有何区别?

31. 试述中误差、极限误差、相对误差的含义与区别?

32. 例说明如何消除或减小仪器的系统误差?

33. 偶然误差具有什么特征?

34. 何谓等精度观测?

35. 什么是圆曲线的主点?圆曲线元素有哪些?如何测设圆曲线的主点?

36. 已知 $JD_5$ 里程桩号为2+113.28,转角 $\alpha=25°05'$(右角),圆曲线半径 $R=100$ m,试求圆曲线元素各主点桩号和计算校核,并说明主点测设步骤。

37. 对上题所述圆曲线,在 $ZY$ 点上设站,用编角法要每隔20 m放样一里程桩,试计算圆曲线上各放样点的里程、偏角和弦长,并说明测设步骤。

38. 已知交点桩号为K4+300.18,测得转角 $\alpha=17°30'$(左角),圆曲线半径为 $R=300$ m,曲线整桩距为20 m,若采用切线支距法,试计算各桩的坐标,并说明测设步骤。

39. 某建筑场地上有一水准点 $A$,其高程 $H_A=38.416$ m,欲测设高程为39.000 m的室内地坪(±0.000)标高,设水准仪在水准点 $A$ 所立的水准尺中丝读数为1.034 m,试绘图说明其测设方法,并计算相应的测设数据。

学习情境 2

# 小地区控制测量技术

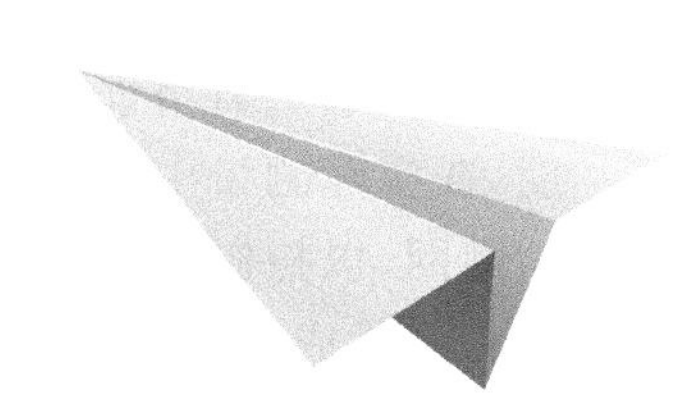

## 学习目标

小地区控制测量工作是地形图测绘测量工作任务实施的基础性工作，是碎部测量工作的依据。控制测量不仅精度要求高，而且理论性也很强，因此实施此工作任务的职业岗位员需具备较强的测量基础知识和测量技能。

本学习情境内容是本书的重点。通过各任务的学习和实践训练，要求掌握控制测量的概念及其在测量工作中的重要性，了解国家控制网、工程控制网及小地区控制网的各自特点，熟悉控制测量技术方法；掌握导线测量工作方法、导线网布设原则及等级、外业工作实施内容和步骤、导线内业数据计算等；熟悉交会测量加密控制网的方法；对高程控制测量主要掌握四等（及以下等级）水准测量工作方法：包括四等水准测量的观测、记录、计算及各项限差；熟悉三角高程测量方法，掌握各种高程方法的网型布设形式和施测步骤、主要技术要求及各项限差，为实施并完成控制测量工作任务奠定技术基础。

# 任务 1 控制测量技术的昨天和今天

## 活动 1 认识控制测量及其技术方法

### 1. 控制测量概述

控制测量是研究精确测定和描绘地面控制点空间位置及其变化的学科。从本质上说，它是工程建设测量中的基础学科和应用学科，在工程建设中具有重要的地位。通过控制测量技术手段，可以建立精度较高的控制网络，所建立的高精度控制点可以为工程建设提供服务。所以，控制测量工作任务是为较低等级测量工作提供定位依据，在精度上起控制作用。

由于进行任何测量工作都会产生误差，所以必须采取一定的程序和方法，即遵循一定的测量实施原则，以防止误差的累积。例如，从一个碎部点开始逐点进行测量，最后虽然也能得到欲测点的坐标，但这种做法显然是不对的。因为前一点的测量误差，必然会传递到下一点，这样累积起来，最后有可能达到不可允许的程度。因此，为了防止误差的积累，提高测量成果的整体精度，在实际测量中必须遵循“从整体到局部，先控制后碎部”的测量工作原则，即先在测区内建立控制网，以控制网为基础，分别从各个控制点开始施测各控制点所控制范围内的碎部点。

测量成果的质量高低一般用观测值的精度来表示。所谓精度，就是指测量观测值误差分布的密集与离散的程度，也就是指离散度的大小。为了保证点位的测量精度，在工作中可选用的措施一般有：提高观测元素（角度、距离、高差等）的观测精度；限制“逐点递推”的点数，从而对误差的逐点积累加以控制；采用“多余观测”，构成检核条件，由此可提高观测结果的精度，并能发现粗差是否存在。

进行测量工作时，总是首先在测区内选择一些具有控制意义的点，组成一定的几何图形，形成测区的骨架，用相对精确的测量手段和计算方法，在统一坐标系中计算出这些点的平面坐标和高程，然后以其为基础测定其他更多地面点的坐标或进行施工放样，或进行其他测量工作。我们将这些具有控制意义的点称为控制点；由控制点组成的几何图形称为控制网；对控制网进行布设、观测和计算，最终确定出控制点坐标的工作称为控制测量。

通过控制测量可以确定地球的形状和大小。测量控制网是由控制点构成的，通常控制点的精度比受控点的精度高，并作为推算后者的坐标的起算点，起控制后者的作用。在碎部测量中，专门为地形测图而布设的控制网称为图根控制网，相应的测量工作称为图根控制测量；专门为工程施工而布设的控制网则称为施工控制网，施工控制网可以作为施工放样工作的依据。由此可见，控制测量起到控制全局和限制误差积累的作用，为各项具体测量工作和科学研究提供依据。

控制测量分为平面控制测量和高程控制测量。平面控制测量得到控制点的平面坐标，高程控制测量得出控制点的高程。在传统测量工作中，平面控制网与高程控制网通常分别单独布设。目前，有时候也将两种控制网合起来布设成三维控制网。

## 2. 平面控制网

### 1)国家平面控制网

在全国范围内布设的平面控制网称为国家平面控制网。我国原有国家平面控制网主要按三角网方法布设，分为一、二、三、四等四个等级，测量精度由高到低逐级降低。一等三角网作为低等级平面控制网的基础，一等三角网由沿经线、纬线方向的三角锁构成，并在锁段交叉处测定起始边，如图2-1所示。三角形平均边长为20～25 km；二等三角网布设在一等三角锁所围成的范围内，构成全面三角网，平均边长为13 km，二等三角网是扩展低等级平面控制网的基础；三、四等三角网的布设采用插网和插点的方法，作为一、二等三角网的进一步加密，三等三角网平均边长为8 km，四等三角网平均边长为2～6 km。四等三角点每点控制面积为15～20 $km^2$，可以满足1∶10 000和1∶5 000比例尺地形测图需要。国家平面控制网是采用精密测量仪器和方法依照施测精度建立的，它的低等级点受高等级点逐级控制。

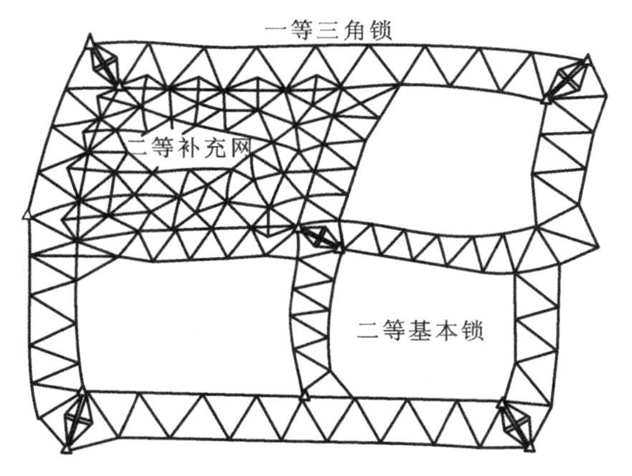


**图2-1 国家平面控制三角网**

### 2)城市和工程控制网

在城市和工程建设地区，为满足1∶500～1∶5 000比例尺地形测图和城市及工程建设施工放样的需要，应进一步布设城市或工程平面控制网。城市或工程平面控制网在国家控制网的控制下布设，并按城市或工程建设范围大小布设成不同等级的平面控制网，分为二、三、四等三角形网和一、二级三角形网，以及三、四等导线网和一、二、三级导线网。城市及工程三角形网测量的主要技术要求见表2-1(导线网测量的主要技术要求见本学习情境任务2)。

**表2-1 三角形网测量的主要技术要求**

| 等 级 | 平均边长/km | 测角中误差/(″) | 测边相对中误差 | 最弱边边长相对中误差 | 测回数 | | | 三角形最大闭合差/(″) |
|---|---|---|---|---|---|---|---|---|
| | | | | | 1″级仪器 | 2″级仪器 | 6″级仪器 | |
| 二等 | 9 | 1 | ≤1/250 000 | ≤1/120 000 | 12 | — | — | 3.5 |
| 三等 | 4.5 | 1.8 | ≤1/150 000 | ≤1/70 000 | 6 | 9 | — | 7 |
| 四等 | 2 | 2.5 | ≤1/100 000 | ≤1/40 000 | 4 | 6 | — | 9 |

续表

| 等　级 | 平均边长/km | 测角中误差/(″) | 测边相对中误差 | 最弱边边长相对中误差 | 测回数 | | | 三角形最大闭合差/(″) |
|---|---|---|---|---|---|---|---|---|
| | | | | | 1″级仪器 | 2″级仪器 | 6″级仪器 | |
| 一级 | 1 | 5 | ≤1/40 000 | ≤1/20 000 | — | 2 | 4 | 15 |
| 二级 | 0.5 | 10 | ≤1/20 000 | ≤1/10 000 | — | 1 | 2 | 30 |

注：当测区测图的最大比例尺为1∶1 000时，一、二级的边长可适当放长，但最大长度不应大于表中规定的2倍。

布设什么级别的控制网作为测区的首级控制网，应根据城市或工程建设的规模来定。中小城市一般以四等网作为首级控制网。面积在15 $km^2$ 以下的小城镇，可用一级三角形网或一级导线网作为首级控制网。面积在0.5 $km^2$ 以下的测区，图根控制网可作为首级控制网。

3）小区域控制网

在小于10 $km^2$ 的范围内建立的控制网，称为小区域控制网。在这个范围内，水准面可视为水平面，采用平面直角坐标系，不需要将测量成果归算到参考椭球面上。小区域平面控制网，应尽可能与国家控制网或工程控制网联测，将国家或城市高级控制点坐标作为小区域控制网的起算和校核数据。如果测区内或测区附近无高级控制点，或联测较为困难，也可建立独立平面控制网。

### 3. 高程控制网

高程控制网主要通过水准测量方法建立，而在地形起伏大、直接进行水准测量较困难的地区，其高程控制网可采用三角高程测量方法或GPS拟合高程方法建立。

1）国家水准网

在全国范围内采用水准测量方法建立的高程控制网称为国家水准网，它是全国范围内施测各种比例尺地形图和各类工程建设的高程控制基础。国家水准网遵循从整体到局部、由高级到低级，逐级控制、逐级加密的原则分四个等级布设。国家一、二等水准网采用精密水准测量建立，是研究地球的形状和大小、海洋平均海水面变化的重要资料。国家一等水准网如图2-2所示，它是国家高程控制网的骨干；二等水准网布设于一等水准网内，是国家高程控制网的基础。国家三、四等水准网为国家高程控制网的进一步加密，为地形测图和工程建设提供高程控制点。

图2-2　国家一等水准网

2)城市和工程高程控制网

城市和工程高程控制网是以国家水准网为基础建立的，其高程控制测量精度等级的划分依次为二、三、四、五等。各等级高程控制宜采用水准测量方法，四等及以下等级可采用电磁波测距三角高程测量方法，五等也可采用GPS拟合高程测量方法。首级高程控制网的等级，应根据工程规模、控制网的用途和精度要求合理选择。首级网应布设成环形网，加密网宜布设成附合路线或结点网。测区的高程系统，宜采用1985国家高程基准。在已有高程控制网的地区测量时，可沿用原有的高程系统；当小测区联测有困难时，也可采用假定高程系统。根据城市或工程建设场区范围的大小，其首级高程控制网可布设成二等或三等水准网，用三等或四等水准网作进一步加密，在四等以下布设五等水准网和直接为测图服务的图根高程网。高程控制点间的距离，一般地区应为1～3 km，工业厂区、城镇建筑区宜小于1 km。但一个测区及周围至少应有3个高等级高程控制点。各等级水准测量的主要技术要求，应符合表2-2的规定。

表2-2 水准测量的主要技术要求

| 等级 | 每千米高差中误差/mm | 路线长度/km | 水准仪型号 | 水准尺 | 观测次数 | | 往返较差、附合或环线闭合差 | |
|---|---|---|---|---|---|---|---|---|
| | | | | | 与已知点联测 | 附合或环线 | 平地/mm | 山地/mm |
| 二等 | 2 | — | $DS_1$ | 因瓦 | 往返各一次 | 往返各一次 | $4\sqrt{L}$ | — |
| 三等 | 6 | ≤50 | $DS_1$ | 因瓦 | 往返各一次 | 往一次 | $12\sqrt{L}$ | $4\sqrt{n}$ |
| | | | $DS_3$ | 双面 | | 往返各一次 | | |
| 四等 | 10 | ≤16 | $DS_3$ | 双面 | 往返各一次 | 往一次 | $20\sqrt{L}$ | $6\sqrt{n}$ |
| 五等 | 15 | — | $DS_3$ | 单面 | 往返各一次 | 往一次 | $30\sqrt{L}$ | — |

注：① 结点之间或结点与高级点之间，其路线的长度，不应大于表中规定的0.7倍；

② $L$ 为往返测段，附合或环线的水准路线长度(km)；$n$ 为测站数；

③ 数字水准仪测量的技术要求与同等级的光学水准仪相同。

3)小区域高程控制网

在小区域范围内建立高程控制网，应根据测区面积大小和工程要求，采用分级建立的方法。一般情况下，是以国家或城市等级水准点为基础，在整个测区依次建立三、四、五等水准网，最终加密布设成图根水准路线，并用图根水准测量方法(或三角高程测量、GPS高程拟合等方法)来测定图根点的高程。

## 活动2 了解平面控制测量的作业手段

在传统测量工作中，平面控制测量手段主要有三角网测量、导线测量和交会测量等方法。现今的平面控制测量手段是传统控制测量手段的基础上的进一步发展，随着城市和工程建设的发展，以及测绘科技的飞速发展，其手段主要采用导线测量和卫星定位控制测量方法，而且卫星定位控制测量技术已成为现今主要的平面控制测量技术，卫星定位测量控制网已成为建立平面控制网的主要网型。

工程测量规范规定：平面控制网的布设，可采用卫星定位测量控制网、导线及导线网、三角形网等形式。不同布设形式的城市和工程建设平面控制网，其精度等级的划分标准为：卫星定位测量控制网依次为二、三、四等和一、二级，导线及导线网依次为三、四等和一、二、三级，三角形网依次为二、三、四等和一、二级。在工程实践中，布设平面控制网时，应遵循下列原则。

(1)首级控制网的布设，应因地制宜，且适当考虑发展。当与国家坐标系统联测时，应同时考虑联测方案。

(2)首级控制网的等级，应根据工程规模、控制网的用途和精度要求合理选择。

(3)加密控制网，可越级布设或同等级扩展。

总之，在城市和工程建设中，选择何种平面控制测量方法，应考虑到因地制宜，既满足当前需要，又兼顾今后发展，做到技术先进、经济合理、确保质量、长期适用。现将目前在工程建设测量工作中所采用的平面控制测量方法介绍如下。

### 1. 卫星定位控制测量

卫星定位控制测量是以分布在空中的多个 GPS 卫星为观测目标来确定地面点三维坐标的控制测量方法。卫星定位测量是一种利用多台接收机同时接收多颗定位卫星信号，确定地面点三维坐标的方法。20 世纪 80 年代末，全球卫星定位系统开始在我国用于建立平面控制网。现今，卫星定位测量控制网已成为建立平面控制网的主要方法。应用卫星定位技术建立的地面三维控制网称为卫星定位测量控制网(或 GPS 测量控制网)，在工程测量中，卫星定位测量控制网按其精度分为(A、B、C、D、E)二等、三等、四等、一级、二级共五个不同精度等级。

### 2. 导线测量

导线是一种将控制点用直线连接成折线形式的控制网，其控制点称为导线点，点间的直线边称为导线边，相邻导线边之间的夹角称为转折角(又称导线折角、导线角)。其中，与坐标方位角已知的导线边(称为定向边或起算边)相连接的转折角，称为连接角(又称定向角)。通过观测导线边的边长和转折角，依据起算数据经计算而获得导线点的平面坐标，即为导线测量。导线测量布设简单，每点仅须与前、后两点通视，选点方便，在隐蔽地区和建筑物多而通视困难的城市，应用起来很是方便灵活。该方法目前已成为平面控制测量的主要方法之一，是职业测绘人员应重点掌握的控制测量方法。

### 3. 三角形网测量

三角形网测量是通过测定三角形网中各三角形的顶点水平角、边的长度，来确定控制点位置的方法。该控制测量方法是在地面上选定一系列的控制点，构成相互连接的若干个三角形，组成各种网(锁)状图形。通过观测三角形的内角或(和)边长，再根据已知控制点的坐标、起始边的边长和坐标方位角，经过计算可得到三角形各边的边长和坐标方位角，进而由直角坐标正算公式计算待定点的平面坐标。三角形的各个顶点称为三角点，由一系列相连的三角形构成的测量控制网称为三角形网，如图 2-3 所示。

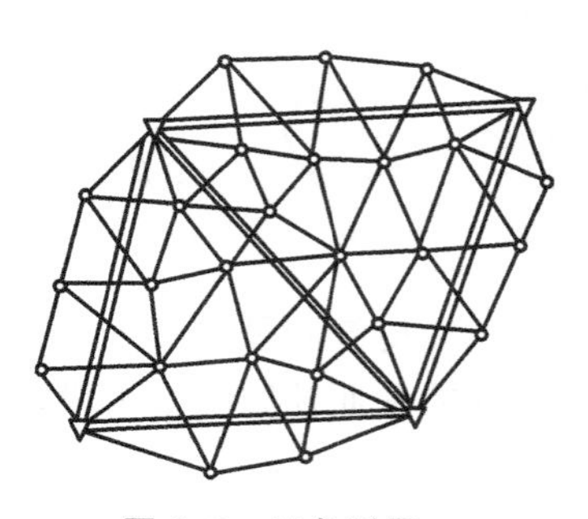

图 2-3　三角形网

### 4. 交会测量

交会测量是利用交会点来加密平面控制点的一种控制测量方法。通过观测水平角来确定交会点平面位置的工作称为测角交会；通过测边来确定交会点平面位置的工作称为测边交会；通过测边长及水平角来确定交会点的平面位置的工作称为边角交会。

## 活动3 图根控制测量技术规定

### 1. 图根控制测量

在进行大比例尺地形图测绘工作时，由于测区所建立的高级控制点的密度不足以满足地形图测绘的工作需要，这时应在测区高等级控制网的基础上加密扩充控制网，在测区范围内，按照一定的间距要求，均匀布设数量适当的图根控制点(又称图根点)，直接供测图使用。这样所建立的控制称为图根控制，测量图根点三维坐标的工作称为图根控制测量。图根控制布设是在各等级控制下的加密，一般不超过两次附合。在较小的独立测区测图时，图根控制可作为首级控制。该种控制是测量工作中的一种重要的工作手段。

图根控制点是直接供地形图测绘服务而建立的加密控制点，其包括平面图根和高程图根。工程测量规范规定：图根平面控制和图根高程控制测量工作，可同时进行，也可分别施测。图根点精度，相对于邻近的等级控制点，其平面点位中误差不应大于图上 0.1 mm，高程中误差不应大于基本等高距的 1/10。图根点点位标志宜采用木(铁)桩，当图根点作为首级控制或等级点稀少时，应埋设适当数量的标石。测区内解析图根点的个数(即密度)，取决于地形图的测图比例尺和测区内地物、地貌的复杂程度，应根据地形复杂、破碎程度和隐蔽情况而决定其数量，一般地区不宜少于表 2-3 中的规定。

**表 2-3　一般地区解析图根点的个数**

| 测图比例尺 | 图幅尺寸/cm | 解析图根点(个数) | | |
|---|---|---|---|---|
| | | 全站仪测图 | GPS(RTK)测图 | 平板测图 |
| 1∶500 | 50×50 | 2 | 1 | 8 |
| 1∶1 000 | 50×50 | 3 | 1～2 | 12 |
| 1∶2 000 | 50×50 | 4 | 2 | 15 |
| 1∶5 000 | 40×40 | 6 | 3 | 30 |

注：表中所列点数是指施测该幅图时，可利用的全部解析控制点。

图根控制内业计算及成果的取值精度，应符合表 2-4 的规定。

**表 2-4　图根控制内业计算和成果的取值精度要求**

| 各项计算修正值/(″或 mm) | 方位角计算值/(″) | 边长及坐标计算值/m | 高程计算值/m | 坐标成果/m | 高程成果/m |
|---|---|---|---|---|---|
| 1 | 1 | 0.001 | 0.001 | 0.01 | 0.01 |

## 2. 图根平面控制测量

图根平面控制，可采用图根导线、极坐标、边角交会和GPS定位等测量方法。

1）图根导线测量

（1）图根导线测量宜采用6″级仪器一测回测定水平角。其主要技术要求不应超过表2-5的规定。

表2-5 图根导线测量的主要技术要求

| 导线长度/m | 相对闭合差 | 测角中误差/（″） | | 方位角闭合差/（″） | |
|---|---|---|---|---|---|
| | | 一般 | 首级控制 | 一般 | 首级控制 |
| $\leqslant \alpha \times M$ | $\leqslant 1/(2\ 000 \times \alpha)$ | 30 | 20 | $60\sqrt{n}$ | $40\sqrt{n}$ |

注：① $\alpha$ 为比例系数，取值宜为1，当采用1∶500、1∶1 000比例尺测图时，其值可在1～2之间选用；

② $M$ 为测图比例尺的分母；但对于工矿区现状图测量，不论测图比例尺大小，$M$ 均应取值为500；

③ 对于隐蔽或施测困难地区，导线相对闭合差可放宽，但不应大于 $1/(1\ 000 \times \alpha)$。

（2）在等级点下加密图根控制时，不宜超过2次附合。

（3）图根导线的边长，宜采用电磁波测距仪器单向施测，也可采用钢尺单向丈量。

（4）图根量距导线，还应符合下列规定。

① 对于首级控制，边长应进行往返丈量，其较差的相对误差不应大于1/4 000；

② 量距时，当坡度大于2%、温度超过钢尺检定温度范围±10℃或尺长修正大于1/10 000时，应分别进行坡度、温度、尺长的修正；

③ 对于采用钢尺量距的附合导线，当长度小于规定导线长度的1/3时，其绝对闭合差不应大于图上0.3 mm；对于测定细部坐标点的图根导线，当长度小于200 m时，其绝对闭合差不应大于13 cm。

（5）对于难以布设附合导线的困难地区，可布设成支导线。支导线的水平角观测可用6″级经纬仪施测左、右角各一测回，其圆周角闭合差不应超过40″。边长应往返测定，其较差的相对误差不应大于1/3 000。导线平均边长及边数，不应超过表2-6的规定。

表2-6 图根支导线平均边长及边数

| 测图比例尺 | 平均边长/m | 导线边数 |
|---|---|---|
| 1∶500 | 100 | 2 |
| 1∶1 000 | 150 | 2 |
| 1∶2 000 | 250 | 3 |
| 1∶5 000 | 350 | 4 |

2）极坐标法图根点测量

（1）宜采用6″级全站仪或6″级经纬仪加电磁波测距仪，角度、距离一测回测定。

（2）观测限差，不应超过表2-7的规定。

表2-7 极坐标法图根点测量限差

| 半测回归零差/（″） | 两半测回角度较差/（″） | 测距读数较差/mm | 正倒镜高程较差/m |
|---|---|---|---|
| ≤20 | ≤30 | ≤20 | $\leqslant H_d/10$ |

注：$H_d$ 为基本等高距。

(3)测设时,可与图根导线或二级导线一并测设,也可在等级控制点上独立测设。独立测设的后视点,应为等级控制点。

(4)在等级控制点上独立测设时,也可直接测定图根点的坐标和高程,并将上、下两半测回的观测值取平均值作为最终观测成果,其点位误差应满足图根点的精度要求。

(5)极坐标法图根点测量的边长,不应大于表2-8的规定。

**表2-8　极坐标法图根点测量的最大边长**

| 比　例　尺 | 1∶500 | 1∶1 000 | 1∶2 000 | 1∶5 000 |
|---|---|---|---|---|
| 最大边长/m | 300 | 500 | 700 | 1 000 |

(6)使用极坐标法图根点控制测量成果时,应对观测成果进行充分校核。

3)GPS图根控制测量

GPS图根控制测量宜采用GPS-RTK方法直接测定图根点的坐标和高程。GPS-RTK方法的作业半径不宜超过5 km,对每个图根点均应进行同一参考站或不同参考站下的两次独立测量,其点位较差不应大于图上0.1 mm,高程较差不应大于基本等高距的1/10。其他技术要求应按工程测量规范中的有关规定执行。

## 3. 图根高程测量

图根高程控制,可采用图根水准、电磁波测距三角高程和GPS拟合高程等测量方法进行。

1)图根水准测量

图根水准测量应符合下列规范规定:起算点的精度,不应低于四等水准高程点;图根水准测量的主要技术要求,应符合表2-9的规定。

**表2-9　图根水准测量的主要技术要求**

| 每千米高差中误差/mm | 附合路线长度/km | 仪器类型 | 视线长度/m | 观测次数 | | 往返较差、附合或环线闭合差/mm | |
|---|---|---|---|---|---|---|---|
| | | | | 附合或闭合路线 | 支水准路线 | 平地 | 山地 |
| 20 | ≤5 | $DS_{10}$ | ≤100 | 往一次 | 往返各一次 | $40\sqrt{L}$ | $12\sqrt{n}$ |

注:① $L$为往返测段、附合或环线的水准路线的长度(km);

② 当水准路线布设成支线时,其线路长度不应大于2.5 km。

2)图根电磁波测距三角高程测量

图根电磁波测距三角高程测量应符合下列规定:起算点的精度,不应低于四等水准高程点;仪器高和觇标高的量取,应精确至1 mm。图根电磁波测距三角高程的主要技术要求,应符合表2-10的规定。

**表2-10　图根电磁波测距三角高程的主要技术要求**

| 每千米高差中误差/mm | 附合路线长度/km | 仪器类型 | 中丝法测回数 | 指标差较差/(″) | 垂直角较差/(″) | 对向观测高差较差/mm | 附合或环形闭合差/mm |
|---|---|---|---|---|---|---|---|
| 20 | 5 | 6″级 | 2 | 25 | 25 | $80\sqrt{D}$ | $40\sqrt{\sum D}$ |

注:$D$为电磁波测距边的长度,单位为km。

3)GPS 拟合高程测量

GPS 拟合高程测量，仅适用于平原或丘陵地区的五等及以下等级高程测量（图根高程）。在实施 GPS 拟合高程测量时宜与 GPS 平面控制测量一起进行。其主要技术要求应符合下列规定：GPS 网应与四等或四等以上的水准点联测；联测的 GPS 点应均匀分布在测区四周和测区中心；若测区为带状地形，则应分布于测区两端及中部；联测点数宜大于选用计算模型中未知参数个数的 1.5 倍，点间距宜小于 10 km；对于地形高差变化较大的地区，应适当增加联测点数；对于地形趋势变化明显的大面积测区，宜采取分区拟合的方法；GPS 观测的技术要求，应按工程测量规范中的有关规定执行；其天线高度应在观测前后各量测一次，取其平均值作为最终高度。

在进行 GPS 拟合高程计算时，应符合下列规定：充分利用当地的重力场大地水准面模型或资料；应对联测的已知高程点进行可靠性检验，并剔除不合格点；对于地形平坦的小测区，可采用平面拟合模型；对于地形起伏较大的大面积测区，宜采用曲面拟合模型；对拟合高程模型应进行优化；GPS 点的高程计算，不宜超出拟合高程模型所覆盖的范围。

一般来说，GPS 测量外业工作完成后，均利用相应的 GPS 测量数据后处理软件来完成相关的计算工作。数据处理完成后，应对 GPS 点的拟合高程成果进行检验。检测点数不少于全部高程点的 10%且不少于 3 个点；高差检验，可采用相应等级的水准测量方法或电磁波测距三角高程测量方法进行，其高差较差不应大于 $30\sqrt{D}$ mm（$D$ 为参考站到检查点的距离，单位为 km）。

## 活动 4 熟悉控制测量的一般作业流程

控制测量作业流程包括技术设计、实地选点、标石埋设、观测和平差计算等主要步骤。在常规的高等级平面控制测量中，若某些方向因受地形条件限制而不能使相邻控制点间直接通视时，必须在选定的控制点上建立测量标。当采用 GPS 定位技术建立平面控制网时，因为不要求相邻控制点间通视，所以选定控制点后不需要建立测量标。

控制测量的技术设计主要包括确定精度指标和设计控制网的网形。在测量工作实践活动中，控制网的等级和精度标准须根据测区范围的大小和控制网的用途来确定。若范围较大时，为了既能使控制网形成一个整体，又能相互独立地进行工作，必须采用“从整体到局部，分级布网，逐级控制”的布网原则。若范围不大，则可布设成同级全面网。设计控制网的网形时，首先应收集测区的地形图、已有控制点成果及测区的人文、地理、气象、交通、电力等技术资料，然后进行控制网的图上设计。并在收集到的地形图上标出已有的控制点的位置和待工作的测区范围，依据测量目的对控制网的具体要求，结合地形条件在图上设计出控制网的网形，并选定控制点的位置，然后到实地踏勘，以判明图上标定的已有控制点是否与实地相符，查明标石是否完好；查看预选的路线和控制点点位是否合适，通视是否良好；若有必要可作适当的调整并在图上标明。最终根据图上设计的控制网方案到实地选点，确定控制点的最适宜位置。实地选点的点位一般应满足的条件为：点位稳定，等级控制点应能长期保存；便于扩展、加密和观测。经选点确定的控制点点位，须进行标石埋设，并将它们在地面上固定下来，绘制点之记图。

控制网中控制点的坐标或高程是由起算数据和观测数据经平差计算得到的。控制网中只有一套必要起算数据（三角形网中已知一个点的坐标、一条边的边长和一边的坐标方位角；水准网中已知一个点的高程)的控制网称为独立网。如果控制网中多于一套必要起算数据,则这种控制网称为附合网。控制网中的观测数据按控制网的种类不同而不同,主要有水平角或方向、边长、高差以及三角高程的竖直角或天顶距。观测工作完成后,应对观测数据进行检核,保证观测成果满足要求,然后进行平差计算。对于低等级控制网(如图根控制网)允许采用近似平差计算。

## 活动5　平面控制网点坐标计算基础

在控制网平面坐标计算过程中,必须首先进行控制网直线边坐标方位角的推算以及各控制点平面坐标的正、反算,而此计算工作应从直线定向工作开始。

### 1. 直线定向

在测量工作中,为了把地面上的点位、直线等测绘到图纸上或将图上的点放样到地面上,常要确定点与点之间的平面投影位置关系,要确定这种关系除了需要测量两点间的水平距离以外,还需要知道这条直线在投影面上的方位。一条直线的方向是根据某一基准方向来确定的。确定一条直线与基准方向在投影面上的投影间的夹角工作,称为直线定向。

1)直线定向的基准方向

基准方向也称为标准方向或起始方向,在直线定向测量工作中,通用的基准方向有真子午线北方向、磁子午线北方向和坐标纵轴北方向,即地面点的三北方向,如图2-4所示。

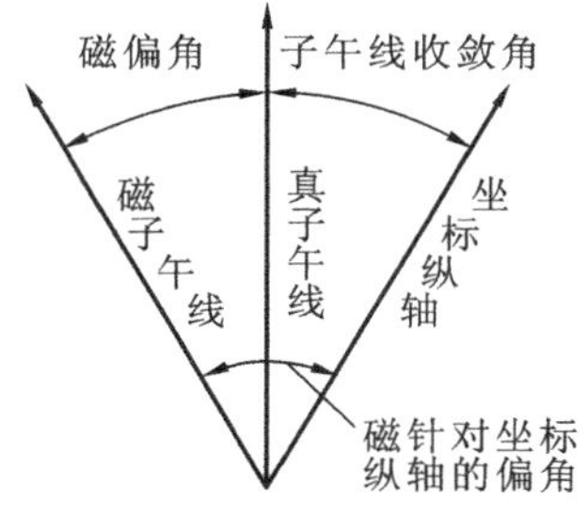


图2-4　三北方向

(1)真子午线北方向　过地面某点的真子午线的切线北端所指的方向,称为该点的真子午线北方向,简称真北方向。真北方向可采用天文测量的方法测定,也可用陀螺经纬仪测定。

(2)坐标纵轴北方向　坐标纵轴($X$ 轴)正向所指的方向,称为坐标纵轴北方向,简称坐标北方向。实用上常取与高斯平面直角坐标系中 $X$ 坐标轴平行的方向为坐标北方向。若采用独立平面直角坐标系则取与该坐标纵轴正向平行的方向为坐标北方向。

(3)磁子午线北方向　在地面某点处安置罗盘仪,磁针在地球磁场的作用下自由静止时其磁针北端所指的方向,称为该点的磁子午线北方向,简称磁北方向。磁北方向可用罗盘仪测定。

2)方位角

在测量工作中,常用方位角来表示地面直线的方向。由直线一端的基准方向起,顺时针方向旋转至该直线所成的水平角度称为该直线的方位角。方位角的取值范围是0°～360°。根据所选基准方向的不同,方位角又分为真方位角、磁方位角和坐标方位角三种。

(1)真方位角　从直线一端的真北方向起顺时针方向旋转到该直线所成的角度称为该直线的真方位角,用 $A_{真}$ 表示。

(2)坐标方位角　从直线一端的坐标北方向起顺时针旋转到该直线所成的水平角度称为该直线的坐标方位角,一般用 $\alpha$ 表示。

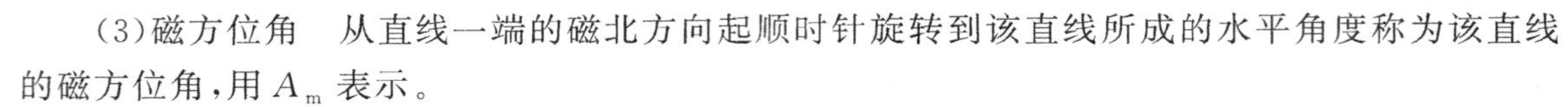

(3)磁方位角　从直线一端的磁北方向起顺时针旋转到该直线所成的水平角度称为该直线的磁方位角，用 $A_{m}$ 表示。

3)方位角之间的相互换算

(1)真方位角与坐标方位角的换算　赤道上各点的真子午线方向是相互平行的，地面上其他各点的真子午线都收敛于地球两极，是不平行的。地面上各点的真子午线北方向与坐标纵轴北方向之间的夹角称为子午线收敛角，一般用 $\gamma$ 表示，规定：以中央子午线为中心，在其以东地区，地面点的坐标北方向偏在真子午线的东边，$\gamma$ 为正值；在中央子午线以西地区，地面点的坐标北方向偏在真子午线的西边，$\gamma$ 为负值。地面点的真北方向与坐标北方向的关系，如图 2-5 所示，地面点 $P$ 的子午线收敛角可按下式计算：

$$\gamma_{P}=(L_{P}-L_{C})\times\sin B_{P}=\Delta L\times\sin B \tag{2-1}$$

式中：$L_{C}$ 为中央子午线大地经度，$L_{P}$、$B_{P}$ 为 $P$ 点的大地经、纬度。由式(2-1)可知，若 $\Delta L$ 不变，纬度越高，子午线收敛角越大，在两极 $\gamma=\Delta L$；纬度越低，子午线收敛角越小，在赤道上 $\gamma=0$。由此，得出地面直线的真方位角和坐标方位角的换算关系式如下：

$$A=\alpha+r$$

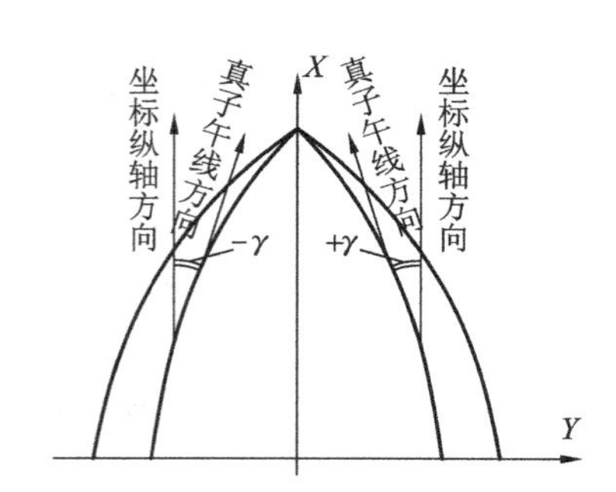


图 2-5　真北方向与坐标北方向位置关系

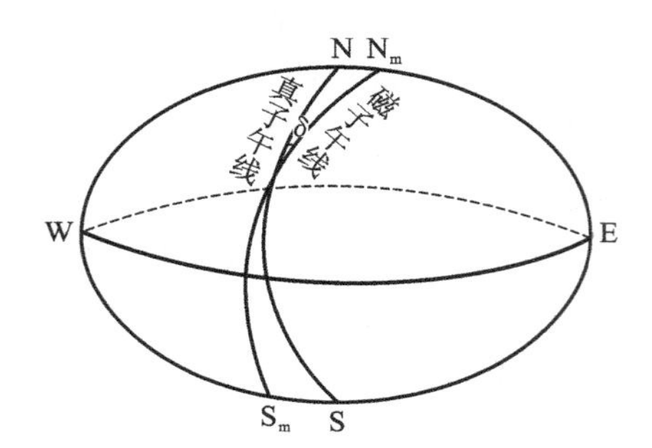


图 2-6　真北方向与磁北方向位置关系

(2)真方位角与磁方位角的换算　由于地球磁极与地球的南北极不重合，因此过地面上一点的磁北方向与真北方向不重合，其间的夹角称为磁偏角，用 $\delta$ 表示。$\delta$ 的符号规定为：磁北方向在真北方向东侧时，$\delta$ 为正；磁北方向在真北方向西侧时，$\delta$ 为负。地球上磁偏角的大小不是固定不变的，而是因地而异的；同一地点，也随时间有微小变化，有周年变化和周日变化。我国的磁偏角的变化范围大约在 $+6^{\circ}\sim-10^{\circ}$ 之间。地面点真方位角与磁方位角之间关系，如图 2-6 所示，其两者间的换算关系式如下：

$$A=A_{m}+\delta \tag{2-2}$$

(3)三者间的换算　已知某点的子午线收敛角 $\gamma$ 和磁偏角 $\delta$，则坐标方位角、真方位角和磁方位角之间有如下关系式：

$$\alpha=A+\delta-\gamma \tag{2-3}$$

4)直线的正、反坐标方位角

测量工作中，直线都是具有一定方向性的，一条直线的坐标方位角，由于起始点的不同存在着两个值。如图 2-7 所示，$A$、$B$ 为直线 $AB$ 的两端点，$\alpha_{AB}$ 表示 $AB$ 方向的坐标方位角，$\alpha_{BA}$ 表示$BA$方向的坐标方位角。$\alpha_{AB}$和$\alpha_{BA}$互为正、反坐标方位角。若规定从$A$点到$B$点为直线前进方向，则$\alpha_{AB}$称为正坐标方位角，称$\alpha_{BA}$为反坐标方位角。正、反坐标方位角的概念是相对的(相对于前进方向而言)。

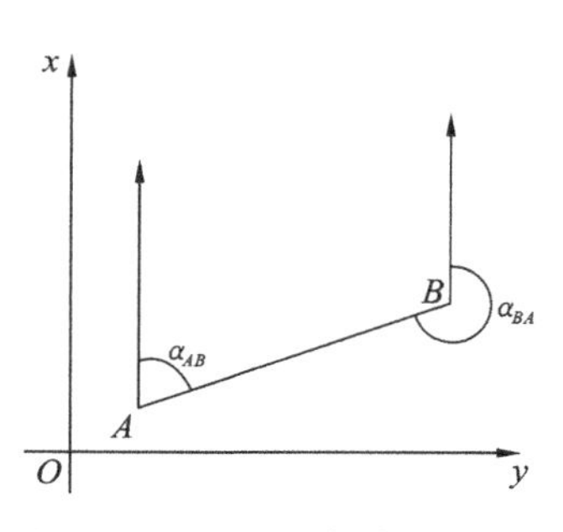

图2-7　正、反坐标方位角

由于在一个高斯投影平面直角坐标系内各点处，坐标北方向都是平行的，所以一条直线的正、反坐标方位角互差180°，即

$$\alpha_{AB}=\alpha_{BA}\pm180°$$

## 2. 平面控制网的定向、定位及其计算

在新布设的平面控制网中，至少需有一条坐标方位角为已知的起算方向边和一个平面坐标为已知的起算点，方可确定平面控制网的整体方位(简称定向)和位置(简称定位)。所以，在平面控制测量中，为了计算出待定控制点的坐标，一般需要至少一组起算数据。我们把已知一点的坐标和一条边的坐标方位角称为平面控制网的一组必要起算数据。控制网的起算数据可以通过与已有国家控制网或城市工程控制网联测获得。通过已知点的坐标和已知边的坐标方位角，就可以确定控制网的方向和位置，再根据观测的角度和水平距离，便可推算出控制网中各边的坐标方位角，进而求得待定控制点的平面坐标。

因此，在控制网内业计算中，必须依据起算数据，进行直线坐标方位角的推算和点的平面坐标的正、反算。

1)直线坐标方位角的推算

如图2-8所示，已知直线$AB$坐标方位角为$\alpha_{AB}$，$B$点处的转折角为$\beta$，规定测量工作的前进方向为由$A$指向$B$再到$C$，按此方向，$\beta$为直线前进方向的左角，则直线$BC$的坐标方位角$\alpha_{BC}$为

$$\alpha_{BC}=\alpha_{AB}+\beta-180° \tag{2-4}$$

如图2-9所示，按以上方向规定，$B$点处的转折角$\beta$为前进方向的右角，则直线$BC$的坐标方位角$\alpha_{BC}$为

$$\alpha_{BC}=\alpha_{AB}-\beta+180° \tag{2-5}$$

由式(2-4)、式(2-5)可得出推算坐标方位角的一般公式为

$$\alpha_{前边}=\alpha_{后边}\pm\beta\mp180° \tag{2-6}$$

式(2-6)中，$\beta$为右角时，其前取“－”，“180°”前取“＋”。如果推算出的坐标方位角大于360°，则应减去360°，如果出现负值，则应加上360°。

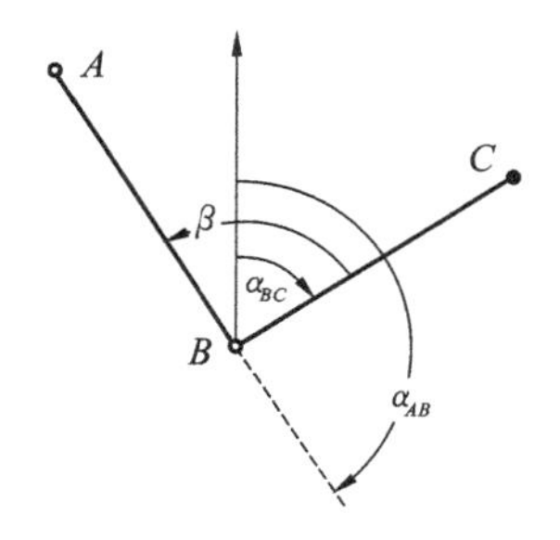

图2-8　坐标方位角推算(左角)

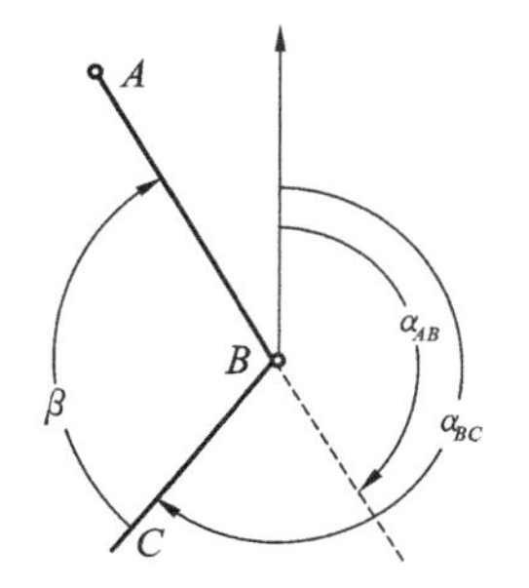

图2-9　坐标方位角推算(右角)

2)平面直角坐标正、反算

如图 2-10 所示，设 $A$ 为已知控制点，$B$ 为未知控制点，当 $A$ 点坐标$(x_A,y_A)$、$A$ 点至 $B$ 点的水平距离 $S_{AB}$ 和坐标方位角 $\alpha_{AB}$ 均为已知时(假定为无误差)，则可求得 $B$ 点坐标$(x_B,y_B)$，通常称为坐标正算问题。依据解析几何原理，可计算出 $B$ 点坐标为

$$\left.\begin{aligned} x_B &= x_A + \Delta x_{AB} \\ y_B &= y_A + \Delta y_{AB} \end{aligned}\right\} \tag{2-7}$$

式中：

$$\left.\begin{aligned} \Delta x_{AB} &= S_{AB} \times \cos\alpha_{AB} \\ \Delta y_{AB} &= S_{AB} \times \sin\alpha_{AB} \end{aligned}\right\} \tag{2-8}$$

所以，式(2-7)也可直接写成

$$\left.\begin{aligned} x_B &= x_A + S_{AB} \times \cos\alpha_{AB} \\ y_B &= y_A + S_{AB} \times \sin\alpha_{AB} \end{aligned}\right\} \tag{2-9}$$

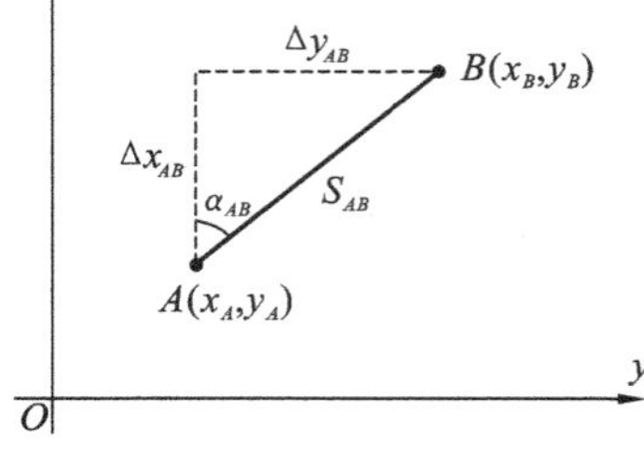


图 2-10　坐标正、反算

式中：$\Delta x_{AB}$ 和 $\Delta y_{AB}$ 分别称为直线 $AB$ 两端点的纵、横坐标增量。

直线的坐标方位角和水平距离可根据两端点的已知坐标反算出来，这称为坐标反算。如图 2-10 所示，设 $A$、$B$ 两已知点的坐标分别为$(x_A,y_A)$和$(x_B,y_B)$，则直线 $AB$ 的坐标方位角 $\alpha_{AB}$ 和水平距离 $S_{AB}$ 为

$$\alpha_{AB} = \arctan\frac{\Delta y_{AB}}{\Delta x_{AB}} \tag{2-10}$$

$$S_{AB} = \frac{\Delta y_{AB}}{\sin\alpha_{AB}} = \frac{\Delta x_{AB}}{\cos\alpha_{AB}} = \sqrt{\Delta x_{AB}^2 + \Delta y_{AB}^2} \tag{2-11}$$

式中：$\Delta x_{AB} = x_B - x_A$，$\Delta y_{AB} = y_B - y_A$。

通过式(2-11)能算出多个 $S_{AB}$，可作相互校核。

在此须指出，式(2-10)中的 $\Delta y_{AB}$、$\Delta x_{AB}$ 应取绝对值，计算得到的为象限角 $R_{AB}$，象限角取值范围为 0°～90°。而测量工作通常用坐标方位角表示直线的方向。因此，计算出象限角 $R_{AB}$ 后，应将其转化为坐标方位角 $\alpha_{AB}$，其转化关系见表 2-11。

**表 2-11　象限角 $R_{AB}$ 与坐标方位角 $\alpha_{AB}$ 的关系**

| 象限 | 坐标增量 | 关系 | 象限 | 坐标增量 | 关系 |
|---|---|---|---|---|---|
| Ⅰ | $\Delta x_{AB}>0$，$\Delta y_{AB}>0$ | $\alpha_{AB}=R_{AB}$ | Ⅲ | $\Delta x_{AB}<0$，$\Delta y_{AB}<0$ | $\alpha_{AB}=R_{AB}+180°$ |
| Ⅱ | $\Delta x_{AB}<0$，$\Delta y_{AB}>0$ | $\alpha_{AB}=R_{AB}+180°$ | Ⅳ | $\Delta x_{AB}>0$，$\Delta y_{AB}<0$ | $\alpha_{AB}=R_{AB}+360°$ |

# 任务2 导线测量施测

导线测量是建立小地区平面控制网的一种常用方法，特别是在地物分布较复杂的城市和工程建设场区、视线障碍较多的隐蔽区和带状地区，多采用导线测量技术方法。根据测区不同情况及要求，导线可布设成单一导线或有结点的导线网。两条以上导线的交会点称为导线的结点。单一导线与导线网的区别，主要在于单一导线不具有结点，而导线网则有结点，有些情况下，可能有多个结点。

## 活动1 熟悉导线测量技术要求及导线的布设形式

### 1. 导线测量的主要技术要求

用导线测量方法建立小地区平面控制网，有三、四等，一级、二级、三级等几种等级导线和直接供测图服务的图根导线，各等级导线测量的主要技术要求，应符合表2-12的规定（图根导线的主要技术标准见任务1中的表2-5）。

表2-12　导线网测量的主要技术要求

| 等级 | 导线长度/km | 平均边长/km | 测角中误差/(″) | 测距中误差/mm | 测距相对中误差 | 测回数 | | | 方位角闭合差/(″) | 导线全长相对闭合差 |
|---|---|---|---|---|---|---|---|---|---|---|
| | | | | | | 1″级仪器 | 2″级仪器 | 6″级仪器 | | |
| 三等 | 14 | 3 | 1.8 | 20 | 1/150 000 | 6 | 10 | — | $3.6\sqrt{n}$ | ≤1/55 000 |
| 四等 | 9 | 1.5 | 2.5 | 18 | 1/80 000 | 4 | 6 | — | $5\sqrt{n}$ | ≤1/35 000 |
| 一级 | 4 | 0.5 | 5 | 15 | 1/30 000 | — | 2 | 4 | $10\sqrt{n}$ | ≤1/15 000 |
| 二级 | 2.4 | 0.25 | 8 | 15 | 1/14 000 | — | 1 | 3 | $16\sqrt{n}$ | ≤1/10 000 |
| 三级 | 1.2 | 0.1 | 12 | 15 | 1/7 000 | — | 1 | 2 | $24\sqrt{n}$ | ≤1/5 000 |

注：① $n$ 为测站数；

② 当测区测图的最大比例尺为1∶1 000时，一、二、三级导线的平均边长及总长可适当放长，但最大长度不应大于表中规定长度的2倍；

③ 测角的1″、2″、6″级仪器分别包括全站仪、电子经纬仪和光学经纬仪，在本规范的后续引用中均采用此形式。

当导线平均边长较短时，应控制导线边数，但不得超过表2-12相应等级导线长度和平均边长算得的边数；当导线长度小于表2-12规定长度的1/3时，导线全长的绝对闭合差不应大于13 cm。

在设计导线网时，结点与结点、结点与高级点之间的导线长度不应大于表 4-12 中相应等级规定长度的 0.7 倍。

## 2. 导线的布设形式

根据测区不同情况及要求，导线可布设成单一导线或导线网。两条以上导线的汇聚点，称为导线的结点。单一导线与导线网的区别，主要在于导线网有结点，而单一导线则不具有结点，有些情况下，导线网可能有多个结点。

按照不同的测区情况和工作需要，单一导线可被布设为附合导线、闭合导线和支导线三种形式，而导线网可被布设为自由导线网和附合导线网。

1）单一导线的布设形式

（1）附合导线　导线起始于一个已知控制点而终止于另一个已知控制点，形成的导线称为附合导线，如图 2-11(b)所示。其已知控制点上可以有一条或几条已知方向边与之相连接，特殊情况下，也可以没有定向边与之相连接。此种布设形式，具有检核观测成果的作用，并能提高成果的精度。

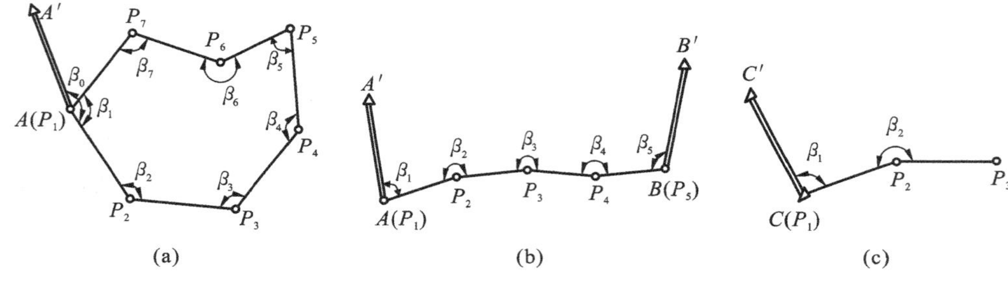


图 2-11　单一导线的布设形式

（2）闭合导线　从一个已知点出发，最后又回到该已知点，所形成的一个闭合多边形的导线，称为闭合导线，如图 2-11(a)所示。在闭合导线的已知控制点上至少应有一条已知方向边与之相连接。特别指出，由于闭合导线是一种可靠性相对较差的控制网图形，在实际工作中应尽量避免单独采用。

（3）支导线　由一个已知控制点出发，既不附合到另一已知控制点，又不闭合到原起始控制点的导线，称为支导线，如图 2-11(c)所示。因为支导线缺乏检核条件，故一般只在地形测量的图根导线中采用，且其支出的控制点数一般不超过 2 个。

2）导线网的布设形式

（1）附合导线网　两条以上的单一附合导线通过若干结点所构成的导线，称为附合导线网。其具有一个以上的已知控制点或具有附合条件。

（2）自由导线网　只具有一个已知点和一个起始方位角的导线网，称为自由导线网。该导线网是一种可靠性极差的控制网形式，在实际测量工作中应避免单独使用。

导线网中只含有一个结点的导线网称为单结点导线网，多于一个结点的导线网称为多结点导线网。导线节是组成导线网的基本单元，它是指导线网内两端点中至少有一个是结点，另一个是结点或已知点的一段导线。

# 活动2 导线测量的外业施测步骤

导线测量的外业工作包括：踏勘选点及建立标志、测边、测角和联测。

## 1. 导线控制网的设计、选点与埋石

### 1）导线控制网图上设计

在进行测区（包括待建工程建设场区）导线控制网的设计、图上选点前，应收集测区内原有各种不同比例尺的地形图和测区所属范围内高等级控制点成果资料，然后在收集到的地形图上展绘原有控制点后，初步拟定、设计出数条导线控制网的布设线路（即采用何种导线布设形式），同时在图上相应标示出拟设立的导线点的位置，并进行方案比对论证，确定出最优方案。最后按照确定的设计方案到实地踏勘，核对、修改、落实点位和建立标志。如果测区内没有地形图资料，则需详细踏勘现场，根据已知控制点的分布、测区地形条件及城市建设和施工的需要等具体情况，合理地选定导线点的位置。

导线控制网的布设应符合这些要求：导线网用作测区的首级控制时，应布设成环形网或多边形网，宜联测2个已知方向；若为加密网可采用单一附合导线或多结点导线网形式；导线宜布设成直伸形状，相邻边长不宜相差过大；网内不同线路上的导线点也不宜相距过近。

### 2）实地选点

在实地选定导线控制点的点位时，应符合下列规范要求。

（1）点位应选在质地坚硬、稳固可靠、便于保存的地方，视野应相对开阔，便于加密、扩展和寻找。

（2）地势易相对平坦，便于测角和测距。相邻点之间应通视良好，其视线距障碍物的距离，三、四等不宜小于1.5 m；四等以下宜保证便于观测，以不受旁折光的影响为原则。

（3）当采用电磁波测距时，相邻点之间视线应避开烟囱、散热塔、散热池等发热体及强电磁场。

（4）相邻两点之间的视线倾角不宜太大。

（5）导线各边的边长应符合表2-12的规定（若为图根导线，应符合表2-5的要求），最长不超过平均边长的2倍，相邻边长尽量不使其长短相差悬殊。

（6）充分利用旧有控制点。同时，布设的导线点应有足够的密度，应均匀分布在整个测区，便于控制测区。

### 3）埋石造标

导线点选定后，若在泥土地面上，要在每一点位上打一大木桩，其周围浇灌一圈混凝土，并在桩顶钉一小钉，作为临时性标志（见图2-12）；在碎石或沥青路面上，可以用顶上凿有十字纹的大铁钉代替木桩；在混凝土场地或路面上，可以用钢凿凿“十”字纹，再涂上红油漆使标志明显。

若导线点必须保存较长的时间，就需埋设混凝土桩（见图2-13）或石桩，桩顶刻“十”字，作为永久性标志。导线点应统一编号，导线点在地形图上的表示符号如图2-14所示，图中的2.0表示正方形符号的长宽为2 mm，1.6表示圆符号的直径为1.6 mm。

导线点埋设后，为便于观测时寻找，可以在点位附近房角或电线杆等明显地物上用红油漆标明指示导线点的位置。并应为每一个导线点绘制一张点之记，如图 2-15 所示，按照规范规定：三、四等导线点应绘制点之记，其他等级的导线控制点可视需要而定。

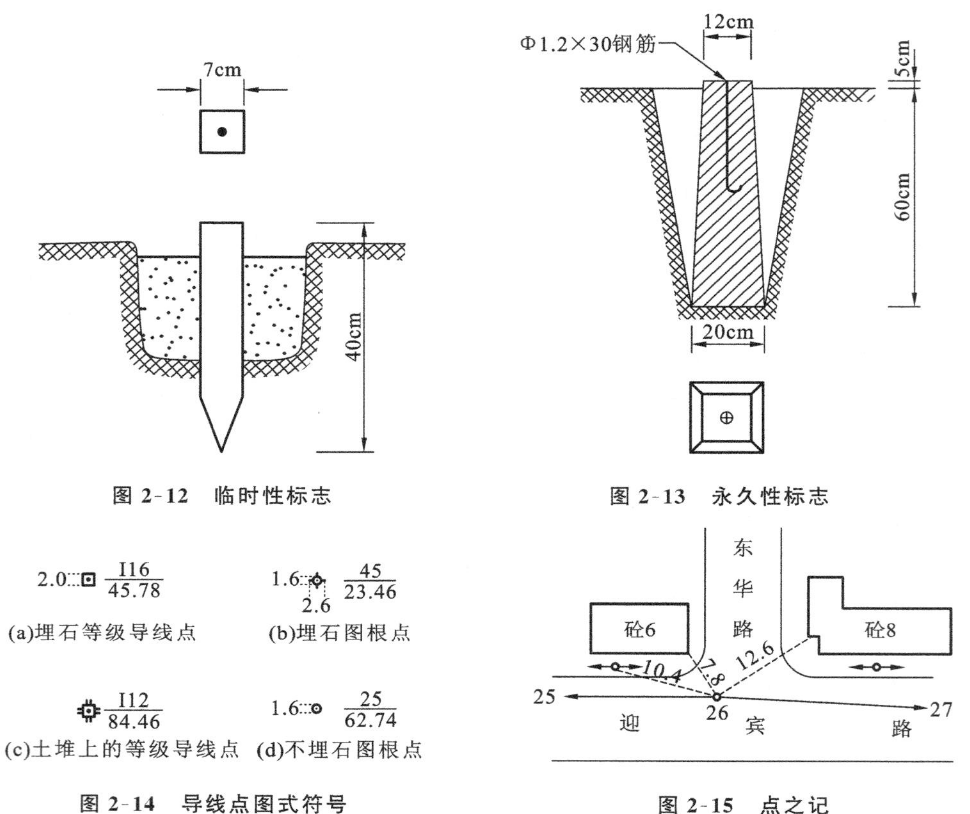


图 2-12 临时性标志

图 2-13 永久性标志

图 2-14 导线点图式符号

图 2-15 点之记

## 2. 导线边水平距离测量

1）电子测距

工程测量规范规定：一级及以上等级导线控制网的测距边，应采用全站仪或电磁波测距仪进行测距，一级以下的导线网也可采用普通钢尺进行量距。同时，测距仪器及相关的气象仪表应定期进行检验。以确保在测量生产作业实施时，所用仪器为合格可靠仪器。

（1）仪器精度计算及电子测距技术要求　电磁波测距仪、全站仪等电子测距仪器，其测程在 3 km 以下为短程测距仪器，测程在 3～15 km 之间为中程测距仪器。而电子测距仪器的标称精度，按下式计算确定

$$m_D = a + b \times D \tag{2-12}$$

式中：$m$ 为测距中误差（mm）；

$a$ 为标称精度中的固定误差（mm）；

$b$ 为标称精度中的比例误差系数（mm/km）；

$D$ 为测距长度（km）。

各等级导线边长电子测距的主要技术要求，应符合表 2-13 的规定。

**表 2-13　电子测距的主要技术要求**

| 平面控制网等级 | 仪器型号 | 观测次数 | | 总测回数 | 一测回读数较差/mm | 单程各测回较差/mm | 往返较差/mm |
|---|---|---|---|---|---|---|---|
| | | 往 | 返 | | | | |
| 三等 | ≤5 mm 级仪器 | 1 | 1 | 6 | ≤5 | ≤7 | $\leqslant 2(a+b\times D)$ |
| | ≤10 mm 级仪器 | | | 8 | ≤10 | ≤15 | |
| 四等 | ≤5 mm 级仪器 | 1 | 1 | 4 | ≤5 | ≤7 | |
| | ≤10 mm 级仪器 | | | 6 | ≤10 | ≤15 | |
| 一级 | ≤10 mm 级仪器 | 1 | — | 2 | ≤10 | ≤15 | — |
| 二、三级 | ≤10 mm 级仪器 | 1 | — | 1 | ≤10 | ≤15 | |

注：① 测距的 5 mm 级仪器和 10 mm 级仪器，是指当测距长度为 1 km 时，仪器的标称精度 $m_D$ 分别为 5 mm 和 10 mm 的电磁波测距仪器（$m_D=a+b\times D$）。在本规范的后续引用中均采用此形式；

② 测回是指照准目标一次，读数 2～4 次的过程；

③ 根据具体情况，边长测距可采取不同时间段测量代替往返观测；

④ 计算测距往返较差的限差时，$a$、$b$ 分别为相应等级所使用仪器标称的固定误差和比例误差。

（2）电子测距作业要求　在利用电子测距仪器工具实施导线边距离测量作业时，应符合以下规定。

① 测站对中误差和反射棱镜对中误差不应大于 2 mm；当观测数据超限时，应重测整个测回，如观测数据出现分群时，应分析原因，采取相应措施重新观测。

② 四等及以上等级导线控制网的边长测量，应分别量取两端点观测始末的气象数据，计算时应取平均值。测量气象元素的温度计宜采用通风干湿温度计，气压表宜选用高原型空气盒气压表；读数前应将温度计悬挂在离开地面和人体 1.5 m 以外的地方，读数精确至 0.2 ℃；气压表应置平，指针不应滞阻，读数精确至 50 Pa。

③ 当测距边用三角高程测定的高差进行修正时，垂直角的观测和对向观测高差较差要求，可按电磁波测距三角高程测量的主要技术要求中的五等三角高程测量的相关规定放宽 1 倍执行。参见其后“电磁波测距三角高程测量施测”的相关内容。

④ 每日观测结束，应对外业记录进行检查。当使用电子记录时，应保存原始观测数据，根据需要打印输出相关数据和预先设置的各项限差。

2）钢尺量距

若用普通钢尺丈量导线边的水平距离，钢尺必须经过检定。对于二、三级导线，应按钢尺精密测距的方法进行。当尺长改正数较大时，应该加尺长改正；量距时钢尺的平均尺温与检定时温度相差±10℃时，应进行温度改正；尺面倾斜大于 1.5%时，应进行倾斜改正，最后取往返丈量的平均值作为观测成果，并要求其相对误差不大于下表规定。普通钢尺量距的主要技术要求，见表 2-14。

表 2-14　普通钢尺量距的主要技术要求

| 等级 | 边长量距较差相对误差 | 作业尺数 | 量距总次数 | 定线最大偏差/mm | 尺段高差较差 | 读定次数 | 估读值至/mm | 温度读数值至/℃ | 同尺各次或同段各尺的较差/mm |
|---|---|---|---|---|---|---|---|---|---|
| 二级 | 1/20 000 | 1～2 | 2 | 50 | ≤10 | 3 | 0.5 | 0.5 | ≤2 |
| 三级 | 1/10 000 | 1～2 | 2 | 70 | ≤10 | 2 | 0.5 | 0.5 | ≤3 |

注：当检定钢尺时，其丈量的相对误差不应大于 1/100 000。

### 3. 导线控制网水平角度测量

进行导线网水平角度测量时，通常应采用全站仪、电子经纬仪或光学经纬仪等进行观测，且应保证仪器的光学对中器或激光对中器的对中误差不应大于 1 mm。水平角观测宜采用方向观测法，并符合下列规定。

（1）方向观测法的技术要求，不应超过表 2-15 的规定。

表 2-15　水平角方向观测法的技术要求

| 等　级 | 仪器型号 | 光学测微器两次重合读数之差/(″) | 半测回归零差/(″) | 一测回内 2C 互差/(″) | 同一方向值各测回较差/(″) |
|---|---|---|---|---|---|
| 四等及以上 | 1″级仪器 | 1 | 6 | 9 | 6 |
| | 2″级仪器 | 3 | 8 | 13 | 9 |
| 一级及以下 | 2″级仪器 | — | 12 | 18 | 12 |
| | 6″级仪器 | — | 18 | — | 24 |

注：① 全站仪、电子经纬仪水平角观测时不受光学测微器两次重合读数之差指标的限制；

② 当观测方向的垂直角超过±3°的范围时，该方向 2C 互差可按相邻测回同方向进行比较，其值应满足表中一测回内 2C 互差的限值。

（2）观测的方向数不多于 3 个时，可不归零。

（3）观测的方向数多于 6 个时，可进行分组观测。分组观测应包括两个共同方向（其中一个为共同零方向）。其两组观测角之差，不应大于同等级测角中误差的 2 倍。分组观测的最后结果，应按等权分组观测进行测站平差。

（4）各测回间应配置度盘，度盘配置方法按工程测量规范附录 C 执行。

（5）水平角的观测值应取各测回的平均数作为测站成果。

三、四等导线的水平角观测，当测站只有两个方向时，应在观测总测回中以奇数测回的度盘位置观测导线前进方向的左角，以偶数测回的度盘位置观测导线前进方向的右角。左、右角的测回数为总测回数的一半。但在观测右角时，应以左角起始方向为准变换度盘位置，也可用起始方向的度盘位置加上左角的概值在前进方向配置度盘。左角平均值与右角平均值之和与 360°之差，不应大于表 2-12 中相应等级导线测角中误差的 2 倍。

建立测站进行水平角度测量时，其测站技术要求，应符合下列规范规定：仪器或反射棱镜的对中误差不应大于 2 mm；水平角观测过程中，水准管气泡中心位置偏离整置中心不宜超过 1 格。四等及以上等级的水平角观测，当观测方向的垂直角超过±3°的范围时，宜在测回间重新整置气泡位置。有垂直轴补偿器的仪器，可不受此款的限制；如受外界因素（如震动）的影响，仪器的补偿器无法正常工作或超出补偿器的补偿范围时，应停止观测。当测站或照准目标偏心时，应测定归心元素。

另外，水平角观测误差超限时，应在原来度盘位置上重测，每日观测结束，应对外业记录手簿进行检查，当使用电子记录时，应保存原始观测数据，根据需要打印输出相关数据和预先设置的各项限差。

首级控制网所联测的已知方向的水平角观测，应按首级网相应等级的规定执行。

## 活动3 导线控制网内业计算示例

导线测量的目的是获得各待定导线点的平面直角坐标。内业计算的起算数据为：已知点坐标、已知坐标方位角。观测数据为：角度观测值（各转折角和联测角）及各导线边的水平距离。工程测量规范规定：一级及以上等级的导线网计算，应采用严密平差法；二、三级及以下导线网，可根据需要采用严密或简化方法平差。当采用简化方法平差时，应以平差后坐标反算的角度和边长作为成果。图根导线采用简化方法平差。若采用软件进行导线网的平差计算时，对计算略图和计算机输入数据应进行仔细校对，对计算结果应进行检查。打印输出的平差成果，应列有起算数据、观测数据以及必要的中间数据。严密平差后的精度评定，应包含有单位权中误差、相对误差椭圆参数、边长相对中误差或点位中误差等。当采用简化平差时，平差后的精度评定，可作相应简化。导线内业计算中数字取值精度的要求，应符合表2-16的规定。

表2-16 导线内业计算中数字取值精度的要求

| 等　　级 | 观测方向值及各项修正数/(″) | 边长观测值及各项修正数/m | 边长与坐标/m | 方位角/(″) |
| --- | --- | --- | --- | --- |
| 二等 | 0.01 | 0.0001 | 0.001 | 0.01 |
| 三、四等 | 0.1 | 0.001 | 0.001 | 0.1 |
| 一级及以下 | 1 | 0.001 | 0.001 | 1 |

注：导线测量内业计算中数字取值精度，不受二等取值精度的限制。

### 图根导线简化平差计算

以下以图根导线简化平差计算为例，介绍二级以下导线简化平差计算方法和步骤。

对于图根导线，其内业计算的基本思路是将水平角度观测误差和水平距离观测误差分别进行简单平差处理，先进行角度闭合差的计算和分配，在此基础上再进行坐标增量闭合差的计算和分配，通过对坐标闭合差的调整，计算出各导线边改正后的坐标增量，以达到处理角度误差和边长误差的目的，最后依据已知起算数据，推算出各未知点坐标。

计算之前，应按规范要求对导线测量外业成果进行全面检查和验算，看观测数据是否齐全，有无记错、算错的地方，确保观测成果正确无误并符合各项限差要求，然后对观测边长进行相应改正，以消除或减弱系统误差的影响。同时，应对起算数据进行复查，确保起算数据准确。并绘制导线略图，将各项数据标注于图上相应位置，如图2-16所示。

1）图根导线内业计算数字取值精度的要求

对于图根导线内业计算中数字的取位，角度值取至秒，边长和平面直角坐标取至厘米位。具体计算时，应符合表2-16的规定。

2)闭合导线内业计算

现以图2-16中实测数据为例，介绍闭合导线简化平差计算方法及步骤。

(1)填写起算数据及外业观测数据　图中已知1号点的坐标($x_1$,$y_1$)和12边的坐标方位角$\alpha_{12}$，如果令导线的前进方向为1→2→3→4→1，则图中观测的导线内角为左转折角。计算时，首先将校核过的外业观测数据及起算数据填入“闭合导线坐标计算表”(表2-19)中，起算数据用双下划线标明。

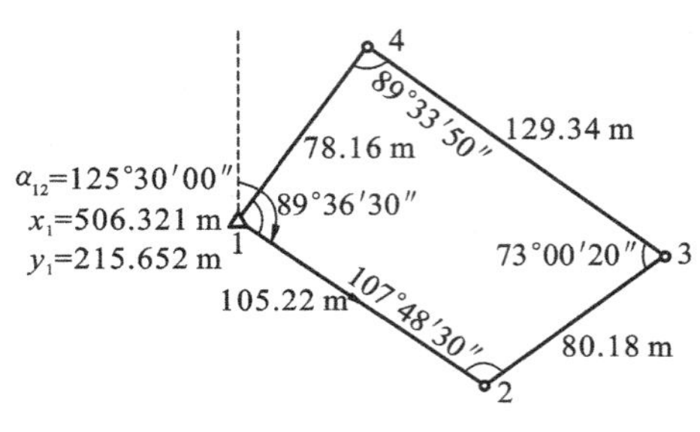


图2-16　闭合导线略图

(2)角度闭合差的计算与调整　根据平面几何原理，$n$边形内角和应为$(n-2)\times180°$，如设$n$边形闭合导线的各内角分别为$\beta_1,\beta_2,\cdots,\beta_n$，则其内角和的理论值为

$$\sum\beta_{理}=(n-2)\times180° \tag{2-13}$$

由于观测角不可避免地存在误差，致使实测的内角和$\sum\beta_{测}$不等于理论上的内角和，而产生角度闭合差$f_\beta$，其值为

$$f_\beta=\sum\beta_{测}-\sum\beta_{理}=\sum\beta_{测}-(n-2)\times180° \tag{2-14}$$

对图根电子测距导线，角度闭合差的允许值为$f_{\beta允}=\pm40''\sqrt{n}$；对图根钢尺测距导线，角度闭合差的允许值为$f_{\beta允}=\pm60''\sqrt{n}$。若$f_\beta>f_{\beta允}$，则说明所测角度不符合要求，应重新观测角度。若$f_\beta\leqslant f_{\beta允}$，则将角度闭合差$f_\beta$按“反号平均分配”的原则，计算各观测角的改正数$v_\beta$，其角度改正数为$v_\beta=-f_\beta/n$；然后将$v_\beta$加到各观测角$\beta_i$上，最终计算出改正后的角值$\hat{\beta}_i$，即$\hat{\beta}_i=\beta_i+v_\beta$。

改正后的内角和应为$(n-2)\times180°$，本例应为360°，以作计算校核。

(3)用改正后的导线左角或右角推算导线各边的坐标方位角　根据起算边的已知坐标方位角$\alpha_{12}$及改正后的角值$\hat{\beta}_i$按如下公式推算其他各导线边的坐标方位角。

$$\alpha_{n,n+1}=\alpha_{n-1,n}+\hat{\beta}_{左}-180°(所测角为左角) \tag{2-15}$$

$$\alpha_{n,n+1}=\alpha_{n-1,n}-\hat{\beta}_{右}+180°(所测角为右角) \tag{2-16}$$

本例观测角为左角，按式(2-15)推算出导线各边的坐标方位角，列入表2-17中的第5栏。在推算过程中必须注意：

① 如果算出的$\alpha_{n,n+1}>360°$，则应减去360°；

② 如果算出的$\alpha_{n,n+1}<0°$，则应加上360°，保证$0°<\alpha_{n,n+1}<360°$；

③ 推算闭合导线各边坐标方位角时，最后应推算到起始边的坐标方位角，即起边的推算值应与原有的起算坐标方位角相等；否则，应重新检查、计算。

(4)坐标增量的计算及其闭合差的调整　步骤如下。

① 坐标增量的计算。按式(2-8)计算出导线各边两端点间的纵、横坐标增量$\Delta x$及$\Delta y$，并填入表2-17的第7、8两栏中。

例如，$\Delta x_{12}=D_{12}\cos\alpha_{12}=-61.10$ m，$\Delta y_{12}=D_{12}\sin\alpha_{12}=85.66$ m等。

② 坐标增量闭合差的计算与调整。从图2-17可以看出，闭合导线纵、横坐标增量代数和的理论值分别为零，即

$$\sum\Delta x_{理}=0 \tag{2-17}$$

$$\sum\Delta y_{理}=0 \tag{2-18}$$

实际观测中，由于测边的误差和角度闭合差调整后的残余误差，往往使$\sum \Delta x_{测}$、$\sum \Delta y_{测}$不等于零(见图 2-18)，由此产生纵坐标增量闭合差$f_x$与横坐标增量闭合差$f_y$，即

$$f_x = \sum \Delta x_{测} - \sum \Delta x_{理} = \sum \Delta x_{测} \tag{2-19}$$

$$f_y = \sum \Delta y_{测} - \sum \Delta y_{理} = \sum \Delta y_{测} \tag{2-20}$$

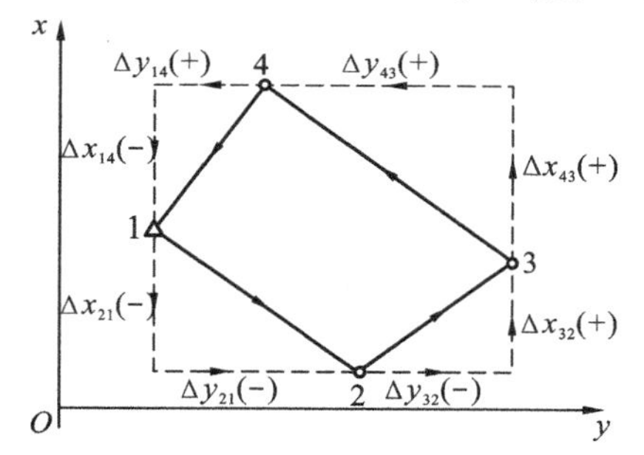


图 2-17　闭合导线坐标增量理论闭合差

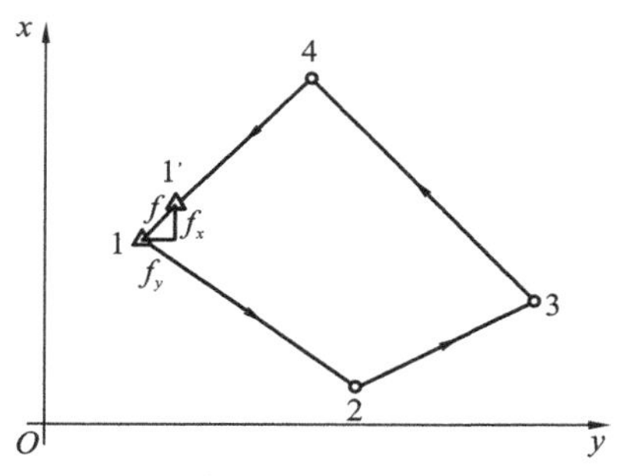


图 2-18　闭合导线坐标增量实测闭合差

从图 2-18 中明显看出，由于$f_x$、$f_y$的存在，使导线不能闭合，$1 \sim 1'$之长度$f_D$称为导线全长闭合差，并用下式计算

$$f_D = \sqrt{f_x^2 + f_y^2} \tag{2-21}$$

仅从$f_D$值的大小还不能真正反映出导线测量的精度，应当将$f_D$与导线全长$\sum D$相比，用相对误差$k$来表示导线测量的精度水平，即

$$k = \frac{f_D}{\sum D} = \frac{1}{\sum D / f_D} \tag{2-22}$$

用导线全长相对闭合差$k$来衡量导线测量的精度，$k$的分母越大，精度越高。不同等级的导线全长相对闭合差的允许值$k_{允}$规定参见表 2-12；对图根导线参见表 2-5，特别是对图根电子测距导线，其$k_{允} = 1/4\ 000$；对图根钢尺测距导线，其$k_{允} = 1/2\ 000$。

若实际的$k > k_{允}$，则说明测量不合格，此时，应首先检查内业计算有无错误，若无误，再检查外业观测成果资料，必要时应重测。若$k \leqslant k_{允}$，则说明测量符合相应等级的精度要求，可以对坐标增量闭合差进行分配调整，即将$f_x$、$f_y$反其符号按"与边长成正比"的原则计算导线各边的纵、横坐标增量改正数，然后相应加到导线各边的纵、横坐标增量中去，求得各边改正后的坐标增量。以$v_{xi}$、$v_{yi}$分别表示第$i$边的纵、横坐标增量改正数，则有

$$v_{xi} = -\frac{f_x}{\sum D} \cdot D_i \tag{2-23}$$

$$v_{yi} = -\frac{f_y}{\sum D} \cdot D_i \tag{2-24}$$

纵、横坐标增量改正数之和应满足下式

$$\sum v_{xi} = -f_x \tag{2-25}$$

$$\sum v_{yi} = -f_y \tag{2-26}$$

将计算出的各导线边的纵、横坐标增量的改正数(取位到厘米)填入表 2-17 中的 7、8 两栏增量计算值的上方(如表中"$-2$"、"$+2$"等)。

纵、横增量的改正数加上导线各边纵、横坐标增量值，即得导线各边改正后的纵、横坐标增

量，并填入表 2-17 中的 9、10 两栏，即

$\Delta\hat{x}_{12}=\Delta x_{12}+v_{x12}=-61.12\ \text{m}$，$\Delta\hat{y}_{12}=\Delta y_{12}+v_{y12}=85.68\ \text{m}$ 等。

改正后的导线纵、横坐标增量之代数和应分别为零，以作计算校核。

(5)计算导线各点的坐标。

根据起算点 1 的坐标(本例为 $x_1=506.321\ \text{m}$，$y_1=215.652\ \text{m}$)及改正后的纵、横坐标增量，用下式依次推算 2、3、4 各点的坐标

$$\hat{x}_{n+1}=\hat{x}_n+\Delta\hat{x}_{改} \tag{2-27}$$

$$\hat{y}_{n+1}=\hat{y}_n+\Delta\hat{y}_{改} \tag{2-28}$$

算得的坐标值填入表 2-17 中的 11、12 栏。最后还应推算起点 1 的坐标，其值应与原有的数值相等，以作校核。

3)图根附合导线内业计算

附合导线内业计算方法和步骤与闭合导线的基本相同。两者差异主要在于：由于导线布设形式的不同，至使两者的角度闭合差 $f_\beta$ 及纵、横坐标增量闭合差 $f_x$、$f_y$ 的计算表达式有所区别(其实质一样)。下面着重介绍两者不同点。

(1)角度闭合差的计算　附合导线的角度闭合差是指坐标方位角的闭合差。如图 2-19 所示为某附合导线略图，计算时，可根据起算边 $BA$ 的已知坐标方位角 $\alpha_{BA}$ 及所观测的左转折角 $\beta_A$、$\beta_1$、$\beta_2$、$\beta_3$、$\beta_4$ 和 $\beta_C$，可以依次推算出导线各边直至终边 $CD$ 的坐标方位角，设推算出的 $CD$ 边的坐标方位角为 $\alpha'_{CD}$，则角度闭合差 $f_\beta$ 的计算式为

$$f_\beta=\alpha'_{CD}-\alpha_{CD}=\sum\beta_i-n\times180°-(\alpha_{CD}-\alpha_{AB}) \tag{2-29}$$

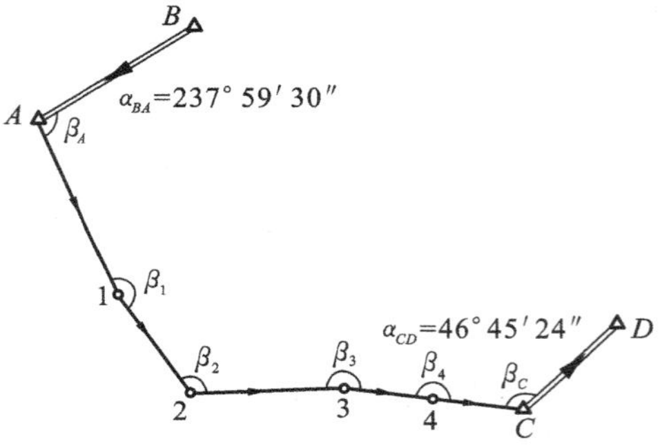

图 2-19　附合导线略图

关于角度闭合差 $f_\beta$ 的调整计算，即各角度的改正数的计算，与闭合导线内业计算方法相同，均按将角度闭合差 $f_\beta$“反号平均分配”的原则，计算出各观测角的改正数 $v_\beta$ 为 $v_\beta=-f_\beta/n$；然后将 $v_\beta$ 加到各观测角 $\beta_i$ 上，最终计算出改正后的角值 $\hat{\beta}_i$，即 $\hat{\beta}_i=\beta_i+v_\beta$。

同样的，将算出的结果填写在附合导线内业计算表相应栏内，本例计算见表 2-18。

(2)坐标增量闭合差的计算　依据附合导线的工作原理，其线路各导线边的纵、横平面坐标增量的代数和理论值应分别等于终、始两已知点的纵、横平面坐标值之差，即

$$\sum\Delta x_{理}=x_C-x_A \tag{2-30}$$

$$\sum\Delta y_{理}=y_C-y_A \tag{2-31}$$

按实测边长计算出的导线各边纵、横坐标增量之和分别为 $\Delta x_{测}$ 和 $\Delta y_{测}$，则纵、横坐标增量闭合差 $f_x$、$f_y$ 按下式计算

$$f_x=\sum\Delta x_{测}-\sum\Delta x_{理}=\sum\Delta x_{测}-(x_C-x_A) \tag{2-32}$$

$$f_y=\sum\Delta y_{测}-\sum\Delta y_{理}=\sum\Delta y_{测}-(y_C-y_A) \tag{2-33}$$

附合导线的导线全长闭合差 $f_D$、全长相对闭合差 $k$ 和允许相对闭合差 $k_{允}$ 的计算，以及纵、横坐标增量闭合差 $f_x$、$f_y$ 的调整，与闭合导线内业计算方法完全相同。附合导线内业计算过程及结果，见表 2-18 的算例。

表 2-17　闭合导线坐标计算表(使用计算器计算)

| 点号 | 观测角(左角)/(° ′ ″) | 改正数/(″) | 改正角/(° ′ ″) | 坐标方位角/(° ′ ″) | 距离/m | 坐标增量 | | 改正后的坐标增量 | | 坐标值 | | 点号 |
|---|---|---|---|---|---|---|---|---|---|---|---|---|
| | | | | | | $\Delta x$/m | $\Delta y$/m | $\Delta\hat{x}$/m | $\Delta\hat{y}$/m | $\hat{x}$/m | $\hat{y}$/m | |
| 1 | 2 | 3 | 4 | 5 | 6 | 7 | 8 | 9 | 10 | 11 | 12 | 13 |
| 1 | | | | | | | | | | **506.321** | **215.652** | 1 |
| | | | | **125 30 00** | 105.22 | −2<br>−61.10 | +2<br>+85.66 | −61.12 | +85.68 | | | |
| 2 | 107 48 30 | +13 | 107 48 43 | | | | | | | 445.20 | 301.33 | 2 |
| | | | | 53 18 43 | 80.18 | −2<br>+47.90 | +2<br>+64.30 | −47.88 | +64.32 | | | |
| 3 | 73 00 20 | +12 | 73 00 32 | | | | | | | 493.08 | 365.64 | 3 |
| | | | | 306 19 15 | 129.34 | −3<br>+76.61 | +2<br>−104.21 | +76.58 | −104.19 | | | |
| 4 | 89 33 50 | +12 | 89 34 02 | | | | | | | 569.66 | 261.46 | 4 |
| | | | | 215 53 17 | 78.16 | −2<br>−63.32 | +1<br>−45.82 | −63.34 | −45.81 | | | |
| 1 | 89 36 30 | +13 | 89 36 43 | | | | | | | **506.321** | **215.652** | 1 |
| | | | | **125 30 00** | | | | | | | | |
| 2 | | | | | | | | | | | | |
| 总和 | 359 59 10 | +50 | | | 392.90 | +0.09 | −0.07 | 0.00 | 0.00 | | | |

辅助计算：

$\sum\beta_{理} = 359°59'10''$

$\sum\beta_{理} = 360°$

$f_\beta = \sum\beta_{测} - \sum\beta_{理} = -50''$

$f_{\beta允} = \pm 60''\sqrt{n} = \pm 120''$

$f_x = \sum\Delta x_{测} = 0.09\ \text{m}, f_y = \sum\Delta y_{测} = -0.07\ \text{m}$

导线全长闭合差 $f = \sqrt{f_x^2 + f_y^2} = 0.11\ \text{m}$

导线相对闭合差 $k = \dfrac{1}{\sum D/f} \approx \dfrac{1}{3\ 500}$

允许相对闭合差 $k_{允} = 1/2\ 000$

**表 2-18　附合导线坐标计算表(使用计算器计算)**

| 点号 | 观测角(左角) /(° ′ ″) | 改正数 /(″) | 改正角 /(° ′ ″) | 坐标方位角 /(° ′ ″) | 距离 /m | 坐标增量 | | 改正后的坐标增量 | | 坐标值 | | 点号 |
|---|---|---|---|---|---|---|---|---|---|---|---|---|
| | | | | | | $\Delta x$/m | $\Delta y$/m | $\Delta\hat{x}$/m | $\Delta\hat{y}$/m | $\hat{x}$/m | $\hat{y}$/m | |
| 1 | 2 | 3 | 4 | 5 | 6 | 7 | 8 | 9 | 10 | 11 | 12 | 13 |
| B | | | | | | | | | | | | |
| | | | | **237 59 30** | | | | | | | | |
| A | 99 01 00 | +6 | 99 01 06 | | | | | | | **2 507.69** | **1 215.63** | A |
| | | | | 157 00 36 | 225.85 | +5<br>−207.91 | −4<br>+88.21 | −207.86 | +88.17 | | | |
| 1 | 167 45 36 | +6 | 167 45 42 | | | | | | | 2 299.83 | 1 303.80 | 1 |
| | | | | 144 46 18 | 139.03 | +3<br>−113.57 | −3<br>+80.20 | −113.54 | +80.17 | | | |
| 2 | 123 11 24 | +6 | 123 11 30 | | | | | | | 2 186.29 | 1 383.97 | 2 |
| | | | | 87 57 48 | 172.57 | +3<br>+6.13 | −3<br>+172.46 | +6.16 | +172.43 | | | |
| 3 | 189 20 36 | +6 | 189 20 42 | | | | | | | 2 192.45 | 1 556.40 | 3 |
| | | | | 97 18 30 | 100.07 | +2<br>−12.73 | −2<br>+99.26 | −12.71 | +99.24 | | | |
| 4 | 179 59 18 | +6 | 179 59 24 | | | | | | | 2 179.74 | 1 655.64 | 4 |
| | | | | 97 17 54 | 102.48 | +2<br>−13.02 | −2<br>+101.65 | −13.00 | +101.63 | | | |
| C | 129 27 24 | +6 | 129 27 30 | | | | | | | **2 166.74** | **1 757.27** | C |
| | | | | **46 45 24** | | | | | | | | |
| D | | | | | | | | | | | | |
| 总和 | 888 45 18 | +36 | 888 45 54 | | 740.00 | −341.00 | +541.78 | −340.95 | +541.64 | | | |

**辅助计算**

$\alpha'_{CD} = 46°44'48''$

$\alpha_{CD} = 46°45'24''$

$f_\beta = \alpha'_{CD} - \alpha_{CD} = +24''$

$f_{\beta允} = \pm 60''\sqrt{n} = \pm 147''$

$f_x = \sum \Delta x_{测} - (x_C - x_A) = -0.15\ \text{m}, f_y = \sum \Delta y_{测} - (y_C - y_A) = +0.14\ \text{m}$

导线全长闭合差 $f = \sqrt{f_x^2 + f_y^2} = 0.20\ \text{m}$

导线相对闭合差 $k = \dfrac{1}{\sum D/f} \approx \dfrac{1}{3\,700}$

允许相对闭合差 $k_{允} = 1/2\,000$

4)支导线内业计算

支导线的内业计算与闭合导线的计算原理基本相同,只不过在计算时一般直接利用外业观测的角度及边长,进行导线边的坐标方位角的推算和导线边坐标增量的计算,最终依据起算点坐标,依次求取支导线点的平面坐标。以图 2-11(c)为例,其计算步骤如下。

(1)设直线 $C'C$ 的坐标方位角为 $\alpha_{C'C}$,按式(2-6)计算各导线边的坐标方位角。

(2)由各边的坐标方位角和边长,按式(2-8)计算各相邻导线点的纵、横坐标增量。

(3)依据 $C$ 点的平面坐标,按式(2-7)或式(2-9)依次推算 $P_2$、$P_3$ 导线点的坐标。

## 活动4 导线测量错误的检查方法

在导线内业计算中,若角度闭合差或导线全长相对闭合差超限,很可能是转折角或导线边水平距离观测值中含有粗差,或可能在计算时出现了计算错误。一般说来,测角错误将表现为角度闭合差超限,而测距出错或计算中用错导线边的坐标方位角,则表现为导线全长相对闭合差超限。

### 1. 若角度闭合差超限,应检查角度观测错误

在图 2-20 所示的附合导线中,假设所测的转折角中含有错误,则可根据未经调整的角度观测值自 $A$ 向 $C$ 计算各导线边的坐标方位角和各导线点的坐标,并同样自 $C$ 向 $A$ 进行推算。若只有一点的坐标极为相近,而其余各点坐标均有较大的差异,则表明坐标很接近的这一点上,其测角有误差。若错误较大(如 5°以上),也可直接用图解法来发现错误所在。即先自 $A$ 向 $C$ 用量角器和比例直尺按所测角度和边长画导线,然后再自 $C$ 向 $A$ 也画导线,则两条导线相交的导线点上所测出的角度有问题。

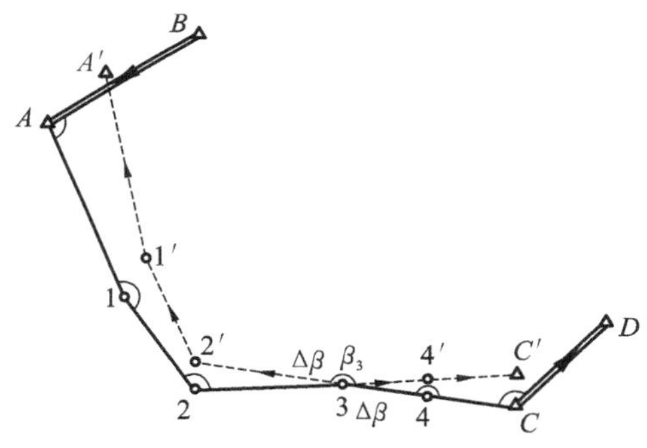

图 2-20 导线测量角度错误检查

若为闭合导线也可按此方法进行检查,但检查或画导线时不是从两点对向进行,而是从一点开始以顺时针方向和逆时针方向分别计算各导线点的坐标,并按上述方法来检查判断,找出测角错误所在。

### 2. 若导线全长相对闭合差超限,应检查边长或坐标方位角错误

由于在角度闭合差未超限时才可进行导线全长相对闭合差的计算,所以若导线全长相对闭合差超限,只可能是边长或坐标方位角错误所至。若导线某边长有较大误差,如图 2-21 中的 $de$ 边上错了 $ee'$,则全长闭合差 $BB'$将平行于该导线边 $de$。若计算坐标增量时用错了某导线边的坐标方位角,则全长闭合差的方向将大致垂直于方向错误的导线边。所以,在查找错误时,为了确定出错误之处,先必须确定全长闭合差的方向。

如图 2-21 所示,导线全长闭合差 $BB'$的坐标方位角的正切值为 $\tan\alpha = f_y/f_x$,根据此式可先求得导线全长闭合差 $BB'$的坐标方位角 $\alpha$,然后将其与导线各边的坐标方位角相比较,若与之

相差 90°，则可检查该边的坐标方位角有无用错或是算错；若与之大致相等（或相近），则应检查该导线边的边长是否有错误。如果从记录手簿或导线成果计算表中检查不出错误，则应到现场检查相应导线边的边长观测。

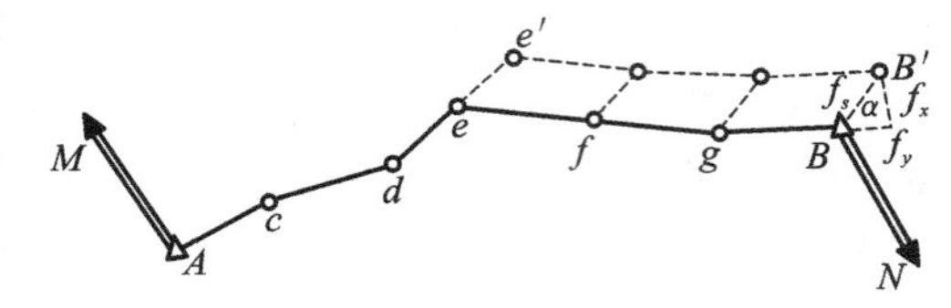

图 2-21　导线测量边长错误检查

在此特别说明，上述导线测量错误的查找方法，仅仅只对导线成果中只有一个错误之处时有效，若有多处错误，本方法无法查找，只能重新进行导线的外业工作。

# 任务3 控制测量之交会定点方法

交会定点测量是加密控制点的常用方法，它可以在多个已知控制点设站，分别向待定点观测水平角度或水平距离；也可以在待定点设站，向多个已知控制点观测水平角度或水平距离，最后计算出待定点的坐标。常用的交会定点测量手段有前方交会、后方交会和测边交会等方法。

现今，全站仪上的自由设站操作方法就是利用交会定点原理所建立的，在工程建设施工场地进行施工控制点的加密时，经常采用全站仪自由设站法来建立施工控制点。

## 活动1 前方交会定点方法实施

前方交会是在已知控制点设站以观测水平角，并根据已知点坐标和观测角值，通过平面坐标反算方法，计算出加密点坐标的一种控制测量方法。

如图2-22所示，在已知点$A(x_A,y_A)$、$B(x_B,y_B)$安置经纬仪(或全站仪)，分别向加密点$P$观测水平角$\alpha$和$\beta$，便可以计算出$P$点的坐标。为保证交会定点的精度，在选定$P$点时，应使交会角$\gamma$处于30°～150°之间，最好接近90°。

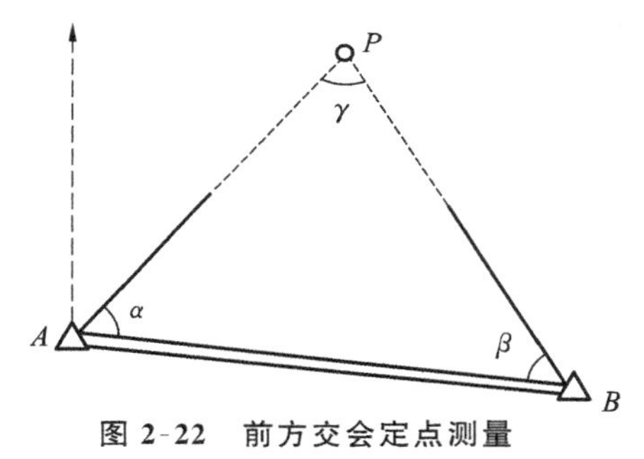

图2-22 前方交会定点测量

通过坐标反算公式，计算出已知边$AB$的坐标方位角$\alpha_{AB}$和边长$S_{AB}$，然后根据观测角$\alpha$推算出$AP$边的坐标方位角$\alpha_{AP}$，由正弦定理计算出$AP$边的边长$S_{AP}$。最终，依据坐标正算公式，即可求得加密点$P$的坐标，即

$$\left.\begin{aligned}x_P&=x_A+S_{AP}\times\cos\alpha_{AP}\\y_P&=y_A+S_{AP}\times\sin\alpha_{AP}\end{aligned}\right\}\tag{2-34}$$

若△$ABP$的点号$A$(已知点)、$B$(已知点)、$P$(待定点)按逆时针编号时，可得到前方交会法求加密点$P$的坐标的余切公式，即

$$\left.\begin{aligned}x_P&=\frac{x_A\times\cot\beta+x_B\times\cot\alpha+(y_B-y_A)}{\cot\alpha+\cot\beta}\\y_P&=\frac{y_A\times\cot\beta+y_B\times\cot\alpha-(x_B-y_A)}{\cot\alpha+\cot\beta}\end{aligned}\right\}\tag{2-35}$$

若$A$、$B$、$P$按顺时针编号，则相应的余切公式为

$$\left.\begin{aligned}x_P&=\frac{x_A\times\cot\beta+x_B\times\cot\alpha-(y_B-y_A)}{\cot\alpha+\cot\beta}\\y_P&=\frac{y_A\times\cot\beta+y_B\times\cot\alpha+(x_B-x_A)}{\cot\alpha+\cot\beta}\end{aligned}\right\}\tag{2-36}$$

在实际工作中，为了检核交会点的精度，通常从三个已知点 $A$、$B$、$C$ 分别向加密点 $P$ 实施水平角观测，分成两个三角形利用余切公式解算交会点 $P$ 的坐标。若两组计算出的坐标的较差 $e$ 在允许限差之内，则取两组坐标的平均值为加密点 $P$ 的最后坐标。对于图根控制测量，两组坐标较差的限差可按不大于两倍测图比例尺精度来规定，即

$$e=\sqrt{(x'_P-x''_P)^2+(y'_P-y''_P)^2}\leqslant 2\times 0.1\times M(\text{mm}) \tag{2-37}$$

式中：$M$ 为测图比例尺分母。

## 活动2 后方交会定点方法实施

后方交会是仅在待定的加密点设站（用经纬仪或全站仪），向三个已知控制点观测两个水平角 $\alpha$ 和 $\beta$，从而计算出待定点的坐标的定点控制测量方法。

如图 2-23 所示，$A$、$B$、$C$ 为已知控制点，$P$ 为待定的加密控制点，通过在 $P$ 点安置仪器，如果观测了 $PB$ 和 $PC$ 间的水平角 $\alpha$，以及 $PA$ 和 $PC$ 间的水平角 $\beta$，由此 $P$ 点同时位于△$PAC$ 和△$PBC$ 的两个外接圆上，必定是两个外接圆的两个交点之一。从几何原理可知，$C$ 点是此两外接圆的另一交点，由此 $P$ 点被唯一确定。从中还可得出，后方交会的前提为：设立的待定点 $P$ 不能位于已知点 $A$、$B$、$C$ 所决定的外接圆（称为危险圆）的圆周上，否则 $P$ 点将不能唯一确定；若接近危险圆（待定点 $P$ 到危险圆圆周的距离小于危险圆半径的 1/5），确定 $P$ 点的可靠性将很低，所以，在用后方交会法布设野外交会点时应避免上述情形。在测量实际工作中，采用此方法加密设点，待定点 $P$ 可以在已知点所构成的△$ABC$ 之外，也可以在其内（如图 2-23 为在其内设点），这样可确保定出唯一的 $P$ 点。

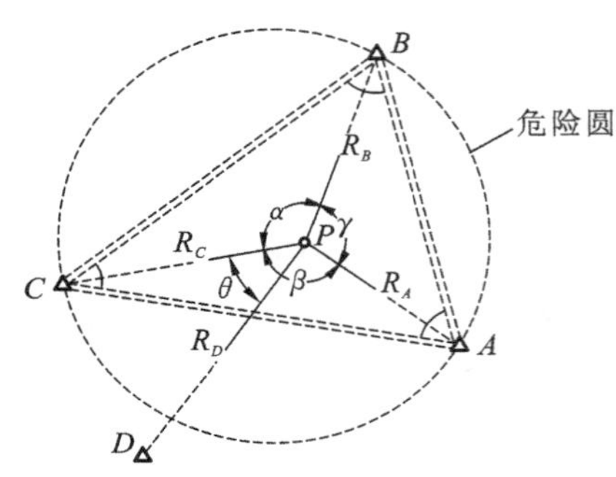

图 2-23 后方交会定点测量

后方交会的计算方法很多，下面给出一种实用公式（推导过程略）。

在图 2-23 中，设由三个已知点 $A$、$B$、$C$ 所组成的三角形的三个内角分别表示为 $A$、$B$、$C$，在 $P$ 点对 $A$、$B$、$C$ 三点观测的水平方向值分别为 $R_A$、$R_B$、$R_C$，构成的三个水平角 $\alpha$、$\beta$、$\gamma$ 为

$$\left.\begin{aligned}\alpha&=R_B-R_C\\ \beta&=R_C-R_A\\ \gamma&=R_A-R_B\end{aligned}\right\} \tag{2-38}$$

设 $A$、$B$、$C$ 三个已知点的平面坐标为 $(x_A,y_A)$、$(x_B,y_B)$、$(x_C,y_C)$，令

$$\left.\begin{aligned}P_A&=\frac{1}{\cot A-\cot\alpha}=\frac{\tan\alpha\tan A}{\tan\alpha-\tan A}\\ P_B&=\frac{1}{\cot B-\cot\beta}=\frac{\tan\beta\tan B}{\tan\beta-\tan B}\\ P_C&=\frac{1}{\cot C-\cot\gamma}=\frac{\tan\gamma\tan C}{\tan\gamma-\tan C}\end{aligned}\right\} \tag{2-39}$$

则，待定点 $P$ 的坐标计算公式为

$$\left.\begin{aligned}x_P=\frac{P_A\times x_A+P_B\times x_B+P_C\times x_C}{P_A+P_B+P_C}\\y_P=\frac{P_A\times y_A+P_B\times y_B+P_C\times y_C}{P_A+P_B+P_C}\end{aligned}\right\}\tag{2-40}$$

如果将 $P_A$、$P_B$、$P_C$ 看做是 $A$、$B$、$C$ 三个已知点的权，则待定点 $P$ 的平面坐标值就是三个已知点坐标的加权平均值。

实际作业时，为避免错误发生，通常应从 $A$、$B$、$C$、$D$ 四个已知点分成两组，并观测出交会角，计算出待定点 $P$ 的两组坐标值，求其较差，若较差在限差之内，取两组坐标值的平均值作为待定点 $P$ 的最终平面坐标。

## 活动3 测边交会定点方法实施

测边交会又称三边交会，是一种测量边长交会定点的控制方法。如图 2-24 所示，$A$、$B$、$C$ 为三个已知点，$P$ 为待定点，$A$、$B$、$C$ 按逆时针排列，$a$、$b$、$c$ 为边长观测数据。

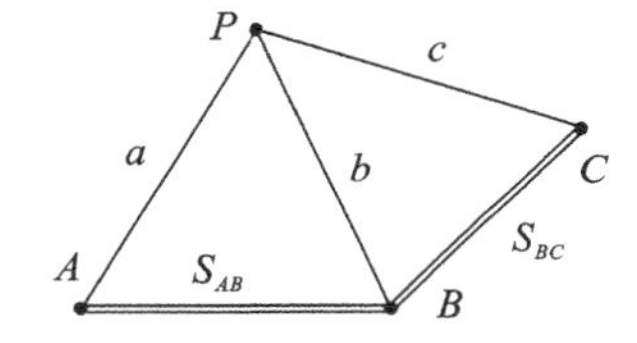

图 2-24 平面测边交会定点

依据已知点按坐标反算方法，反求已知边的坐标方位角和边长为 $\alpha_{AB}$、$\alpha_{CB}$ 和 $S_{AB}$、$S_{CB}$。在△$ABP$ 中，由余弦定理得 $\cos A=\frac{S_{AB}^2+a^2-b^2}{2a\times S_{AB}}$，顾及 $\alpha_{AP}=\alpha_{AB}-A$，则

$$\left.\begin{aligned}x'_P=x_A+a\times\cos\alpha_{AP}\\y'_P=y_A+a\times\sin\alpha_{AP}\end{aligned}\right\}\tag{2-41}$$

同理，在△$BCP$ 中，有 $\cos C=\frac{S_{CB}^2+c^2-b^2}{2c\times S_{CB}}$，顾及 $\alpha_{CP}=\alpha_{CB}+C$，则

$$\left.\begin{aligned}x''_P=x_C+c\times\cos\alpha_{CP}\\y''_P=y_C+c\times\sin\alpha_{CP}\end{aligned}\right\}\tag{2-42}$$

根据此两式计算出待定点的两组坐标，并计算其较差，若较差在允许限差之内，则可取两组坐标值的算术平均值作为待定点 $P$ 的最终坐标。

# 任务4 高程控制测量技术及实施

高程控制测量主要采用水准测量和电磁波测距三角高程测量方法，测定各等级水准点和平面控制点的高程。工程水准测量按精度分为二、三、四、五等水准以及用于地形测绘的图根水准测量。电磁波测距三角高程测量主要用于测量各等级平面控制点的高程。

## 活动1 三、四等水准测量施测

按照规范规定，一、二等水准测量在观测时，应采用精密水准仪和铟瓦水准尺，需实施往返观测，属于精密水准测量范畴。而对三、四、五等水准测量，观测时可采用普通 $DS_3$ 型水准仪和双面水准尺，用中丝读数法并进行往返观测（五等只需单程测量即可），属于普通水准测量。三、四等水准测量方法在城市建设中用于建立小地区首级高程控制网，以及工程建设场区内的工程测量及变形观测的基本高程控制，地形测量时再用图根水准测量或三角高程测量进行加密。三、四等水准点的高程应从附近的国家高等级水准点引测，布设成附合或闭合水准路线，其水准点位应选在土质坚硬、便于长期保存和使用的地方，并应埋设水准标石。亦可用埋石的平面控制点作为水准高程控制点。为了便于寻找，水准点应绘制点之记。在此只介绍三、四等水准测量的方法。其水准路线的布设形式，主要有单一的附合水准路线、闭合水准路线、支线水准路线和水准网。

### 1. 三、四等水准测量的规范要求

三、四等水准测量所用仪器及主要技术要求参见本学习情境任务1中的表2-2，每站观测的技术要求见表2-19。

**表2-19 各等级水准测量每站观测主要技术要求**

| 等级 | 水准仪的型号 | 视线长度/m | 前后视距较差/m | 前后视距累积差/m | 视线离地面最低高度/m | 黑面、红面读数较差/mm | 黑、红面所测高差较差/mm |
|---|---|---|---|---|---|---|---|
| 二等 | $DS_1$ | 50 | 1 | 3 | 0.5 | 0.5 | 0.7 |
| 三等 | $DS_1$ | 100 | 3 | 6 | 0.3 | 1.0 | 1.5 |
| | $DS_3$ | 75 | | | | 2.0 | 3.0 |
| 四等 | $DS_3$ | 100 | 5 | 10 | 0.2 | 3.0 | 5.0 |
| 五等 | $DS_3$ | 100 | 大致相等 | | | | |

注：① 二等水准视线长度小于20 m时，其视线高度不应低于0.3 m。

② 三、四等水准采用变动仪器高度观测单面水准尺时，所测两次高差较差，应与黑、红面所测高差之差的要求相同。

## 2. 三、四等水准测量观测方法及施测步骤

水准线路布设好后，即可按水准测段从已知高程点开始，实施外业观测工作。三、四等水准测量的观测工作应在通视条件良好、成像清晰稳定的情况下进行。下面以水准线路中水准测段的"一站观测"施测过程为例介绍三、四等水准测量观测方法及操作步骤。

1)"一站观测"测量操作步骤

(1)在测站上安置水准仪，使圆水准气泡居中，后视水准尺黑面，用上、下视距丝读数，并记入表 2-20 中(1)、(2)位置，转动微倾螺旋，使符合水准气泡居中，用中丝读数，记入表 2-20 中(3)位置。

(2)前视水准尺黑面，用上、下视距丝读数，并记入表 2-20 中(4)、(5)位置，转动微倾螺旋，使符合水准气泡居中，用中丝读数，记入表 2-20 中(6)位置。

(3)前视水准尺红面，旋转微倾螺旋，使管水准气泡居中，用中丝读数，记入表 2-20 中(7)位置。

(4)后视水准尺红面，转动微倾螺旋，使符合水准气泡居中，用中丝读数，记入表 2-20 中(8)位置。以上(1)、(2)、…、(8)表示本站观测与数据记录的顺序，见表 2-20。

**表 2-20　三、四等水准测量记录**

| 测站编号 | 点号 | 后尺 上丝<br>下丝<br>后视距<br>视距差 | 前尺 上丝<br>下丝<br>前视距<br>累积差 $\sum d$ | 方向及尺号 | 水准尺读数<br>黑面 | 水准尺读数<br>红面 | $k$＋黑－红/mm | 平均高差/m |
|---|---|---|---|---|---|---|---|---|
| | | (1)<br>(2)<br>(9)<br>(11) | (4)<br>(5)<br>(10)<br>(12) | 后尺<br>前尺<br>后-前 | (3)<br>(6)<br>(15) | (8)<br>(7)<br>(16) | (14)<br>(13)<br>(17) | (18) |
| 1 | $BM_2$<br>\|<br>$TP_1$ | 1426<br>0995<br>43.1<br>＋0.1 | 0801<br>0371<br>43.0<br>＋0.1 | 后 106<br>前 107<br>后-前 | 1211<br>0586<br>＋0.625 | 5998<br>5273<br>＋0.725 | 0<br>0<br>0 | ＋0.6250 |
| 2 | $TP_1$<br>\|<br>$TP_2$ | 1812<br>1296<br>51.6<br>－0.2 | 0570<br>0052<br>51.8<br>－0.1 | 后 107<br>前 106<br>后-前 | 1554<br>0311<br>＋1.243 | 6241<br>5097<br>＋1.144 | 0<br>＋1<br>－1 | ＋1.2435 |
| 3 | $TP_2$<br>\|<br>$TP_3$ | 0889<br>0507<br>38.2<br>－0.2 | 1713<br>1333<br>38.0<br>＋0.1 | 后 106<br>前 107<br>后-前 | 0698<br>1523<br>－0.825 | 5486<br>6210<br>－0.724 | －1<br>0<br>－1 | －0.8245 |
| 4 | $TP_3$<br>\|<br>$BM_1$ | 1891<br>1525<br>36.6<br>－0.2 | 0758<br>0390<br>36.8<br>－0.1 | 后 107<br>前 106<br>后-前 | 1708<br>0574<br>＋1.134 | 6395<br>5361<br>＋1.034 | 0<br>0<br>0 | ＋1.1340 |
| 检核计算 | $\sum(9)=169.5$<br>$\sum(10)=169.6$<br>$\sum(9)-\sum(10)=-0.1$<br>$\sum(9)+\sum(10)=339.1$ | | $\sum(3)=5.171$<br>$\sum(6)=2.994$<br>$\sum(15)=+2.177$<br>$\sum(15)+\sum(16)=+4.356$ | | | $\sum(8)=24.120$<br>$\sum(7)=21.941$<br>$\sum(16)=+2.179$<br>$2\sum(18)=+4.356$ | | |

这样的观测顺序称为“后、前、前、后”。其优点是可以大大减弱仪器下沉等误差的影响。对四等水准测量每站观测顺序也可为“后、后、前、前”。

2)“一站观测”各观测数据的计算与检核

(1)视距计算与检核　根据前、后视的上、下丝读数计算前、后视的视距(9)和(10)分别为

后视距离(9)＝(1)－(2)

前视距离(10)＝(4)－(5)

然后计算前、后视距差(11)为

前、后视距差(11)＝(9)－(10)

对于三等水准测量，该值不得超过 3 m，对于四等水准测量，不得超过 5 m。若超限，必须重新观测。最后计算测站的前、后视距累积差(12)为

前、后视距累积差(12)＝ 上站之(12)＋本站(11)

对于三等水准测量，该值不得超过 6 m，对于四等水准测量，不得超过 10 m。若超限，必须重新观测。

(2)同一水准尺红、黑面中丝读数的检核　$k$ 为双面水准尺的红面分划与黑面分划的零点差，配套使用的两把尺的零点差 $k$ 分别为 4 687 或 4 787，同一把水准尺其红、黑面中丝读数差按下式计算

$$(13)=(6)+k-(7)$$

$$(14)=(3)+k-(8)$$

(13)、(14)的数值大小，对于三等水准测量，不得超过 2 mm，对于四等水准测量，不得超过 3 mm。若超限，必须重新观测。

(3)高差计算与检核　按前、后视水准尺红、黑面中丝读数分别计算本站高差。

计算黑面高差(15)　(15)＝(3)－(6)

计算红面高差(16)　(16)＝(8)－(7)

红、黑面高差之差(17)　(17)＝(15)－(16)± 0.100 ＝(14)－(13)(检核用)

对于三等水准测量，(17)的数值不得超过 3 mm，对于四等水准测量，不得超过 5 mm。若超限，必须重新观测。式中 0.100 为单、双号两根水准尺红面零点注记之差，以米( m)为单位。

(4)计算本站两点平均高差　红、黑面高差之差在规范限差允许范围以内时，取其平均值作为该站的观测高差(18)为

$$(18)=\frac{(15)+(16)\pm 0.100}{2}$$

3)水准手簿每页计算校核

水准测量外业观测工作，是按照测段一站、一站进行连续观测的，如观测若干站后，其观测数据填满一页，需进行整页的观测数据计算及检核工作。

(1)高差部分　红、黑面后视中丝总和减红、黑面前视中丝总和应等于红、黑面高差总和，还应等于平均高差总和的两倍，即

当测站数为偶数时 $\sum[(3)+(8)]-\sum[(6)+(7)]=\sum[(15)+(16)]=2\sum(18)$

当测站数为奇数时 $\sum[(3)+(8)]-\sum[(6)+(7)]=\sum[(15)+(16)]=2\sum(18)\pm 0.100$

(2)视距部分　后视距离总和减前视距离总和应等于末站视距累积差，即

$$\sum(9)-\sum(10)=\text{末站}(12)$$

校核无误后，算出总视距为

$$\text{总视距}=\sum(9)+\sum(10)$$

用双面尺法进行三、四等水准测量的记录、计算与校核，见表 2-20。

### 3. 三、四等水准测量内业成果计算

水准测量成果计算的目的是根据已知点高程和水准线路的各段观测高差，进行外业数据的精度评定，并最终计算待定水准点的高程数据。

在学习情境 1 中五等水准测量内业成果计算方法是一种简化平差方法，该方法不能用来进行三、四等水准测量的成果计算。测量规范中规定，各等级高程控制网(指一、二、三、四等水准网)应采用条件平差或间接平差进行成果计算，条件平差或间接平差是符合最小二乘原理的严密平差方法，由此，三、四等水准测量成果计算方法已经超出了本专业学生的知识要求，在此略过。具体平差过程可参见测绘类教材平差基础中的相关介绍。

## 活动 2　电磁波测距三角高程测量施测

在地面高低起伏较大的地区确定地面点高程时，若用水准测量方法进行测量，则速度慢、困难大，因而在实际工作中常采用三角高程测量的方法来测取地面点的高程。三角高程测量的基本思想是：根据三角几何学原理，利用由测站向照准点所观测的竖直角和水平距离，计算测站点与照准点之间的高差，最后推算待定点的高程。

### 1. 三角高程测量的原理

三角高程测量是根据两点的水平距离和该直线的竖直角计算两点的高差，再计算高程的方法。如图 2-25 所示，已知 $A$ 点高程 $H_A$，欲在地面上 $A$、$B$ 两点间测定高差 $h_{AB}$，以确定 $B$ 点高程 $H_B$，可在 $A$ 点设置仪器使其对中、整平，并量取望远镜旋转轴中心至地面点上 $A$ 点的仪器高 $i$；在 $B$ 点竖立标尺，用望远镜中的十字丝横丝照准 $B$ 点标尺上的一点 $M$，它距 $B$ 点的高度称为目标高 $v$，测出倾斜视线与水平视线间所夹得竖直角 $\alpha$，若 $A$、$B$ 两点间的水平距离 $D$ 为已知(也可根据视距原理由仪器测出斜距，在利用竖角计算出水平距离)，则根据 $AB$ 的平距 $D$，可计算出 $A$、$B$ 两点的高差 $h_{AB}$ 为

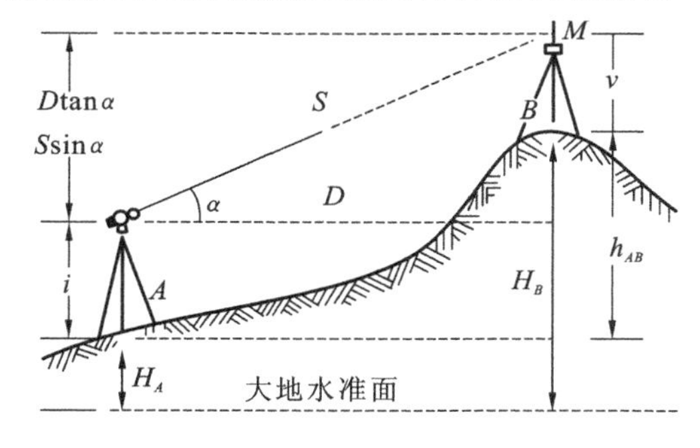

图 2-25　三角高程测量原理

$$h=D\cdot\tan\alpha+i-v \tag{2-43}$$

则 $B$ 点的高程为

$$H_B=H_A+h=H_A+D\cdot\tan\alpha+i-v \tag{2-44}$$

在应用上式时要注意竖角的正、负号，若竖角 $\alpha$ 为仰角时取正号，相应的 $D\cdot\tan\alpha$ 也为正

值；反之，若竖角 $\alpha$ 为俯角时取负号，相应的 $D \cdot \tan\alpha$ 也为负值。

另外，当两点的距离大于 300 m 时，式(2-44)应考虑地球曲率和大气折光对高差的影响，其值 $f$(称为两差改正)为 $0.43\dfrac{D^2}{R}$，$D$ 为两点间水平距离，$R$ 为地球平均曲率半径。

若在 $A$ 点设置全站仪(或经纬仪＋电子测距仪)，在 $B$ 点安置棱镜，并分别量取仪器高 $i$ 和棱镜高 $v$，测得两点间的斜距 $S$ 与竖直角 $\alpha$ 以计算两点间的高差 $h_{AB}$，称为电磁波测距三角高程测量。$A$、$B$ 两点的高差 $h_{AB}$ 可按下式计算

$$h = S \cdot \sin\alpha + i - v \tag{2-45}$$

三角高程测量一般应进行往返观测，凡仪器设置在已知高程点，观测该点与未知高程点之间的高差称为直觇；反之，仪器设置在未知高程点，测定该点与已知高程点之间的高差称为反觇。这样的观测方法称为对向观测(或称双向观测)。这种观测方法可以消除地球曲率和大气折光的影响。三角高程测量对向观测所求得的高差较差不应大于 $0.1D$($D$ 为平距，以 km 为单位)，若符合要求，取两次高差的平均值作为两点的测量高差。

### 2. 电磁波测距三角高程测量的主要技术要求和观测的技术要求

电磁波测距三角高程控制测量，宜在平面控制点的基础上布设成三角高程网或高程导线。三角高程网(或高程导线)的每边均需进行对向观测，依据对向观测所求得的高差平均值，计算出闭合环线或附合路线的高差闭合差，并根据规范评定其精度，若未超限，则可推求各待定点的高程。

1)电磁波测距三角高程测量的技术要求

电磁波测距三角高程测量的主要技术要求，应附合表 2-21 的规定。

**表 2-21　电磁波测距三角高程测量的主要技术要求**

| 等　　级 | 每千米高差全中误差/mm | 边长/km | 观测次数 | 对向观测高差较差/mm | 附合或环形闭合差/mm |
|---|---|---|---|---|---|
| 四等 | 10 | ≤1 | 对向观测 | $40\sqrt{D}$ | $20\sqrt{\sum D}$ |
| 五等 | 15 | ≤1 | 对向观测 | $60\sqrt{D}$ | $30\sqrt{\sum D}$ |

注：① $D$ 为电磁波测距边长度(km)；

② 起讫点的精度等级，四等应起迄于不低于三等水准的高程点上，五等应起迄于不低于四等的高程点上；

③ 线路长度不应超过相应等级水准路线的总长度。

2)电磁波测距三角高程观测的技术要求

(1)电磁波测距三角高程观测的主要技术要求，应符合表 2-22 规定。

**表 2-22　电磁波测距三角高程测量观测的主要技术要求**

| 等级 | 垂直角观测 | | | | 边长测量 | |
|---|---|---|---|---|---|---|
| | 仪器精度 | 测回数 | 指标差较差/(″) | 测回较差/(″) | 仪器精度 | 观测次数 |
| 四等 | 2″级 | 3 | ≤7″ | ≤7″ | ≤10 mm 级仪器 | 往返各一次 |
| 五等 | 2″级 | 2 | ≤10″ | ≤10″ | ≤10 mm 级仪器 | 往一次 |

(2)在进行对向观测时，其竖直角(也称垂直角)的对向观测，当直觇完成后应即刻进行返觇测量。

(3)三角高程观测中所用的仪器、反光镜(即棱镜)或觇牌的高度,应在观测前后各量测一次并精确至 1 mm,取其平均值作为最终高度。

在进行电磁波测距三角高程测量的数据处理时,直返觇的高差,应进行地球曲率和折光差的改正;各等级高程网的高程成果的取值,应精确至 1 mm。

### 3. 电磁波测距三角高程测量的施测步骤和数据计算

1)三角高程测量的施测步骤

(1)在已知高程点上安置全站仪(或经纬仪+电子测距仪)进行直觇观测,首先对中、整平设置好仪器,并量取仪器高 $i$;在目标点(即未知高程点)上安置棱镜,量取棱镜高 $v$。在量取两者的高度时,均要求量两次,每次读至 0.5 cm,若两次测量较差不超过 1 cm 时,取其平均值作为最终值高度值(取至厘米位)记入表 2-23。

**表 2-23 三角高程测量观测数据与计算**

| 起算点 | A | | B | |
|---|---|---|---|---|
| 待定点 | B | | C | |
| 往返测 | 往 | 返 | 往 | 返 |
| 斜距 $S$ | 593.391 | 593.400 | 491.360 | 491.301 |
| 竖直角 $\alpha$ | +11°32′49″ | −11°33′06″ | +6°41′48″ | −6°42′04″ |
| $S\sin\alpha$ | 118.780 | −118.829 | 57.299 | −57.330 |
| 仪器高 $i$ | 1.440 | 1.491 | 1.491 | 1.502 |
| 觇牌高 $v$ | 1.502 | 1.400 | 1.522 | 1.441 |
| 两差改正 $f$ | 0.022 | 0.022 | 0.016 | 0.016 |
| 单向高差 $h$ | +118.740 | −118.716 | +57.284 | −57.253 |
| 往返平均高差 $\overline{h}$ | +118.728 | | +57.268 | |

(2)用仪器十字丝的横丝瞄准目标,并测取竖直角,在读取竖盘读数时(若为经纬仪,在读数前,应将竖盘水准管气泡居中),盘左、盘右观测为一个测回,计算竖直角记入表 2-23 中。其竖角观测测回数及限差要求视测量等级而定,具体规定见表 2-24。

**表 2-24 竖直角观测测回数及限差**

| 等　级 | 一、二级小三角 | | 一、二、三级导线 | | 图根控制 |
|---|---|---|---|---|---|
| 仪器 | $DJ_2$ | $DJ_6$ | $DJ_2$ | $DJ_6$ | $DJ_6$ |
| 测回数 | 2 | 4 | 1 | 2 | 1 |
| 各测回竖角指标差互差 | 15″ | 25″ | 15″ | 25″ | 25″ |

(3)在测取竖直角的同时,利用仪器电子测距方法测取两点间的斜距 $S$,盘左、盘右各测两次;必要时应测取工作时的温度及大气压,将观测数据记入表 2-23。

到此完成直觇测量工作,然后立即搬迁仪器至未知点,然后按与直觇相同的观测方法进行反觇测量工作,将观测数据填写于表 2-23 中。

2)对向观测边高差及高程的计算

完成对向观测工作后,应立即依据观测数据表格进行成果计算,计算结果见表 2-23,本表显示的是某观测环线三角高程网中两条对向边的外业观测成果。

当用电磁波测距三角高程测量方法测定基于平面控制点所组成的环线或附合高程网时,在完成每边的对向观测工作并进行每边的成果计算后（依据对向观测值计算出每边的高差平均值），应计算出环线或符合路线的高差闭合差集和对应等级的闭合差限差值，以进行精度评定。各等级高差闭合差限值的计算按表 2-22 中规定相应取定，以此评定观测的精度。

当实测的高差闭合差小于限差值时，按边长成正比例的原则，将实测的高差闭合差反符号分配于各边的高差之中以计算出改正后的高差，然后由起始点的高程依据各边改正后的高差计算出各待求点的高程，完成整个线路的计算工作。

## 小结

1. 导线测量的外业工作

导线测量的外业工作包括：选点、标定、绘制点之记及外业观测工作。导线内业数据计算为简化平差方法，即首先调整角度闭合差，根据改正后的转折角计算各边的坐标方位角，然后根据各边坐标方位角与边长计算各边的坐标增量，根据改正后的坐标增量和已知坐标推算各导线点的坐标，这种将角度与坐标分别进行调整的方法，就是简化平差法。

2. 交会定点控制测量法

加密少量的图根控制点时，也可用交会定点方法，在两个已知控制点上，分别安置经纬仪（或全站仪）观测两个角度，以求得待定点的坐标称为前方交会，在待定点上安置经纬仪（或全站仪）照准三个已知控制点的方向，观测其间的两个角度，求待定点的坐标就是后方交会法。除此之外还有侧边交会法等。

3. 高程控制测量的基本知识和方法

与图根水准测量比较，四等水准测量对所用的仪器如望远镜的放大倍率等有一定要求，水准尺也需用有黑、红面的双面水准尺。其观测顺序可以归纳为：后、后、前、前（黑、红、黑、红）。整个线路测量完后，计算水准路线的闭合差。当地面起伏较大时，可采用电磁波测距三角高程测量方法组网来进行高程确定工作。三角高程测量方法是根据两点间水平距离与测定的竖直角来计算高差的，对于边长超过 300 m 时，应加两差改正数（即地球曲率与大气折光影响），为提高观测高差的精度，宜采用对向观测。

1. 测量控制网有哪几种形式？各有何优缺点？各在什么情况下采用？

2. 导线的布设形式有哪几种？选择导线点应注意哪些事项？导线的外业工作包括哪些内容？

3. 何谓坐标正、反算？试写出计算公式。

4. 简述闭合导线坐标计算的步骤，并说明闭合导线与附合导线坐标计算的异同点。

5. 在导线测量内业计算时，如何衡量导线测量的精度？

6. 闭合导线 1、2、3、4 的观测数据如下：

$\beta_1=89°36'36''$，$\beta_2=107°48'34''$，$\beta_3=73°00'18''$，$\beta_4=89°33'42''$，$D_{12}=105.22$ m，$D_{23}$

$=80.18\ \text{m}, D_{34}=129.34\ \text{m}, D_{41}=78.16\ \text{m}$。

其他已知数据为：$x_A=1000.00\ \text{m}, y_A=1000.00\ \text{m}, \alpha_{12}=125°30'30''$。

试用表格计算2、3、4点的坐标。并画出略图(所测内角为左连接角)。

7. 根据表2-25中所列数据，试进行闭合导线角度闭合差的计算和调整，并计算各边的坐标方位角。

**表2-25 题2-7表**

| 点 号 | 观测左角/(° ′ ″) | 改正数/(″) | 改正角/(° ′ ″) | 坐标方位角/(° ′ ″) |
|---|---|---|---|---|
| A | | | | 145 00 00 |
| 1 | 102 17 53 | | | |
| 2 | 104 44 29 | | | |
| 3 | 86 11 30 | | | |
| 4 | 123 59 04 | | | |
| A | 122 46 26 | | | |
| 1 | | | | |
| ∑ | | | | |

8. 如图2-26所示为某附合导线，其观测数据标于图上，已知数据为：

$x_B=200.00\ \text{m}, y_B=200.00\ \text{m}, x_C=155.37\ \text{m}, y_C=756.06\ \text{m}, \alpha_{AB}=45°00'00'', \alpha_{CD}=116°44'48''$。

试用表格计算1、2点的坐标。

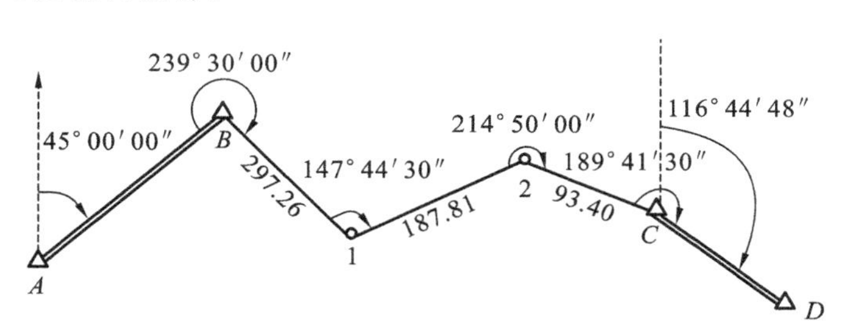


图2-26 题2-8图

9. 何谓交会定点？常用的交会定点方法有哪几种？各适用于什么情况？

10. 什么是后方交会的危险圆？

11. 用三、四等水准测量建立高程控制时，怎样观测？怎样记录与计算？

12. 已知A点高程为46.54 m，现用三角高程测量方法进行了直、反觇观测，观测数据列于表2-26中，AP距离为213.64 m，试求P点的高程。

**表2-26 题2-12表**

| 测 站 | 目 标 | 竖直角 | 仪器高/m | 标杆高/m |
|---|---|---|---|---|
| A | P | +3°36′12″ | 1.46 | 2.00 |
| P | A | −2°50′56″ | 1.50 | 3.30 |

13. 如图2-27所示，已知$AB$边的坐标方位角为150°30′00″，观测的转折角为：$\beta_1=110°54′45″$、$\beta_2=120°36′42″$、$\beta_3=106°24′36″$，试计算$DE$边的坐标方位角。

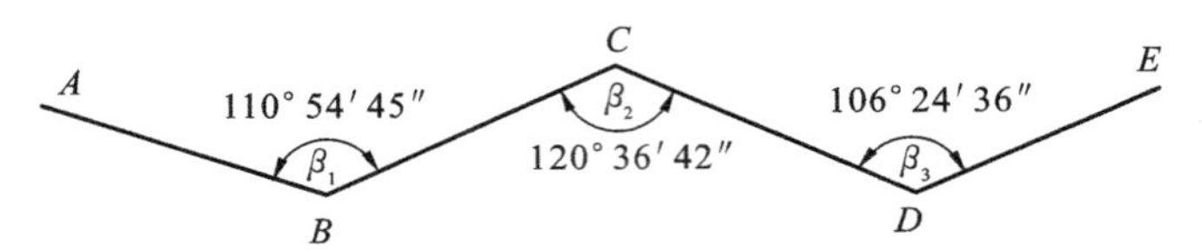


图2-27　题2-13图

14. 已知$A$点的坐标为$A(468.26,549.371)$，$AB$边的边长为$D_{AB}=105.36$ m，$AB$边的坐标方位角为$\alpha_{AB}=60°45′$，试求$B$点的坐标。

15. 已知$A$点的坐标为$A(236.45,782.51)$，$B$点的坐标为$B(458.63,548.29)$，试求$AB$的边长$D_{AB}$及坐标方位角$\alpha_{AB}$。

# 大比例尺地形图测绘技术

## 学习目标

大比例尺地形图是工程建设中实施详规设计、技术方案设计以及建筑图设计等工作所需的基础资料，由于工程建设项目的实施从设计工作开始，因而地形图测绘工作也就成为工程建设项目整个实施过程的第一项工作，其任务完成的好坏，直接影响到项目的实施质量和进度，在整个建设过程中起着重要的作用。地形图测绘工作实践性强，技能要求高，由此，要求实施此工作任务的测绘职业岗位员应掌握地形图的测绘方法，生成地形图测绘的职业核心能力。

本学习情境内容是本书的重点，通过各任务的学习和实践训练，要求掌握大比例尺地形图测绘的实施流程；熟悉各种碎部点测量方法；掌握大比例尺地形图的测绘方法及步骤，如经纬仪平板测图法、全站仪测图法等；了解GPS-RTK测图法；掌握地形图的基本应用方法和在工程建设中的应用方法，为最终实施工程建设测量工作奠定扎实的测绘技能基础。

# 任务1 大比例尺地形图测绘探秘

## 活动1 走进地形图测绘世界

地形图测绘的主要任务就是使用测量仪器，按照一定的测量程序和方法，将地物和地貌及其地理元素测量出来并绘制成图。地形测绘的主要成果就是要得到各种不同比例尺的地形图。而大比例尺的地形测绘所研究的主要问题，就是在局部地区根据工程建设的需要，如何将客观存在于地表上的地物和地貌的空间位置以及它们之间的相互关系，通过合理的取舍，真实准确地测绘到图纸上，其特点是测区范围小、精度要求高、比例尺大，因而在如何真实准确地反映地表形态方面具有其特殊性。

1∶10 000～1∶100 000 比例尺的国家基本地形图，主要采取的是航空摄影的方法或综合法进行测绘成图，而小于 1∶100 000 的小比例尺地形图则是根据较大比例尺的地形图及各种资料编绘而成。通常所说的大比例尺测图是指 1∶500～1∶5 000 比例尺的地形图测绘，主要采用的是传统的平板测图法、全站仪数字测图及 GPS-RTK 测图等方法来施测。

1∶10 000 和 1∶5 000 比例尺的地形图是国家基本地形图，它是国民经济建设各部门进行规划设计的一项重要依据，也是编制其他各种小比例尺地形图的基础资料。1∶5 000 比例尺的地形图通常用于各种工程勘察、规划的初步设计和设计方案的比选，也用于制定土地整理和灌溉网计划工作、地质勘探成果的填绘和矿藏量的计算等工作中。1∶2 000 和 1∶1 000 比例尺的地形图主要供各种工程建设的技术设计、施工设计和工业企业的详细规划设计所用。

大比例尺地形图主要用于国民经济建设，是为适应城市和工程建设的需要而施测的。而更大比例尺的地形图主要是供特种建筑物（如桥梁、主要厂房、市政管线等）的详细设计和施工所用，在测绘这种比例尺的地形图时，面积更小，表现得更加详细，精度要求也更高。基于不同工程建设项目的设计需要，设计部门会根据对地形图图纸的精度及图纸内容的不同要求，而选择不同的比例尺地形图；另外在不同的设计阶段，也往往选择不同比例尺的地形图，以获取设计所需的基础数据资料。通常，在初步设计阶段，采用较小比例尺的地形图；在施工设计阶段，采用 1∶1 000 比例尺的地形图。对于城市社区或者某些重要主体工程，要求精度很高，而采用更大比例的 1∶500 比例尺的地形图。值得指出的是，有些中小厂矿企业或单体工程在施工设计时也采用 1∶500 比例尺的地形图，并不是因为 1∶1 000 比例尺的地形图的精度达不到要求，而是因为其图面较小，选择较大的图面更能反映出设计内容的细部，这时也可考虑采用将原图放大的方式或适当放宽测图精度要求来实行。

总之，大比例尺地形图是为适应城市建设的发展和工程建设的需要而施测的。一般应按照统一的规范测绘。大量的大比例尺地形图是为设计和使用单位专门测绘的，是为某项具体工程项目服务的，这些图使用目的明确、专业性强、保留限期不一，施测时在精度、内容和表现形式等方面都应该遵照不同部门的特点和要求而有所偏重，根据经济、合理的原则，按照有关具体技术规定进行。

地形图必须采用地形图图示中规定的符号和注记来绘制。规定的符号和注记是地形图上表示地物和地貌的基本要素，借助于这些要素可以认识地球表面的自然形态及构成特征，了解地表区域内地物与地貌的相互位置关系及地理信息。进行工程项目建设时，借助于工程建设地区的地形图，可以了解待建地区的地物构成、地势状况和环境条件等信息，以便设计者在进行工程项目的规划、设计时，能充分利用地形条件，优化设计施工方案，使工程建设更加合理、适用、经济、安全。

## 活动2 大比例尺地形图测绘技术方案设计概述

为了保证测绘工作能够有序、高效、顺利地施测，在地形图测绘工作开始前就应该拟定相应的技术设计方案(或实施计划书)。因为只有按照可靠、合理的技术方案有步骤地开展工作，才能使测绘工作在技术上合理、可靠，在经济上节省人力、物力，提高经济效益，实现社会效益。

地形测绘技术方案应根据测量任务委托书和有关部门颁发的测量规范和实施细则，并根据所收集的相关资料(包括测区踏勘等)来编制。

技术方案的具体内容应包括任务概述、测区概况、已有资料及其分析、技术方案的设计、人员组织和劳动计划、仪器设备和供应计划、财务预算、检查验收计划以及安全措施等。

测量任务委托书应明确工程项目的名称或编号、设计阶段及测量目的、测区范围(附图)及工作量、对测量工作的主要技术要求和特殊要求，以及上缴资料的种类和日期等内容。

在编制技术方案之前，应充分了解委托人对测绘产品的技术质量要求，认真研究测量任务书和已有的资料成果。承担项目的负责人应组织相关测绘人员对测区进行现场踏勘和调查分析，实地了解测区内交通运输、自然地理、人文风俗和气象条件等情况，收集测区内及测区附近有关高等级测量控制点资料和相关图纸，核对旧的标石和点之记，并初步考虑地形测绘控制网及图根控制网的布设方案和必须采取的有效措施等。

拟定测图技术方案时，应注意测量坐标系统的选择，一个测区只能有一种坐标系统。在一般工程建设中面积多为几至几十平方公里，这时可利用国家控制网或城市控制网的坐标和方向，而采用国家坐标系统或城市坐标控制系统。在某些情况下，若没有国家控制点或城市控制点可以利用，这时可以采用独立坐标系统。高程系统则应尽量与国家高程系统一致，宜采用1985国家高程基准的高程系统。如果测区附近没有国家水准点或城市高程控制点，或者联测工作量很大，这时可在已有地形图上求得一个点的高程作为高程起算点。对于扩建和改建工程的测图任务，为了保证两次测图系统的统一，应利用原来的水准点高程系统。

拟定地形测绘控制网的布设方案时，应根据收集的资料和现场踏勘情况，在已有地形图(或小比例尺地形图)上进行，首先将收集的控制点依据其坐标展绘在地形图上，然后据此来进行图上布点组网，图上布点时应充分考虑测区的范围及实际地形状况，同时考虑控制点密度，设计出布点草图后，应进行必要的精度估算。有时需要提出若干个方案以进行技术及经济等方面的比选，对地形控制网的图形、施测、点的密度和平差计算等因素进行全面分析，以此来确定最终的控制网布设技术方案。

在此基础上，根据技术方案统计工作量，并结合规定计划提交的时间，编制组织措施和劳动计划，提出仪器设备的配备计划、经费预算计划和工作进度计划，同时拟定检查验收计划等。即编制地形测绘实施计划、人员配备计划、仪器及设备配备计划、资金计划和上缴资料的种类和日期等计划，以形成总的地形测绘技术方案初稿。

完成技术方案初稿后，应提交给业主，并进行论证分析，基于论证报告会的修改意见，编写方案终稿，其终稿同样要经本单位技术负责人审核并报请业主签字认可，此时方案才算编制完成，留档备案后，方可予以实施。

下面重点讲述如何拟定首级控制测量的技术计划、图根控制测量技术计划和地形测绘的实施计划。

1）首级控制测量的技术计划拟定

（1）在中小比例尺地形图上标注出测区的范围，并进行概略的分幅编号。

（2）在图上标出已有国家控制点或城市控制点，包括测区外但靠近测区的控制点，并选择适当的测量坐标系统和高程系统。

（3）根据图上已有的控制点及其仪器设备条件确定图形的布设形式，现在宜采用 GPS 网或导线网作为测区的首级控制网。

（4）设计并绘制图上控制网图形（即图上选点、定点），并根据概略图形进行精度估算，编制控制测量技术要求，拟订控制测量施测计划。

2）图根控制测量技术计划

进行大比例尺地形图测绘时，高等级控制点的点位稀少，远不能满足其测图的需要，这时应在高等级控制点的基础上依据测区范围及地形情况加密适当数量的控制点，此种点即为图根控制点，是测图的直接控制点。所以图根控制测量技术计划应在首级控制测量技术计划的基础上来编制，一般应注意以下几点。

（1）图根控制点一定要保证足够的数量，在地物较多或比较隐蔽的地方还应多增加点数，直至满足测图的要求为止。

（2）选好点位。图根控制点的视野要开阔，控制面积大，通视效果良好，测图方便，安全可靠。

（3）各项技术指标应满足有关规范要求。其相关主要技术要求可参见本教材学习情境 2 中的图根控制测量学习任务的介绍。

（4）整个测区的图根控制点应统一编号，不得重复。

3）地形图测绘实施计划

为了测图工作的顺利进行，作业队和作业小组都应该制定相应的测图计划和工作进度安排。

## 活动 3　地形图测绘方法和地面点测量精度要求

### 1. 地形图测绘方法介绍

地形图测绘方法主要有经纬仪平板测图法（即传统的白纸测图法）、全站仪测图法和 GPS-

RTK 测图法等测图方法。也可采用这几种方法的联合作业模式或其他作业模式。

地形图测绘的基本工作是测定各地面点位。传统的白纸测图方法是用仪器测得各地面上特征点的三维坐标，或者测得水平角、竖直角及距离来确定点位，然后绘图员按坐标（或角度与距离）将点展绘到图纸上。跑尺员根据实际地形向绘图员报告测的是什么点（如房角点），这个（房角）点应该与哪个（房角）点连接，等等，绘图员则当场依据展绘的点位按图式符号将地物（房屋）描绘出来。就这样一点一点地测和绘，一幅地形图也就生成了。

经纬仪平板测图法的实质是图解几何测图，通过测量将碎部点展绘在图纸上，以手工方式描绘地物和地貌，具有测图周期长、精度低的特点。其基本工作程序为：在收集资料并进行现场踏勘的基础上，拟定可行的测图技术方案；进行测区的基本控制测量和图根控制测量；进行测图前的一系列准备工作，以保证测图工作的顺利进行；在测站点密度不够时要对控制点进行加密；利用控制点建立测站，逐点测量，并完成各测站的碎部点采集工作，据此手工绘制地形图；最后，进行图边测图和野外接图；完成检查、验收，野外原图整饰等地形测图的结束工作。

数字测图是对利用各种手段（全站仪野外数据采集和 GPS-RTK 数据采集等）采集到的地面碎部点坐标数据进行计算机处理，利用数字测绘成图软件，编辑生成以数字形式储存在计算机存储介质上的地形图的方法。

数字测图的基本思想是将地面上的地形和地理要素（或称模拟量）转换为数字量，然后由电子计算机对其进行处理，得到内容丰富的电子地图，需要时由图形输出设备（如显示器、绘图仪）输出地形图或各种专题图图形。将模拟量转换为数字量这一过程通常称为数据采集。目前数据采集方法主要有野外地面数据采集法、航片数据采集法、原图数字化法。数字测图的基本思想与过程如图 3-1 所示。数字测图就是通过采集有关的绘图信息并记录在数据终端（或直接传输给便携机），然后在室内通过数据接口将采集的数据传输给计算机，并由计算机对数据进行处理，再经过人机交互的屏幕编辑，形成绘图数据文件。最后由计算机控制绘图仪自动绘制所需的地形图，最终由磁盘等存储介质保存电子地图。数字测图虽然生产成品仍然是以提供图解地形图为主，但它确是以数字形式保存着地形模型及地理信息。

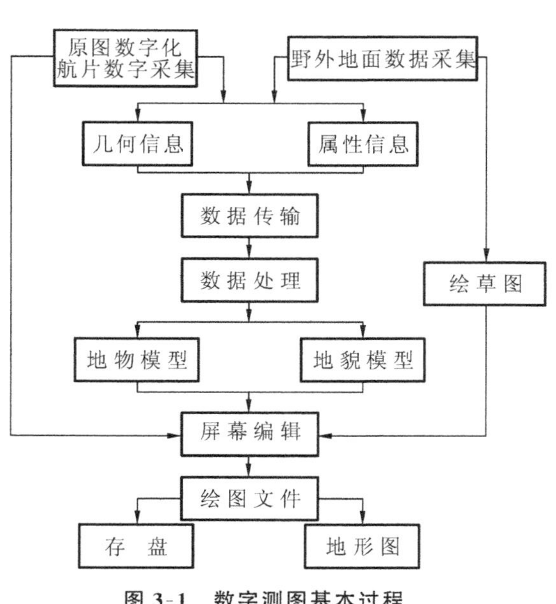

图 3-1　数字测图基本过程

## 2. 地形测绘地面点测量精度要求

地形测量的区域类型，可划分为一般地区、城镇建筑区、工矿区和水域。地形图测量的基本精度要求，应符合下列规定。

（1）地形图图上地物点相对于邻近图根点的点位中误差，不应超过表 3-1 的规定。

**表 3-1　图上地物点的点位中误差**

| 区域类型 | 点位中误差/mm |
|---|---|
| 一般地区 | 0.8 |
| 城镇建筑区、工矿区 | 0.6 |
| 水域 | 1.5 |

注：① 隐蔽或施测困难的一般地区测图，可放宽 50%；

② 1∶500 比例尺水域测图、其他比例尺的大面积平坦水域或水深超出 20 m 的开阔水域测图，根据具体情况，可放宽至 2.0 mm。

（2）等高（深）线的插求点或数字高程模型的相对于邻近图根点的高程中误差，不应超过表 3-2 的规定。

**表 3-2　等高（深）线的插求点或数字高程模型的高程中误差**

| 一般地区 | 地貌类别 | 平坦地 | 丘陵地 | 山地 | 高山地 |
|---|---|---|---|---|---|
| | 高程中误差/m | $\frac{1}{3}H_d$ | $\frac{1}{2}H_d$ | $\frac{2}{3}H_d$ | $H_d$ |
| 水域 | 水底地形倾角/(°) | $\alpha<3$ | $3\leqslant\alpha<10$ | $10\leqslant\alpha<25$ | $\alpha\geqslant25$ |
| | 高程中误差/m | $\frac{1}{2}H_d$ | $\frac{2}{3}H_d$ | $H_d$ | $\frac{3}{2}H_d$ |

注：① $H_d$ 为地形图的基本等高距；

② 对于数字高程模型，$H_d$ 的取值应以模型比例尺和地貌类别按地形图的基本等高距的规定取用；

③ 隐蔽或施测困难的一般地区测图，可放宽 50%；

④ 当作业困难、水深大于 20 m 或工程精度要求不高时，水域测图可放宽 1 倍。

（3）工矿区细部坐标点的点位和高程中误差，不应超过表 3-3 的规定。

**表 3-3　细部坐标点的点位和高程中误差**

| 地物类别 | 点位中误差/cm | 高程中误差/cm |
|---|---|---|
| 主要建构筑物 | 5 | 2 |
| 一般建构筑物 | 7 | 3 |

（4）地形测图地形点的最大点位间距，不应大于表 3-4 的规定。

**表 3-4　地形点的最大点位间距(m)**

| 比例尺 | | 1∶500 | 1∶1 000 | 1∶2 000 | 1∶5 000 |
|---|---|---|---|---|---|
| 一般地区 | | 15 | 30 | 50 | 100 |
| 水域 | 断面间 | 10 | 20 | 40 | 100 |
| | 断面上测点间 | 5 | 10 | 20 | 50 |

注：水域测图的断面间距和断面的测点间距，根据地形变化和用图要求，可适当加密或放宽。

（5）地形图图上高程点的注记，当等高距为 0.5 m 时，应精确至 0.01 m；当等高距大于 0.5 m 时，应精确至 0.1 m。

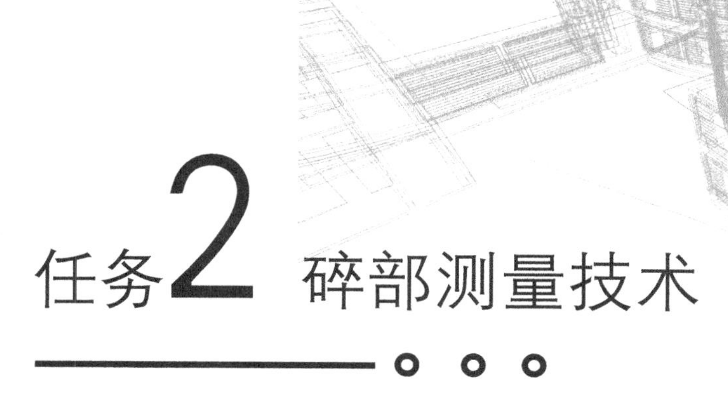

# 任务2 碎部测量技术

## 活动1 熟悉碎部测量工作内容及一般要求

### 1. 碎部测量工作内容

地形图测绘包括控制测量和碎部测量两个阶段的工作。在测区控制测量(包括图根控制)工作实施完成后,即可进行碎部测量工作。其主要工作任务是以控制点为基础,测定地物、地貌的平面位置和高程,并将所测碎部特征点展绘在图纸上,经编辑处理而绘制成地形图。在碎部测量中,地物的测绘实际上就是地物平面形状的测绘,而地物平面形状可用其轮廓点(交点和拐点)和中心点来表示,这些点被称为地物特征点,由此,地物的测绘可归结为地物特征点的测绘。地貌尽管形态复杂,但可将其归结为许多不同方向、不同坡度的平面交合而成的几何体,其平面交线就是方向变化线和坡度变化线,只要确定出这些方向变化线和坡度变化线上的方向和坡度的变换点(称为地貌特征点或地性点)的平面位置和高程,地貌的基本形态也就反映出来了。也就是说,无论地物还是地貌,其形态都是由一些特征点(即碎部点)所决定的。所以,碎部测量的实质就是测绘出测区内各地物和地貌碎部点的平面位置和高程。碎部测量工作包括两个过程:一是测定碎部点的平面位置和高程,二是利用地形图图示符号在图上按事先确定的比例绘制出各种地物和地貌,最终形成地形图。地形图测绘工作完成后,地形图应经过内业检查、实地的全面对照及实测检查。实测检查量不应少于测图工作量的10%。

碎部测量相对于其他工作而言比较复杂,工作内容具体、琐碎,工作量大,遇到的问题多,而且大部分工作必须在野外完成。因此为了提高测图的效率和精度,测绘人员必须在测图前熟悉测量技术规范,掌握碎部测图的工作工序、各种要求和注意事项,在测图过程中积累经验,认真仔细地进行。

通常,在平坦地区应以测绘地物为主,且主要测绘地物的平面位置,适当求解部分碎部点的高程。例如在居民区,一般只测房角的平面位置,可不测每个房角碎部点的高程;对于街道和路口可适当测记几个高程点;而对于大面积的空场地、耕地,可以“品”字形均匀测绘高程注记点,一般在图上2~3 cm保留一个地形点。在山地、丘陵地区,由于地物很少,应以测绘地貌为主。所有碎部点的位置、数量,应以描绘等高线为目的,并尽量做到边测边绘。

### 2. 碎部测量工作的一般要求

碎部测量应严格执行所在行业的相关规范规定。我国各行业对地形测量的规范略有不同。以下就一般情况加以简要说明。

在满足各测图方法所规定的最大视距要求的情况下，应合理掌握碎部点的密度，力争用最少、最精的碎部点，真实、全面、准确地确定出地物和等高线的位置。若点数太少，就会使描绘时因缺乏依据而影响测图的精度；若点数太多，不仅会降低测图速度，而且还会影响图面的清晰美观。

对地物测绘来说，碎部点的数量取决于地物数量的多少及其形状的繁简程度；对地貌测绘来说，碎部点的数量取决于测图比例尺、等高距的大小以及地貌的复杂程度。一般在地势平坦处，碎部点可适当减少；在地面坡度变化较大或转折点较多时，应适量增加立尺点。在直线段或坡度均匀的地方，碎部点的最大间距也有一定的要求，具体参见其后各测图方法中的相应规定。

地形图的图面要求：内容齐全、主次分明、清晰易读，各种地物和地貌位置正确、形状相似、综合取舍恰当，各种线条和地形符号运用正确、标准、统一，各种文字说明、注记要真实、齐全、规范。

碎部测量是以测图小组为单位开展工作的，无论用何种方法测图，观测员、跑尺员、记录员和绘图员都应保持团结精神，相互协作，这对小组测图的进度十分重要。尤其是绘图员和跑尺员之间的配合，往往成为影响测图效率和精度的关键因素。

在一个测站开始测图前，测图小组应仔细观察测图范围，分析周围地形特征，商定测图次序、跑尺路线和综合取舍的内容。统一思想后，各作业人员做到心中有数，忙而不乱。尤其跑尺员在施测前应与绘图员统一认识，正确选定地物点和地貌点，跑尺员跑点时要有次序，不能东跑一点、西跑一点，应尽量做到测完一个地物，再测另一个地物。

为了方便跑尺员与绘图员或观测员之间的联系，应充分利用旗语、摆动标尺等约定的联络信号，或配置对讲机，以提高测图效率。

为了准确地测绘较复杂的地物、地貌，有时绘图员需到立尺点查看，了解各碎部点间的关系；跑尺员应经常向绘图员报告立尺点的情况和跑尺计划，注意调查地理名称和量测陡坎、冲沟等比高，复杂的地方还需画草图，为绘图员提供参考。对本测站上无法测绘的局部隐蔽地区的地形，立尺员要向观测员介绍，以便研究处理的方法。每测完一片区时，跑尺员应回到测站查看勾绘的地形是否与实地相符，以便及时发现错误进行修改或补充。

另外，碎部测量要坚持现场边测边绘，切忌图面上测了一大片区，却没有画出一个地物或一条等高线来。如果图上碎部点很多，未能及时画出图形，等到后来画时就很容易出错。地形图上的线条、符号和注记一般也要在现场完成，做到站站清、天天清、人人清。

同时，在进行碎部测量工作时，务必实时对工作情况及测绘成果予以检查。这是基于在碎部测量的各环节中，均会产生误差，甚至粗差。为了消除粗差、减小误差，保证碎部测图的精度，必须加强对碎部测量各环节的检查，这样才能最终得到合格的地形图成果。

测图前，应对测站和定向点进行检查，目的是为了保证所用的已知点计算及展点的正确性。检查的内容包括方向、距离和高程，俗称“三检查”。“三检查”的观测数据均应记入记录手簿中。

测图过程中，要经常检查零方向是否变动。为了节省观测时间，避免跑尺员频繁地返回定向点，可采用间接法进行检查。即在初始定向后，用经纬仪（或全站仪）瞄准附近某一明显地物，记住水平方向的读数，或用照准仪照准附近某一明显地物，在图纸上画出来。这样，在测图过程中，方向检查时只需检查这一明显地物的方向即可。

一测站观测完后，不能急于迁站，而应再次进行仪器定向的检查，若检查符合要求，则可以迁站，否则应补测或部分重测。

迁站后，要注意进行临站检查，临站检查是生产实际中控制地形图测图精度的一种重要手段。虽为临站检查，就是对相邻测站边缘地区的明显地物或地貌特征点，在本测站已将其绘制在图纸上的情况下，在相邻测站上再对其进行观测检核。同一碎部点由不同测站测定的图上位置差和高程差不能超过3倍的碎部点中误差。若超过限差，应分析检查原因，甚至部分重测。临站检查应在一测站测图前进行，并记入手簿中，以备测图验收之用。

## 活动2　碎部点的测绘方法

有了控制点后，就可利用控制点作为测站点，把地物、地貌等地形特征点，如房屋的主要轮廓点、道路转弯点、河流岸线的转折点、地类边线的折角点、独立地物的中心点、山头、鞍部以及山脊和山谷的变换点等测定出来，连成图形或绘以相应符号，便可得到地物、地貌的图上形状或中心位置。以下介绍碎部点测绘的几种常规方法。

### 1. 极坐标法

极坐标法是地形测图中测定碎部点的一种主要方法。极坐标法又分为图解法和解析法。如图3-2所示，经纬仪图解极坐标法的操作过程是：首先利用经纬仪建立测站以直接测定各碎部点相对起始方向（已知控制边）的水平角度、水平距离和垂直角；然后计算出平距和高程；最后，绘图员根据所测水平角、距离，利用量角器展点工具将碎部点展绘在图纸上，以此确定每一个碎部点的位置。解析坐标法则是将仪器所测得的数据，依据测站控制点的坐标计算出碎部点的坐标，再采用展点法将碎部点按比例尺绘在图纸上。

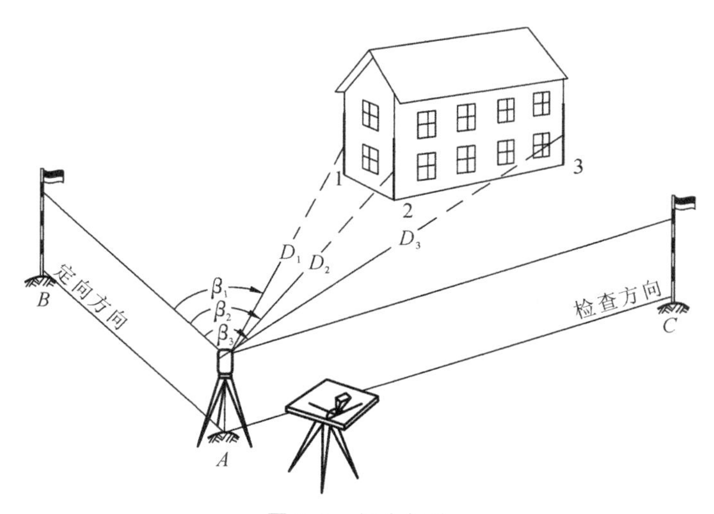


图3-2　极坐标法

极坐标法适用于通视条件良好的开阔地区，每一测站所能测绘的范围较大，且各碎部点都是独立测定的，不会产生累积误差，相互间不会发生影响，便于测错的点查找、改正，不影响全局。但该法由于须逐点竖立标尺，故工作量和劳动量较大，对于难以到达的碎部点，用此法困难较大。

### 2. 距离交会法

对于隐蔽地区，尤其是居民区内通视条件不好的少数地物的测绘，采用距离交会法比较方便。如图 3-3 所示，在测站上用极坐标法直接测定测站控制范围内的房屋可见点的平面位置，并量取房屋的长(或宽)度尺寸，按几何作图方法绘出可见房轮廓，再利用已测房投影点推求其背后看不到的房屋，在已测点 $A$、$B$ 处分别向 $P$、$Q$ 点丈量其距离，然后在图上按测图比例尺用两脚规截取图上长度，分别以 $A$、$B$ 的投影点为圆心，相应各点至圆心的图上长度为半径画弧，取两相应弧线的交点，即得所求碎部点的图上位置。

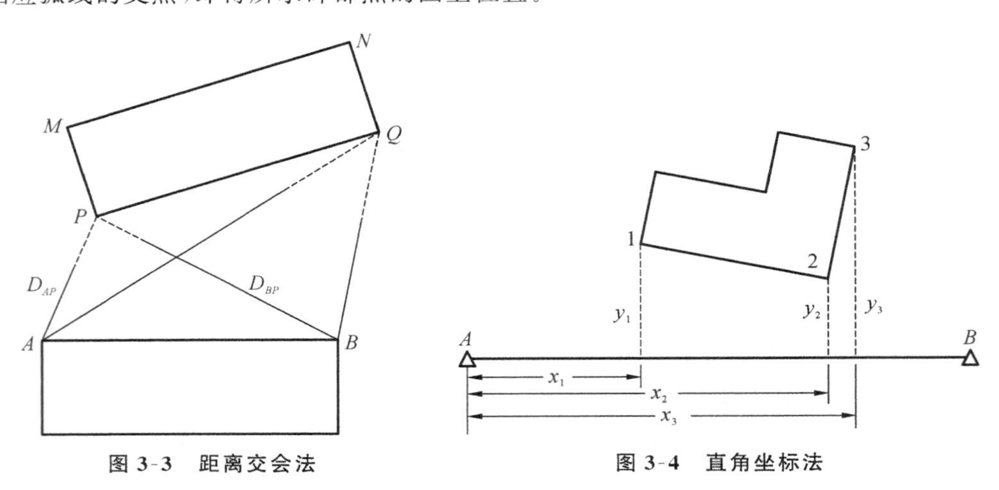


图 3-3　距离交会法　　　　图 3-4　直角坐标法

### 3. 直角坐标法

如图 3-4 所示，假定 $A$、$B$ 为两个已知控制点，碎部点 1、2、3 靠近 $A$、$B$。以 $AB$ 方向为 $x$ 轴，找出碎部点在 $AB$ 连线上的垂足，量出垂距 $x_1$、$y_1$，即可定出碎部点 1。同法定出 2、3 等其他各碎部点。这就是直角坐标法。直角坐标法适用于地物靠近控制点的连线，且垂距较短的情况。垂直方向可以用钢尺等简单工具定出。

### 4. 方向交会法

该方法适用于通视条件良好、特征点目标明显，但距离较远或不便于测距的情况。其方法是：在两相邻控制点上分别建立测站，并对同一地形特征点进行照准，在图纸上描绘其对应方向线，则相应的两方向的交点即为所测特征点在图上的平面位置。应用方向交会法时，要注意，交会角应在 30°～150°范围内，以保证点位的准确性，同时最好有第三个方向作检核。

该法的优点是可以不测距离而求得碎部点的位置，若使用恰当，可减少立尺点数量，提高作业速度。

### 5. 碎部点高程的测定

地形测图中，对大部分碎部点不仅要测定其平面位置，而且还要测定其高程。碎部点的高程一般可采用电磁波测距三角高程或经纬仪三角高程测量方法来进行。具体操作参见本教材学习情境 2 中有关三角高程测量的介绍。

# 活动3 地物测绘

## 1. 地物测绘的一般原则

地物即地球表面上自然和人工建造的固定性物体。

在地形图上表示地物的一般原则是：凡能按测图比例尺表示的地物，应将它们水平投影位置的几何形状依照测图比例尺描绘在地形图上，如建筑物、铁路、双线河等；或将其边界位置按比例尺表示在图上，边界内绘上相应的符号，如果园、森林、农田等。不能按比例尺表示的地物，在地形图上应用相应的地物符号表示出地物的中心位置，如水塔、烟囱、控制点等；凡是长度能按比例尺表示，而宽度不能按比例尺表示的地物，则应将其长度按比例尺如实表示，宽度以相应的符号表示。

地物测绘时，必须根据规定的比例尺，按测量规范和地形图图式的要求，进行综合取舍，将各种地物表示在地形图上。

## 2. 地物的综合取舍原则

在进行地形图测绘工作时，由于地物的种类及数量繁多，不可能将所有的地物一点不漏地测绘到地形图上。因此，无论用何种比例尺测绘地物时，为了既显示和保持地物分布的特征，又保证图面的清晰易读，并在不会给用图带来重大影响的情况下，应对尺寸较小、在图上难以清晰表示的地物进行综合取舍。其综合取舍的基本原则如下。

(1)地形图上地物的位置要求准确、主次分明，符号运用得当，充分反映地物特征。图面要求清晰易读、便于利用。

(2)由于测图比例尺的限制，在一处不能同时清楚地描绘出两个或以上地物符号时，可将主要地物精确表示，而将次要地物移位、舍弃或综合表示。移位时应注意保持地物间相对位置的正确；综合取舍时要保持其总貌和轮廓特征，防止因综合取舍而影响地物、地貌的性质变化。如道路、河流图上太密时，只能取舍，不能综合。

(3)对于易变化、临时性或对识图意义不大的地物，可以不表示。

总而言之，综合取舍的实质意在保证测图精度要求的前提下，按需要和可能，正确合理地处理地形图内容中的“繁与简”、“主与次”的关系问题。当内容繁多，图上无法完整地描绘或影响图纸的清晰性时，原则上应舍弃一些次要内容或将某些内容综合表示。各种要素的主次关系是相对而言的，且随测区情况和用图的目的不同而异。某些显著、具有标志性作用或具有经济、文化和军事意义的各种地物(如独立树、独立房屋、烟囱等)，虽然很小也要表示。例如，在荒漠或半荒漠的地区，水井和再小的水塘都不能舍弃；沙漠中的绿洲(树木)也不能舍弃。

## 3. 地物测绘方法

1)居民地测绘

居民地是人类居住和进行各种活动的中心场所，它是地形图上的一项重要内容。测绘居民地时，应在地形图上表示出居民地的类型、形状、质量和行政意义等。居民区可根据测图比例尺大小或用图需要，对测绘内容和取舍范围适当加以综合。临时性建筑可不测。

居民地房屋的排列形式很多，农村中以散列式即不规则的房屋较多，此时应对这些独立房屋分别测绘；城市中的房屋排列比较整齐，可以根据测图比例尺，进行适当的综合取舍。

对于居民地的外部轮廓，原则上都应准确测绘。1：1 000 或更大的比例尺测图，各类建（构）筑物及主要附属设施应按实地轮廓逐个测绘，其内部的主要街道和较大的空地应以区分，图上宽度小于 0.5 mm 的次要道路不予表示，其他碎部点可综合取舍。房屋以房基角为准立尺（或棱镜）测绘，并按建筑材料和质量分类予以注记，对于楼房还应注记层数。若房屋形状极不规则，一般规定房屋轮廓凹凸部分在图上小于 0.4 mm 或 1：500 比例尺图上小于 1 mm 时，可用直线连接所绘特征点，以此绘出与实地地物相似的地物图形。围墙、栅栏等可根据其永久性、规整形、重要性等综合取舍。

房屋、街巷的测量，对于 1：500 和 1：1 000 比例尺地形图，应分别实测；对于 1：2 000 比例尺的地形图，小于 1 m 宽的小巷，可适当合并；对于 1：5000 比例尺的地形图，小巷和院落连片的，可合并测绘。而街区凸凹部分的取舍，可根据用图的需要和实际情况确定。

各街区单元的出入口及建筑物的重点部位，应测注高程点；主要道路中心在图上每隔 5 cm 处和交叉、转折、起伏变换处，应测注高程点；各种管线的检修井，电力线路、通信线路的杆（塔），架空管线的固定支架，应测出位置并适当测注高程点。

测绘居民地，主要是要测出各建筑物轮廓线的主要转折点（房角点），然后连接成图。建构筑物宜用其外轮廓表示，房屋外廓以墙角或外墙皮为准。当建构筑物轮廓凸凹部分在 1：500 比例尺图上小于 1 mm 或在其他比例尺图上小于 0.5 mm 时，可用直线连接。

测量房屋时，一般只要测出房屋三个房角点的位置，即可确定整个房屋的位置。如图 3-5 所示，在测站 $A$ 点上安置仪器，以控制点 $B$ 为后视方向，将标尺分别立于房角点 1、2、3，用极坐标法即可测定房屋的位置。

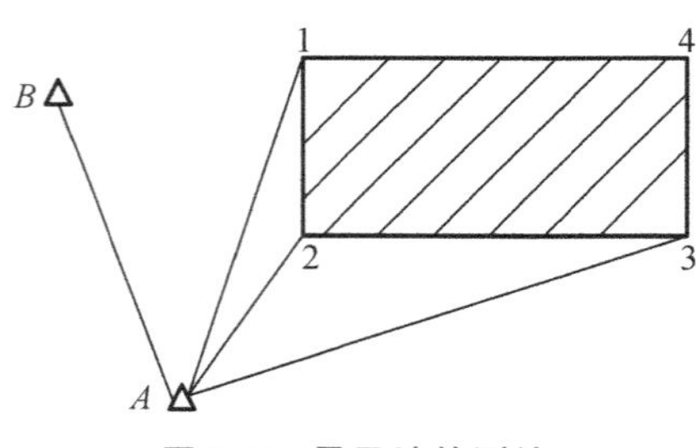

**图 3-5　居民地的测绘**

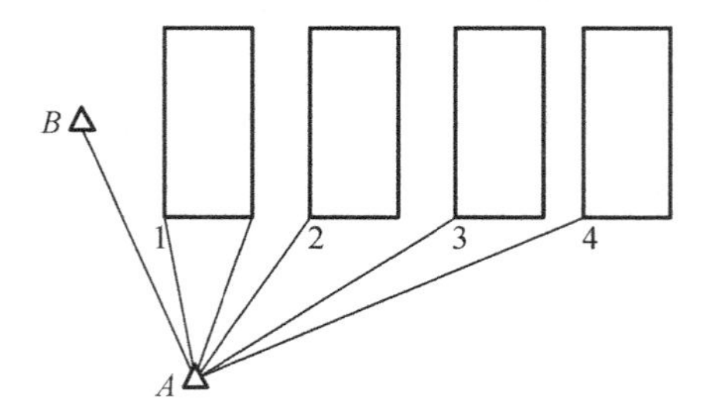

**图 3-6　建筑群的测绘**

对于整齐排列的建筑群，如图 3-6 所示，可以先测绘出几个控制性的碎部点，然后丈量出它们之间的距离，根据平行或垂直关系，将建筑物在图纸上直接画出来。

对于地下建构筑物，可只测量其出入口和地面通风口的位置和高程。

2）独立地物测绘

独立地物是判定方位、确定位置、指定目标的重要标志，必须准确测绘并按规定的符号正确予以表示。独立性地物的测绘，能按比例尺表示的，应实测外廓，填绘符号；不能按比例尺表示的，应准确表示其定位点或定位线。

独立地物一般用非比例符号表示。非比例符号的中心位置与该地物实地的中心位置关系，随各种不同的地物而异，在测图时应注意下列几点。

(1)规则的几何图形符号，如圆形、正方形、三角形等，以图形几何中心点为实地地物的中心位置。

(2)底部为直角形的符号，如独立树、路标等，以符号的直角顶点为地物中心位置。

(3)宽底符号，如烟囱、岗亭等，以符号底部中心为实地地物的中心位置。

(4)几种图形组合符号，如路灯、消火栓等，以符号下方图形的几何中心为实地地物的中心位置。

(5)下方无底线的符号，如山洞、窑洞等，以符号下方两端点连线的中心为实地地物的中心位置。

另外，各等级的控制点(如三角点、导线点、GPS点、水准点等)都必须精确的测定并绘制在地形图上。图上各控制点的点位就是相应控制点的几何中心，同时必须注记控制点的名称和高程。控制点的名称和高程以分数形式表示在符号的右侧，分子为点名或点号，分母为高程，高程注记一般精确到0.001 m，采用三角高程测定的注记到0.01 m。

3)道路测绘

道路包括铁路、公路及其他道路。所有交通及附属设施(如铁路、公路、大车路、乡村路等)均应按实际形状测绘。车站及其附属建筑物、隧道、桥涵、路堤、里程碑等均需表示。涵洞应测注洞底高程。在道路稠密区，次要人行路可适当取舍。对1：2 000、1：5 000比例尺的地形图，可适当舍去车站范围内的附属设施。小路可选择测绘。

(1)铁路的测绘　如图3-7所示，测绘铁路时，标尺应立于铁轨的中心线上，铁路符号按国家图示规定表示。在进行1：500或1：1 000比例尺地形测图时，应按照比例绘出轨道宽度，并将两侧的路肩、路堤、路沟也表现出来。

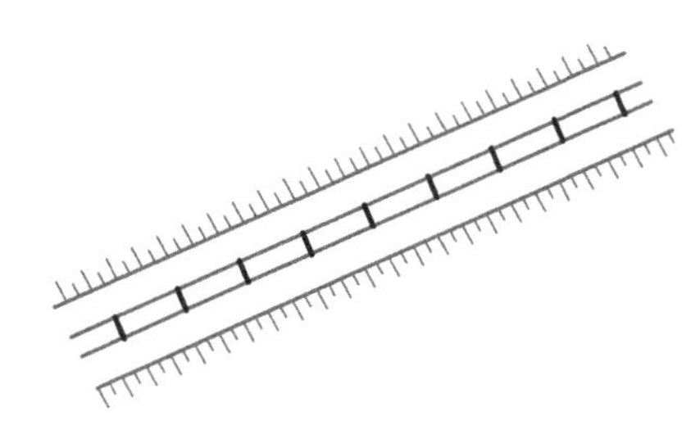

图3-7　铁路的测绘及表示方法

铁路上的高程应测轨面高程，在曲线段应测注内轨面高程。在地形图上，高程均注记在铁路的中心线上。

铁路两旁的附属建筑物按照其实际位置测量并绘制出来，以相应的图示符号表示。

(2)公路的测绘　公路在图上一律按实际位置测绘。测量时，可采用将标尺立于公路路面的中心或路面一侧，丈量路面宽度，按比例尺绘制；也可将标尺交错立于路面两侧，分别连接相应一侧的特征点，画出公路在图上的位置。选用何种方法依具体情况而定。

公路在图上应按不同等级的符号分别表示，并注记路面材料。公路的高程应测量公路中心线的高程，并注记于中心线。

公路两旁的附属建筑物按实际位置测绘，以相应的图示符号表示。路堤和路堑的测绘方法与铁路相同。

(3)大车路　大车路一般指路基未经修筑或经简单修筑，能通行大车，有的还能通行汽车的道路。大车路的宽度大多不均匀，变化大，道路部分的边界线也不很明显。在测绘时，可将标尺立于道路的中心，按照平均路宽以地形图图示规定的符号绘制。

(4)人行小路　人行小路主要是指居民地之间往来的通道，或村庄间的步行道路，可通行单轮车，一般不能通行大车。田间劳动的小路一般不测绘，上山的小路应视其重要程度选择测绘。测绘时，将标尺立于小路的中心，测定中心线，以单虚线表示。由于小路弯曲较多，标尺点的选择要注意取舍，既不能太密，又要正确反映小路的位置。

有些小路若与田埂重合，应绘小路而不绘田埂；有些小路虽不是直接由一个居民地通向另一个居民地，但它与大车路、公路或铁路相连，则应视测区道路网的具体情况决定取舍。

各种道路均应按现有的名称注记。

4)管线的测绘

管线包括地下、地上和空中的各种管道、电力线和通信线。管道包括上水管、下水管、暖气管、煤气管、通风管、输油管以及各种工业管道等；电力线包括各种等级的输电线（高压线和低压线）；通信线包括电话线、有线电视线、广播线和网络线等。

测绘管线时，应实测其起点、终点、转折点和交叉点的位置，按相应的符号表示在图上。架空管线应实测其转折处支架杆的位置，直线部分应根据测图比例尺和规范要求进行实测或按长度图解求出。管线转角，均应实测。线路密集部分或居民区的低压电力线和通信线，可选择主干线测绘；当管线直线部分的支架、线杆和附属设施密集时，可适当取舍；当多种线路在同一杆柱上时，应表示主要的。

各种管道还应加注类别，如“水”、“暖”、“风”、“油”等。电力线有变压器时，应实测其变压器位置，按相应图示符号表示。图面上各种管线的起止走向应明确清楚。

5)水系的测绘

水系包括河流、湖泊、水库、渠道、池塘、沼泽、井、小溪和泉等，其周围的相关设施如码头、水坝、水闸、桥涵、输水槽和泄洪道等也要实测并表示在图上。

各种水系及附属设施，宜按实际形状测绘，应实测其岸边边界线和水涯线，并注记高程。水涯线应按要求在调查研究的基础上进行实测，必要时要注记测图日期。

当河流在地形图上宽度大于0.5 mm的，应在两岸分别竖立标尺测量，在图上按测图比例尺以实宽双线表示，并注明流向；图上宽度小于0.5 mm的，只需测定中线位置，以单线表示。相应的堤、坝均应测注顶部及坡脚高程；而水塘应测注塘顶边及塘底高程。

当河沟、水渠在地形图上宽度大于1 mm的，以双线按比例测绘，堤顶的宽度、斜坡、堤基底宽度均应实测依比例表示；在图上宽度小于1 mm的，以单线表示。堤底要注记高程。沟渠的土堤高度大于0.5 m的，要在图上表示。水渠应测注渠顶边高程。

泉源、井应测定其中心位置，在水网地区，当其密度较大时，可视需要适当取舍。泉源应注记高程和类别，如“矿”、“温”等。对水井应测定井台的高程，并注记在图上。

沼泽按其范围线依比例实测，要区分是否通行并以相应的符号表示。盐碱沼泽应加注“碱”。

各种水系有名称的应注记名称。属于养殖或种植的水域，应注记类别，如“鱼”、“藕”等。

6）植被的测绘

植被是指覆盖在地球表面所有植物的总称，包括天然的森林、草地、灌木林、竹林、芦苇地等，以及人工栽培的花圃、苗圃、经济作物林、旱地、水田、菜地等。

测绘各种植被，应测定其外轮廓线上的转折点和弯曲点，依实地形状按比例描绘出地类线，并在其范围内填充相应的地类符号，如图3-8所示。农业用地的测绘按稻田、旱地、菜地、经济作物地等进行区分，并配置相应符号。稻田应测出田间的代表性高程，当田埂宽在地形图上小于1 mm时，可用单线表示。

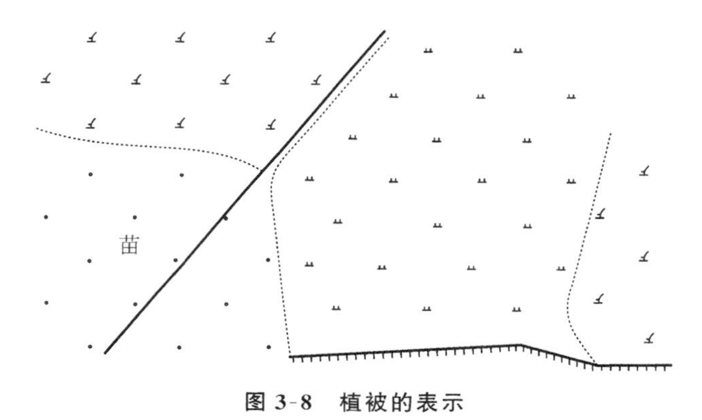

图3-8　植被的表示

森林在图上的面积大于25 $cm^2$ 时，应注记树的种类，如“松”、“荔枝”等，幼苗和苗圃应注记“幼”、“苗”。

同一块地生长多种植物时，植被符号可以配合使用最多不得超过三种。若植物种类超过三种，应按其重要性或经济价值的大小和占地面积的多少进行适当取舍。符号的配置应与植物的主次和疏密程度相适应。

植被的地类界线与地面上线状地物（如道路、河流、栅栏、电力线、通信线等）重合时，地类界应省略不绘，而只绘线状地物符号。

植被符号范围内，若有等高线穿过应加绘等高线，若地势平坦（如水田）而不能绘等高线的，应适当注记高程。

梯田坎的坡面投影宽度在地形图上大于2 mm时，应实测坡脚；小于2 mm时，可量注比高。当两坎间距在1∶500比例尺地形图上小于10 mm、在其他比例尺地形图上小于5 mm时或坎高小于等高距的1/2时，可适当取舍。

7）境界的测绘

境界是国家间及国内行政规划区之间的界线，包括国境线、省级界线、市级界线、乡镇级界线五个级别。国境线的测绘非常严肃，它涉及国家领土主权的归属与完整，应根据政府文件测定。国内各级境界线应按照有关规定和规范要求精确测绘，以界桩、界碑、河流或线状地物为界的境界，应按图示规定符号绘出。不同级别的境界重合时，只绘高级别境界线，各种其他地物注记不得压盖境界符号。

在地物测绘的过程中，有时会发现图上绘出的地物和实际情况不符，如本应为直角的房屋在图上不成直角、一条直线上的路灯图上显示不在一条直线上等。这时应做好外业测量的检查工作，如果属于观测错误，应立即纠正；若不是观测错误，则有可能是由于各种误差积累所引起，或在两个测站观测了同一地物的不同部位而造成的。当这些不符现象在图上小于规范规定的误差时，可用误差分配的方法予以消除，使图上地物的形状和实地相似；若大于规范规定的误差时，需补测或部分重测。

## 活动 4　地貌测绘

地貌是地球表面上高低起伏的总称，是地形图上最主要的要素之一，在地形图上，表示地貌的方法很多，目前常用的是等高线。对于等高线不能表示或不能单独表示的地貌，通常配以地貌符号和地貌注记来表示。

### 1. 等高线基本知识

1）等高线的概念

等高线是一定范围内高程相等的相邻地面点在地形图上的水平投影所连成的闭合曲线。事实上，等高线为一组高度不同的空间平面曲线，地形图上表示的仅是它们在投影面上的投影，在没有特别指明时，通常将地形图上的等高线投影简称为等高线，如图 3-9 所示。

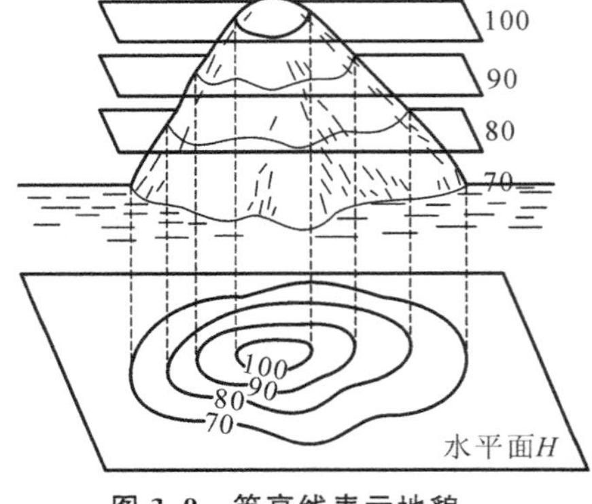


图 3-9　等高线表示地貌

2）等高距和示坡线

从等高线的定义可知，等高线是一定高度的水平面与地面相截的截线。水平面的高度不同，等高线表示地面的高程也不同。地形图上相邻两等高线之间的高差，称为等高距，用 $h$ 表示。等高距越小则图上等高线越密，地貌显示就越详细、确切，但图面的清晰程度相应较低，且测绘工作量大大增加；反之，等高距越大则图上等高线越稀，地貌显示就越粗略。因此，在测绘地形图时，等高距的选择必须根据地形高低起伏程度、测图比例尺的大小和使用地形图的目的等因素来决定。对同一幅地形图而言，其等高距是相等的，因此地形图的等高距也称为基本等高距。在测绘地形图时，应对地形类别进行划分。

根据工程测量规范，地形的类别划分和地形图基本等高距的确定，应符合下列规定。

(1)应根据地面倾角($\alpha$)大小，确定地形类别。

平坦地：$\alpha < 3°$；

丘陵地：$3° \leqslant \alpha < 10°$；

山地：$10^\circ \leqslant \alpha < 25^\circ$；

高山地：$\alpha \geqslant 25^\circ$。

(2)地形图的基本等高距，应按表3-5选用。

**表3-5 地形图的基本等高距**

单位：m

| 地形倾角 | 比例尺 | | | |
|---|---|---|---|---|
| | 1∶500 | 1∶1000 | 1∶2000 | 1∶5000 |
| $\alpha < 3^\circ$ | 0.5 | 0.5 | 1 | 2 |
| $3^\circ \leqslant \alpha < 10^\circ$ | 0.5 | 1 | 2 | 5 |
| $10^\circ \leqslant \alpha < 25^\circ$ | 1 | 1 | 2 | 5 |
| $\alpha \geqslant 25^\circ$ | 1 | 2 | 2 | 5 |

注：① 一个测区同一比例尺，宜采用一种基本等高距；

② 水域测图按水底地形倾角和比例尺选择基本等深(高)距。

地形图上相邻等高线间的水平距离，称为等高线平距。由于同一地形图上的等高距相同，故等高线平距的大小与地面坡度的陡缓有直接的关系。等高线平距越小，地面坡度越陡；平距越大，则地面坡度越缓；地面坡度相等，等高线平距相等。等高距 $h$ 与等高线平距 $D$ 的比值即为地面坡度 $i$，即 $i=h/D$。等高线平距与地面坡度关系如图3-10所示。

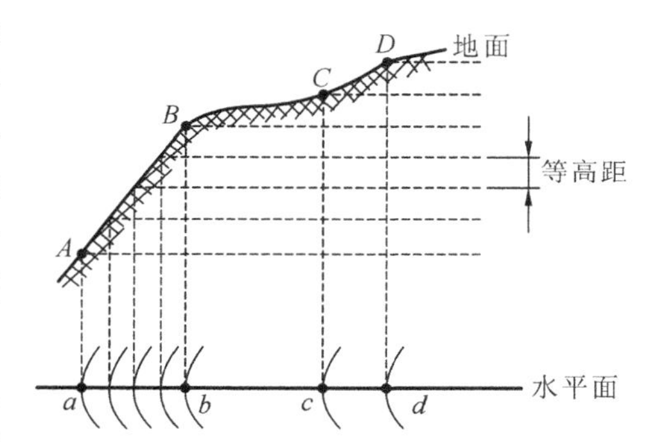

图3-10 等高线平距与地面坡度的关系

在描绘盆地和山头、山脊和山谷等典型地貌时，通常在某些等高线的斜坡下降方向绘一短线来表示坡向，此种短线称为示坡线。如图3-11所示，山头的示坡线仅表示在高程最大的等高线上；而盆地的示坡线却一般选择在最高、最低两条等高线上表示，以便能明显地表示出坡度方向。

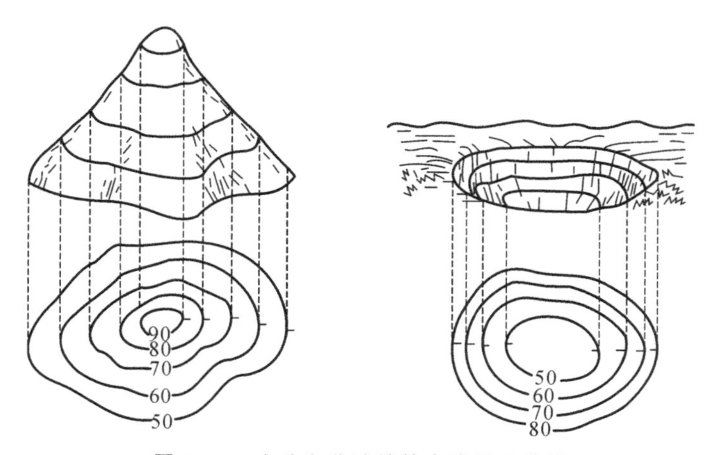

图3-11 山头和盆地的等高线及示坡线

3)等高线的分类

为了更好地描绘地貌的特征，便于识图和用图，地形图的等高线又分为首曲线、计曲线、间曲线、助曲线四种，如图 3-12 所示。

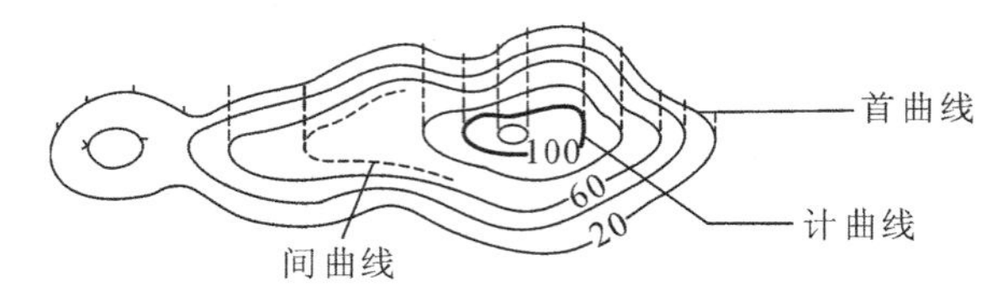


图 3-12 等高线的分类

(1)首曲线　在地形图上，按规定的等高距(即基本等高距)描绘的等高线称为首曲线，又称基本等高线，首曲线用 0.15 mm 的细实线描绘。

(2)计曲线　凡是高程能被 5 倍基本等高距整除的等高线称为计曲线，也称加粗等高线，计曲线用 0.3 mm 的粗实线描绘并标上等高线的高程。

(3)间曲线　当用首曲线不能表示某些微型地貌而又需要表示，可加绘按 1/2 基本等高距描绘的等高线，称为间曲线，间曲线用 0.15 mm 的长虚线描绘。在平坦地当首曲线间距过稀时，可加绘间曲线。间曲线可不闭合而绘至坡度变化均匀为止，但一般应对称。

(4)助曲线　当用间曲线还不能表示应该表示的微型地貌时，还可在间曲线的基础上再加绘按 1/4 基本等高距描绘的等高线，称为助曲线，助曲线用 0.15 mm 的短虚线描绘。同样，助曲线可不闭合而绘至坡度变化均匀为止，但一般应对称。

4)等高线的特性

根据等高线表示地貌的规律性，可以归纳其特性如下。

(1)同一条等高线上各点的高程相等。

(2)等高线是闭合曲线，不能中断(间曲线除外)，如果不在同一幅图内闭合，则必定在相邻的其他图幅内闭合。

(3)等高线只有在陡崖或悬崖处才会重合或相交。

(4)等高线经过山脊或山谷时改变方向，因此山脊线与山谷线应和改变方向处的等高线的切线垂直相交。

(5)在同一幅地形图内，基本高线距是相同的，因此，等高线平距大表示地面坡度小；等高线平距小则表示地面坡度大；平距相等则坡度相同。倾斜平面的等高线是一组间距相等且平行的直线。

5)几种典型地貌的等高线

地球表面高低起伏的形态千变万化，但经过仔细研究分析就会发现它们都是由几种典型的地貌综合而成的。了解和熟悉典型地貌的等高线，有助于正确地识读、应用和测绘地形图。典型地貌主要有：山头和洼地、山脊和山谷、鞍部、陡崖和悬崖等。如图 3-13 所示。

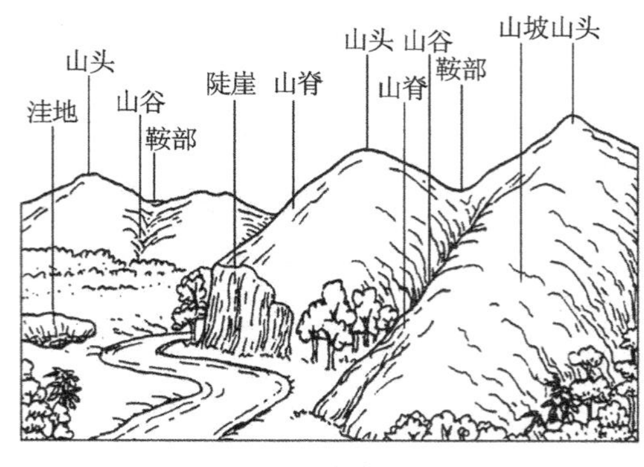


图 3-13 几种典型地貌

(1)山头和洼地　如图 3-11 所示，分别表示出山头和洼地的等高线，两者都是一组闭合曲线，极其相似。山头的等高线由外圈向内圈高程逐渐增加，洼地的等高线外圈向内圈高程逐渐减小，这样就可以根据高程注记区分山头和洼地。也可以用示坡线来指示斜坡向下的方向。在山头、洼地的等高线上绘出示坡线，有助于地貌的识别。

（2）山脊和山谷、鞍部　山坡的坡度和走向发生改变时，在转折处就会出现山脊或山谷地貌，如图3-14所示。

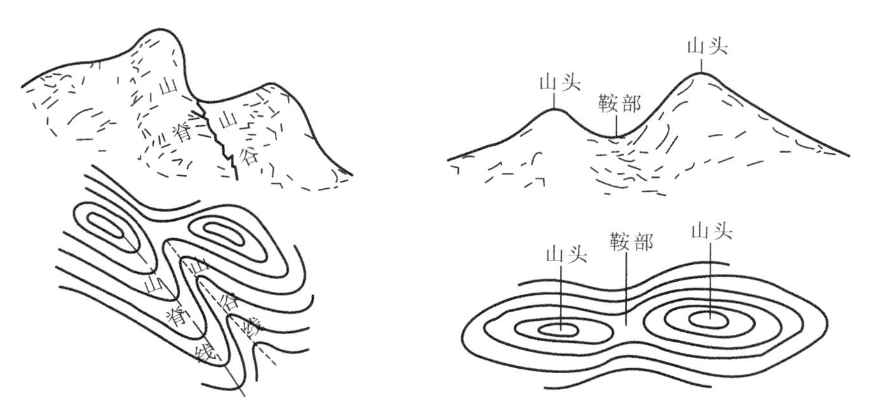


图3-14　山脊和山谷、鞍部的等高线

山脊的等高线均向下坡方向凸出，两侧基本对称。山脊线是山体延伸的最高棱线，也称分水线。山谷的等高线均凸向高处，两侧也基本对称。山谷线是谷底点的连线，也称集水线。相邻两个山头之间呈马鞍形的低凹部分称为鞍部。鞍部是山区道路选线的重要位置。鞍部左右两侧的等高线是近似对称的两组山脊线和两组山谷线。

另外，还有陡崖和悬崖等，陡崖是坡度在70°以上的陡峭崖壁，有石质和土质之分。如果用等高线表示，将是非常密集或重合为一条线，因此采用陡崖符号来表示；悬崖是上部突出、下部凹进的陡崖。悬崖上部的等高线投影到水平面时，与下部的等高线相交，下部凹进的等高线部分用虚线表示。

## 2. 等高线的测绘

传统测图中常常以手工方式绘制等高线。地貌是由等高线表示的，地貌的测绘实质上就是等高线的测绘。测绘等高线与测绘地物一样，首先应测定地貌特征点的平面位置和高程，对照实际地形将地性点连成地性线，通常用实线连成山脊线，用虚线连成山谷线，即得地貌骨干的基本轮廓。然后在同一坡度的两相邻地貌特征点间按高差与平距成正比关系求出等高线通过点（通常用目估内插法来确定等高线通过点）。接着按等高线的特性，对照实地情况把高程相等的点用光滑曲线连接起来，就能绘制出等高线，等高线勾绘出来后，还要对等高线进行整饰，即按规定每隔四条基本等高线加粗一条计曲线，并在计曲线上注记高程。高程注记的字头应朝向高处，但不能倒置。在山顶、鞍部、凹地等坡向不明显处的等高线应沿坡度降低的方向加绘示坡线。

1）测定地貌特征点

地貌特征点是指各类地貌的坡度变换点，如山顶点、鞍部点、山脊线于山谷线的坡度变换点、上坡上的坡度变换点、山脚与平地相交点等。

测定地貌特征点，首先应认真观察和分析地形，选择恰当的立尺点，然后用极坐标法或方向交会法逐一测定立尺点的平面位置，用小点表示在图上，旁边注记高程。

2）连接地性线

当图上有了一定数量的地貌特征点后，必须及时按实地情况连接地性线。通常用细实线连成分水线，用细虚线连成合水线，如图 3-15 所示。这些地性线构成了地貌的骨干网线，从而基本确定了地貌的起伏形态。勾绘地性线最好是边测边绘，以免连错点。另外连接地性线是为了勾绘等高线之用，当等高线绘制完毕后，要将地性线全部擦掉。所以，地性线要轻绘，切不可下重笔。

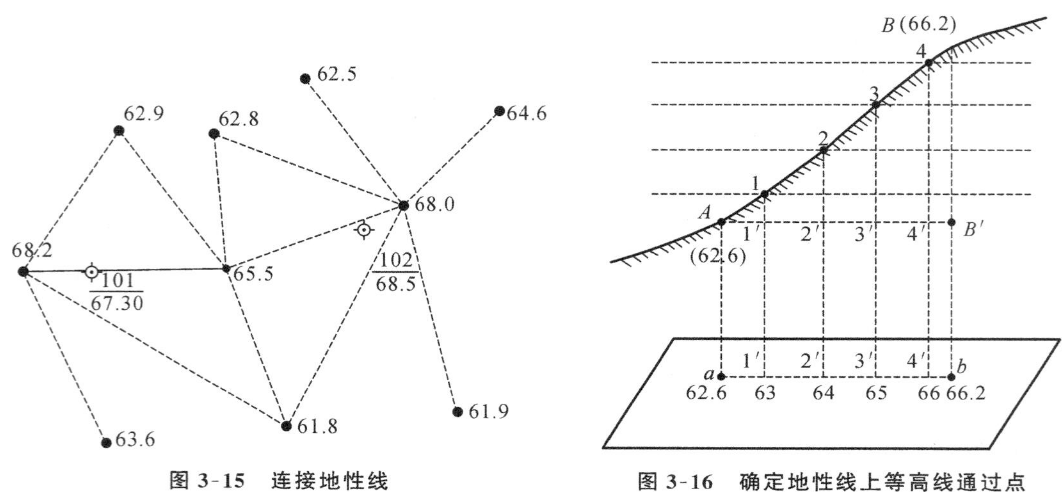


图 3-15 连接地性线

图 3-16 确定地性线上等高线通过点

3）确定基本等高线的通过点

根据图上画出的地性线，确定各地性线上等高线的通过点，然后连接相邻两地性线上高程相同的点描绘等高线。由于所测地形点大多不会正好落在等高线上，所以必须在同一地性线上相邻点间，先用目估等比内插法定出基本等高线的通过点，常采用“取头定尾等分中间”的定点方法。如图 3-16 所示，$a$、$b$ 为某一地性线上按比例缩绘的相邻两点，$a$ 点和 $b$ 点之间，先目估定出 63 m 和 66 m 点的位置，然后再等比内插目估出 64 m、65 m 点的位置。这样就定出了 $A$、$B$ 之间各条等高线所经过的点。

4）等高线的勾绘

按照上述方法确定所有地性线上等高线的通过点，再根据实际情况，将高程相等的点用光滑的曲线连接起来，即勾绘出等高线，如图 3-17 所示。

不能用等高线表示的地貌，如悬崖、峭壁、土堆、冲沟、雨裂等，应按图式中标准符号表示。

总之，进行地貌测绘时，应选择好山顶、山脚、鞍部、山脊线或山谷线等地貌坡度变化处或地形走向转折处这些特征点进行测绘，只要测定这些点的平面位置及高程，就可按比例尺把它们展绘在图纸上，最后用内插法描绘出等高线。对天然形成的斜坡、陡坎，其比高小于等高距的 0.5 或图上长度小于 10 mm 时，可不表示；当坡、坎较密时，可适当取舍。测图时，其相应的地形点间距和视距长度的要求，不应超过表 3-6 的规定。

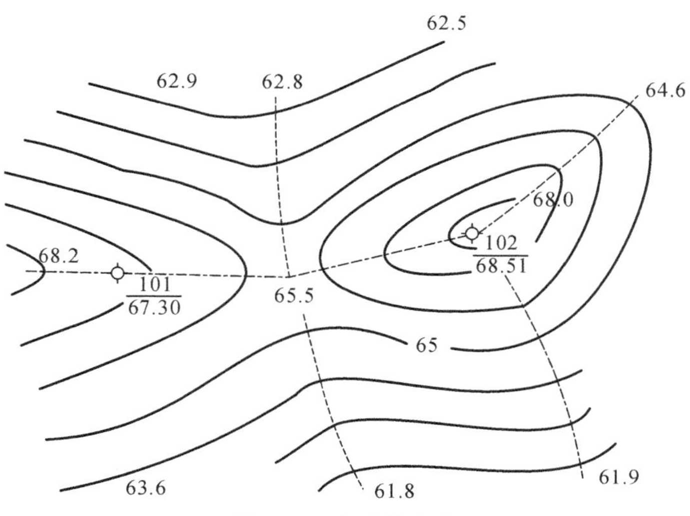


图 3-17　勾绘等高线

表 3-6　地形点间距和视距长度

| 测图比例尺 | 地形点间距/m | 视距长度/m | | | |
| --- | --- | --- | --- | --- | --- |
| | | 地　物　点 | | 地　貌　点 | |
| | | 一般地区 | 城市建筑区 | 一般地区 | 城市建筑区 |
| 1∶500 | 15 | 60 | 50 | 100 | 70 |
| 1∶1 000 | 30 | 100 | 80 | 150 | 120 |
| 1∶2 000 | 50 | 180 | 120 | 250 | 200 |
| 1∶5 000 | 100 | 300 | | 350 | |

注:垂直角超过±10°的范围时,视距长度应适当缩短;平坦地区成像清晰时,视距长度可放长20%。

# 任务3 地形图测绘技术方法

## 活动1 经纬仪平板测图

经纬仪平板测图是采用经纬仪配合小平板与量角器展点器所实施的一种测图方法。

经纬仪平板测图实施流程为：将经纬仪安置在控制点（主要是图根点）上建立测站，采用碎部测量方法，测定碎部点（地物、地貌特征点）的位置（测量出碎部点方向与起始方向的夹角，利用视距法测量出测站点到碎部点的水平距离和高差），并按规定的比例尺将所测点展绘到图纸上，依据各测点间的关系，进行连线，描绘地物（或地貌）于图纸上，加注对应的地物（或地貌）符号，数据采集完成后，对手工绘制的图纸予以整饰、编辑得到地形图。

### 1. 测图前的准备工作

地形控制测量之后，应做好测图前的准备工作，具体包括仪器工具的准备、绘制坐标格网和展绘控制点等内容。

1）仪器工具的准备

测图前，要准备好测图所需的仪器工具，以免到了野外后因仪器工具的损坏或遗漏而影响工作。对测图使用的仪器应进行检验、校正，并准备好测图所需的图纸。地形测绘原图所用的图纸，宜选用厚度为 0.07 ～ 0.10 mm，伸缩率小于 0.2‰的聚酯薄膜。聚酯薄膜纸的毛面为正面，薄膜坚韧耐湿，弄脏后沾水可洗，便于野外作业，也便于图纸整饰，但此薄膜易燃、易折。

2）绘制坐标方格网

图纸准备好后，可采用如下几种方法之一绘制坐标格网。

（1）坐标展点仪　直角坐标展点仪是一种专门用于绘制坐标格网和展绘控制点的仪器，但由于价格昂贵，只有大的测绘单位才备有。

（2）方眼尺绘制　此尺又称格网尺，是一种专用于手工操作绘制方格网和展点的钢尺。该尺小巧精密，便于携带，测量人员多有备用。

（3）针刺透点法　将已展好格网的图纸覆盖在要绘制坐标的薄膜上，用针对准格网顶点垂直刺下，然后用铅笔和直尺对准顶点连成格网。

还可以直接选用印刷好的带有方格网的成品聚酯薄膜图纸。

3）控制点展绘

在绘制好方格网的图纸上展绘控制点时，应依据测图比例尺进行。首先，依据所绘地形图的图幅坐标，将各坐标格网线的对应坐标值注记在图框外相应的位置，如图 3-18 所示，然后对应所展会控制点坐标，确定其所在图上位置即方格。例如，控制点 $A$ 的坐标为 $x_A=214.60$ m，

$y_A=256.78$ m，可知该点在1、2、3、4点所围成的方格内，从1、2点分别向右量取 $\Delta y_{2A}=(256.78-200)/1\ 000=5.678$(cm)，定出 $a$、$b$ 两点；从2、4点分别向上量取 $\Delta x_{2A}=(214.60-200)/1\ 000=1.460$(cm)，定出 $c$、$d$ 两点。连接 $ab$、$cd$ 得到交点即为 $A$ 点的图上位置。然后按控制点的等级采用相应的地物符号，进行点号和高程的标注。

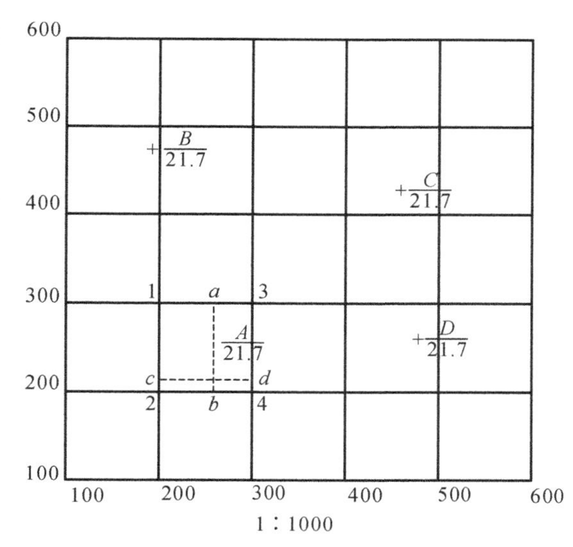


图3-18　控制点的展绘

用同样的方法将其他控制点展绘在图上。展完后，应对图上所展控制点进行检核。工程测量规范规定：图廓格网线绘制和控制点的展点误差，不应大于0.2 mm。图廓格网的对角线、图根点间的长度误差，不应大于0.3 mm。

## 2. 经纬仪平板测图的外业工作步骤

经纬仪平板测图所用的经纬仪和配套工具，应符合下列规定：仪器视距常数范围应在100±0.1以内；其垂直度盘指标差，不应超过2′；绘图用的比例尺尺长误差，不应超过0.2 mm；量角器半径，不应小于10 cm，其偏心差不应大于0.2 mm；坐标展点器的刻划误差，不应超过0.2 mm。

在进行地形图测绘时，当解析图根点不能满足测图需要时，可增补少量图解交会点或视距支点。图解补点应符合下列规定：图解交会点，必须选多余方向作校核，交会误差三角形内切圆直径应小于0.5 mm，相邻两线交角应在30°～150°之间；视距支点的长度，不宜大于相应比例尺地形点最大视距长度的2/3，并应往返测定，其较差不应大于实测长度的1/150；图解交会点、视距支点的高程测量，其垂直角应1测回测定。由两个方向观测或往、返观测的高程较差，在平地不应大于1/5基本等高距，在山地不应大于1/3基本等高距。

经纬仪平板测图的视距长度，不应超过表3-7的规定。

表3-7　平板测图的最大视距长度

| 比　例　尺 | 最大视距长度/m | | | |
|---|---|---|---|---|
| | 一 般 地 区 | | 城镇建筑区 | |
| | 地物 | 地形 | 地物 | 地形 |
| 1∶500 | 60 | 100 | — | 70 |
| 1∶1 000 | 100 | 150 | 80 | 120 |
| 1∶2 000 | 180 | 250 | 150 | 200 |
| 1∶5 000 | 300 | 350 | — | — |

注：① 垂直角超过±10°的范围时，视距长度应适当缩短；平坦地区成像清晰时，视距长度可放长20%；
② 城镇建筑区1∶500比例尺测图，测站点至地物点的距离应实地丈量；
③ 城镇建筑区1∶5 000比例尺测图不宜采用平板测图。

采用经纬仪平板测图在一个测站上的测绘工作包括：选点、观测、记录、计算、绘图等几步。

1)选点

首先熟悉地形，并选择好待测的地物、地貌特征点。立尺者应对测站周围的地形地物有全局观点，事先计划好选点、跑尺的路线，在一个点上立尺时，就要想到下一个立尺点的位置。跑点的一般原则是：在平坦地区，可由近及远，再由远及近，测站工作完成时应结束于测站附近；在地性线明显的地区，可沿山脊线、山谷线或大致沿等高线跑点，立尺点应分布均匀，尽量一点多用。碎部点的采集密度应达到对应测图比例尺的要求。此外跑点者要将所选各点的编号、位置、地形、地物的大体情况等画成草图或示意图，以供绘图员参考。草图可以一个测站一张，也可几个测站一张。

工程测量规范规定：测图时，每幅图应测出图廓线外 5 mm。由此要求跑尺员在跑点时，所跑点范围应超出图幅一定范围，而范围的大小应依测图比例尺相应计算确定。

2)观测

工程测量规范规定：实施经纬仪平板测图时，测站仪器的设置及检查，应符合下列要求。

(1)经纬仪仪器每测站对中的偏差，不应大于图上 0.05 mm。

(2)在测站定向时，应以相邻控制点中较远一点标定方向，另一点进行检核，其检核方向线的偏差不应大于图上 0.3 mm，每站测图过程中和结束前应注意检查定向方向；检查另一测站的高程，其较差不应大于 1/5 基本等高距。

观测时在控制点上安置经纬仪，进行对中、整平，量取仪器高 $i$，然后取盘左位，调整望远镜并照准相邻可见的控制点，配置水平度盘以定好零方向，建立测站，以待选点者立尺后即可观测。观测顺序如下：照准碎部点上的视距尺，先读水平度盘读数、竖直度盘读数，后读上、中、下三丝读数；对于碎部测量，两度盘读数读取盘左位半测回值即可。若操作熟练后可将下(或上)丝对准视距尺某一整米数或整分米数，直接读出下丝与上丝的尺间隔 $l$ 乘以 100，即得视距，这样可以节省时间，加快测图速度。

为了防止仪器中途被碰或仪器偏心，当观测若干碎部点后，应转动望远镜，瞄准零方向目标，检查是否仍为 $0°00'$。若有偏差，不能超过 $\pm3'$，如果超限，则前面所测各点都得报废，返工重测。若偏差在允许范围内，必须再次配置零方向。

3)记录和计算

到达测站后，在开始观测之前，记录者应首先把测站点的点号名称、高程数据、定向点的点号名称及该测站的仪器高等记录下来。

当观测开始后，记录者必须及时、准确地记下所有观测数据，并立即计算，求得各测点的水平距离及高程。最后将测点的点号、水平角、水平距离、高程等数据报给绘图者，以便及时展点绘图。

4)展点绘图

绘图者将小平板图板架在测站点附近，并将图板粗略定向。展点时，首先在图上轻轻画出测站零方向线，然后根据记录者报出的数据，以测站点为圆心，自零方向线起，用量角器按顺时针方向量出所测的水平角，在此方向上，按测图比例尺在量角器的直尺边上量出所测的水平距离予以刺点，即得该点的平面位置，并在该点上注以高程数字。

碎部点展绘到一定数量之后，便可着手勾绘地形图。绘图时必须对照实际地形、地物，并参考草图，把同一山脊上或同一山谷上的点，分别以实线和虚线连接起来，构成地性线。然后，在地性线上内插勾绘出等高线。对于地物点，把相邻点连接起来，形成其轮廓形状，如画建筑物、构筑物等，只需把相邻的房角点用直线连接，而道路、河流等，则在其转弯处逐点连成圆滑的曲线。

5）内插法描绘等高线

地貌主要用等高线来表示。等高线是根据相邻地貌特征点的高程，按规定的等高距勾绘的。由于地形特征点是选在地面坡度和方向变化处，因此两相邻地形点之间的坡度可视为不变，其高差与平距成正比关系。所以，尽管所测的地形点高程不等于所求等高线的高程，但可通过上述比例关系，求出等高线通过点。当测图熟练后，可采用目估法，勾绘相邻地形点之间的等高线，以提高勾绘等高线的速度。应当注意：在两点间进行内插时，这两点间的坡度必须均匀。另外勾绘等高线时，要对照实地情况，先画计曲线，后画首曲线，并注意等高线通过山脊线、山谷线的走向。

当一个测站上的工作完成后，就可搬迁到另一个控制点上，按照相同的工作步骤，一片一片地进行测绘，最后衔接起来，成为一幅完整的地形图。为了相邻图幅的拼接，每幅图应测出图廓外 5 mm。

### 3. 平板测图内业工作

1）纸质地形图绘制、拼接及铅笔整饰

当完成了各图幅的外业测绘工作之后，应在野外所测绘图的基础上，按照规范要求对纸质地形图进行绘制、图纸拼接、整饰及检查工作，编绘满足要求的成果图。在手工绘制纸质地形图时，应按照纸质地形图绘制的主要技术要求予以绘制，其主要技术要求如下。

（1）在绘制地物的轮廓符号时，若地物按依比例尺符号绘制其轮廓线，应保持轮廓位置的精度；若是用半依比例尺符号绘制的地物现状（如围墙等），应保持地物主线位置的几何精度；若是用不依比例尺符号绘制的独立地物，应保持其主点位置的几何精度。

（2）在绘制居民地的相关地物时，应符合以下规定：城镇和农村的街区、房屋，均应按外轮廓线准确绘制；街区与道路的衔接处，应留出 0.2 mm 的间隔。

（3）绘制水系时，应符合以下规定：水系应先绘桥、闸，其次绘双线河、湖泊、渠、海岸线、单线河，然后绘堤岸、陡岸、沙滩和渡口等；当河流遇桥梁时应中断；单线沟渠与双线河相交时，应将水涯线断开，弯曲交于一点。当两双线河相交时，应互相衔接、圆滑。

（4）对道路网的绘制，应符合以下规定：当绘制道路时，应先绘铁路，再绘公路及大车路等；当实线道路与虚线道路、虚线道路与虚线道路相交时，应实部相交；当公路遇桥梁时，公路和桥梁应留出 0.2 mm 的间隔。

（5）绘制等高线时，应保证等高线所表达地貌的精度，等高线的线划均匀、光滑自然；当图上的等高线遇双线河、渠和不依比例尺绘制的独立地物符号时，应中断。

（6）在地形图中绘制境界线时，应注意：凡绘制有国界线的地形图，必须符合国务院批准的有关国境界线的绘制规定；境界线的转角处，不得有间断，并应在转角上绘出点或曲折线。

（7）各种注记的配置，应分别符合下列规定。

① 文字注记，应使所指示的地物能明确判读。一般情况下，字头应朝北。道路河流名称，可随现状弯曲的方向排列。各字侧边或底边，应垂直或平行于现状物体。各字间隔尺寸应在 0.5 mm 以上；远间隔的亦不宜超过字号的 8 倍。注字应避免遮断主要地物和地形的特征

部分。

② 高程的注记，应注于点的右方，离点位的间隔应为0.5 mm。

③ 等高线的注记字头，应指向山顶或高地，字头不应朝向图纸的下方。

(8)每幅图绘制完成后，应进行图面检查和图幅接边、整饰检查，发现问题及时修改。

按此要求，绘制好测区内各幅图纸后，应按图纸接图表进行图纸拼接工作，各图幅经拼接后，便可进行原图的铅笔整饰。所谓铅笔整饰是指对地形图进行整理和修饰，用橡皮擦去图上不应保留的所有点、线(如地性线，但应保留碎部点高程以供清绘时参考)，然后按照图示和有关规范，用光滑的线条重新描绘各种符号和注记(边擦边绘，线条不能太粗)。地物轮廓和等高线应明晰清楚，并与实测位置严格一致，不能随意变动。各种注记字头一律朝北。地物的文字注记应选择适当位置，不要遮盖地物。其次按图示规定进行内、外图廓的整饰，应画出内、外图廓，坐标网线、邻接图表，并按规定注记图名、图号、测图采用的坐标系和高程系、测图比例尺、基本等高距、测绘机关名称、日期、观测员、绘图员和检查员的姓名等。如果是地方独立坐标系，还应画出正北方向。

2)地形图检查

为了确保地形图的质量，除施测过程中加强检查外，在地形图测完后，必须对成图质量作一次全面检查。

(1)室内检查　首先应检查各种观测计算是否齐全，记录手簿和计算是否有误或超限，有无涂改情况等。在控制测量成果计算中，各项计算是否正确清晰。

还应检查地形原图是否符合要求，图上地物、地貌各种符号注记是否有错；等高线与地形点的高程是否相符，有无矛盾或可疑之处；图边拼接有无问题等。如发现错误或不清晰的地方，应到野外进行实地检查修改。

(2)外业检查　检查时应带原图沿预定的线路巡视，将图上的地物、地貌和实地上的地物、地貌进行对照检查。查看内容主要是图上有无遗漏或错误的地方，名称、注记是否与实地一致等，特别是应对接边时所遗留的问题和室内图面检查时发现的问题作重点检查。

对于室内检查和野外巡视检查中发现的错误和疑点，应用仪器进行实地设站检查，除对发现的问题进行修正和补测外，还要对本测站所测地形进行检查，看原测地形图是否符合要求，如发现点位误差超限，应按正确的观测结果修正。

3)地形图的验收

各种观测计算资料以及原图经全面检查认为符合要求后，应按其质量评定等级，予以验收。

验收时应首先检查成果资料是否齐全，然后在全部成果中抽取较为重要的部分作重点检查，包括内业成果、资料和外业施测的检查。其余部分作一般性检查。通过检查鉴定各项成果是否合乎规范及有关技术指标的要求，对成果质量作出正确的评价。

如果验收结果，超限误差的比例超过规定，或是发现成果中存在较大的问题，上级业务部门可暂不验收，应将成果退回作业组，令其进行修改或重测。

4)上交成果

上交成果包括控制测量成果和地形图。控制测量成果的资料包括各级控制网展绘略图(包括分幅图、水准路线图、导线网图等)、外业观测手簿、装订成册的计算资料及平面控制和高程控制成果表等。地形图的资料包括完整的地形原图、地形测量手簿、接边接合表以及技术总结等。

# 活动2 全站仪数字测图

## 1. 数字测图概述

数字测图是一种利用计算机数字成图软件对地面地形要素信息实施自动处理(自动计算、自动识别、自动连接、自动调用图式符号等),自动绘制出所测地形图的测图方法。而地形图的图形由点、线、面三种要素组成。由点按一定顺序相连构成线,由线可以合围成闭合的面状图形。所以点要素是最基本的图形要素。因此,数字测图时必须采集绘图信息,它包括点的定位信息、连接信息和属性信息。

定位信息又称为点位信息,是用仪器在外业测量中测得的,最终以 $X$、$Y$、$Z(H)$表示的三维坐标。点号在测图系统中是唯一的,根据它可以提取点位坐标。连接信息是指测点的连接关系,它包括连接点号和连接线型,据此可将相关的点连接成一个地物。上述两种信息合称为图形信息,又称为几何信息。以此可以绘制房屋、道路、河流、地类界、等高线等图形。

属性信息又称为非几何信息,包括定性信息和定量信息。属性的定性信息用来描述地图图形要素的分类或对地图图形要素进行标名,一般用拟定的特征码(或称地形编码)和文字表示。有了特征码就知道它是什么点,对应的图式是什么。属性的定量信息是说明地图要素的性质、特征或强度的,例如面积、楼层、人口、产量、流速等,一般用数字表示。

进行数字测图时不仅要测定地形点的位置(坐标),还要知道是什么点,是道路还是房屋,当场记下该测点的编码和连接信息,成图时,利用测图系统中的图式符号库,只要知道编码,就可以从库中调出与该编码对应的图式符号成图。

数字测图的作业过程与使用的设备和软件、数据源及图形输出的目的有关,但不论是测绘地形图,还是制作种类繁多的专题图、行业管理用图,只要是测绘数字图,都必须包括数据采集、数据处理和图形输出三个基本阶段。

地形图、航空航天遥感相片、图形数据或影像数据、统计资料、野外测量数据或地理调查资料等,都可以作为数字测图的信息源。数据资料可以通过键盘或转储的方法输入计算机,图形和图像资料一定要通过图数转换装置转换成计算机能够识别和处理的数据。在目前,数据采集主要全站仪野外数据采集、GPS-RTK 数据采集等几种方法。

数据处理阶段是指在数据采集以后到图形输出之前对图形数据的各种处理。数据处理主要包括数据传输、数据预处理、数据转换、数据计算、图形生成、图形编辑与整饰、图形信息的管理与应用等。数据预处理包括坐标变换、各种数据资料的匹配、测图比例尺的统一、不同结构数据的转换等。数据转换内容很多,如将野外采集到的带简码的数据文件或无码数据文件转换为带绘图编码的数据文件,供自动绘图使用;将 AutoCAD 的图形数据文件转换为 GIS 的交换文件。数据计算主要是针对地貌关系的。当数据输入到计算机后,为建立数字地面模型绘制等高线,需要进行插值模型建立、插值计算、等高线光滑处理三个过程的工作。在计算过程中,需要给计算机输入必要的数据,如插值等高距、光滑的拟合步距等。必要时需对插值模型进行修改,其余的工作都由计算机自动完成。数据计算还包括对房屋类呈直角拐弯的地物进行误差调整、消除非直角化误差等。

经过数据处理后，可产生平面图形数据文件和数字地面模型文件。要想得到一幅规范的地形图，还要对数据处理后生产的“原始”图形进行修改、编辑、整理；还需要加上汉字注记、高程注记，并填充各种面状地物符号；还要进行测区图形拼接、图形分幅和图廓整饰等。数据处理还包括对图形信息的全息保存、管理、使用等。

数据处理是数字测图的关键阶段。在数据处理时，既有对图形数据进行交互处理，也有批处理。数字测图系统的优劣取决于数据处理的功能。

经过数据处理以后，即可得到数字地图，也就是形成一个图形文件，由磁盘或磁带作永久性保存。也可以将数字地图转换成地理信息系统所需要的图形格式，用于建立和更新GIS图形数据库。输出图形是数字测图的主要目的，通过对屋的控制，可以编制和输出各种专题地图（包括平面图、地籍图、地形图、管网图、带状图、规划图等），以满足不同用户的需要。可采用矢量绘图仪、栅格绘图仪、图形显示器、缩微系统等绘制或显示地形图图形。为了使用方便，往往需要用绘图仪或打印机将图形或数据资料输出。在用绘图仪输出图形时，还可按层来控制线划的粗细或颜色，绘制美观、实用的图形。如果以产生出版原图为目的，可采用带有光学绘图头或刻针（刀）的平台矢量绘图仪，它们可以产生带有线划、符号、文字等高质量的地图图形。

由于软件设计作者思路不同，使用的设备不同，数字测图有不同的作业模式。归纳而言，可区分为两大作业模式，即数字测记模式（简称测记式）和电子平板测绘模式（简称电子平板）。数字测记模式就是用全站仪（或普通测量仪器）在野外测量地形特征点的点位，用电子手簿（或PC卡）记录测点的几何信息及其属性信息，或配合草图到室内将测量数据由电子手簿传输到计算机，经人机交互编辑成图。测记式外业设备轻便，操作方便，野外作业时间短。由于是“盲式”作业，对于较复杂的地形，通常要绘制草图。电子平板测绘模式就是全站仪＋便携机＋相应测图软件，实施外业测图的模式。这种模式将便携机的屏幕拟测板在野外直接测图，可及时发现并纠正测量错误，外业工作完成，图也就出来了，实现了内外业一体化。

数字测图与传统白纸测图相比，具有以下特点。

（1）数字测图可实现数据采集、记录、处理和成图的自动化，降低了传统测绘方法的工作强度，有效地减少了测绘过程中所产生的人为差错。

（2）数字测图使得测绘产品多样化成为可能，其输出可以是数字形式，也可以是传统的线划图形式，既可输出反映空间信息的综合信息图，又可输出各种专题信息图。

（3）数字测图成果不受比例尺精度的限制，其成果可满足各种不同比例尺精度的要求，可以变比例尺输出，获取多种比例尺的地形图。

（4）数字测图方式还便于地图更新。测绘成果的要求之一是现势性，传统方法的成果是几何图，更新即意味着整幅图的重测和重绘。而对于数字地图，其更新只是针对变化部分地区的数据进行更新，是局部更新，而且是自动化的。

（5）数字测图实现空间分析自动化，其空间分析均由相应软件自动完成。

### 2. 全站仪数字测图

全站仪数字测图是用电子全站仪在野外实地测量，取得绘图信息，并利用数字成图软件编绘数字地图的过程。全站仪是一种在测站上完成测角、测距、记录、计算并能按规定进行各种测量、放样的现代测量仪器。由于其具有测量精度高、速度快、测量范围大、人工干预少、不易出错、能进行数据传输、作业模式灵活等特点，全站仪野外数据采集已是目前大比例尺数字测图的主要数据采集方法之一。

在全站仪野外数据采集中，点的定位信息是全站仪对该地面特征点进行基本观测，再用解析计算的方法实现的。目前普及使用的全站仪集成了测量、计算和存储三大功能，所以，点的三维坐标的测、算、存可由全站仪自动完成。

野外数据采集仪测定碎部点的位置(坐标)是不能满足计算机自动成图要求的，还必须收集地物点的连接关系和地物属性信息(一般用一定规则构成的符号串来表示地物属性和连接关系等信息)，这种有一定规则的符号串称为数据编码。数据编码的基本内容包括：地物要素编码(或称地物特征码、地物属性码、地物代码)、连接关系码(点号连接、连接顺序、连接线型)、面状地物填充码等记录下来。连接信息与属性信息由测量员在现场观察、调查获得。根据数据采集系统软硬件配置、作业人员技术水平、作业性质不同，其记录方式有多种。将连接信息与属性信息进行科学编码，在存储点的定位信息的同时将点的连接信息与属性信息同时存入电子手簿或全站仪存储器中的方法称编码法。对于较复杂的地形，现场输入所有碎部点编码有一定困难，通常绘制草图记录连接信息与属性信息，以提高外业工作效率，这种方法称草图法。这两种方法都是在野外测量和记录绘图信息后到室内绘图，通称为数字测记模式。若在野外直接将点位信息、连接信息、属性信息输入便携式计算机，用计算机屏幕模拟图板直接在野外绘图，这种方式称为电子平板模式。

当采用草图法作业时，应按测站绘制草图，并对测点进行编号。测点编号应与仪器的记录点号相一致。草图的绘制，宜简化标示地形要素的位置、属性和相互关系等。

当采用编码法作业时，宜采用通用编码格式，也可使用软件的自定义功能和扩展功能建立用户的编码系统进行作业。

当采用电子平板模式即内外业一体化的实时成图法作业时，应实时确立测点的属性、连接关系和逻辑关系等。

1)外业数据采集组织与准备

外业数字测图一般以测区为单位统一组织作业。当测区较大或有条件时，可在测区内按自然带状地物(如街道线、河沿线等)为边界线构成分区界限，分成若干相对独立的分区。各分区的作业与数据组织、处理相对独立，应避免重测或漏测。当有地物跨越不同分区时，该地物应完整地在某一分区内采集完成。测区开始施测前，应做好测区内标准分幅图的图幅号编制，并建立测区分幅信息，如图幅号、图廓点坐标范围、测图比例尺等。

实施数字测图前，应准备好仪器、器材、控制成果和技术资料及数字成图软件等应用程序。仪器、器材主要包括：全站仪、对讲机、电子手簿或便携机(安装相应测绘应用软件)、备用电池、通信电缆(若用全站仪的内存或内插卡记录磁卡，不用此电缆)、花杆、反光棱镜、皮尺或钢尺等。全站仪、对讲机应提前充电。在数字测图中，由于测站到镜站距离比较远，配备对讲机是必要的。使用的全站仪，宜为6″级(或以上)全站仪，其测距标称精度，固定误差不应大于10 mm，比例误差不应大于5ppm；测图的应用程序，应满足内业数据处理和图形编辑的基本要求；数据通信宜采用通用数据格式。

采用数字测记法进行野外数据采集时，要求绘制较详细的草图。绘制草图一般在专门准备的工作底图上进行。这一工作底图最好用旧地形图、平面图的晒蓝图或复印件制作，也可用航片放大影像图制作。

在数据采集之前，最好提前将测区的全部已知成果输入全站仪，以方便调用。

2）野外碎部点数据采集

使用全站仪作测记法数据采集，每作业组一般需仪器观测员（兼记录员）一名，绘草图领镜（尺）员一名，立镜（尺）员 1～2 名，其中绘草图的领镜员是作业组的指挥者，需技术全面的人担任。

进入测区后，绘草图领镜（尺）员首先对测站周围的地形、地物分布情况予以勘察了解，认清方向，及时按比例勾绘一份含主要地物、地貌的草图（若在放大的旧图上会更准确的标明），便于观测时在草图上标明所测碎部点的位置及点号。仪器观测员指挥立镜员到事先选好的某点上准备立镜定向；自己快速架好仪器，选择测量状态，输入测量点号和定向点号、定向点起始方向值和仪器高；瞄准定向棱镜，定好方向后（即完成全站仪数据采集模式下的测站设置和定向设置操作工作），通知立镜者开始跑点。立镜员在碎部点立棱镜后，观测员及时瞄准棱镜，用对讲机联系、确定镜高（为保证测量速度，棱镜高不宜经常变化）及所立点的性质，输入镜高（镜高不变直接按回车键）、地物代码（无码作业时直接按回车键），确认准确照准棱镜后，按回车键。待仪器发出响声，即说明测点数据已进入仪器内存，测点的信息已被记录下来。

通常，每测站数据采集的第一个点最好选在某已知点上，测后与原已知点坐标比较，若相符说明测站设置正确。否则应从以下几个方面查找出错原因。

(1)测站点、定向点的点号是否输错。

(2)现场坐标是否输错。

(3)用于检测的已知点的点号、坐标是否有误。

若不是这些原因造成错误，再查看所输的已知点成果是否抄错，成果计算是否有误，还有仪器、设备是否有故障等。总之，不排除错误，绝不允许往下进行。

工程测量规范规定，仪器的对中偏差不应大于 5 mm，仪器高和反光镜高应量至 1 mm；应选择较远的图根点作为测站定向点，并施测另一图根点的坐标和高程，作为测站检核。检核点的平面位置较差不应大于图上 0.2 mm，高程较差不应大于 1/5 等高距；作业过程中和作业结束前，应对定向方位进行检查。

全站仪碎部点的最大测距长度一般应按照表 3-8 的规范规定执行。如遇特殊情况，在保证碎部点精度的前提下，碎部点测距长度可适当加长。

**表 3-8　全站仪测图的最大测距长度**

| 比　例　尺 | 最大测距长度/m | |
|---|---|---|
| | 地物点 | 地形点 |
| 1∶500 | 160 | 300 |
| 1∶1 000 | 300 | 500 |
| 1∶2 000 | 450 | 700 |
| 1∶5 000 | 700 | 1 000 |

野外数据采集时，由于测站离测点可以比较远，观测者与立镜员或绘草图者之间的联系离不开对讲机，测站与测点两处作业人员必须时时联络。观测完毕，观测员要告知立镜者，以便及时对照手簿上记录的点号和绘草图者标注的点号，保证两者一致。若不一致，应查找原因。

测记法数据采集通常区分为有码作业和无码作业。有码作业需要现场输入野外操作码，以便自动绘图。无码作业现场不输入数据编码，而用草图记录绘图信息。绘草图人员在镜站把所测点的属性及连接关系在草图上反映出来，以供内业绘图处理和图形编辑之用。

绘制草图要遵循图面清晰、易读、相对位置准确、比例一致、属性记录完整的原则。如图3-19所示为某测区在三个测站上施测的部分点所绘制的草图。测点时对同一地物要尽量连续观测（如图中的5～9点、12～16点），以方便草图注记和内业绘图，又要兼顾测点附近其他碎部点的测量，争取把一块块的小区域测量清楚。绘草图人员对每一测站的测量内容要心中有数，不要单纯为测量一个地物跑得太远。

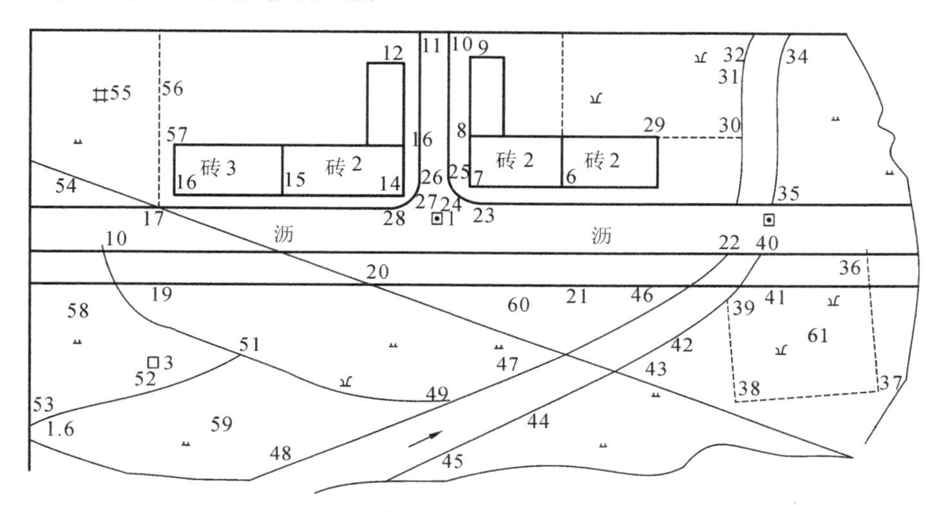


图3-19　草图示例

在野外采集时，要按测量规范的规定，对要素进行取舍。要分析地物图形的几何特征，对能用几何作图计算方法确定的点位可不予测量。对需要测量的点位则要尽可能用全站仪极坐标法（数据采集模式）或照准偏心法测出。实在观测不到的点可用半仪器法和勘丈法测量，将量测的数据记录在草图上，室内用交互编辑方法成图。采集线状地物时，要适当增加碎部点密度，以保证曲线准确拟合。

在进行地貌碎部点采集时，可以用一站多镜的方法进行。一般在地性线上要有足够密度的点，特征点也要尽量测到。例如，在山沟底测一排点，也应在山坡边再测一排点；测量陡坎时最好在坎上和坎下都测点，这样生成的等高线才没有问题。在其他地形变化不大的地方，可以适当放宽采点密度。

一个测站上的测量工作完成后，绘草图人员对所绘的草图要仔细检核，主要看图形与属性记录有无疏漏和差错。立镜员要找一个已知点重测进行检核，以检查施测过程中是否存在误操作、仪器碰动或出故障等原因造成的错误。检查完，确定无误后，关闭仪器电源，搬站。到下一测站，重新按上述采集方法、步骤进行施测，直至测完整个测区。规范规定：采用全站仪进行数字测图，可按图幅施测，也可分区施测。若按图幅施测时，每幅图应测出图廓线外5 mm；按分区施测时，应测出区域界线外5 mm。

3）数据传输

用数据通信线连接电子手簿或计算机，把野外观测数据传输到计算机中，每次观测的数据要及时传输，避免数据丢失。

4）数据处理

数据处理包括数据转换和数据计算。数据传输完成后，应对采集的数据进行检查处理，检查可能出现的各种错误；删除或标注作废数据、重测超限数据、补测错漏数据，可增删和修改测点的编码、属性和信息排序等，将测量数据转化成绘图系统所需的编码格式，但不得修改测量数据。对检查修改后的数据，应及时与计算机联机通信，生成原始数据文件，存盘并做备份。数据计算是针对地貌关系的，当测量数据输入计算机后，编辑坐标文件，并生成平面图形、建立图形文件、绘制等高线，形成等高线文件。

5）图形处理与成图输出

编辑、整理经数据处理后所生成的图形数据文件，对照外业草图，进行大比例尺地形图的编辑，利用等高线文件，绘制等高线。在生成绘制等高线时，首先，应确定地性线的走向和断裂线的封闭，然后编制等高线索引文件（其文件的数据结构为：等高线序号、起始点链序号、特征点数、高程值、等高线代码），获取某一等高线的起始点链序号和特征点数，在点链文件中，从起始点链序号开始，根据点数逐一读取特征点的坐标；然后，用曲线光滑方法并根据等高线高程值绘制首曲线或计曲线，生成等高线；最后，修改、整饰新生成的地形图，补测重测存在漏测或测错的地方。然后完成文字和数字等注记，注记是地形图内容的基本要素之一，分为专有名称注记（如居民地、河流等）、说明注记（如房屋结构、树种等）和数字注记（如地面点高程、比高、房屋层数等），地形图上注记的字体、大小、字向、字列和字位等均按国家地形图图式规定标注。最后完成图廓生成内容，并进行图幅整饰，形成最终的大比例尺数字地形图文件。该文件一般可存储在计算机内或其他介质上，并由计算机控制绘图仪绘制地形图，完成所需比例的数字图输出。

## 活动3 GPS-RTK数字测图简介

GPS-RTK（real time kinematics）就是一种运用载波相位差分技术进行实时定位的GPS测量系统。实时动态测量的基本思想是，在基准站上安置一台GPS接收机，对所有可见GPS卫星进行连续观测，并将其观测数据通过无线电传输设备，实时地发送给用户观测站（流动站）。另一台或者若干台接收机则作为移动站在各待定点上依次设站观测，在此流动站上的GPS接收机在接收卫星信号进行载波相位观测的同时，还通过无线电接收设备接收基准站传输的载波相位差分信号及其他观测数据，然后根据相对定位的原理，实时地计算出流动站的WGS-84坐标系的坐标，并根据控制器上设置的转换参数以及投影方法实时计算出移动站的北京54坐标系坐标等三维坐标及其精度。

由于较常规测量技术有着不可比拟的优势，如速度快、精度高、不要求通视等，在数字测图中RTK技术得到了越来越广泛的应用。

采用RTK测量技术进行测图时，首先在作业前，应收集测区的控制点成果及GPS测量资料；测区的坐标系统和高程基准的参数，包括：参考椭球参数，中央子午线经度，纵、横坐标的加常数，投影面正常高，平均高程异常等资料；WGS-84坐标系与测区地方坐标系的转换参数及WGS-84系的大地高基准与测区的地方高程基准的转换参数等资料，为测图做技术上的准备。

在实施测绘作业中，首先应在测区选择一理想控制点（也可架设在非控制点上）作为基准点，安置GPS接收机连续跟踪所有可接收的卫星；另一台或几台GPS接收机先在一开阔地带进行初始化测量，在保持对所测卫星连续跟踪而不失锁的情况下，移动接收机到所测点上进行观测(该方法要求在观测时段上最好有5颗以上的卫星可供观测；移动站至基准点的距离不宜过长，一般在5～8 km较好，观测过程中移动站接收机所测卫星信号不能失锁，否则应重新进行初始化测量工作)，以此进行GPS-RTK野外数据采集工作。此时，原则上仅需一人(也可多人多机同时流动采集)背着仪器在要测的碎部点上呆上1～2 s并同时输入特征编码，通过电子手簿或便携微机记录，在点位精度合乎要求的情况下，把一个区域内的地形地物点位测定后回到室内或在野外，由专业测图软件可以输出所要求的地形图。用RTK技术测定点位不要求点间通视，理任上仅需一人操作，便可完成测图工作，大大提高了测图的工作效率。

该方法已超出非测绘专业的知识范围，其具体的操作过程暂不介绍，可参见RTK仪器操作手册予以学习。

## 活动4 房产分幅图测绘

### 1. 房产分幅图测绘的内容与测绘要求

房产分幅图是全面反映房屋、土地的位置、形状、面积和权属状况的基本图，是测绘分丘图、分户图的基础资料。

其测绘范围应与城镇房屋所有权登记的范围一致，以便为产权登记提供必要的工作底图。因此，分幅图的测绘内容主要是城市、县城、建制镇的建成区和建成区之外的工矿企事业等单位及其相毗连的居民点可采用1：1 000比例尺。具体测绘内容如下。

1)行政境界

一般只表示区、县、镇的境界线。街道或乡的境界线可根据需要取舍。

城镇建成区的分幅图一般采用1：500比例尺，远离建成区的工矿企事业等单位及其相毗连的居民点。当两级境界线重合时，用高一级境界线表示；境界线与丘界线重合时，用境界线表示；境界线跨越图幅时，应在图廓间标注行政区划名称。

2)丘界线

丘界线是指房屋用地范围的界线，含共用院落的界线，由产权人指界与邻户认证来确定。明确且无争议的丘界线用实线表示。有争议而未定的丘界线用虚线表示。为确定丘界线的位置，应对作为丘界线的围墙、栅栏等围护物的平面位置(内部的围护物可不表示)进行实测。丘界线的转折点即为界址点。

3)房屋及其附属设施

房屋包括一般房屋、架空房屋和窑洞等。房屋应分幢测绘，以外墙勒脚以上外围轮廓为准。墙体凹凸小于图上0.2 mm以及装饰性的柱、垛和加固墙等均不表示。临时性房屋不表示。同幢房屋层数不同的，应测绘出分层数，且用虚线表示。架空房屋以房屋外围轮廓投影为准，用虚线表示，虚线内四角加绘小圆表示支柱。窑洞只测绘住人的，其符号绘在洞口。

房屋附属设施包括柱廊、檐廊、架空通廊、底层阳台、门、门墩、门顶和室外楼梯。实测时一般以各附属实体的外围或投影为准，若宽度小于图上 1 mm 者可不表示。

4）房产要素和房产编号

在分幅图上应表示出房产要素和房产编号（包括丘号、幢号、房产产权号、门牌号）、房屋产别、建筑结构类型、层数、建成年份、房屋用途和土地分类等。通常，根据房产调查的成果，用相应的数字、文字和符号来表示。

5）地物地形要素

要表示的与房产管理有关的地物地形要素主要包括：铁路、桥梁、水系和城墙的等，测绘时，铁路以两轨外沿为准，道路以路沿为准，桥梁以外围为准，城墙以基部为准，沟渠、水塘、河流、游泳池以坡顶为准。

### 2. 房产分幅图测绘

房产分幅图的测绘方法与一般地形图测绘和地籍图测绘并无本质的不同，主要是为了满足房产管理的需要，以房产调查为依据，以突出房产要素和权属关系，以确定房屋所有全和土地使用权的权属界线为重点，准确地反映房屋和土地的利用现状，精确地测算房屋建筑面积和土地使用面积。测绘时应按照《房产测量规范》的有关技术规定进行。

一般情况下，应根据测区的情况和条件，采用实测的方法来测绘房产分幅图。当测区已有现势性较强的城市大比例尺地形图或地籍图时，可采用增测编绘法进行。

利用城市 1：500 或 1：1 000 大比例尺地形图编绘成房产分幅图时，在房地产调查的基础上，以门牌、院落、地块为单位，实测用地界线，构成完整封闭的用地单元——丘。丘界线的转折点即界址点若不是明显的地物点则应补测，并实地量取界址边长；逐幢房屋实测外墙边长和附属设施的长宽，测量房屋之间或与其他地物之间的距离关系，经检查无误后展绘在图上；对原地形图上已不符合现状部分应进行修测或补测；最后注记房产要素。

利用地籍图增补测绘成图是房产分幅图成图的方法。从城市房地产管理上来说，应首先进行地籍调查和地籍测量，确定土地的权属、位置、面积等，然后测绘出宗地内的主要房屋。同时对该地产范围内的房屋作更细致的调查和测绘，最终对房屋的产权性质、面积和利用状况作分幢、分层、分户的细致调查、确定产权和测绘，以取得对城市房地产管理的基础资料。

### 3. 房产分丘图

房产分丘平面图是房产分幅图的局部明细图，是根据核发房屋所有权证和土地使用权证的需要，以门牌、户院、产别及所占用土地的范围分丘绘制而成。每丘单独一张，是作为权属依据的产权图，是产权证上的必要附图，具有法律效力，是保护房地产产权所有人合法权益的凭证。

房产分丘图的坐标系统应与房产分幅图相一致。其作图比例尺应根据每丘的面积大小，在 1：100～1：1 000 之间选择，通常尽可能与分幅图选用相同的比例尺。

房产分丘图的内容与分幅图相同，此外，还应表示出界址点与点号、界址边长、用地面积、建筑的细节（阳台、挑廊等）、房屋边长、建筑面积、墙体归属、房屋建成年份和周边相邻关系等房产要素。

其测绘方法是在已有的房产分幅图的基础上，结合房产调查资料，按本丘范围展绘出界址点，描绘房屋等地物，实地测量界址边长、房屋边长，最终修测、补测而编绘成图。

房屋权界线与丘界线重合时，用丘界线表示；房屋轮廓线与房屋权界线重合时，用房屋权界线表示。实测的边长应量取至厘米位，在测量本丘与邻丘毗连墙体时，自有墙量至墙体外侧，若为借用墙体量至其内侧，共有墙体以墙体中线为界，量至墙体厚度一半位置处。对阳台、架空通道等，以外围投影为准，并在图上用虚线表示。另外，在描绘本丘的用地和房屋时，应适当绘出与邻丘相连处邻丘的地物。

#### 4. 房产分层分户图

房产分户图以一户产权人为单元，若为多层房屋，应分层分户地表示出房屋权属范围的细部，形成房产分层分户图，以满足核发产权证的需要。

其绘图比例尺一般选用 1∶200，若一户面积过小（大）时，应相应放大（缩小）。其图纸的方位应使房屋的主要边线与图廓边线平行，并按房屋的朝向横放或竖放，且在图上适当位置加绘指北方向符号。

绘制分户图时，其房屋平面位置应参照分幅图中相对应的位置关系，按实测边长绘制，边长应量至厘米位。并应表示出房屋的权界线、四面墙体的归属、楼梯和走道等共有部位以及房屋坐落、幢号、所在层号、室号或产权号、房屋建筑面积和房屋边长等主要权属。本户所在的坐落、幢号、所在层号、室号应标注在房屋图形的上方。

# 任务4 大比例尺地形图的应用

在国民经济建设和工程建设的规划、设计阶段，都需要了解拟建工程建设地区的地形状况和环境条件状况，以便作出的合理的规划及设计方案，且与地面状况及周边环境相协调，并符合建设项目的现实需要。因此，在工程建设规划、设计中，均需利用地形图进行工程项目建构筑物的平面及竖向布置的量算工作。所以，地形图是制订规划、设计方案和进行工程建设设计、施工等工作的重要依据和基础资料。以下逐一介绍大比例尺地形图的应用。

## 活动1 大比例尺地形图基本的应用

### 1. 依据地形图确定点的平面直角坐标

1）在纸质地形图上求点的平面直角坐标

如图3-20所示，欲求图上$A$点的坐标，可通过$A$点作坐标网的平行线$mn$、$pq$，然后再用测图比例尺量取$mA$和$pA$的长度，则$A$点的坐标为

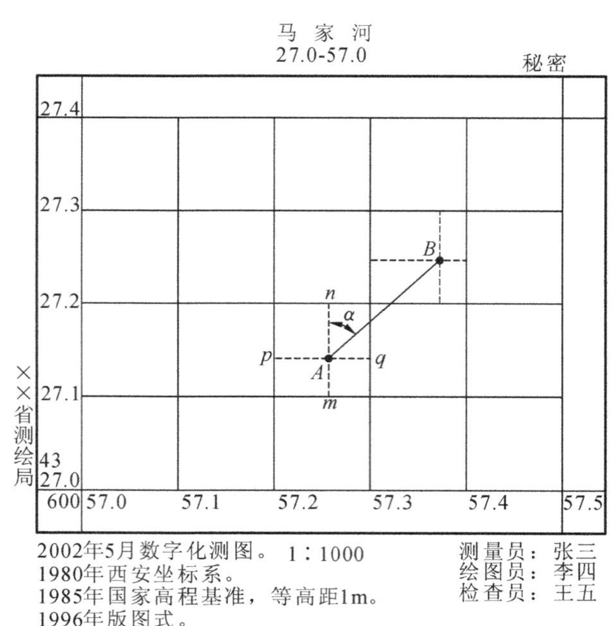


图3-20 地形图基本应用示例

$$\left.\begin{aligned} x_A &= x_0 + mA \times M \\ y_A &= y_0 + pA \times M \end{aligned}\right\} \tag{3-1}$$

式中：$x_0$、$y_0$ 为 $A$ 点所在方格西南角点的纵、横坐标；

$mA$、$pA$ 为在图上量取的对应线段长度（mm）；

$M$ 为测图比例尺分母。

若考虑图纸伸缩的影响，为了提高精度，若坐标网的理论长度为 $L=10$ cm，则 $A$ 点的坐标应按照下式计算

$$\left.\begin{aligned} x_A &= x_0 + \frac{mA}{mn} \times 10 \times M \\ y_A &= y_0 + \frac{pA}{pq} \times 10 \times M \end{aligned}\right\} \tag{3-2}$$

式中：$x_0$、$y_0$ 为 $A$ 点所在方格西南角点的纵、横坐标；

$mA$、$pA$、$mn$、$pq$ 为在图上量取的相应长度（mm）；

$M$ 为测图比例尺分母。

2）在数字地形图上求点的平面直角坐标

随着计算机在测量中的应用，数字地图应运而生，并且越来越普遍的被人们使用。在数字地形图图上确定点的平面坐标则不需要作以上计算，直接用鼠标捕捉所求点即可直接在屏幕上显示，很多专业软件也都提供了专门的查询功能，都可以直接从图上获取所需坐标以及其他的信息，且数字地形图不会产生变形，获得的坐标精度较高。

### 2. 求图上任意两点间的水平距离

1）图解几何法

如图 3-20 所示，欲求 $AB$ 间的水平距离 $D_{AB}$，可直接利用量距工具量取线段 $AB$ 的图上长度，并依据测图比例尺换算得到。即直接量出 $AB$ 的图上距离 $d$，再乘以比例尺分母 $M$，得其实地水平距离 $D_{AB}$ 为

$$D_{AB} = dM \tag{3-3}$$

式中：$M$ 为测图比例尺分母。

2）解析几何法

如图 3-20 所示，首先根据式（3-1）或式（3-2）计算出 $A$、$B$ 两点的坐标，再用下式计算出 $A$、$B$ 两点间的距离 $D_{AB}$ 为

$$D_{AB} = \sqrt{(x_B - x_A)^2 + (y_B - y_A)^2} \tag{3-4}$$

一般情况，解析法精度相对高一点，但图解法更简单，如果在数字地形图上，直接选择某直线便可查得其实地水平距离以及其他的信息，操作简单且能满足精度要求。

### 3. 求地面直线的坐标方位角

1）图解几何法

如图 3-20 所示，欲求直线 $AB$ 的方位角，可先通过 $A$ 点作坐标纵线的平行线，再从图上直接量取直线 $AB$ 的方位角，如图中的 $\alpha$ 角度值可直接用量角器量取。

2)解析几何法

相对来说较精确求定直线 $AB$ 方位角的方法是解析法。首先解析计算出 $A$、$B$ 的坐标后,再用坐标反算公式求出直线 $AB$ 的方位角,即

$$\alpha_{AB}=\arctan\frac{y_B-y_A}{x_B-x_A} \tag{3-5}$$

注意:由式(3-5)计算出来的是直线的象限角,需要根据直线的坐标增量正确判断直线所在的象限,然后根据同一象限内象限角与方位角的关系将象限角转换为方位角。

### 4. 求图上任意地面点的高程

如图 3-21 所示,欲求 $A$ 点恰好位于某等高线上,则该点高程值与所在等高线的高程相同,即 $A$ 点高程为 61.00 m。

若欲求点不在等高线上,如 $B$ 点,则应采用比例内插法(或外插法)计算该点的高程。在图 3-21 中,欲求 $B$ 点高程,首先过 $B$ 点作相邻两条等高线的近似公垂线,与等高线分别交于 $m$、$n$ 两点,在图上量取 $mn$ 和 $mB$ 的长度,则 $B$ 点高程为

$$H_B=H_m+\frac{mB}{mn}\times h_{mn} \tag{3-6}$$

式中:$H_m$ 为 $m$ 点的高程;

$h_{mn}$ 为 $m$、$n$ 两点的高差即等高距,此地形图为 1 m。

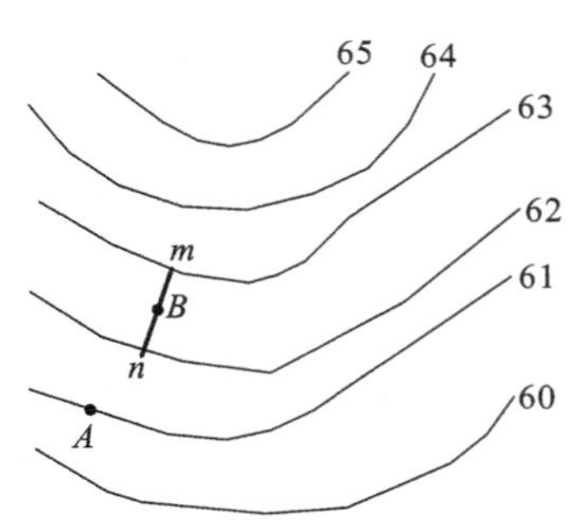

图 3-21 地面点高程的计算

实际工作中,在图上求某点的高程,通常是用目估确定的。

### 5. 求图上某直线的坡度

直线的坡度是直线两端点的高差 $h$ 与水平距离 $D$ 之比,通常用 $i$ 表示。工程建设中一般用百分率或千分率表示直线的坡度,如 $i=4\%$。其计算式为

$$i=\frac{h}{D}=\tan\alpha \tag{3-7}$$

式中:$\alpha$ 为地面上两点连线相对于水平线的倾角。

如图 3-20 所示,欲求 $A$、$B$ 两点间的坡度,则必须先求出两点的水平距离和高程,再根据两点之间的水平距离 $AB$,计算两点间的平均坡度。具体计算式为

$$i=\frac{h_{AB}}{D_{AB}}=\frac{H_B-H_A}{D_{AB}} \tag{3-8}$$

式中:$h_{AB}$ 为 $A$、$B$ 两点间高差;

$D_{AB}$ 为 $A$、$B$ 两点间水平距离。

注意:按照此种方法计算地面直线的坡度时,如果直线两端点间的各等高线平距相近,求得的坡度基本上符合实际坡度;如果直线两端点间的各等高线平距不等,则求得的坡度只是直线端点处的平均坡度。即当直线跨越多条等高线、地面坡度大致相同时,所求出的坡度值就表示这条直线的地面坡度值;当直线跨越多条等高线,且相邻等高线之间的平距不等(即地面坡度不一致)时,所求出的坡度值就不能完全表示这条直线的地面坡度值。

### 6. 求地形图上任意区域范围的面积

在工程建设中,常需要在地形图上量测一定区域范围内的面积。量测面积的方法较多,常用到的

方法有图解几何法、解析法和求积仪法等。在地形图上量算面积是地形图应用的一项重要内容。

1)图解几何法

当所量测的图形为多边形时,可将多边形分解为若干单一几何形体,如三角形、梯形或平行四边形等,如图3-22(a)所示,此时可用三棱尺等比例尺工具量出这些图形各边的边长,然后按各图形的面积计算几何公式算出各几何图形的面积,最后汇总计算出多边形的总面积。

当所量测的图形为曲线连接时,如图3-22(b)所示,则先在透明纸上绘制好毫米方格网,然后将其覆盖在待量测的地形图上,数出完整方格的个数,然后估量非整方格的面积相当于多少个整方格(一般将两个非整方格看做一个整方格计算),得到总的方格数 $n$;再根据比例尺确定图上每个小方格所代表的实地面积 $S$,则得到区域的总面积 $S_{总}$ 为

$$S_{总}=nS$$

也可以采用平行线法计算曲线区域面积,如图3-22(c)所示,将绘有间距 $d=1$ mm 或 2 mm 的平行线组的透明纸或透明膜片覆盖在待量测的图形上,则所量图形面积等于若干个等高梯形的面积之和。此法可以克服方格网膜片边缘方格的凑整太多的缺点。图3-22(c)中平行虚线是梯形的中线。量测出各梯形的中线长度,则图形面积为

$$S=d(ab+cd+ef+\cdots+yz) \quad (d\ 为平行线间距)$$

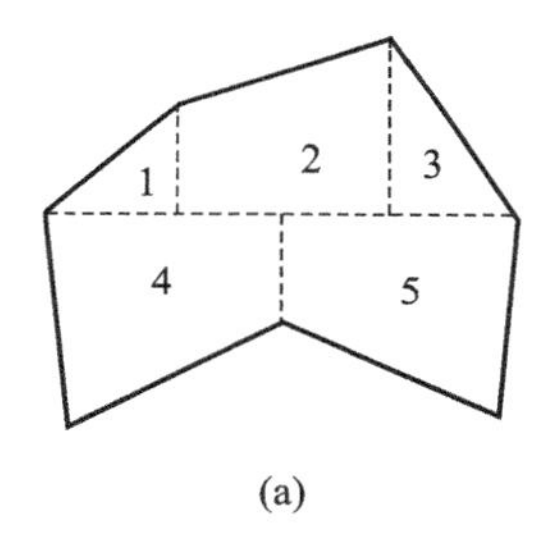

(a)

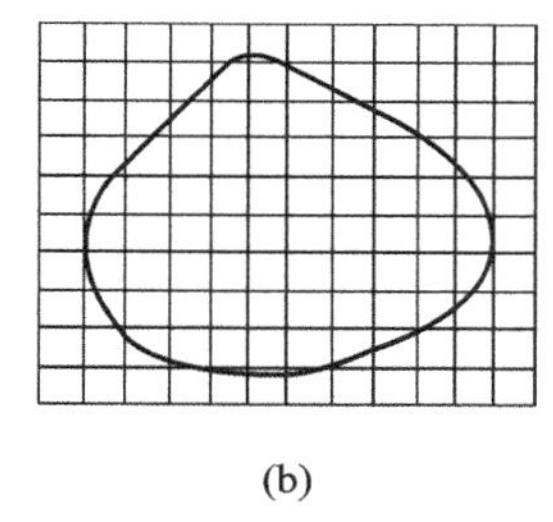
(b)

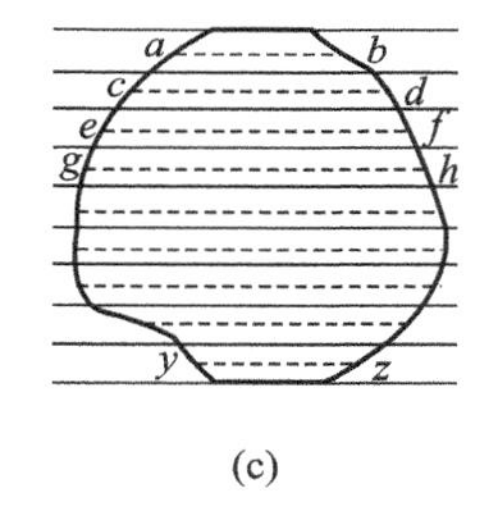

(c)

**图3-22 区域面积的计算**

2)坐标解析法

坐标解析法是根据几何图形各顶点坐标值进行面积计算的方法。

当图形边界为闭合多边形,且各顶点的平面坐标已经在地形图上量出或已经在实地测量,则可以利用多边形各顶点的坐标,用坐标解析法计算出图块区域面积。

如图3-23所示,1、2、3、4为多边形的顶点时,其平面坐标为已知,分别为 $1(x_1,y_1)$、$2(x_2,y_2)$、$3(x_3,y_3)$、$4(x_4,y_4)$,则该多边形的每一条边及其向 $y$ 轴的坐标投影线(图中虚线)和 $y$ 轴都可以组成一个梯形,多边形的面积 $A$ 就是这些梯形面积的和,可按下式计算出图形的区域面积

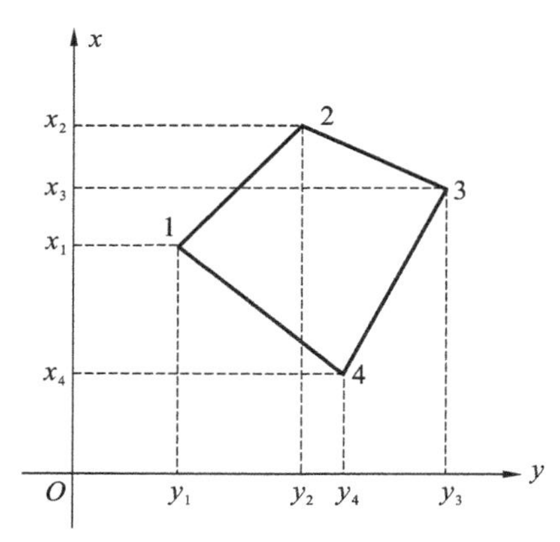

**图3-23 坐标解析法量算面积**

$$A=\frac{1}{2}[(x_1+x_2)(y_2-y_1)+(x_2+x_3)(y_3-y_2)-(x_3+x_4)(y_3-y_4)-(x_4+x_1)(y_4-y_1)]$$

$$=\frac{1}{2}[x_1(y_2-y_4)+x_2(y_3-y_1)+x_3(y_4-y_2)+x_4(y_1-y_3)]$$

对于任意的 $n$ 边形,可以写出按坐标计算面积的通用公式为

$$A = \frac{1}{2}\sum_{i=1}^{n} x_i (y_{i-1} - y_{i+1})$$

事实上，也可以按将各点向 $x$ 轴投影来计算区域面积。

3）求积仪法

求积仪是一种专门供图上量算面积的仪器，其优点是操作简便、速度快，适用于任意图形的面积量算，并能保证一定的精度。

求积仪有机械求积仪和电子求积仪两种，在此简单介绍日本 KOIZUMI（小泉）公司生产的 KP-90N 电子求积仪。仪器是在机械装置动极、动极轴、跟踪臂（相当于机械求积仪的描迹臂）等的基础上，增加了电子脉冲记数设备和微处理器，能自动显示测量的面积，具有面积分块测定后相加、相减和多次测定取平均值，面积单位换算，比例尺设定等功能。面积测量的相对误差为 1/500。

该仪器内装有镍隔可充电电池，充满电后，可以连续使用 30 个小时；仪器停止使用 5 分钟后，将自动断电，以节约电源；仪器配有输出电压为 5 V、电流为 1.6 A 的专用充电器，可以使用电压为 100～240 V 的交流电为电池充电。

该仪器使用极为方便，快捷，具体使用方法参见仪器说明书，在此略去。

## 活动 2　大比例尺地形图在工程建设设计、施工中的应用

### 1. 按限制坡度选定最短线路

在山地、丘陵地区进行道路、管线、渠道等工程设计时，都要求线路在不超过某一限制坡度的条件下，选择一条最短路线或等坡度线。

如图 3-24 所示，设计用图比例尺为 1∶1 000，等高距为 1 m。现欲从低处的 $A$ 点到高地 $B$ 点选定一条公路线，要求其坡度不大于限制坡度 $i$，$i=3.0\%$。

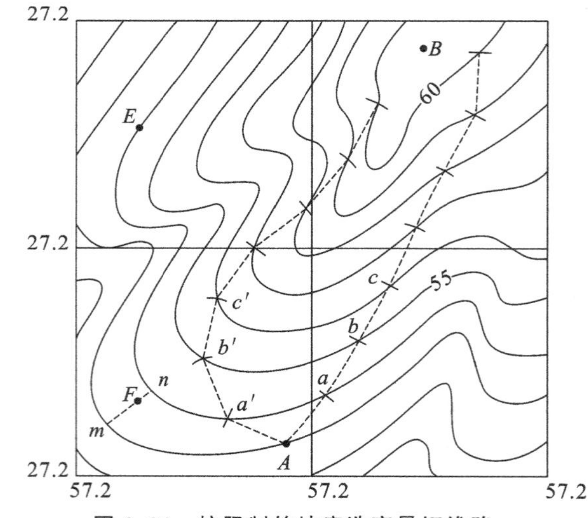


图 3-24　按限制的坡度选定最短线路

设等高距为 $h$，等高线间的平距的图上值为 $d$，地形图的测图比例尺分母为 $M$，根据坡度的定义有 $i=\dfrac{h}{dM}$，由此可得 $d=\dfrac{h}{iM}$。

为了满足限制坡度不大于 $i=3.0\%$ 的要求，根据上式可以计算出该线路经过相邻等高线之间的最小图上平距 $d=0.033$ m，于是，在地形图上以 $A$ 点为圆心、以 33 mm 为半径，用两脚规画弧交 54 m 等高线于点 $a$、$a'$，再分别以点 $a$、$a'$为圆心、以 33 mm 为半径画弧，交 55 m 等高线于点 $b$、$b'$，依此类推，直到 $B$ 点为止。然后连接 $A$、$a$、$b$、…、$B$ 和 $A$、$a'$、$b'$、…、$B$，便在图上得到符合限制坡度 $i=3.0\%$的两条路线。

同时考虑其他因素，如少占农田，建筑费用最少，避开塌方或崩裂地带等，从中选取一条作为设计线路的最佳方案。

如遇等高线之间的平距大于 33 mm，以 33 mm 为半径的圆弧将不会与等高线相交。这说

明坡度小于限制坡度。在这种情况下，路线方向可按最短距离绘出。

## 2. 按一定方向绘制纵断面图

在各种线路工程设计中，为了进行填挖方量的概算，以及合理地确定线路的纵坡，需了解沿线路方向的地面起伏情况，为此，常需利用地形图绘制沿指定方向的纵断面图。

如图 3-25 所示，在地形图上作 $A$、$B$ 两点的连线，与各等高线相交，各交点的高程即为交点所在等高线的高程，而各交点的平距可在图上用比例尺量得。在毫米方格纸上画出两条相互垂直的轴线，以横轴 $AB$ 表示水平距离，以垂直于横轴的纵轴表示地面点高程，在地形图上量取 $A$ 点至各交点及地形特征点的平距，并把它们分别转绘在横轴上，以相应的高程作为纵坐标，得到各交点在断面上的位置。连接这些点，即得到 $AB$ 方向的断面图。为了更明显地表示地面的高低起伏情况，断面图上的高程比例尺一般比平距比例尺大 5～20 倍。

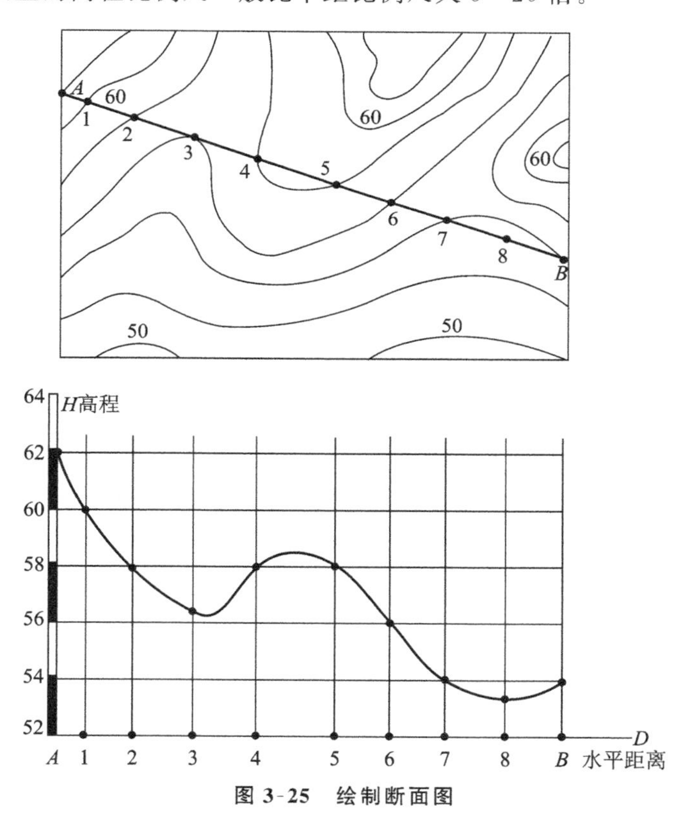

图 3-25　绘制断面图

对地形图中某些特殊点的高程量算，如断面过山脊、山顶或山谷处的高程变化点的高程，一般用比例内插法求得。然后，绘制断面图。

## 3. 确定汇水面积

修筑道路时有时要跨越河流或山谷，这时就必须建桥梁或涵洞；兴修水库必须筑坝拦水。而桥梁、涵洞孔径的大小，水坝的设计位置与坝高，水库的蓄水量等，都要根据汇集于这个地区的水流量来确定。汇集水流量的面积称为汇水面积。

由于雨水是沿山脊线（分水线）向两侧山坡分流，所以汇水面积的边界线是由一系列的山脊线连接而成的。如图 3-26 所示，一条公路经过山谷，拟在 $P$ 点处架桥或修涵洞，其孔径大小应根据流经该处的流水量决定，而流水量又与山谷的汇水面积有关。由山脊线和公路上的线段所围成的封闭区域 $A—B—C—D—E—F—G—H—I$ 的面积，就是这个山谷的汇水面积。量测该面积的大小，再结合气象水文资料，便可进一步确定流经公路 $P$ 点处的水量，从而对桥梁或涵洞的孔径设计提供依据。

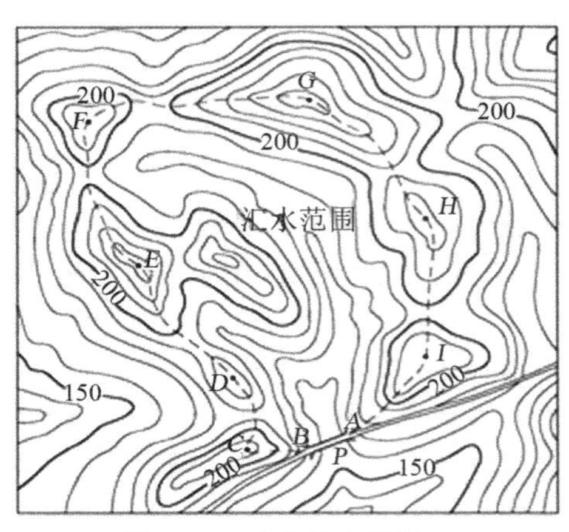

图 3-26　确定汇水面积

确定汇水面积的边界线时，应注意以下几点。

(1)边界线(除公路段 $AB$ 段外)应与山脊线一致，且与等高线垂直。

(2)边界线是经过一系列的山脊线、山头和鞍部的曲线，并与河谷的指定断面(公路或水坝的中心线)闭合。

## 4. 大比例尺地形图在施工场区平整工程中的应用

在工程项目建设中，除了要进行合理的平面布置外，往往还要对原地貌进行必要的改造，以便改造后的场地适于布置各类建筑物，适于地面排水，并满足交通运输和敷设地下管线的需要等。也就是说，工程建设初期总是需要对施工场地按竖向规划进行平整；工程接近收尾时，配合绿化还需要进行一次场地平整。在场地平整施工之中，常需估算土(石)方的工程量，即利用地形图按照场地平整的平衡原则来计算总填、挖土(石)方量，并制定出合理的土(石)方调配方案。通常使用的土方量计算方法有方格网法与断面法。

1)方格网法

方格网法适用于高低起伏较小、地面坡度变化均匀的场地。如图 3-27 所示，欲将该地区平整成地面高度相同的平坦场地，需估算场地平整土石方工程量，用于制定合理的场地平整施工方案并计量土石方调配工程量。其估算具体步骤如下。

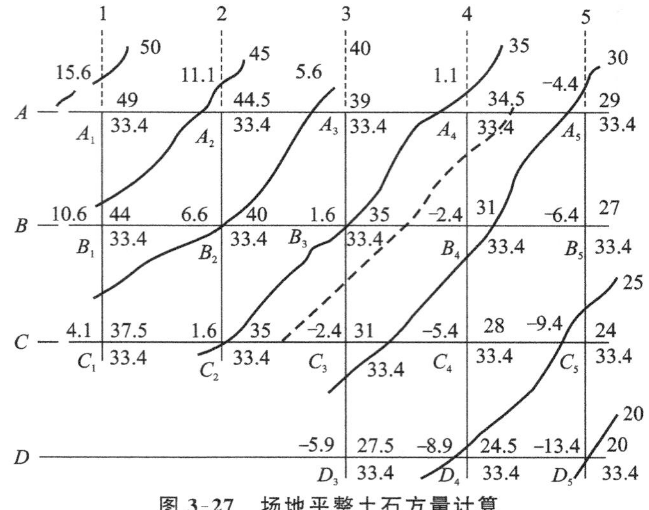

图 3-27　场地平整土石方量计算

(1)绘制方格网　在地形图上拟建工程的区域范围内,直接绘制出2 cm×2 cm的方格网,如图3-27所示,图中每个小方格边对应的实地距离为2 cm×$M$($M$为比例尺的分母)。本图的测图比例尺为1∶1 000,方格网的边长为20 m×20 m,并进行编号,其方格网横线从上到下依次编为$A$、$B$、$C$、$D$等行号,其方格网纵线从左至右顺次编号为1、2、3、4、5等列号。则各方格点的编号用相应的行、列号表示,如$A_1$、$A_2$等,并标注在各方格点左下角。

(2)计算方格格点的地面高程　依据方格网各格点在等高线的位置,利用比例内插的方法计算出各点的实地高程,并标注在各方格点的右上角。

(3)计算设计高程　根据各个方格点的地面高程,分别求出每个方格的平均高程$H_i$($i$为1、2、3…,表示方格的个数),将各个方格的平均高程求和并除以方格总数$n$,即得设计高程$H_{设}$。

本例中,先将每一小方格顶点高程加起来除以4,得到每一小方格的平均高程,再把各小方格的平均高程加起来除以小方格总数即得设计高程。经计算,其场地平整时的设计高程约为33.4 m,并将计算出的设计高程标在各方格点的右下角。

(4)计算各方格点的填、挖厚度(即填挖数)　根据场地的设计高程及各方格点的实地高程,计算出各方格点处的填高或挖深即各点的填挖数。具体计算式为

填挖数=地面点的实地高程-场地的设计高程

式中:填挖数为"+"时,表示该点为挖方点;填挖数为"-"时,表示该点为填方点。

计算出的各点填挖数后,将其填写在各方格点的左上角。

(5)计算各方格边的零点位置并绘制零位线　计算出各方格点的填挖数后,即可求每条方格边上的零点(即不需填也不需挖的点)。这种点只存在于由挖方点和填方点构成的方格边上。求出场地中的零点后,将相邻的零点顺次连接起来,即得零位线(即场地上的填挖边界线)。零点和零位线是计算填、挖方量和土石方工程施工的重要依据。

在方格边上计算零点位置,可按图解几何法,依据等高线内插原理来求取。如图3-28所示,$A$为挖方点,$B$为填方点,在方格边上必存在零点$O$。设零点$O$与点$A$的距离为$x$,则其与$B$点距离为$20-x$,由此得到关系式

$$\frac{x}{h_1}=\frac{20-x}{h_2}$$

式中:$h_1$、$h_2$为方格点的填挖数,按此式计算零点位置时,不带符号。则有$x=\frac{h_1}{h_1+h_2}\times 20=\frac{1.1}{1.1+2.4}\times 20=6.3$(m),即$A$、$B$方格边上的零点$O$距离$A$为6.3 m,用同样的方法计算出其他各方格边的零点,并顺次相连,即得整个场地的零位线,用虚线绘出。

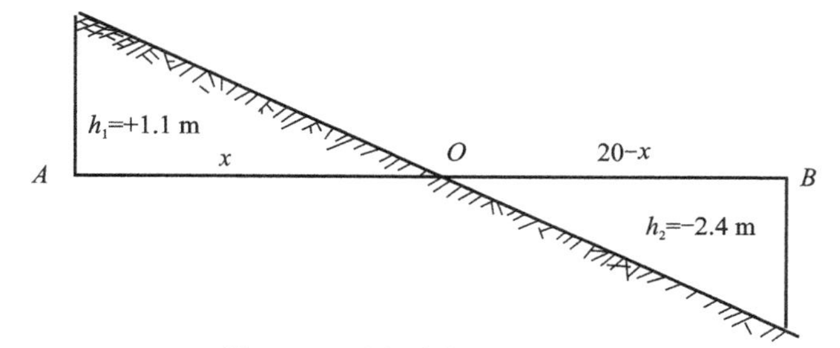


图3-28　比例内插法确定零点

(6)计算各小方格的填、挖方量　计算填、挖方量有两种情况:一种为整个小方格全为填(或挖)方;另一种为小方格内既有填方,又有挖方。其计算方法如下。

首先计算出各方格内的挖方区域面积 $A_{挖}$ 及填方区域面积 $A_{填}$。

整个方格全为填或挖(单位为 $m^3$)，则土石方量为

$$V_{填}=\frac{1}{4}(h_1+h_2+h_3+h_4)\times A_{填} \quad 或 \quad V_{挖}=\frac{1}{4}(h_1+h_2+h_3+h_4)\times A_{挖}$$

方格中既有填方，又有挖方，则土石方量分别为

$$V_{填}=\frac{1}{4}(h_1+h_2+0+0)\times A_{填} \quad (h_1、h_2\ 为方格中填方点的填挖数)$$

$$V_{挖}=\frac{1}{4}(h_3+h_4+0+0)\times A_{挖} \quad (h_3、h_4\ 为方格中挖方点的填挖数)$$

(7)计算总、填挖方量　用以上计算出各个小方格的填、挖方量后，分别汇总以计算总的填、挖方量。一般来说，场地的总填方量和总挖方量两者应基本相等，但由于计算中多使用近似公式，故两者之间可略有出入。如相差较大时，说明计算中有差错，应查明原因，重新计算。

2)断面法

在地形起伏变化较大的地区，或者如道路、管线等线等带状建设场地，宜采用断面法来计算填、挖土方量。

如图 3-29 所示，*ABCD* 是某建设场地的边界线，拟按设计高程 48 m 对建设场地进行平整，现采用断面法计算填方和挖方的土方量。根据建设场地边界线 *ABCD* 内的地形情况，每隔一定间距(图 3-29 中为图上距离 2 cm)绘一垂直于场地左、右边界线 *AD* 和 *BC* 的断面图。图 3-30 所示为 *A*—*B*、I—I 的断面图。由于设计高程定为 48 m，在每个断面图上，凡低于 48 m 的地面与 48 m 设计等高线所围成的面积即为该断面的填方面积，如图 3-30 所示的填方面积；凡高于 48 m 的地面与 48 m 设计等高线所围成的面积即为该断面的挖方面积，如图 3-30 所示的挖方面积。

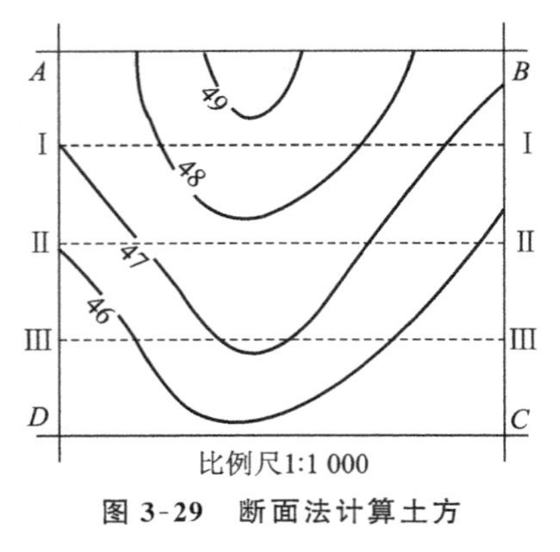


图 3-29　断面法计算土方

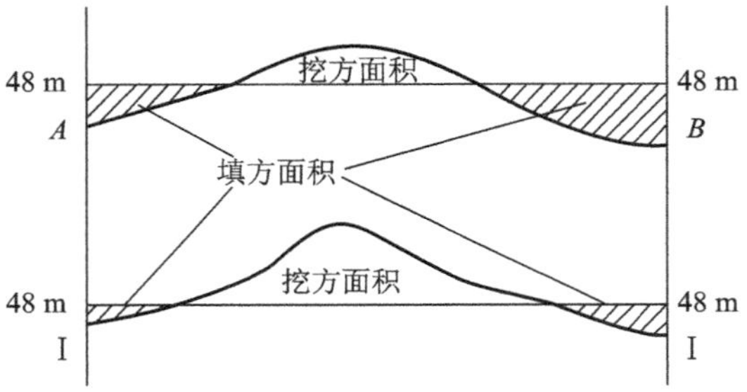

图 3-30　断面图

分别计算出每一断面的总填、挖土方面积后，然后将相邻两断面的总填(挖)土方面积相加后取平均值，再乘上相邻两断面间距 $L$，即可计算出相邻两断面间的填、挖土方量。

## 小结

1. 大比例尺地形图测绘的基本内容

地形测绘的主要任务是使用测量仪器，按照一定的测量程序和方法，将地物和地貌及其地理元素测量出来并绘制成图。地形测绘的主要成果就是要得到各种不同比例尺的地形图。而大比例尺的地形测绘研究的主要问题，就是在局部地区根据工程建设的需要，如何将客观存在

于地表上的地物和地貌的空间位置以及他们之间的相互关系，通过合理的取舍，真实准确地测绘到图纸上。

2. 大比例尺地形图测绘的技术方案设计内容及编制

大比例尺地形测绘，首先应根据测量任务和有关规范要求制定完整的技术计划，具体包括任务概述、测区情况、已有资料及其分析、技术方案的设计、人员组织和劳动计划、仪器设备和供应计划、财务预算、检查验收计划以及安全措施等内容。

3. 地形图测绘的常用方法

地形图测绘的常用方法有平板测图法、全站仪数字测图法及GPS-RTK测图法等，重点应掌握全站仪数字测图法和经纬仪平板测图原理和工作步骤。

4. 测图前的准备工作

实施测图前，应做好测区内资料的收集整理工作，准备好测图所需的仪器工具，并根据实际情况选用适当的测图方法，目前主要采用全站仪数字测图方法。

5. 碎部点的测绘方法

测量碎部点的平面位置主要有极坐标法、直角坐标法、方向交会法和距离交会法等，重点应掌握极坐标法的原理和操作步骤；碎部点的高程一般采用经纬仪视距法来测定。

6. 地物的测绘

不同的地物，其表示的符号也各不一样，地物符号分为比例符号、非比例符号、半依比例符号和注记符号等。测绘地物时应主要测定各地物的特征点，即主要轮廓的转折点或变化点，并注意地物合理的取舍。

7. 地貌的测绘

地貌是由等高线表示的，等高线按其特征可分为首曲线、计曲线、间曲线和助曲线四种。测绘等高线，首先应测定地貌特征点的平面位置和高程，然后连接地性线，接着根据等高线的性质，对照实地情况勾绘出等高线，并在适当的位置注记高程。

8. 碎部测量的一般要求

地形图上地物点位置的中误差、等高线高程的中误差、碎部测量的视距、碎部点的密度都应有一定的规范要求，某些精度要求不高的地区可以适当降低要求；地形图的图面要求内容齐全、正确、统一、规范。

9. 图边测绘、图幅的拼接及整饰

测区地形图测量完成后，相邻图幅需要计算接边误差、进行严格的拼接。然后进行地形图原图的铅笔整饰。

10. 地形图的检查与验收

地形图测完后，必须对成图质量作室内和室外的全面检查，并及时修改，经检查符合要求后，应按其质量评定等级，予以验收，最终上交控制测量和地形图成果。

1. 地形图与平面图有何区别？

2. 什么是比例尺精度？它有何用途？

3. 地形图中表示地物的符号有哪几类？同一地物在不同比例尺地形图中，其符号是否一致？为什么？

4. 何谓地物？在地形图上表示地物的原则是什么？表示地物的四种地物符号各在什么情况下使用？

5. 何谓地貌？试述地貌的基本形状。何谓地性线和地貌特征点？

6. 什么是等高距？什么是示坡线？什么是等高线平距？

7. 测图时，怎样选择地物特征点和地貌特征点？

8. 测绘地物时，非比例符号在图上的位置必须与实地位置一致，对非比例符号的定位点作了哪些规定？举例说明。

9. 等高线有何特性？等高线平距与等高距有何关系？在地形图上主要有哪几种等高线？并说明其含义。

10. 测绘地形图的方法有哪些？试述用经纬仪量角器联合测图法的工作步骤。

11. 什么是数字测图？数字测图与常规测图相比具有哪些特点？

12. 数字测图有哪几种模式？数字测图有何特点？野外数字测图要采集何种信息？地面数字测图外业采集数据包括哪些内容？

13. 地形图应用的基本内容有哪些？

14. 怎样根据等高线确定地面点的高程？

15. 怎样绘制已知方向的断面图？

16. 在如图 3-31 所示的 1∶2 000 地形图上完成以下计算：

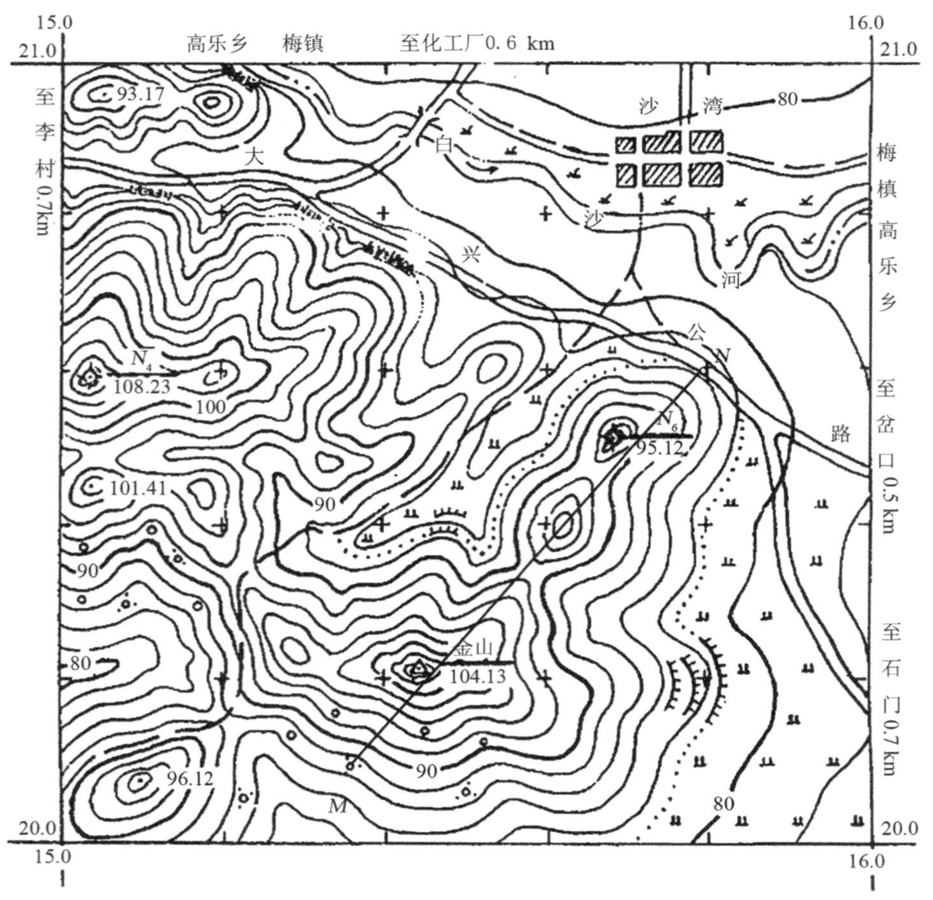


图 3-31 题 3-16 图

(1)确定 $N_4$、$N_5$ 两点的坐标；

(2)量算直线 $N_4$、$N_5$ 的水平距离和方位角；

(3)沿 $MN$ 方向绘制断面图；

(4)确定大兴公路附近的汇水面积。

17.如图3-32所示中等高距为10 m,根据等高线的高程,勾绘 $AB$ 直线方向的纵断面图。

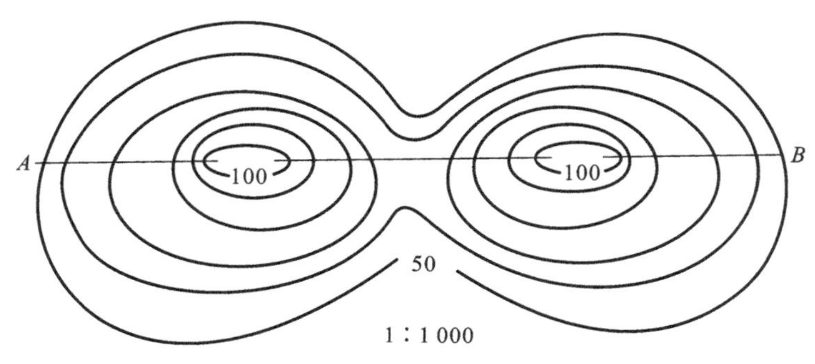


图3-32　题3-17图

18.在地形图上将高低起伏的地面设计为水平面时,如何计算场地的设计高程?如何确定填、挖边界线?

19.如图3-33所示,为某施工场地实地区域地形图,比例尺为1∶1 000,现要求在图上绘制2 cm×2 cm的方格网,依据图上的等高线,计算出平整为一平坦场地时的填、挖土(石)方总量?

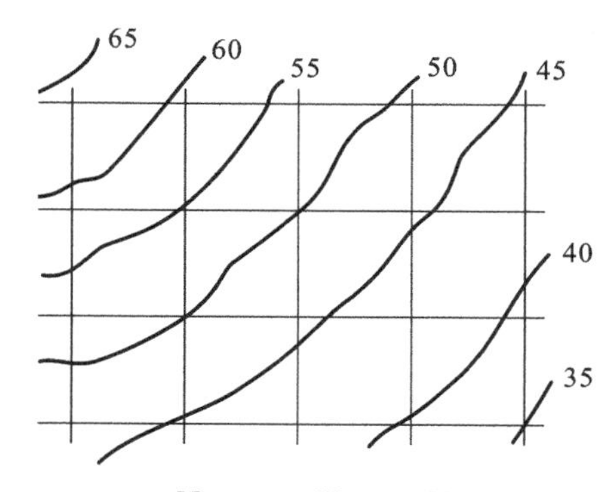


图3-33　题3-19图

# 学习情境 4 建筑施工测量技术

## 学习目标

通过本学习情境的学习和实践训练，掌握工程项目施工建设阶段中施工测量工作实施的相关测量基本知识、实施流程及施工测量技术方法，养成一定的施工测量技能，为成为测量职业岗位的高技能人才奠定测量专业知识和施测技能基础。

本学习情境的学习内容及实践操作任务，分为事前工作、事中工作和事后工作三个过程任务，具体包括事前工作的任务：建筑施工测量工作实施流程及施测基本方法（平面点位的测设方法、圆曲线测设等）、技术资料的收集、建筑施工的识读、施工测量方案的编写、测量仪器工具的准备及施工场区控制测量施测等；事中工作的任务：建构筑物控制网布设、建构筑物施工放样（包括建构筑物平面定位测量、基础施工测量（±0.000 以下施工测量）、主体结构施工测量（±0.000 以上施工测量）、结构安装测量、设备安装测量以及施工场区附属工程施工测量等；事后工作的任务：主要是竣工总图的编绘与实测等。

本学习情境是全书的重点，主要目的是培养学生的施工测量施测技能这一核心能力，应以实际工程项目（或虚拟）施工过程为导向，施工测量工作任务为驱动，组织教学与实训活动，最终达成教学目标。

# 任务1 建筑施工前的测量工作及其任务

工程项目建设施工阶段的测量工作主要是依据建筑施工设计图纸将所设计的建构筑物的平面位置、形状、大小及高程在工程建设施工场地标定出来，以指导施工人员进行建构筑物实体的施工。在工程建设施工阶段，需进行大量的施工测量工作，从这一角度而言，施工测量工作是工程施工活动的眼睛，在工程建设中起着至关重要的作用。

## 活动1 建筑施工测量工作实施流程

### 1. 建筑施工测量概述

建构筑物按照其使用的性质，通常分为生产性建筑，如工业建筑；非生产性建筑，如民用建筑。而民用建筑根据其使用功能，可分为居住建筑和公共建筑两大类，若按建筑高度分类，可分为多层、高层及超高层建筑等。各种不同类型的建筑在施工建设中均需进行测量工作，以确保施工建设的顺利实施。习惯上将施工阶段所进行的测量活动统称为施工测量。在整个施工建设阶段，其工作任务主要包括：施工场区控制测量、建构筑物控制测量、建筑物平面定位及细部轴线测设和相应的高程测设、各施工阶段的施工测量（主要为±0.000以下部分和以上部分的施工测量）、附属道路及管线施工测量、竣工测量和工程实施中的变形监测等内容。

施工单位作为工程建设项目的实施者，其施工测量岗位人员的主要技术手段是依据建筑设计及施工技术要求，伴随施工过程，使用测量仪器及工具，将施工设计图纸上所设计的建构筑物按其平面位置和高程等设计数据（事先应进行数据的转换计算，得到各施测对象的测设数据）测设于施工现场，并用控制桩标定出来，以此作为施工人员开展各工序施工活动的依据。此种标定建筑物实地位置的测量技术方法称为施工放样。施工放样的实质是将图纸上所设计的建构筑物位置标定于拟建施工现场的一种工作过程。此过程的开展必须以设计图纸为依据，也就是应按图施测。

施工放样测量工作与地面点测定工作的程序恰好相反，但两者的测量工作原理相同，均是进行点位的确定。只是测定工作是基于测量原理，确定地面点的三维坐标，而放样工作则是基于设计坐标在实地定点。因而，在开展工程项目的施工放样工作时，同样须遵循“从整体到局部”、“先控制后碎部”这一测量工作原则和施测程序。

由于，设计者在设计建筑物时，首先在地形图上对建筑物的总体布置进行设计，确定出建筑物间的相对位置关系（即建构筑物之间的位置关系和建筑物自身各轴线间的相互关系），然后依据建构筑物的主轴线定出各辅助轴线，根据辅助轴线定出各细部的位置、形状、尺寸等。进行施工测量工作时，首先，应根据建筑总平面图和施工场地地形条件布设施工场区控制网，实施施工场区控制测量工作;然后以其为基础,设计并布设好各建构筑物控制网;依据建筑物控制网在现场定出该建构筑物的主轴线(即建筑物平面定位)和辅助轴线(即建筑物细部轴线放样);再根据所定出的主轴线和辅助轴线标定建构筑物的各个细部点。采用这样的工作程序,能保证拟建的建构筑物几何关系正确,保证各种建构筑物及附属道路、管线等施工对象的相对位置能满足设计要求,而且可以使施工放样工作有条不紊地进行,便于工程项目分期分批地进行测设和施工,避免施工测量误差的累积。例如,要放样工业建筑物时,首先应布设工业场区控制网,然后建立厂房控制网,依据厂房控制点进行厂房主轴线的测设并定出机械设备轴线,最后根据机械设备轴线,测设出设备安装的位置。此种工作程序即是"从整体到局部"、"先控制后碎部"的工作程序。

现今,大量的新结构、新工艺和新技术方法在建筑工程施工建设中予以采用,这对施工测量工作便提出了新的、更高的要求,如何应对此种变化,对施工测量职业岗位人员来说,值得去探讨分析。但首先应掌握好施工测量的基本工作方法,然后才能根据特定施工对象的建筑规模、建筑结构形式、建筑的性质与使用要求以及施工工艺方法与现场环境条件等情况,以测量规范为依据,制定有针对性的、合理可行的施工测量方案(主要是确定施工测量的精度和方法),并按照批准的方案,依次逐项实施,进行施工测设工作,才能确保施工测量成果满足工程施工建设的要求,为施工建设各阶段的施工提供依据及定位保证。

建构筑物具有相对面积较小、垂直高度大、内部结构复杂的特点。因此,建筑施工测量工作一般采用轴线控制,即以施工控制为基础,测设出建筑物的定位轴线(主轴线),然后再测设细部轴线及点位。高层建筑物虽然主要以平面控制为主,但高程控制同样重要。

为了保证施工对象各部位水平位置和高程的准确,在进行施工测量工作时,须遵循测量工作的基本原则;要了解施测对象并熟悉图纸,了解设计意图以掌握建筑物各部位的尺寸关系与高程数据;要了解施工过程及每项工程施工测量的精度要求;同时,测量人员还需认真工作、仔细测设,保证施工放样的工作质量,最大限度地为工程建设提供服务。

总之,施工测量工作与地形测绘工作相比较,具有其自身特点:首先,作为施工测量工作的实施者,应熟悉工程设计图纸,对放样数据要反复校核;了解施工组织程序及施工实施技术方案,使测量工作能满足工程实施进展要求;对所用的仪器设备应定期进行检验校正,放样之后,还要对建构筑物自身尺寸进行检查,以确保建构筑物间关系位置正确。

由于机械化施工和施工现场工程材料的堆放、人来车往、土方填挖量大以及交叉作业等原因,使得地面变化和震动大,各种测量标志易遭破坏,因而在进行施工测量的整个过程中,必须将测量标志埋设牢固,妥善保护,经常检查,及时恢复。

施工现场工种繁多,干扰较大,计算方法和测设方法应力求简捷,以保证各项工序正常衔接。

放样的结果是得出所测点的现场标桩,标桩定在哪里,施工人员就在哪里开展诸如挖土、支模、混凝土浇筑、工程构件吊装等施工活动。如果放样出错且没有及时纠正,将会造成极大的损失。由此可见,施工测量岗位人员责任重大,应该采取有效措施杜绝工作中的一切错误,以测量规范为指导,按照正确的操作规程,伴随着施工进程,进行相应的测设工作,确保施测成果达到施工所需的精度要求,以衔接和指导工程建设阶段中各工序之间的施工,从此角度来看,施工测量工作实施的好坏,对工程项目施工建设起着至关重要的作用。

### 2. 施工测量工作实施流程

施工测量工作贯穿于项目施工建设的全过程。从施工场地平整、建构筑物平面定位、基础施工，到建筑物上部主体施工及结构构件的安装、设备的安装等工序，都必须进行相应的施工测量工作，才能使建构筑物各部分的尺寸、位置等符合施工设计要求。

1)建设项目开工前的施工测量准备工作

在工程项目施工之前，为确保施工测量工作在整个施工阶段中有序的、顺利开展，施工测量人员应进行必要的施工测量准备工作，这是保证整个施工活动正常进行的重要环节之一。在实施施工测量工作前，应收集有关测量资料，熟悉施工设计图纸，明确施工要求，制定施工测量方案。其准备工作任务主要包括：收集相关测量资料，对施工设计图纸予以识读与复核，合理配备测量仪器并对各仪器进行校核，完成规划红线控制桩的交接和校核工作，进行施工场地的平整测量，在此基础上，明确施工要求，编制出合理可行的施工测量方案。

(1)收集相关测量资料　开工前，应收集施工用的整套设计图纸、施工组织设计方案、相关工程建设合同、有关的技术标准及测量规范、施工场区及周边高等级控制点的资料等，以明确施工要求，掌握本工程测设工作的一些标准和技术要求。

(2)熟悉设计图纸并复核　建筑施工设计图纸是施工测量工作的主要依据，在测设前和收到图纸之后，要及时组织测量人员学习以熟悉设计图纸，了解施工建筑物与相邻地物的相互关系，以及建筑物的尺寸和施工的要求等，并仔细核对各设计图纸的有关尺寸。开展施工测量工作，应对以下图纸资料逐一识读并复核。

① 施工首页图(简称首页)。首页是整套图纸的概括和必要补充，包括图纸目录、设计说明、施工说明等，务必对其仔细识读。

② 建筑总平面图。对用地红线桩、定位依据和定位条件、建构筑物群的几何关系进行坐标、尺寸、距离校核，检验其是否正确、合理。检查首层室内地坪设计高程、室外设计高程及有关坡度是否对应、合理。

③ 建筑物的轴线平面图(即第一层平面图和标准层平面图)。检查建筑物各轴线的间距、角度、几何关系是否正确，建筑物的平、立、剖面及节点图的轴线与几何尺寸是否正确，各层相对高程与平面图有关部分是否对应。

从建筑物的轴线平面图中，可以查取建筑物的总尺寸，以及内部各定位轴线之间的关系尺寸，这是施工测设的基本资料。

④ 建筑物的基础平面图。从建筑物的基础平面图上，可以查取基础边线与定位轴线的平面尺寸，这是测设基础轴线的必要数据。

⑤ 建筑物及设备的基础图。从建筑物及设备的基础详图中，可以查取基础立面尺寸和设计标高，这是建筑物及设备基础高程测设的依据。

⑥ 土方的开挖图。

⑦ 建筑物的立面图和剖面图。从建筑物的立面图和剖面图中，可以查取基础、地坪、门窗、楼板、屋架和屋面等设计高程，这是对这些测设对象高程测设的主要依据。

⑧ 建筑物的结构图。核对层高、结构尺寸，包括板、墙厚度、梁、柱断面及跨度。以轴线图为准，核对基础、非标准层及标准层之间的轴线关系。

对照建筑、结构施工图，核对两者相关部位的轴线、尺寸、高程是否相应。

⑨ 管网图。管网图是进行施工场区附属管线和建筑物管线测设的依据。

⑩ 场区控制点坐标、高程及点位分布图。

(3)仪器的配备、校核　测量人员要根据工程性质、规模、难易程度，以满足测量要求和降低成本为原则，准备与工程质量要求相匹配的测量仪器。开工之前，应将所需使用的测量仪器送到授权计量检测单位进行检定，确保仪器合格、可靠。

另外，应根据工程的规模，建立相应的测量工作组，设负责人一名，并配备足够的测量人员。通常，高层建筑施工的主要测量人员不应少于三人，且不宜频繁调动。

(4)控制桩的交接及校核　工程测量规范规定：放样前，应对建筑物施工平面控制网和高程控制点进行检核。即施工测量人员在施工放样前，应对业主提供的平面、高程控制点的坐标、距离、夹角、高程等进行校核，以判定其提供的起始数据资料是否无误，能否与设计图纸对应。复测校核施工控制点的目的，是为了防止和避免点位变化给施工放样带来错误。

(5)现场踏勘　全面了解现场情况，对施工场地上的平面控制点和水准点进行检核。

(6)施工场地整理　平整和清理施工场地，以便进行施工测量工作，其具体施测过程及土石方平整计算方法参见本教材学习情境3中的地形图在工程中的应用学习任务介绍。

(7)编制施工测量方案　根据设计图纸、相关规范和经批准的施工组织设计方案编制切实可行的施工测量方案。施工测量工作是引导工程顺利进行的先导性工作，施工测量方案对测量工作起全面指导作用，因此，工程开工之前编制完整的施工测量方案是非常必要的。

施工测量准备工作完成以后，即可伴随着工程项目的实施，逐项进行施工测量工作，为各工序的施工提供服务。

2)施工场区控制网布设及施测工作

一般来说，大中型的施工项目，应先建立场区控制网，再分别建立建筑物施工控制网；小规模或精度高的独立施工项目，可直接布设建筑物施工控制网。

场区控制网，应充分利用勘察阶段的已有平面和高程控制网。原有平面控制网的边长，应投影到测区的主施工高程面上，并进行复测检查。精度满足施工要求时，可作为场区控制网使用；否则，应重新建立场区控制网。

新建立的场区平面控制网，宜布设为独立网。控制网的观测数据，不得进行高斯投影改化，可将观测边长归算到测区的主施工高程面上。

新建场区控制网，可利用原控制网中的点组(由三个或三个以上的点组成)进行定位。小规模场区控制网，也可选用原控制网中一个点的坐标和一个边的方位进行定位。

大中型的施工项目的场区平面控制网，可根据场区的地形条件和建构筑物的布置情况，布设成建筑方格网、导线及导线网、三角形网或GPS网等形式。

施工场区控制测量成果是其后续测量工作的基础，务必保证应有的精度。

3)建筑物控制网的布设和施测

建筑物施工控制网，应根据场区控制网进行定位、定向和起算；控制网的坐标轴，应与工程设计所采用的主、副轴线一致；建筑物的±0.000高程面，应根据场区水准点测设。

控制网点，应根据设计总平面图和施工总布置图布设，并满足建筑物施工测设的需要。

4)建构筑物平面定位及细部测设

本过程的施工测量工作实质上是施工控制测量工作之后的细部测设工作，包括建筑物主轴线的平面定位、细部轴线测设及基础施工测量和主体结构施工测量等任务。

本过程的施工测量工作与工程施工的工序密切相关，某项工序还没有开工，就不能进行该项工序的施工测量工作。测量人员应了解施工设计的内容、性质及其对测量工作的精度要求，熟悉图纸上的各尺寸数据，了解施工的全过程，并掌握施工现场的变动情况，使施工测量工作能够与工程施工密切配合。

施工测量放样工作是多种多样的，而且施工放样的基本方法也是多种多样的。因而，在实际工作中，必须根据建筑施工场地的具体情况，灵活运用放样方法。而且，定线放样是整个施工过程中的一个组成部分，必须与施工组织计划相协调，在精度和测量进度方面满足施工的需要，尽可能地避开施工的干扰，并在测量时保证成果的质量。

全站仪是目前施工单位测量工作中使用最频繁、最多的仪器之一，它的主要特点是：既能测角又能测距，内置了放样程序，内存大，可将事先计算出的放样元素存在仪器内；在施工场地，可根据放样程序采用极坐标法进行工程施工放样，并检核与设计坐标的差值，明显加快了放样工作的速度。

5）检查、验收

首先，施工测量应做到“步步有校核”，以避免测量工作出现差、错、漏等情况。另外，每道施工工序完工之后，都要通过测量检查工程各部位的实际位置及高程是否与设计要求相符合。

6）施工过程中的变形监测工作和工程项目竣工测量工作

伴随着施工的进行，测定建筑物在水平和竖直方向产生的位移，收集整理各变形观测资料，作为鉴定工程质量和验证工程设计、施工是否合理的依据。

工程项目竣工测量是真实反映施工后建构筑物实际位置的最终表现，也是后续阶段设计和管理的重要依据，更是工程竣工质量验收的重要资料。

总之，施工测量工作是工程项目施工建设中的一项重要工作，施工测量工作成果准确与否会直接影响工程的施工质量和进度，进而影响到工程项目能否按合同所签定的工期顺利完工及交验，同时也是项目创优工作的必要保证。

### 3. 施工测量工作中的测量精度确定

为了保证建构筑物放样的正确性和准确性，满足工程建设建筑限差的要求，施工测量工作必须达到一定的精度要求。

1）建筑限差

建筑物的建筑限差是指建筑物竣工之后，各施工点位相对于建筑物纵横轴线偏离值的限值。在《建筑工程施工质量验收统一标准》（GB 50300—2001）及各专业工程施工质量验收规范GB 50202—2002～GB 50209—2010 等规范中，对建筑施工限差均作了明确的规定。通常对其偏差的规定是随工程的性质、规模、建筑材料、施工方法等因素而改变。按精度要求的高低排列为：钢结构、钢筋混凝土结构、砖混结构、土石方工程等。按施工工艺方法来分，预制件装配式施工方法较现浇施工方法的精度要求高一些，钢结构用高强度螺栓连接的比用电焊连接的精度要求高一些。此外，由于建构筑物内各部位相对位置关系的测设精度要求较高，因而建筑物的细部放样精度要求往往高于建设场区内各建筑物之间的相对位置关系的测设精度。

对一般工程来说，混凝土柱、梁、墙的施工允许总误差为 10～30 mm；对高层建筑物来说，轴线的倾斜度要求高于1/1 000～1/2 000；安装连续生产设备的中心线，其横向偏差不应超过1 mm；对钢结构的工业厂房来说，柱间距离偏差要求不超过2 mm；钢结构施工的总误差随施工方法不同，允许误差为1～8 mm；土石方的施工允许误差达10 cm；对特殊要求的工程项目，其设计图纸及设计总说明中均有明确的建筑限差要求。

因此，在实施施工测量工作时，其建筑物测量控制网的主要技术指标应依据建筑设计的施工限差，建筑物的分布、结构、高度和机械设备传动的连接方式，以及生产工艺的连续程度等情况，推算出测设精度指标。

2)精度分配原则

对于相当多的工程，施工规范中没有具体的测量精度的规定。这时先要在施工测量及施工、加工制造等几个方面之间对建筑限差进行误差分配，然后方可确定施工测量工作应达到的精度。

若设计允许总误差(即建筑限差)为$\Delta$，允许施工测量工作产生的误差为$\Delta_1$，允许施工产生的误差为$\Delta_2$，允许加工制造产生的误差为$\Delta_3$(如果还有其他重要的误差因素，则再增加项数)，且假定各工种产生的误差相互独立，按照误差传播定律，则有

$$\Delta^2=\Delta_1^2+\Delta_2^2+\Delta_3^2 \tag{4-1}$$

式中：只有$\Delta$是已知的量(即设计时所确定的建筑限差)，其他各项都是待定量。

通常，在精度分配处理中，一般先采用“等影响原则”、“忽略不计原则”处理，然后把计算结果与实际作业条件对照，或凭经验作些调整(即不等影响)后再计算。如此反复，直到误差分配比较合理为止。

(1)等影响原则　所谓等影响原则是假定配赋给各个重要的误差因素的允许误差相同，即假定$\Delta_1$、$\Delta_2$、$\Delta_3$相等，则各方面误差因素的允许误差均为$\Delta/\sqrt{3}$。

由此求得的$\Delta_1$是分配给测量工作的最大允许误差，通常把它当作测量的极限误差来处理，由此可以根据它来确定测量方案，并确定出施工控制网的精度。

按照“等影响原则”进行等量配赋在实际工作中有时显得不太合理，因为各方面误差影响因素往往并非等比重，这样，可能对某些方面来说显得太松，而对另一些方面却显得太紧了。此时，常需结合具体条件或凭经验作些调整，以求配赋合理。但要求最终各方面误差的联合影响不超过总的建筑限差。

(2)忽略不计原则　若某项误差由$m_1$和$m_2$两部分组成，即

$$M^2=m_1^2+m_2^2 \tag{4-2}$$

式中：$m_2$影响较小，当$m_2$小到一定程度时可以忽略不计，这样可以认为$M=m_1$。

设$m_2=\frac{m_1}{k}$，则$M=m_1\sqrt{1+\frac{1}{k^2}}$。通常取$k=3$时，$M=1.05m_1\approx m_1$，因此可认为$M=m_1$。

在实际工作中，通常把$m_2\approx\frac{1}{3}m_1$作为忽略$m_2$不计的标准。

3)施工测量其控制网精度确定

正确定出施工控制测量的精度和建筑物测设精度要求，是一项极为重要的工作。首先应依据建筑限差确定出施工测量工作的总精度要求，然后再依据施工测量总精度要求定出施工控制测量的精度要求。由于各建筑物或同一建筑物中不同建筑部分的施工标准及质量目标水平不

一样，因而对施工放样精度的要求也就不同，这样进行精度确定时，便没有一个统一标准。如果此种精度定得过宽，就可能造成质量事故；反之，定得过严，又会给放样工作带来不少困难，从而增加了放样工作量，延长了放样的时间，也就无法满足工程施工进度的需要。

建筑物主要轴线的放样一般是根据施工控制网进行，而细部轴线及建筑细部测设则大多依据主轴线进行，但有时也可根据施工控制网进行。因此，如何根据施工测量的总精度要求来确定施工控制网的精度要求，应考虑到施工现场条件、施工程序和方法，以及其各自的质量标准，并分析这些建筑物是否必须直接从控制点进行放样。若直接由控制点放样，必须考虑建筑限差对控制网的要求；若不是，则不必考虑建筑限差对控制网的要求。其次，建筑限差一般是以相对限差（即局部要求）的形式提出的，如何将相对限差转化为放样点的点位误差的形式，需要根据工程实际而定。下面依据建筑工程的建筑限差，来分析确定施工测量误差及相关施工控制测量精度确定的基本思想及方法。

施工测量的总精度要求应由工程设计人员提出的建筑限差或按工程施工规范来确定。建筑限差 $\Delta$ 一般是指工程竣工后的最低精度要求，它应理解为极限误差，故工程竣工后的中误差 $m$ 应为建筑限差的一半。通常，对土建施工来说，建筑物竣工时的中误差 $m$ 是由施工误差 $m_{施}$ 和测量误差 $m_{测}$ 两项误差因素所共同引起的，测量误差只是其中的一部分，即

$$m^2=m_{测}^2+m_{施}^2 \tag{4-3}$$

按照“等影响原则”及“忽略不计原则”，施工测量误差不能成为建筑误差的主要成分。一般来说，施工测量的任务是保证工程建筑物的几何形状和大小，而不应使得由于测量误差的累积，影响了工程质量；此外，施工测量工作可以有很多措施来提高测量作业的精度，而在施工过程中，受施工方法及现场条件的限制，其施工精度要达到很高是很困难的。因此在施工中，常取测量误差为施工误差的$\frac{1}{\sqrt{2}}$，即 $m_{测}=\frac{1}{\sqrt{2}}m_{施}$。由此，可得 $m_{测}=\frac{1}{\sqrt{3}}m$。

施工测量总误差又包括施工控制测量误差 $m_{控}$ 和细部放样误差 $m_{放}$ 两部分，即

$$m_{测}^2=m_{控}^2+m_{放}^2 \tag{4-4}$$

两者在测量误差中的比例应根据控制网的布设情况和放样工作的条件分两种不同的情况来分析，若放样条件好（指放样边长短，场地较平整），则放样误差可以很小，此时控制测量误差可以接近总测量误差；若放样条件不好，则放样误差一般较大，此时应提高控制测量的精度，使控制点误差所引起的放样点误差相对于施工放样的误差来说，小到可以忽略不计，即控制测量误差在总的测量误差中不能起显著作用，一般而言约占测量总误差的 10%，亦即使控制点误差对放样点位不发生显著影响。

在施工场地上，一般控制点较密，放样距离较近，条件较好，其放样误差较小，两者之间常常取适当的比例，一般取控制测量误差为细部放样误差的$\frac{1}{\sqrt{2}}$，即 $m_{控}=\frac{1}{\sqrt{2}}m_{放}$，则可得

$$m_{控}=\frac{1}{\sqrt{3}}m_{测}=\frac{1}{3}m$$

又因工程竣工后的中误差 $m$ 为建筑限差 $\Delta$ 的一半，即 $m=\frac{1}{2}\Delta$，所以

$$m_{控}=\frac{1}{6}\Delta \tag{4-5}$$

式(4-5)反映了在工业区场地或建筑施工场地上施工控制测量误差与建筑限差之间的比例关系。通常,在建筑施工中制定测量方案时,可以参照此原理确定相应工程的施工控制测量精度。

例如,在建筑施工中,对测量精度要求最严的是管道敷设,按《建筑安装工程施工及验收技术规范》的规定,对于管径为300 mm的铸铁管,在进行管道的接口连接时,要求每节管道的允许横向偏差$\delta=2.0$ mm。由于管道工程施工,一般要求每隔$L=150$ m左右放样一点,普通压力管道的管节长度$l=6$ m,所以在150 m长度上管节接头数为$n=\frac{L}{l}-1=24$,则对于150 m长度的管道,其允许横向偏差为$\frac{n\delta}{L}=\frac{1}{3\ 100}$;当管径为600 mm时,$\delta=2.3$ mm,其相应的允许横向偏差为$\frac{n\delta}{L}=\frac{1}{2\ 700}$,由此取$\frac{1}{3\ 000}$的相对精度作为压力管道施工的建筑限差。据此,可计算确定出施工厂区控制网的边长相对中误差不大于1/20 000。

## 活动2 施工测量方案的编制

施工测量工作是引导工程建设自始至终顺利进行的控制性工作,施工测量方案是预控质量、全面指导施工测量放线工作的依据。因此,各种工程项目在开工建设前,通常均要求编制切实可行的施工测量方案。

### 1. 施工测量方案的编制依据

施工测量方案的编制依据一般有以下几个方面。

(1)施工测量规范和规程,如《工程测量规范》、《城市测量规范》等;工程建设相关质量标准,如《建筑法》、《测绘法》等。

(2)规划局或业主提供的有关原有场地上的控制点资料,如城市控制点、红线桩点、水准点等已知起算点。

(3)施工用的整套图纸及相关的工程建设合同。

### 2. 施工测量方案包含的基本内容

施工测量方案一般包括以下基本内容。

1)工程概况

要求在方案中对施工场地位置(即坐落)、面积大小、地形状况;工程总体平面布局、建筑面积、层数与高度;结构、装饰类型;工期与施工方案要点;工程特点及特殊施工要求等作简要的、概括性的说明。

2)施工测量的基本要求

说明建筑物与红线的关系,阐明定位条件,对施工测量的精度提出具体要求。

3)场地准备测量

根据设计总平面图与施工现场平面布置图,确定拆迁范围。标出需要保留的地下管线、地下建(构)筑物与名贵树木树冠的范围。测设出临时设施的位置与场地平整高程。

施工测量准备工作是保证施工测量全过程顺利进行的重要环节，包括图纸的审核，测量定位依据点的交接与校核，测量仪器的检定与校核，测量方案的编制与数据准备，施工场地测量等。

(1)检查各专业图纸中的平面位置、标高是否有矛盾，预留洞口是否有冲突，及时发现问题，及时向有关人员反映，及时解决。

(2)对所有进场的仪器设备及人员进行初步调配，并对所有进场的仪器设备重新进行检定。

(3)复印预定人员的上岗证书，由主任工程师进行技术交底。

(4)根据图纸条件及工程内部结构特征确定轴线控制网形式。

4)校测起始依据

对施工放线的起始依据和原有地上、地下建构筑物进行复核。

5)测设场区施工控制网布设

根据场区情况、设计要求、施工特点，本着便于施工、控制全面、长期保留的原则，确定并测设场区平面控制网和高程控制网。场区控制测量方案可以单独编制。

(1)场区平面控制网布设原则及要求　场区平面控制应先从整体考虑，遵循“先整体后局部，先控制后细部”的原则。若采用建筑方格网布设场区控制网，则方格主轴线控制网的布设应根据建筑总平面图、基础施工平面图、首层平面图及现场条件等合理布设。控制点应选在通视条件良好、安全、易于保护的地方。轴线控制桩是工程施工过程中测量放线的依据，必须进行保护。

(2)平面控制网的布设　应根据施测对象即拟建建筑物的结构形式和特点，确定场区控制网的精度级别(是一级网还是二级网)，建立精度适当的平面控制网，以控制工程场区的整体施工建设工作(若为中小型工程项目，可直接布设建筑物控制网)。

① 城市坐标系统的引测、场区红线桩测设及场区控制网测设。

② 建筑物定位桩测设。工程建筑物定位桩通常由红线班依据城市总体规划在施工现场测定，并进行控制桩及控制资料的交接，最终需经测量人员对建筑物定位桩的角度、距离关系进行复测，要求精度符合规范要求。

③ 主轴线控制网测设。以建筑物定位桩为基准，测量人员使用全站仪采用极坐标法测设设计好的施工场区控制网的主轴线。土方开挖完成后，进行结构施工时，以主轴线控制网为依据，进行轴线控制加密，以满足结构施工的需要。

④ 平面控制网的精度技术指标应符合工程测量规范的规定要求，通常有两个等级，应根据工程的建筑限差要求确定等级，以满足工程建设施工质量要求。

(3)高程控制网的建立　步骤如下。

① 高程控制网的布设。为保证工程施工的竖向精度，原则上要求每一工程应至少布设3个高程控制点组成高程控制网。同时，为满足现场施工进度及施工过程中方便使用，在场区内测设若干个±0.000标高控制点，作为施工高程的控制依据。

② ±0.000标高控制点测设方法。根据设计总图给定的±0.000标高的绝对高程，以红线班已测设的高程控制点为依据，首先用水准仪对高程控制点进行联测，高程无误后采用符合路线测定的±0.00标高控制点，并根据需要定期进行复测。

6)建筑定位与基础施工测量

制定建筑物的主要轴线控制桩、护坡桩的测设与监测方法，说明基础开挖与±0.000以下各层的施工测量方法。

(1)轴线控制桩的校测　在建筑物基础施工过程中,对轴线控制桩应定期复测一次,以防桩位发生位移,而影响到正常施工及工程施测的精度要求。

(2)平面定位放样测量　步骤如下。

① 轴线投测。当施工到某施工作业层(如平面楼层混凝土浇筑并凝固达到一定强度)后,现场测量人员应根据基坑边上的轴线控制桩,利用测量仪将控制轴线投测到作业面上。然后以控制轴线为基准,以设计图纸为依据,放样出其他轴线和柱边线、洞口边线等细部线。

② 圆弧控制线放样。若施工对象中有曲线型建筑,其曲线放样应根据纵横轴线控制线进行,首先计算曲线弦点与纵、横轴线的间距和垂距(或直接解算出坐标),然后以纵横轴线为依据放样弦点,最后将弦点连成弦线组成近似曲线。

③ 当每一层平面或每一施工段测量放线完后,必须进行自检,自检合格后及时填写楼层放线记录表、施工测量放线报验表并报监理验线,验线合格后,进行下一步施工。

(3)支立模板时的测量控制　步骤如下。

① 中心线及标高的测设。根据轴线控制点将中心线测设在靠近墙体底部的楼层平面上,并在露出的钢筋上抄测出楼层+500 mm 或+1000 mm 标高线,控制模板平面位置及高度。

② 模板垂直度检测。模板支立好后,利用吊锤吊垂线以校核模板的垂直度,并通过检查线锤吊线与轴线间距离,来校核模板的位置。

(4)±0.000 以下结构施工中的标高控制　步骤如下。

① 高程控制点的联测。在向基坑内引测标高时,首先联测高程控制网点。经联测确认无误后,方可向基坑内引测所需的标高。

② 基坑标高基准点的引测方法。以现场高程控制点为依据,采用水准仪以高差法向基坑测设附合水准路线,将高程引测到基坑施工面上。标高基准点用红油漆标注在基坑侧面上,并标明数据。

③ 施工标高点的测设。施工标高点的测设是以引测到基坑的标高基准点为依据,采用水准仪按测设已知高程的方法进行。施工标高点测设在墙、柱外侧立筋上,并用红油漆做好标记。

④ 标高抄测的精度应控制在允许范围内,允许偏差如下(建筑物高度用 $H$ 表示)应符合工程测量规范中的技术指标规定。

7)±0.000 以上部分施工测量

确定首层、非标准层与标准层的轴线控制方法和高程传递方法。

(1)轴线投测　±0.000 以上部分施工测量工作主要是进行轴线向上投测。

建筑物±0.000 以上的轴线传递,目前主要用激光铅直仪竖向投测法(即内控法)进行,也可用经纬仪外控法进行。

① 内控点布设。平面内控点的布设,根据施工流水段的划分进行,每一流水段至少布设 3 个点,作为该流水段的测量控制点。

埋件的埋设。内控点所在首层楼板相应位置上需预先埋设铁件并与楼板钢筋焊接牢固。以后在各层施工浇筑混凝土顶板时,在垂直方向对应控制点位置上预留出 $\phi$150 mm 孔洞,以便轴线向上投测。其预埋件一般作法可为:预埋铁件可用 100 mm×100 mm×8 mm 厚钢板制作而成,在钢板下面焊接Φ12 钢筋,且与底板焊接浇筑。

内控制点的测设。待预埋件埋设完毕后,将内控点所在纵横轴线分别投测到预埋铁件上,并用全站仪进行测角、测边校核，精度合格后作为平面控制依据。内控网的精度应不低于轴线控制网的精度。

激光接收靶。激光接收靶由 300 mm×300 mm×5 mm 厚有机玻璃制作而成，接收靶上由不同半径的同心圆及正交坐标线组成。

② 内控点竖向投测。将激光铅直仪安置在首层控制点上，对中整平后，打开电源开关，仪器发射激光束，穿过楼板预留洞直射到激光接收靶上，激光铅直仪操作人员首先调整焦距使激光束聚焦成光点，然后转动仪器，激光点在接收靶上的轨迹形成圆圈，上面操作接收靶人员见光后挪动接收靶，使靶心与圆心重合，此时固定靶位，接收靶中心即控制点位置。轴线投测时，测量人员互相之间用对讲机进行联络。

轴线竖向投测的允许误差。该项精度要求同标高抄测的精度要求，具体见测量规范规定。

③ 作业层轴线、细部轴线放样。轴线控制点投测到施工层后，将全站仪（或经纬仪）分别置于各点上，检查相邻点间夹角是否为 90°，然后进行距离测量（或用检定过的 50 m 钢尺）校测每相邻两点间水平距离，检查控制点是否投测正确。控制点投测正确后，依据控制点与轴线的尺寸关系放样出轴线。轴线测放完毕并自检合格后，以轴线为依据，依图纸设计尺寸放样出柱边线、洞口边线等细部线。

④ 圆弧柱测量。圆弧柱中心线的控制可采用图解法测量放样，在计算机上使用 CAD 软件标注功能将圆弧控制线与横、纵轴关系尺寸数据标出，测量人员根据数据放样圆弧及圆柱控制线。

(2)高程的传递　步骤如下。

① 基准标高的引测。首先从高程控制点将高程引测到首层便于向上竖直立尺处，校核合格后作为起始标高线，弹出墨线，并用红油漆标明高程数据。

② 标高的竖向传递，用钢尺从基准标高线竖直量取。钢尺需加拉力、尺长、温度三差改正（也可以采用其他方法进行引测，如水准测设等）。

③ 施工层抄平。施工层抄平之前，应先校测首层传递上来的三个标高点，当较差小于 3 mm 时，取其平均高程引测水平线。抄平时，应尽量将水准仪安置在测点范围的中心位置。

当每一层平面标高抄测工作完成后，必须进行自检，自检合格后及时填写楼层标高抄测记录表、施工测量放线报验表报监理验线，验证合格后，进行下一步施工。

④ 标高竖向传递的允许误差。其精度规定同标高抄测的精度要求，参见工程测量规范规定。

8)特殊工程的施工测量

说明高层钢结构、高耸建(构)筑物（如电视发射塔、水塔、烟囱等）、体育馆等特殊工程的施工测量方法。该项应根据实际情况取舍，如工程中有以上内容，应重点说明。

9)装饰与安装测量

根据会议室、大厅、外饰面、玻璃幕墙等室内外装饰及各种管线、电梯、旋转餐厅的特点，确定装饰与安装工程的测量方法。

10)竣工测量与施工阶段的变形观测工作

制定竣工图的绘制步骤、手段和竣工测量的计划、方法。根据设计与施工要求确定与本工程相适应的变形观测内容、方法与精度。

11)验线制度

明确各分项工程的测量验线内容、验线方法,并制定验线制度。

12)施工测量工作的组织与管理

工程测量技术资料编制、管理工作所需提供的测量资料包括:

① 工程定位测量记录;

② 基槽验线记录;

③ 楼层平面放线记录;

④ 楼层标高抄测记录;

⑤ 建筑物垂直度、标高观测记录;

⑥ 施工测量放线报验表。

此外,还应进行人员组织及设备配置。在人员组织方面,应根据实施工程的施工测量放线的工作量和工作难度,进行合理的测量人员配置。一般应设测量项目经理1名,负责工作组织安排、设备管理、现场安全管理、工作质量、工作进度以及测量技术资料的编制;另外配置测量放线工若干名,负责测量放线操作,在工程中进行测量放线操作的人员,须具有测量放线工作经验,且需具有测量放线岗位相关证书。

在仪器、设备配置方面,应视工程情况及现有仪器状况合理配置。

此外,还应制定施工测量质量控制计划,建立施工测量工作质量保证体系,严格进行施工测量质量过程控制工作,测量项目经理要按照施工进度和测量方案要求,安排现场测量放线工作,作好施工测量日志。测量放线作业过程中,要严格执行"三检制",即"自检、互检、交接检"。

自检:作业人员在每次测量放线完成后立即进行自检,自检中发现不合格项,应立即进行改正,直到全部合格,并填好自检记录。

互检:由施工负责人或质量检查员组织进行质量检查,发现不合格项,立即改正至合格。

交接检:由施工负责人或质量检查员组织进行,上道工序合格后移交给下道工序,交接双方在交接记录上签字,并注明日期。

施工测量方案由施工方进行编制,编好后应填写施工组织设计(方案)报审表,并同施工组织设计一道报送建设监理单位审查、审批,经监理单位批准后方可实施。

## 活动3 掌握点的平面位置测设方法和曲线测设方法

### 1. 点的平面位置测设方法

施工测量工作的基本测设工作方法包括水平角度测设、水平距离测设和高程测设三项(其操作方法及步骤参见学习情境1相关内容)。由此可组合形成以下几种常用的点的平面位置的测设方法。

点的平面位置测设是根据施工控制点的坐标和待测设点的坐标反算出测设数据,即控制点和待测设点之间的水平距离和水平角,再利用点的平面位置的测设方法在实地标定出设计点位。

施工场地上点的平面位置测设常用的方法有极坐标法、直角坐标法、距离交会法和角度交会法等，所用的仪器一般是经纬仪和钢尺，也可以使用全站仪进行。至于选用何种方法、何种测设仪器，应根据施工控制网的形式、控制点的实地位置及施工场地现场情况、精度要求等因素进行合理的选择。一般来说，最为常用的是极坐标法，目前大都使用全站仪按照极坐标法原理进行点位放样。

1）极坐标法

极坐标法是根据水平角和水平距离来测设点的平面位置的一种方法。这种方法是利用数学中的极坐标原理，以两个控制点的连线作为极轴，以其中一个控制点作为极点建立极坐标系，根据放样点与控制点的坐标，计算出放样点到极点的水平距离（极距）及放样点与极点连线方向和极轴间的夹角（极角），然后利用所求的放样数据进行实地测设。在控制点与测设点间便于量距的情况下，采用此法较为适宜，而利用测距仪或全站仪测设水平距离，则没有此项限制，且工作效率和精度都较高。

如图 4-1 所示，$A(x_A, y_A)$、$B(x_B, y_B)$ 为已知控制点，$1(x_1, y_1)$、$2(x_2, y_2)$ 为待测设点，其设计坐标可以在施工总平面图上查得。放样时，首先根据已知点坐标和测设点坐标，按坐标反算方法计算出测设数据 $D$ 和 $\beta$，然后进行实地放样。

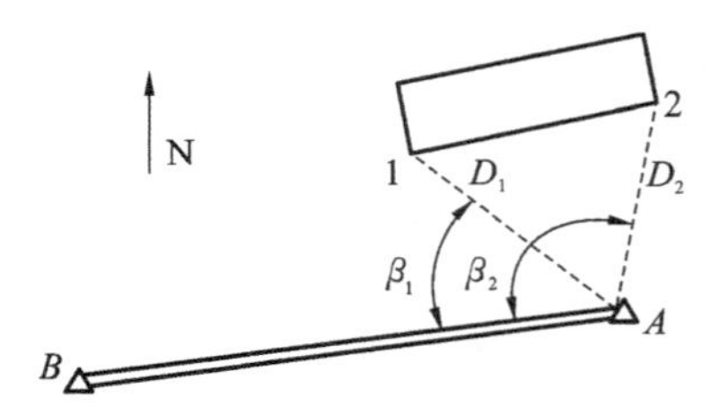

图 4-1　极坐标法测设点的平面位置

首先，计算出测设数据，包括 $D_1$、$D_2$，$\beta_1=\alpha_{A1}-\alpha_{AB}$，$\beta_2=\alpha_{A2}-\alpha_{AB}$。

然后，进行实地测设。测设时，经纬仪（或全站仪）安置在 $A$ 点，后视 $B$ 点，置水平度盘为零，按盘左盘右分中法分别测设水平角 $\beta_1$、$\beta_2$，定出 1、2 点方向，沿此方向测设水平距离 $D_1$、$D_2$，则可在地面标定出设计点位 1、2 点。

最后进行检核。检核时，可以采用丈量实地 1、2 点之间的水平边长，并与 1、2 点设计坐标反算出的水平边长进行比较。

如果待测设点的精度要求较高，可以利用前述的精确方法测设水平角和水平距离。

若条件允许，也可用全站仪放样程序完成点的平面位置的测设（具体方法见学习情境 1 全站仪的操作任务中的介绍）。

2）直角坐标法

直角坐标法是建立在直角坐标原理基础上测设点位平面位置的一种方法。当建筑场地已建立有主轴线或建筑方格网时，一般采用此法。

如图 4-2 所示，$A$、$B$、$C$、$D$ 为建筑方格网或建筑基线控制点，1、2、3、4 为待测设建筑物轴线的交点，建筑方格网或建筑基线分别平行或垂直待测设建筑物的轴线。根据控制点的坐标和待测设点的坐标可以计算出两者之间的坐标增量。下面以测设 1、2 点为例，说明测设方法。

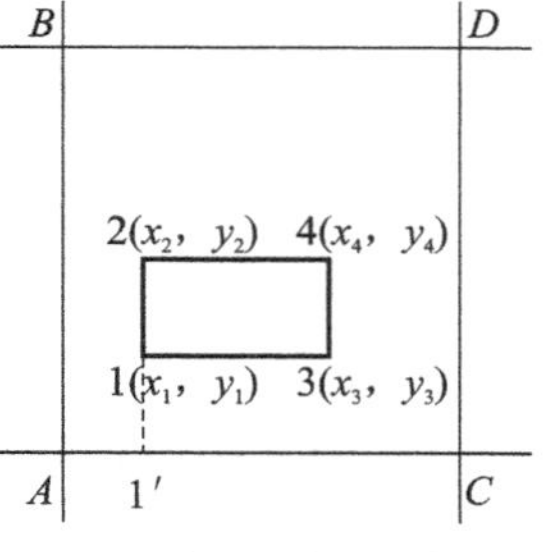

图 4-2　直角坐标法放样

首先计算出 $A$ 点与 1、2 点之间的坐标增量，即 $\Delta x_{A1}=x_1-x_A$，$\Delta y_{A1}=y_1-y_A$。

测设 1、2 点平面位置时，在 $A$ 点安置经纬仪，照准 $C$ 点，沿此视线方向从 $A$ 沿 $C$ 方向测设水平距离 $\Delta y_{A1}$ 定出 1′点。再安置经纬仪于 1′

点，盘左照准 $C$ 点（或 $A$ 点），测设出 90°方向线，并沿此方向分别测设出水平距离 $\Delta x_{A1}$ 和 $\Delta x_{12}$ 定 1、2 点。同法以盘右位置再定出 1、2 点，取 1、2 点盘左和盘右的中点即为所求点位置。

采用同样的方法可以测设 3、4 点的位置。

最后，进行测量检核。检核时，可以在已测设的点上架设经纬仪，检测各个角度是否符合设计要求，并丈量各条边长。

3)角度交会法

角度交会法是在两个控制点上分别安置经纬仪，根据相应的水平角测设出相应的方向，根据两个方向交会定出点位的一种方法。此法适用于测设点离控制点较远或量距有困难的情形。

如图 4-3 所示，根据控制点 $A$、$B$ 和测设点 1、2 的坐标，反算测设数据 $\beta_{A1}$、$\beta_{A2}$、$\beta_{B1}$ 和 $\beta_{B2}$ 角值。将经纬仪安置在 $A$ 点，瞄准 $B$ 点，利用 $\beta_{A1}$、$\beta_{A2}$ 角值按照盘左盘右分中法，定出 $A1$、$A2$ 方向线，并在其方向线上的 1、2 点附近分别打上两个木桩（俗称骑马桩），桩上钉小钉以表示此方向，并用细线拉紧。然后，在 $B$ 点安置经纬仪，同法定出 $B1$、$B2$ 方向线。根据 $A1$ 和 $B1$、$A2$ 和 $B2$ 方向线可以分别交出 1、2 点，即为所求待测设点的位置。

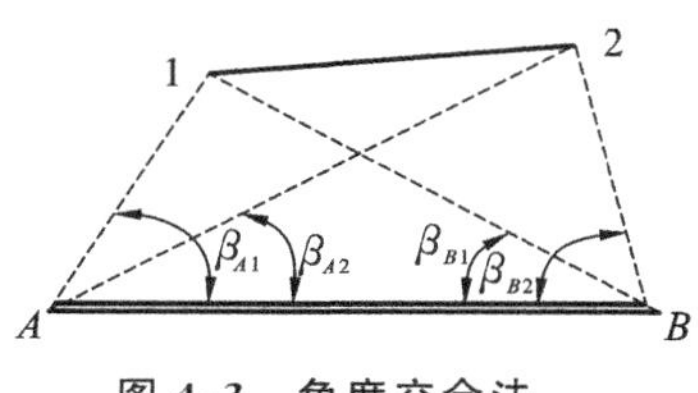

图 4-3　角度交会法

当然，也可以利用两台经纬仪分别在 $A$、$B$ 两个控制点同时设站，测设出方向线后标定出 1、2 点。

检核时，可以采用丈量实地 1、2 点之间的水平边长，并与 1、2 点设计坐标反算出的水平边长进行比较。

4)距离交会法

距离交会法是从两个控制点利用两段已知距离进行交会定点的方法。当建筑场地平坦且便于量距时，用此法较为方便。

如图 4-4 所示，$A$、$B$ 为控制点，1 点为待测设点。首先，根据控制点和待测设点的坐标反算出测设数据 $D_A$ 和 $D_B$，然后用钢尺从 $A$、$B$ 两点分别测设两段水平距离 $D_A$ 和 $D_B$，其交点即为所求 1 点的位置。同样，2 点位置可以由附近地形点 $P$、$Q$ 交会出。

检核时，可以实地丈量 1、2 点之间的水平距离，并与 1、2 点设计坐标反算出的水平距离进行比较。

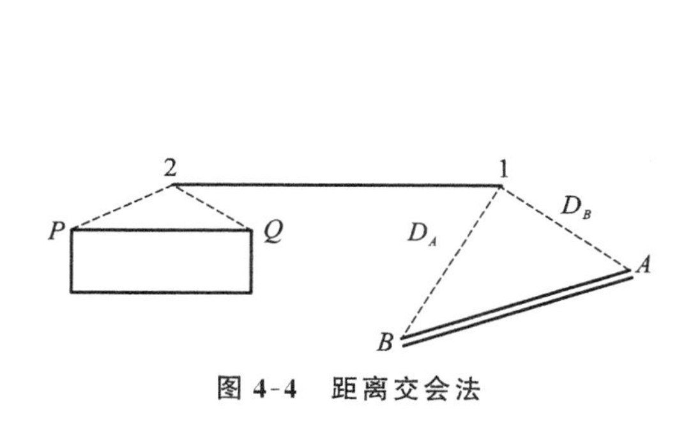

图 4-4　距离交会法

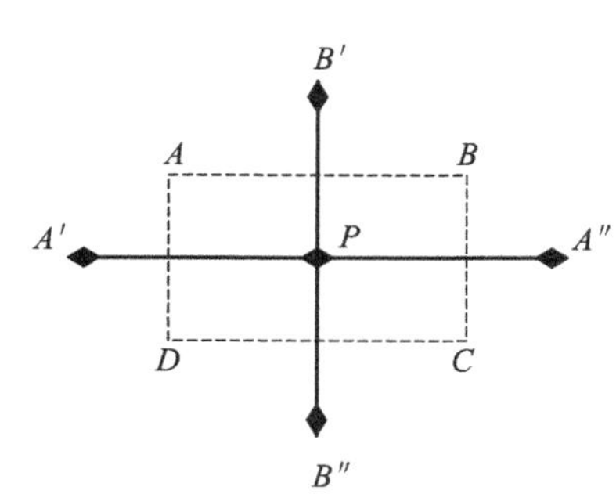

图 4-5　十字方向线法

5)十字方向线法

十字方向线法是利用两条互相垂直的方向线相交得出待测设点位置的一种方法。如图 4-5

所示，设 $A$、$B$、$C$ 及 $D$ 点为一个基坑的范围，$P$ 点为该基坑的中心点位，在挖基坑时，$P$ 点则会遭到破坏。为了随时恢复 $P$ 点的位置，则可以采用十字方向线法重新测设 $P$ 点。

首先，在 $P$ 点架设经纬仪，设置两条相互垂直的直线，并分别用两个桩点来固定。当 $P$ 点被破坏后需要恢复时，则利用桩点 $A'A''$ 和 $B'B''$ 拉出两条相互垂直的直线，根据其交点重新定出 $P$ 点。

为了防止由于桩点发生移动而导致 $P$ 点测设误差，可以在每条直线的两端各设置两个桩点，以便能够发现错误。

### 2. 曲线测设常用方法

在工程建设中，除了直线形的建构筑物外，还有由曲线与直线等线形所构成的异型建构筑物，由此，进行曲线测设也是工程建筑物放样的组成部分之一。另外，在施工场区道路及管线工程建设中，由于受地形、地物及场区内部交通要求的限制，所设计的线路总是不断从由一个方向转到另一个方向，为了行车安全，必须用曲线连接，即在道路及管线工程施工时，也必须进行曲线测设。在工程中，将这种在平面内连接不同的线路方向的曲线称为平曲线，平面曲线按其半径的不同又分为圆曲线和缓和曲线。圆曲线上任意一点的曲率半径处处相等，而缓和曲线上任意一点的曲率半径处处在变化。

圆曲线测设通常分两步进行。首先测设曲线上起控制作用的点，称为主点测设；然后根据主点加密曲线其他的点，称为曲线详细测设。在实测之前，必须进行曲线要素及主点的里程（或坐标）计算。

1）主点测设

圆曲线有三个重要点位，即直圆点 $ZY$（曲线起点）、曲线中点 $QZ$、圆直点 $YZ$（曲线终点），它们控制着曲线的方向，这三点称为圆曲线的三主点，如图 4-6 所示，转角 $I$ 根据所测左角 $\beta_{左}$（或右角）计算，曲线半径 $R$ 根据地形条件和工程要求选定。根据 $I$ 和 $R$ 可以计算其他测设元素。

（1）圆曲线测设元素的计算　如图 4-6 所示，可得圆曲线测设的元素如下。

$$\left.\begin{aligned}
&\text{切线长 } T \qquad T=R\tan\frac{I}{2}\\
&\text{曲线长 } L \qquad L=\frac{\pi}{180^\circ}\times RI\\
&\text{外矢距 } E \qquad E=R\left(\sec\frac{I}{2}-1\right)\\
&\text{切曲差 } D \qquad D=2T-L
\end{aligned}\right\}\tag{4-6}$$

式中：$I$ 为线路转折角；

$R$ 为圆曲线半径；

$T$、$L$、$E$、$D$ 为圆曲线测设元素，其值可由计算器算出。

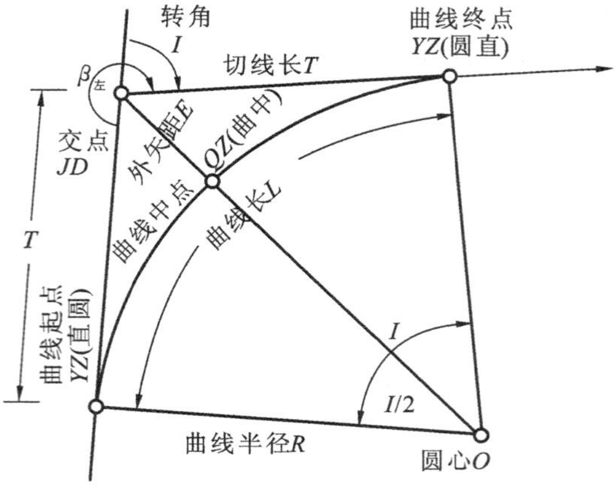

图 4-6　曲线元素计算

（2）圆曲线主点桩号的计算　根据交点的桩号和圆曲线元素可推出

$$\left.\begin{aligned} ZY\text{ 桩号}&=JD\text{ 桩号}-T\\ YZ\text{ 桩号}&=ZY\text{ 桩号}+L\\ QZ\text{ 桩号}&=YZ\text{ 桩号}-\frac{I}{2}\end{aligned}\right\}\tag{4-7}$$

$$JD\text{ 桩号}=QZ\text{ 桩号}+\frac{D}{2}\tag{4-8}$$

(3)圆曲线主点的测设　步骤如下。

① 如图4-7所示，在交点处安置经纬仪，照准后一方向线的交点或转点并设置水平度盘为0°00′00″，从$JD$点沿线方向量取切线长$T$得$ZY$点，并打桩标的定其点位，立即检查$ZY$至最近的里程桩的距离，若该距离与两桩号之差相等或相差在容许范围内，则认为$ZY$点位正确，否则应查明原因并纠正之。再将经纬仪转向路线另一方向，同法求得$YZ$点。

② 转动经纬仪照准部，拨角$(180°-I)/2$，在其视线上量$E$值即得$QZ$点。

图4-7　圆曲线主点的测设

③ 检查三主点相对位置的正确性。将经纬仪安置在$ZY$上，用测回法分别测出$\beta_1$、$\beta_2$角值，若$\beta_1-I/4$、$\beta_2-I/2$在允许范围内，则认为三主点测设位置正确，即可继续圆曲线的详细测设。

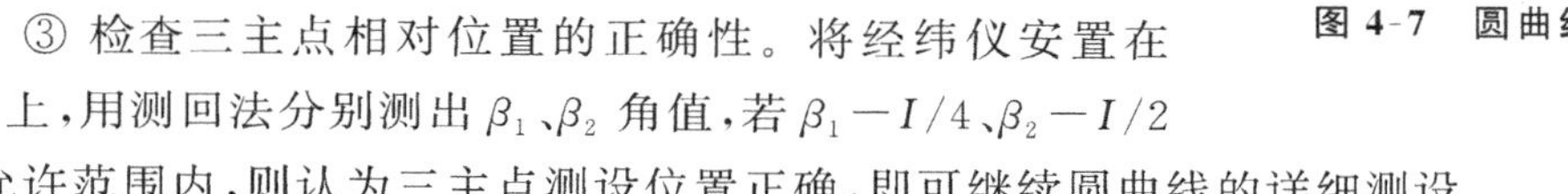

2)圆曲线的详细测设

当曲线长小于40 m时，测设曲线的三个主点已能满足路线线形的要求。如果曲线较长或地形变化较大时，为了满足线形和工作的需要，除了测设曲线的三个主点外，还要每隔一定的距离$l$，测设一个辅点，进行曲线加密。根据地形情况和曲线半径大小，一般每隔5 m、10 m、20 m测设一点，圆曲线的详细测设，就是指测设除圆曲线的主点以外一切曲线桩，包括一定距离的加密桩、百米桩及其他加桩。圆曲线详细测设的方法很多，可视地形条件加以选用，现介绍几种常用的方法。

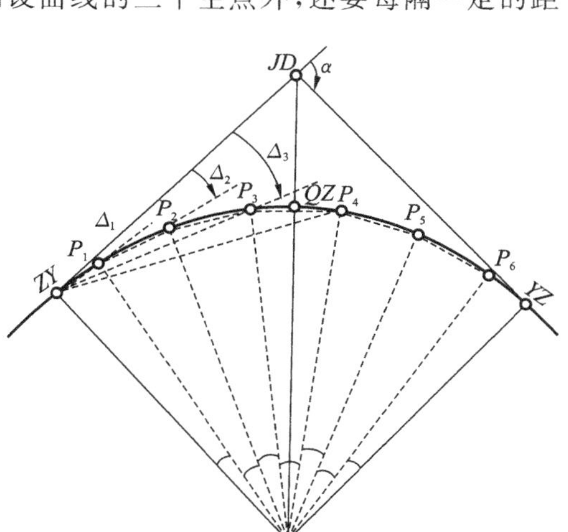

图4-8　偏角法测设圆曲线

(1)偏角法　又称极坐标法。它是根据一个角度和一段距离的极坐标定位原理来测设点的，也就是以曲线的起点或终点至曲线上任一点的弦线与切线之间的偏角(即弦切角)和弦长来测定该点的位置的。如图4-8所示，以$l$表示弧长，$c$表示弦长，根据几何原理可知，偏角即弦切角$\Delta_i$等于相应弧长$l$所对圆心角$\varphi_i$的一半。则有关数据可按下式计算：

圆心角 $$\varphi=\frac{l}{R}\times\frac{180^\circ}{\pi}$$

偏角 $$\Delta=\frac{1}{2}\times\varphi=\frac{1}{2}\times\frac{l}{R}\times\frac{180^\circ}{\pi}=\frac{l}{R}\times\frac{90^\circ}{\pi}$$

(4-9)

弦长 $$c=2R\times\sin\frac{\varphi}{2}=2R\times\sin\Delta$$

弧弦差 $$\delta=l-c=\frac{l^3}{24R^2}$$

若曲线上各辅点间弧长 $l$ 均相等时，则各辅点的偏角都为第一个辅点的整数倍，即

$$\left.\begin{aligned}\Delta_2&=2\Delta_1\\\Delta_3&=3\Delta_1\\&\vdots\\\Delta_n&=n\Delta_1\end{aligned}\right\}\tag{4-10}$$

曲线起点 $ZY$ 至曲中线点的 $QZ$ 的偏角为$\frac{\alpha}{4}$，曲线起点 $ZY$ 至曲线终点 $YZ$ 的偏角为$\frac{\alpha}{2}$，可用这两个偏角值作为测设的校核。

在实际测设中，上述一些数据可用计算器快速算得。为减少计算工作量，提高测设速度，在偏角法设置曲线时，通常是以整桩号设桩，然而曲线起点、终点的桩号一般都不是整桩号，因此要首先计算出曲线首尾段弧长 $l_A$、$l_B$，然后计算出相应的偏角 $\Delta_A$、$\Delta_B$，其余中间各段弧长均为 $l$ 及其偏角 $\Delta$，均可依据公式计算求得。具体测设步骤如下。

① 核对在中线测量时已经桩定的圆曲线的主点 $ZY$、$QZ$、$YZ$，若发现异常，应重新测设主点。

② 将经纬仪安置于曲线起点 $ZY$，以水平度盘读数 0°00′00″瞄准交点 $JD$，如图 4-8 所示。

③ 松开照准部，置水平盘读数为 1 点之偏角值 $\Delta_1$，在此方向上用钢尺从 $ZY$ 点量取弦长 $c_1$，桩定 1 点。再松开照准部，置水平度盘读数为 2 点之偏角 $\Delta_2$，在此方向线上用钢尺从 1 点量取弦长 $c_2$，桩定 2 点。同法测设其余各点。

④ 最后应闭合于曲线终点 $YZ$，以此来校核。若曲线较长，可在各起点 $ZY$、终点 $YZ$ 测设曲线的一半，并在曲线中点 $QZ$ 进行校核。校核时，如果两者不重合，其闭合差一般不得超过如下规定：

$$\left.\begin{aligned}&\text{半径方向(路线横向)误差 }\pm0.1\text{ m}\\&\text{切线方向(路线纵向)误差}\pm\frac{L}{1\,000}(L\text{ 为曲线长})\end{aligned}\right\}\tag{4-11}$$

偏角法是一种测设精度较高、灵活性较大的常用方法，适用于地势起伏，视野开阔的地区。它既能在三个主点上测设曲线，又能在曲线任一点测设曲线，但其缺点是测点有误差的积累，所以宜在由起点、终点两端向中间测设或在曲线中点分别向两端测设。对于小于 100 m 的曲线，由于弦长与相应的弧长相差较大，不宜采用偏角法。

(2)切线支距法　又称直角坐标法，它是根据直角坐标定位原理，用两个相互垂直的距离 $x$、$y$ 来确定某一点的位置的方法。也就是以曲线起点 $ZY$ 或终点 $YZ$ 为坐标原点，以切线为 $X$ 轴，以过原点的半径为 $Y$ 轴，根据坐标 $x$、$y$ 来设置曲线上各点。

如图 4-9 所示，$P_1$、$P_2$、$P_3$ 点为曲线欲设置的辅点，其弧长为 $l$，所对的圆心角为 $\varphi$，按照几何关系，可得到各点的坐标值为

$$\left.\begin{aligned}x_1&=R\sin\varphi_1\\y_1&=R-R\cos\varphi_1=R(1-\cos\varphi_1)=2R\sin^2\frac{\varphi_1}{2}\\x_2&=R\sin\varphi_2=R\sin2\varphi_1\text{（假设弧长相同）}\\y_2&=2R\sin^2\frac{\varphi_2}{2}=2R\sin^2\varphi_1\end{aligned}\right\}\tag{4-12}$$

同理，可知 $x_3$、$y_3$ 的坐标值。式中 $R$ 为曲线半径，$\varphi=\frac{l}{R}\times\frac{180°}{\pi}$为圆心角，因此不同的曲线长就有不同的 $\varphi$ 值，同样也就有相应的 $x$、$y$ 值。在实际测设中，上述的数据可用计算器算得。具体测设步骤如下。

① 校对在中线测量时已桩定的圆曲线的三个主点 $ZY$、$QZ$、$YZ$，若有差错，应重新测设主点。

② 用钢尺或皮尺从 $ZY$ 开始，沿切线方向量取 $x_1$、$x_2$、$x_3$ 等点，并做标记。

③ 在 $x_1$、$x_2$、$x_3$ 等点用十字架（方向架）作垂线，并量出 $y_1$、$y_2$、$y_3$ 等点，用测针标记，即得出曲线上 1、2、3 等点。

④ 丈量所定各点的弦长作为校核。若无误，即可固定桩位、注明相应的里程桩。

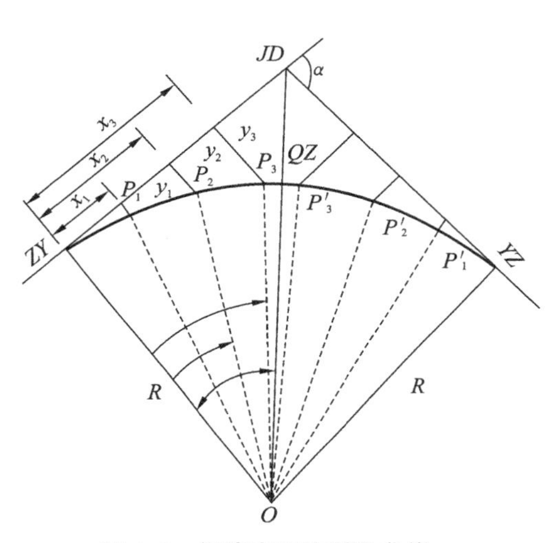


图 4-9　切线支距法测设曲线

用切线支距法测设曲线，由于各曲线点是独立测设的，其测角及量边的误差都不累积，所以在支距不太长的情况下，具有精度高、操作较简单的优点，故应用也较广泛，适用于地势平坦、便于量距的地区。但它不能自行闭合、自行校核，所以对已测设的曲线点，要实量其相邻两点间距离，以便校核。

## 活动4　施工场区控制网布设及施测

### 1. 施工场区控制测量概述

在工程建设勘测设计阶段已建立了测图控制网，但是由于它是为测图而建立的，不可能考虑建筑物的总体布置（当时建筑物的总体布置尚未确定），更未考虑到施工的要求，因此其控制点的分布、密度、精度都难以满足施工测量的要求。此外，平整场地时控制点大多受到破坏，因此在施工之前，对大型施工建设场地必须建立专门的施工场区控制网。专门为工程施工而布设的控制网称为施工控制网，施工控制网不单是施工放样的依据，同时也是变形观测、竣工测量及以后进行建筑物扩建或改建的依据。施工控制测量同样分为施工平面控制测量和施工高程控

制测量。平面控制网点用来确定测设点的平面位置，高程控制网点用来进行设计点位的高程测设。

施工场区控制网和相应控制网点的布设，应根据设计总平面图和施工总布置图布设，并满足施工测设的需要。在大中型建筑施工场地上，施工场区平面控制网多用正方形或矩形网格组成，称为建筑方格网；在面积不大、又不十分复杂的建筑场地上，常布设一条或几条基线作为施工控制；也可以采用导线形式布设。而高程控制网通常用水准测量方法进行。

与测图控制网相比，施工阶段的测量控制网具有以下特点。

(1)控制的范围小，控制点的密度大，精度要求高。在工程建设施工场区，由于拟建的各种建构筑物的分布错综复杂，没有稠密的控制点，则无法满足施工放样需要，也会给后期的施工测量工作带来困难。故要求施工控制点的密度较大。

至于点位的精度要求，测量图控制网点是从满足测图要求出发提出的，而施工场区控制网的精度是从满足工程放样的要求确定的。这是因为施工控制网的主要作用是放样建筑物的轴线，这些轴线的位置，其偏差都有一定的限制，其精度要求是相当高的。

(2)施工控制网的点位布置有特殊要求。由于施工场区控制网是为工程施工服务的。因此，为保证后期施工测量工作应用方便，一些工程对点位的埋设有一定的要求，以便准确地标定工程的位置，减小施工测量的误差。此外，在工业建筑场地，还要求施工控制网点连线与施工坐标系的坐标轴平行或垂直。而且，其坐标值尽量为米的整倍数，以利于施工放样的计算工作。

在施工过程中，需经常依据控制点进行轴线点位的投测、放样。由此，施工控制点的使用将极为频繁，这样一来，对于控制点的稳定性、使用时的方便性，以及点位在施工期间保存的可能性等，就提出了比较高的要求。

(3)控制网点使用频繁，且易受施工干扰。大型工程建设在施工过程中，控制点常直接用于放样，而不同的工序和不同的高程上都有不同的形式和不同的尺寸，往往要频繁地进行放样，这样，随着施工层面逐步升高，施工控制网点的使用是相当频繁的。从施工初期到工程竣工乃至投入使用，这些控制点可能要用几十次。另一方面，工程的现代化施工，经常采用立体交叉作业的方法，一些建筑物拔地而起，这样使工地建筑物在不同平面的高度上施工，妨碍了控制点间的相互通视。再加上施工机械调动，施工人员来来往往，也形成了对视线的严重障碍。因此，施工控制点的位置应分布恰当、坚固稳定、使用方便、便于保存，且密度也应较大，以便在放样时可有所选择。

(4)控制网的坐标系与施工坐标系一致。施工坐标系就是以建筑物的主要轴线作为坐标轴而建立起来的局部直角坐标系统。在设计者所设计的施工总平面图上，建筑物的平面位置是用施工坐标系的坐标来表示，工业建筑场地采用主要车间或主要生产设备的轴线作为坐标轴，以此建立施工直角坐标系。所以，在设计施工控制网时，总是尽可能将这些主要轴线作为控制网的一条边，或施工控制网的坐标轴常取平行或垂直于建筑物的主轴线。当施工控制网与测图控制网联系时，应利用公式进行坐标换算，以方便后期的施工测量工作。

在建筑总平面图上，建筑物的平面位置一般用施工坐标系统的坐标来表示。当施工坐标系与测量坐标系不一致时，应进行两种坐标系间的数据换算，以使坐标统一。其换算方法如下：如图 4-10 所示，设 $xOy$ 为测图坐标系，$AQB$ 为施工坐标系，则 $P$ 点在两个系统内的坐标 $x_P$、$y_P$ 和 $A_P$、$B_P$ 的关系式为

$$x_P = x_Q + A_P\cos\alpha - B_P\sin\alpha \tag{4-13}$$

$$y_P = y_Q + A_P\sin\alpha + B_P\cos\alpha \tag{4-14}$$

或在已知 $x_P$、$y_P$ 时，求 $A_P$、$B_P$ 的关系式为

$$A_P = (x_P - x_Q)\cos\alpha + (y_P - y_Q)\sin\alpha \tag{4-15}$$

$$B_P = -(x_P - x_Q)\sin\alpha + (y_P - y_Q)\cos\alpha \tag{4-16}$$

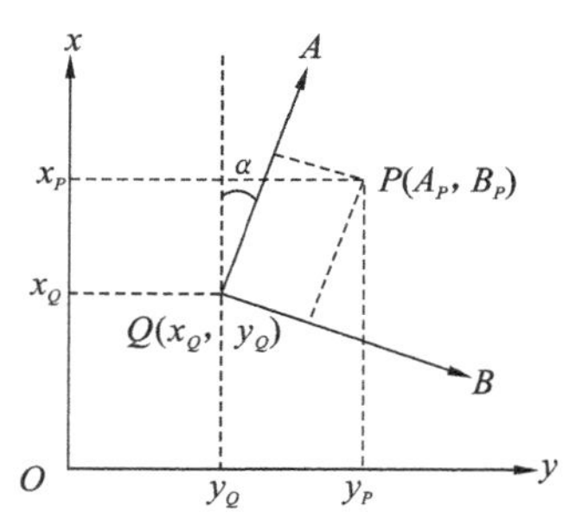


图 4-10　施工坐标系与测量坐标系的相互关系

以式(4-13)～式(4-16)中的 $x_Q$、$y_Q$ 和 $\alpha$ 由设计文件给出或在总平面图上用图解法量取($\alpha$ 为施工坐标系的纵轴与测图坐标系纵轴的夹角)。

依据施工阶段控制网的特点，布设施工场区控制网时，可将其作为整个测量方案设计的一部分。设计布网时，必须考虑到施工实施流程及工艺方法，以及施工场地的总体平面布置情况和已知控制点的资料(通常由业主提供)。

布设场区控制网，应充分利用勘察阶段的已有平面和高程控制网。原有平面控制网的边长，应投影到测区的主施工高程面上，并进行复测检查。精度满足施工要求时，可作为场区控制网使用；否则，应重新建立场区控制网。

新建立的场区平面控制网，宜布设为独立网。控制网的观测数据，不得进行高斯投影改化，可将观测边长归算到测区的主施工高程面上。

新建场区控制网，可利用原控制网中的点组(由三个或三个以上的点组成)进行定位。小规模场区控制网，也可选用原控制网中一个点的坐标和一个边的方位进行定位。

在建立施工场区高程控制网时，其场区的高程控制网，应布设成闭合环线、附合路线或结点网。对大中型施工项目的场区高程测量精度，不应低于三等水准。其主要技术要求，应按本书学习情境 2 中表 2-2 的有关规定执行。场区水准点，可单独布置在场地相对稳定的区域，也可设置在平面控制点的标石上。

## 2. 施工场区平面控制测量

在进行场区平面控制测量之前，务必对业主提供的原始控制点(或高等级控制点)进行复核，确认无误后，才能按照编制的方案，依据工程测量规范要求进行施工场区平面控制测量施测工作。

施工场区平面控制网，可根据场区的地形条件和建构筑物的布置情况，布设成建筑方格网、导线及导线网、三角形网或 GPS 网等形式。对于地形平坦，但通视比较困难的地区，则可采用 GPS 与全站仪相结合布设的导线网；对于线状工程(公路与管线)多采用 GPS 与全站仪相结合所布的导线网。

场区平面控制网，应根据工程规模和工程需要分级布设。对于建筑场地大于 1 $km^2$ 的工程项目或重要工业区，应建立一级或一级以上精度等级的平面控制网；对于场地面积小于 1 $km^2$ 的工程项目或一般性建筑区，可建立二级精度的平面控制网。

场区平面控制网相对于勘察阶段控制点的定位精度不应大于 5 cm。各施工控制网点位，应选在通视良好、质地坚硬、便于施测、利于长期保存的地点，并应埋设标石。标石的埋设深度，应根据地冻线和场地设计标高确定。对于建筑方格网点应埋设顶面为标志板的标石。

下面重点介绍建筑方格网布设方法及施测步骤。

建筑方格网是建筑场地中常用的一种平面控制网形式，适用于按正方形或矩形布置的建筑群或大型建筑场地。该网使用方便，且精度较高，但建筑方格网必须按照建筑总平面图进行设计，其点位易被破坏，因而自身的测设工作量较大，且测设的精度要求高，难度相应较大。

设计和施工部门为了工作上的方便，常采用施工坐标系。施工坐标系的纵轴通常用 $A$ 表示，横轴用 $B$ 表示。施工坐标系的 $A$ 轴和 $B$ 轴应与施工场区主要建筑物或主要道路平行或垂直。坐标原点应设在总平面图的西南角，使所有建筑物和构筑物的设计坐标均为正值。施工坐标系与测量坐标系之间的关系，可用施工坐标系原点在测量系下的坐标以及两坐标系纵轴间的夹角来确定（见图 4-10）。此坐标系间的关系数据设计单位给出。

建筑方格网的布置，应根据建筑总平面图上各建构筑物、场区各种道路及管线的布设情况，结合施工现场的地形情况拟定。方格网点的布设，应与建构筑物的设计轴线平行，并构成正方形或矩形格网；方格网的测设方法，可采用布网法或轴线法。当采用布网法时，宜增测方格网的对角线；当采用轴线法时，长轴线的定位点不得少于 3 个，点位偏离直线应在 180°±5″以内，格网直角偏差应在 90°±5″以内，轴线交角的测角中误差不应大于 2.5″。具体布置时通常可先选定方格网主轴线，再布置方格网。当场区面积较大时，采用轴线法，其主轴线一般采用“十”字形、“□”字形或“田”字形，然后再加密方格网。当场区面积不大时，采用布网法，在整个施工场区尽量布置成全面方格网。

轴线法布网时，方格网的主轴线应布设在厂区的中部，并与主要建筑物的主要轴线平行（或垂直），方格网点之间应能长期通视。方格网的折角应呈 90°。方格网的边长一般为 100～200 m；矩形方格网的边长可视建筑物的大小和分布而定，为了便于使用，边长尽可能为 50 m 或其整数倍。方格网的各边应保证通视、便于测距和测角，桩标应能长期保存。图 4-11 所示为某建筑场区所设计布设的建筑方格网，其中 $MON$ 和 $COD$ 为方格网的主轴线。

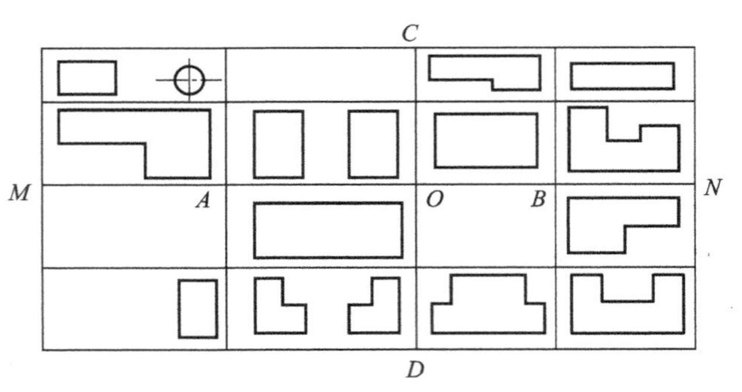

**图 4-11　轴线法布网示例**

建筑方格网测量的主要技术要求，应符合表 4-1 的规定。

**表 4-1　建筑方格网的主要技术要求**

| 等　　级 | 边长/m | 测角中误差/(″) | 边长相对中误差 |
| --- | --- | --- | --- |
| 一级 | 100～300 | 5 | ≤1/30 000 |
| 二级 | 100～300 | 8 | ≤1/20 000 |

方格网的水平角观测可采用方向观测法，其技术要求应符合表 4-2 的规定。

**表 4-2　水平角观测的主要技术要求**

| 等级 | 仪器型号 | 测角中误差/(″) | 测回数 | 半测回归零差/(″) | 一测回内 2C 互差/(″) | 各测回方向较差/(″) |
|---|---|---|---|---|---|---|
| 一级 | 1″级 | 5 | 2 | ≤6 | ≤9 | ≤6 |
| | 2″级 | 5 | 3 | ≤8 | ≤13 | ≤9 |
| 二级 | 2″级 | 8 | 2 | ≤12 | ≤18 | ≤12 |
| | 6″级 | 8 | 4 | ≤18 | — | ≤24 |

方格网的边长宜采用电磁波测距仪器往返观测各一测回，并应进行气象和仪器加、乘常数改正。

观测数据经平差处理后，应将测量坐标与设计坐标进行比较，确定归化数据，并在标石标志板上将点位归化至设计位置。点位归化后，必须进行角度和边长的复测检查。角度偏差值，一级方格网不应大于 90°±8″，二级方格网不应大于 90°±12″；距离偏差值，一级方格网不应大于 $D/25\ 000$，二级方格网不应大于 $D/15\ 000$（$D$ 为方格网的边长）。采用轴线法布设建筑方格网的施测步骤如下。

1）建筑方格网主轴线施测

建筑方格网的主轴线是建筑方格网扩展的基础。当场区很大时，主轴线很长，一般只测设其中的一段，主轴线的定位点称为主点。主点的施工坐标一般由设计单位给出，也可在总平面图上用图解法求得一点的施工坐标后，再按主轴线的长度推算其他主点的施工坐标。

当施工坐标系与测量坐标系不统一时，在方格网测设之前，应把主点的施工坐标换算为测量坐标，以便求算测设数据。然后利用已有高等级控制点（即红线控制点）将建筑方格网测设在施工场区上，建立施工场区控制网。

如图 4-12 所示，$MN$、$CD$ 为建筑方格网的主轴线，它是建筑方格网扩展的基础，其中 $A$、$B$ 是主轴线 $MN$ 上的两主点，一般先在实地测设主轴线中的一段 $AOB$，其测设方法如图 4-13 所示。根据测量控制点的分布情况，采用极坐标法测设方格网各主点。

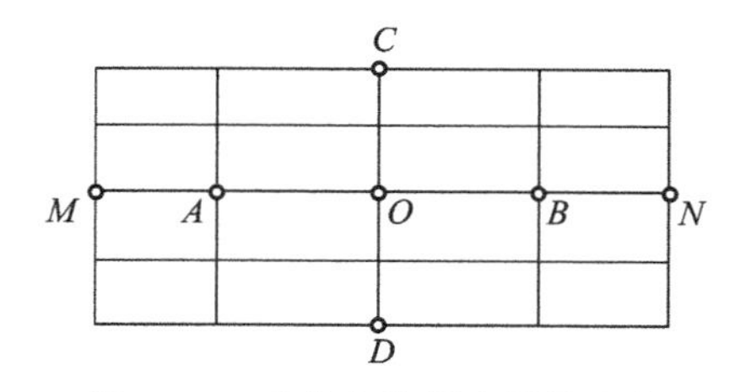

**图 4-12　建筑方格网主轴线主点**

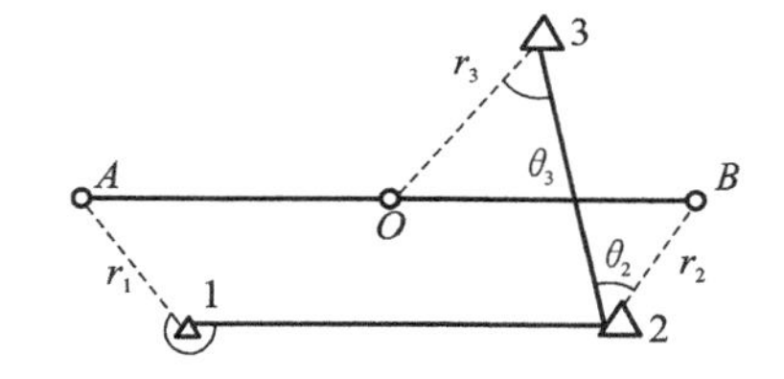

**图 4-13　建筑方格网主轴线主点测设**

（1）计算测设数据　根据勘测阶段的测量控制点 1、2、3 的坐标及设计的方格网主点 $A$、$O$、$B$ 的坐标，反算测设数据 $r_1$、$r_2$、$r_3$ 和 $\theta_1$、$\theta_2$、$\theta_3$。

（2）测设主点　分别在控制点 1、2、3 上安置经纬仪，按极坐标法测设出三个主点的定位点 $A'$、$O'$、$B'$，并用大木桩标定，如图 4-13 所示。

（3）检查三个定位点的直线性　安置经纬仪于 $O'$，测量 $\angle A'O'B'$，若观测角值 $\beta$ 与 180°之差大于±8″，则应进行规化计算并调整至设计位置。

(4)调整三个定位点的位置　先根据三个主点之间的距离 $a$、$b$ 按下式计算出点位改正数 $\delta$，即

$$\delta=\frac{ab}{a+b}(90^\circ-\frac{\beta}{2})\frac{1}{\rho}$$

若 $a=b$ 时，则得

$$\delta=\frac{a}{2}(90^\circ-\frac{\beta}{2})\frac{1}{\rho}$$

式中：$\rho=206265''$。

然后将定位点按 $\delta$ 值移动调整到 $A$、$O$、$B$，再检查再调整，直至误差在允许范围内为止。

(5)调整三个定位点之间的距离　先检查 $A$、$O$ 及 $O$、$B$ 间的距离，其检查结果与设计长度的距离偏差值，一级方格网不应大于 $D/25\ 000$，二级方格网不应大于 $D/15\ 000$（$D$ 为方格网的边长）。若检查超限，则应以 $O$ 点为准，按设计长度调整 $A$、$B$ 两点，最终定出三主点 $A$、$O$、$B$ 的位置，如图 4-14 所示。

(6)按图 4-15 所示方法，测设主轴线 $COD$　在 $O$ 点安置经纬仪，照准 $A$ 点，分别向左、向右转 90°，定出轴线方向，并根据设计的 $C$、$O$ 及 $O$、$D$ 的距离用标桩在地上定出两主点的概略位置 $C'$、$D'$。然后精确测量出 $\angle AOC'$ 和 $\angle AOD'$，分别算出其与 90°的差值 $\varepsilon_1$、$\varepsilon_2$，并计算出调整值 $l_1$、$l_2$，计算式为 $l=L\times\frac{\varepsilon}{\rho}$，其中，$L$ 为 $C'O$ 或 $OD'$ 的距离。

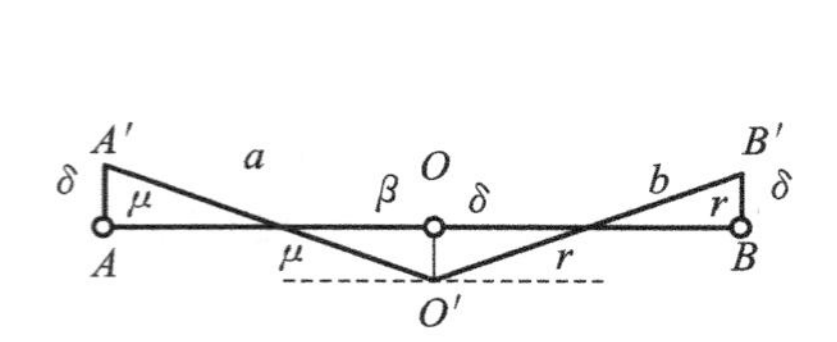

图 4-14　方格网主轴线调整

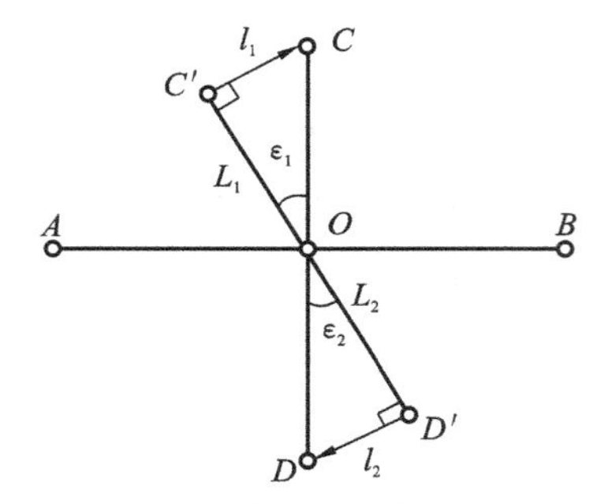

图 4-15　方格网短主轴线的测设

将 $C'$ 沿垂直于 $C'O$ 方向移动 $l_1$ 距离得 $C$ 点，将 $D'$ 沿垂直于 $OD'$ 方向移动 $l_2$ 距离得 $D$ 点。点位改正后，应检查两主轴线的交角及主点间的距离，均应在规定限差之内。

实际上建筑方格网主轴线点的测设也可以用全站仪按极坐标法进行测设，具体测设步骤参照全站仪放样测量中的相关介绍。

2)方格网各交点的测设

主轴线测设好后，分别在各主点安置经纬仪，均以 $O$ 点为后视方向，向左、向右精确地测设出 90°方向线，即形成“田”字形方格网。然后在各交点安置经纬仪，进行角度测量，看其是否为 90°，并测量各相邻点间的距离，看其是否等于设计边长，进行检核，其精度均应满足限差要求。最后以基本方格网点为基础，加密方格网中其余各点，完成场区控制网布设。

建筑场区平面控制网也可采用导线网、三角形网以及 GPS 网等形式予以布设。

当采用导线及导线网作为场区控制网时，导线边长应大致相等，相邻边的长度之比不宜超

过1∶3,其主要技术要求应符合表4-3的规定。

表4-3 场区导线测量的主要技术要求

| 等级 | 导线长度/km | 平均边长/m | 测角中误差/(″) | 测距相对中误差 | 测回数 | | 方位角闭合差/(″) | 导线全长相对闭合差 |
|---|---|---|---|---|---|---|---|---|
| | | | | | 2″级仪器 | 6″级仪器 | | |
| 一级 | 2.0 | 100~300 | 5 | 1/30 000 | 3 | — | $10\sqrt{n}$ | ≤1/15 000 |
| 二级 | 1.0 | 100~200 | 8 | 1/14 000 | 2 | 4 | $16\sqrt{n}$ | ≤1/10 000 |

注:$n$为建筑物结构的跨数。

若采用三角形网作为场区控制网时,其主要技术要求应符合表4-4的规定。

表4-4 场区三角形网测量的主要技术要求

| 等级 | 边长/m | 测角中误差/(″) | 测边相对中误差 | 最弱边边长相对中误差 | 测回数 | | 三角形最大闭合差/(″) |
|---|---|---|---|---|---|---|---|
| | | | | | 2″级仪器 | 6″级仪器 | |
| 一级 | 300~500 | 5 | ≤1/40 000 | ≤1/20 000 | 3 | — | 15 |
| 二级 | 100~300 | 8 | ≤1/20 000 | ≤1/10 000 | 2 | 4 | 24 |

若采用GPS网作为场区控制网时,其主要技术要求应符合表4-5的规定。

表4-5 场区GPS网的主要技术要求

| 等级 | 边长/m | 固定误差$A$/mm | 比例误差系数$B$/(mm/km) | 边长相对中误差 |
|---|---|---|---|---|
| 一级 | 300~500 | ≤5 | ≤5 | ≤1/40 000 |
| 二级 | 100~300 | | | ≤1/20 000 |

场区导线网、三角形网及GPS网的其他技术要求及施测方法,可按学习情境2有关规定执行。

### 3. 施工场区高程控制测量

施工场区的高程控制网,其在点位分布和密度方面应完全满足施工时的需要。在施工期间,要求在建筑物近旁的不同高度上都必须布设临时水准点,其密度应保证放样时只设一个测站,便可将高程传递到建筑物的施工层面上。场地上的水准点应布设在土质坚硬、不受施工干扰且便于长期使用的地方。其各水准点相互间的间距宜小于1 km,距离各建构筑物不宜小于25 m,距离回填土边线不宜小于15 m。施工中,当少数高程控制点标石不能保存时,应将其高程引测至稳固的建构筑物上,引测的精度不应低于原高程点的精度等级,以保证各水准点的稳定,方便进行高程放样工作。

高程控制网通常分两级布设,第一级网为控制整个施工场区的高程控制网,其应布设成闭合环线、附合路线或结点网。大中型施工项目的场区高程测量精度不应低于三等水准。场区水准点可单独布置在场地相对稳定的区域,也可设置在平面控制点的标石上。在施工场区应布设不少于3个场区高程水准点。在此基础上,根据各施工阶段放样需要再行布设高程加密控制网。加密网可按四等、五等水准测量要求进行施测,其水准点应分布合理且具有足够的密度,以满足建筑施工中高程测设的需要。一般在施工场地上,平面控制点均应联测在高程控制网中,同时兼作高程控制点使用。

# 任务2 建构筑物施工测量施测

施工前的各项测量准备工作完成后，且场区控制网布设好后，即可按批准的施工测量方案伴随着施工进展依次进行各项施工测量工作，为施工提供高质量的定位依据。施工测量工作程序基本相同，一般为建筑物定位、放线、基础工程施工测量、墙体工程施工测量等几步，将建筑物的位置、基础、墙、柱、门、窗、楼板、顶盖等基本结构的位置依次测设出来，并设置标志，作为施工的依据。

## 活动1 建构筑物控制网施测

建构筑物（或厂房）施工控制网，应根据建筑物的设计形式和特点，布设成十字轴线或矩形控制网。建筑物施工控制网的定位应根据场区控制网进行定位、定向和起算；控制网的坐标轴，应与工程设计所采用的主副轴线一致；建筑物的±0.000高程面，应根据场区水准点测设。在设计建筑物控制网点时，应根据设计总平面图和施工总布置图布设，并满足建筑物施工测设的需要。民用建筑物也可根据建筑红线（相当于场区控制线，用其测设建筑基线）进行定位，因此，在民用建筑施工场区也可采用建筑基线来建立建筑物控制网。

### 1. 建构筑物施工平面控制网施测

#### 1）建构筑物施工平面控制网的主要技术要求

建筑物施工平面控制网是建筑物施工放样的基本控制，应根据建筑物的分布、结构、高度和机械设备传动的连接方式、生产工艺的连续程度，分别布设一级或二级控制网。其主要技术要求，应符合表4-6的规定。

**表4-6　建筑物施工平面控制网的主要技术要求**

| 等　　级 | 边长相对中误差 | 测角中误差/(″) |
|---|---|---|
| 一级 | ≤1/30 000 | $7/\sqrt{n}$ |
| 二级 | ≤1/15 000 | $15/\sqrt{n}$ |

注：$n$ 为建筑物结构的跨数。

#### 2）建筑物施工平面控制网建立的相关规定

在建立建筑物施工平面控制网时，应符合下列规定。

（1）施工平面控制点应选在通视良好、利于长期保存、便于施工放样的地方。

（2）施工平面控制网加密的指示桩宜选在建筑物行列线或主要设备中心线方向上。

（3）主要的控制网点和主要设备中心线端点，应埋设固定标桩。

(4)控制网轴线起始点的定位误差,不应大于 2 cm;两建筑物(或厂房)间有联动关系时,不应大于 1 cm,定位点不得少于 3 个。

(5)水平角观测的测回数,应根据表 4-6 中测角中误差的大小,按表 4-7 选定。

**表 4-7 水平角观测的测回数**

| 仪器等级 \ 测角中误差 | 2.5″ | 3.5″ | 4.0″ | 5″ | 10″ |
|---|---|---|---|---|---|
| 1″级 | 4 | 3 | 2 | — | — |
| 2″级 | 6 | 5 | 4 | 3 | 1 |
| 6″级 | — | — | — | 4 | 3 |

(6)矩形网的角度闭合差,不应大于测角中误差的 4 倍。

(7)边长测量宜采用电磁波测距的方法,其主要技术要求,应符合表 4-8 的规定。

**表 4-8 电磁波测距的主要技术要求**

| 平面控制网等级 | 仪器型号 | 观测次数 | | 总测回数 | 一测回读数较差/mm | 单程各测回较差/mm | 往返较差/mm |
|---|---|---|---|---|---|---|---|
| | | 往 | 返 | | | | |
| 三等 | ≤5 mm 级仪器 | 1 | 1 | 6 | ≤5 | ≤7 | $\leqslant 2(a+b\times D)$ |
| | ≤10 mm 级仪器 | | | 8 | ≤10 | ≤15 | |
| 四等 | ≤5 mm 级仪器 | 1 | 1 | 4 | ≤5 | ≤7 | |
| | ≤10 mm 级仪器 | | | 6 | ≤10 | ≤15 | |
| 一级 | ≤10 mm 级仪器 | 1 | — | 2 | ≤10 | ≤15 | — |
| 二、三级 | ≤10 mm 级仪器 | 1 | — | 1 | ≤10 | ≤15 | |

注:① 测距的 5 mm 级仪器和 10 mm 级仪器,是指当测距长度为 1 km 时,仪器的标称精度 $m_D$ 分别为 5 mm 和 10 mm 的电磁波测距仪器($m_D=a+b\times D$)。在本规范的后续引用中均采用此形式;

② 测回是指照准目标一次,读数 2~4 次的过程;

③ 根据具体情况,边长测距可采取不同时间段测量代替往返观测;

④ 计算测距往返较差的限差时,$a$ 、$b$ 分别为相应等级所使用仪器标称的固定误差和比例误差。

当采用钢尺量距时,一级网的边长应两测回测定,二级网的边长一测回测定。长度应进行温度、坡度和尺长改正。钢尺量距的主要技术要求,应符合表 4-9 的规定。

**表 4-9 普通钢尺量距的主要技术要求**

| 等级 | 边长量距较差相对误差 | 作业尺数 | 量距总次数 | 定线最大偏差/mm | 尺段高差较差 | 读定次数 | 估读值至/mm | 温度读数值至/℃ | 同尺各次或同段各尺的较差/mm |
|---|---|---|---|---|---|---|---|---|---|
| 二级 | 1/20 000 | 1~2 | 2 | 50 | ≤10 | 3 | 0.5 | 0.5 | ≤2 |
| 三级 | 1/10 000 | 1~2 | 2 | 70 | ≤10 | 2 | 0.5 | 0.5 | ≤3 |

注:当检定钢尺时,其丈量的相对误差不应大于 1/100 000。

(8)矩形网应按平差结果进行实地修正,调整到设计位置。当增设轴线时,可采用现场改点法进行配赋调整;点位修正后,应进行矩形网角度的检测。

另外,在建筑物的围护结构封闭前,应根据施工需要将建筑物外部控制转移(或引测)至内部。其内部的控制点，宜设置在浇筑完成的预埋件上或预埋的测量标板上。引测的投点误差，一级不应超过 2 mm，二级不应超过 3 mm。

建构筑物控制网是建构筑物施工的基本控制，建构筑物骨架及其内部细部结构的位置，都是根据它测设到实地上的。建立建构筑物控制网时，必须先依据各建筑物的尺寸在总平面图上设计出网形和各主点，然后图解出建筑物控制网点的坐标，再选用适当的测设方法将其测设在施工场地上。其布设网型一般采用矩形法和十字轴线法等。

3）建构筑物矩形施工控制网

用矩形网法建立建构筑物施工控制网，首先根据场区控制网定出矩形网一条边作为基本控制线，如图 4-16 中的 $S_1S_2$ 边，再在该线两端测设直角，定出矩形的两条短边，并沿着各边测设距离，埋设距离指标桩。该网形布设简单，只适用于小型建构筑物或中小型厂房。

对于中小型厂房而言，一般直接设计建立一个由四边围成的矩形控制网即可满足后期测设需要，图 4-17 所示为某工业场区内一个合成车间所布设的矩形控制网。

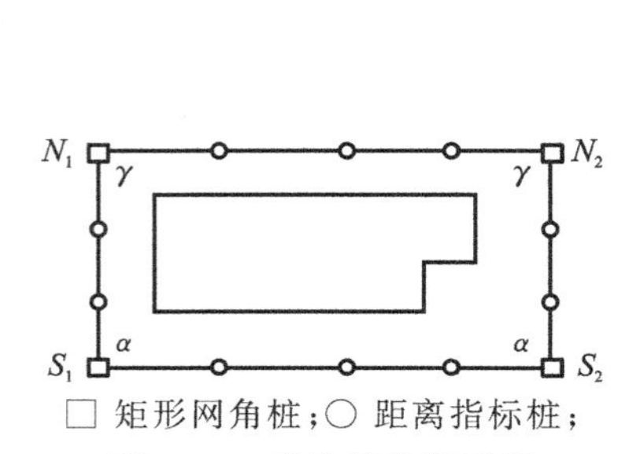


**图 4-16 建构筑物矩形网**

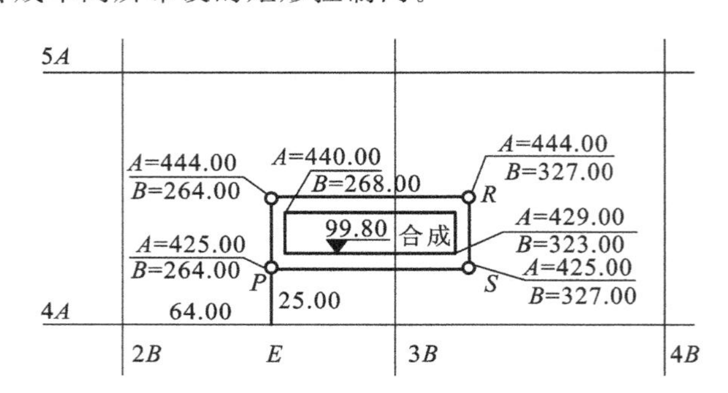


**图 4-17 建筑物（厂房）矩形控制网测设示例**

实地测设时，可依据场区控制网（建筑方格网），按照直角坐标法进行。$P$、$Q$、$R$、$S$ 是设计布设的本合成车间基坑开挖边线以外 4 m 的厂房矩形控制网的四个角桩，控制网边与厂房轴线相平行。根据放样数据，从建筑方格网的（$4A$，$2B$）点起，按照测设已知水平距离的方法，在方格轴线上定出 $E$ 点，使其与方格点的距离为 64.00 m，然后将经纬仪安置在 $E$ 点，后视方格点（$4A$，$2B$），按照测设已知水平角度的方法测设出直角方向边，并在此方向上按照测设已知水平距离的方法定出 $P$ 点，使其与 $E$ 点的距离为 25.00 m，继续在此方向上定出 $Q$ 点，使 $Q$ 点与 $P$ 点的距离为 19.00 m，在地面用大木桩标定；同法测设出 $R$、$S$ 点，完成厂房控制网的测设。最后校核，先实测 $\angle P$ 和 $\angle S$，其与 90° 的差不应超过 ±7″；精密测量 $PS$ 的距离，其相对误差不应超过 1/15 000（二级标准）或 1/30 000（一级标准，其相应的角度偏差不应超过 ±5″）。

厂房控制网的角桩测设好后，即可测设各矩形边上的距离指示桩，均应打上木桩，并用小钉表示出桩的中心位置。测设距离指标桩的允许偏差一般为 ±5 mm。

4）十字轴线法建立建构筑物施工控制网

对大中型建构筑物的施工控制网布设，一般采用轴线法。其是先根据场区控制网定出厂房控制网的长轴线，由长轴线测设短轴线，再根据十字轴线测设出矩形的四边，并沿着矩形的四边测设距离，埋设距离指标桩，如图 4-18 所示。该网形布设灵活，但测设工序多，适用于大中型建构筑物（或厂房）。

对于大型或设备基础复杂的建构筑物（厂房），由于施测精度要求较高，为了保证后期建筑物轴线和细部测设工作的精度，其建构筑物控制网的建立一般分两步进行。首先，依据场区控制网精确测设出建构筑物控制网的主、辅轴线(如图4-18中的$AOB$轴和$COD$轴),当校核达到精度要求后,再根据主轴线测设建构筑物的各矩形控制角桩点,并测设各边上的距离指标桩,一般距离指标桩应位于建构筑物主要轴线或主要设备中心线方向上。最终应检核,大型建构筑物控制网的主轴线的测设精度,边长的相对误差不应超过1/30 000,角度偏差不应超过±5″。

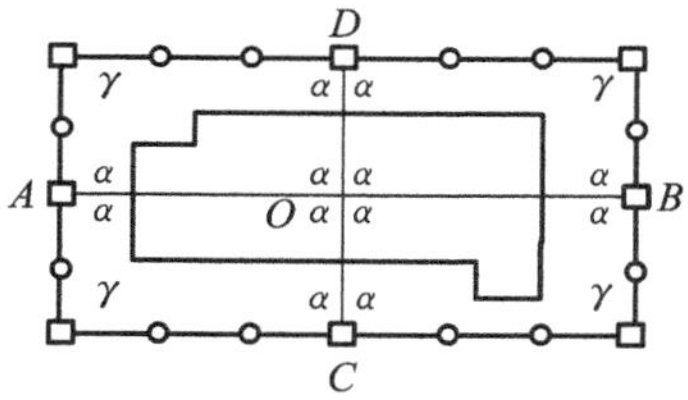

**图4-18　建构筑物轴线法施工控制网示例**

□—矩形网角桩;○—距离指标桩;$\alpha$—实测角;$\gamma$—矩形闭合角(非实测角)

5)建筑基线

建筑基线布设也应根据建筑物的分布、场地的地形和原有场区控制点的状况而选定。建筑基线应靠近主要建筑物,并与其轴线平行或垂直,以便采用直角坐标法或极坐标法进行测设,建筑基线主点间应相互通视,边长为100～300 m,其测设精度应满足施工放样的要求,通常可在总平面图上设计,其形式一般有三点“一”字形、三点“L”字形、四点“T”字形和五点“十”字形等几种形式,如图4-19所示。为了便于检查建筑基线点有无变动,布置的基线点数不应少于三个。

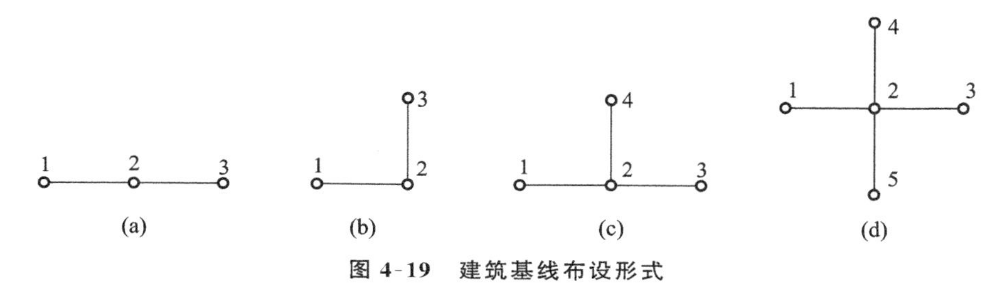


**图4-19　建筑基线布设形式**

建筑基线测设有以下两种方法。

(1)根据已有测量控制点测设基线主点　其测设方法与建筑方格网主轴线的主点测设相同。在建筑总平面图上依据施工坐标系及建筑物的分布情况,设计好建筑基线,并利用图解方法计算出各主点的施工坐标,然后将其转化为各自对应的测量坐标,再根据场地上已有的高等级控制点,选用适当的放样方法进行测设。最为常用的是极坐标法,实地测设出点位后,应对测设结果进检校,以正确定出建筑基线的主点位置。具体测设时,也可用全站仪进行。

(2)根据建筑红线测设基线　在城市建筑区,建筑用地的边界一般由城市规划部门在现场直接标定,如图4-20中的1、2、3点即为地面标定的边界点,其连线12和23通常是正交的直线,称为“建筑红线”。通常,所设计的建筑基线与建筑红线平行或垂直,因而可根据红线用平行推移法来测设建筑基线$OA$、$OB$。在地面用木桩标定出基线主点$A$、$O$、$B$后,应安置仪器于$O$点,测量角度$\angle AOB$,看其是否为90°,其差值不应超过±10″。若未超限,再测量$OA$、$OB$的距离,看其是否等于设计数据,其差值的相对误差不应大于1/15 000。若误差超限,需检查推移平行线时的测设数据。若误差在允许范围内,则可适当调整$A$、$B$点的位置,测设好基线主点。

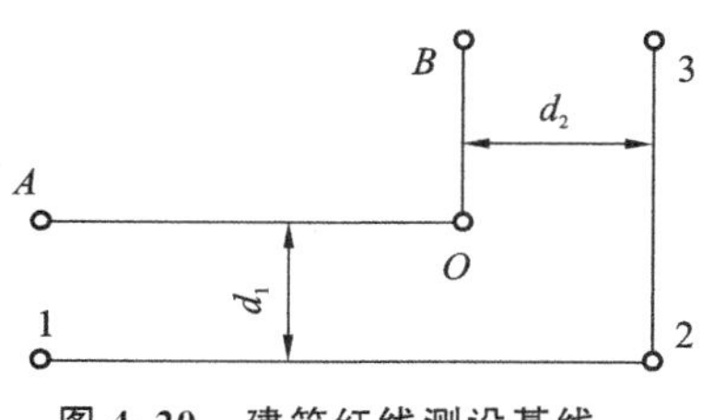


**图4-20　建筑红线测设基线**

6)建筑物改建或扩建时控制网建立

对建构筑物进行改建或扩建前，最好能找到原有建构筑物施工时的控制点，作为扩建与改建时进行控制测量的依据；但原有控制点必须与已有的主要轴线或主要设备中心线联测，并将实测结果提交设计部门。

若原建构筑物控制点已不存在，应依据建筑物主要轴线或主要设备中心线来恢复建构筑物控制网。

### 2. 建筑物高程控制施测

对大型建筑场区，各建筑物高程控制，应在场区高程控制网的基础上建立，其布设的建筑物高程点应满足建筑物高程测设工作的需要。通常应符合下列规定。

(1)建筑物高程控制应采用水准测量方法。附合路线闭合差，不应低于四等水准的要求。

(2)水准点可设置在平面控制网的标桩或外围的固定地物上，也可单独埋设。水准点的个数不应少于2个。

(3)当场区高程控制点距离施工建筑物小于200 m时，可直接利用。

为了在施工中能方便地进行高程引测，可在建筑场地内每隔一段距离(如50 m)测设以建筑物底层室内地坪±0.000为标高的水准点，测设时应注意，不同建构筑物设计的±0.000，其对应的场地高程不一定是相同的，因此必须依据待施工建筑物的高程设计数据进行测设。

另外，在建筑物施工中，若高程控制点标桩不能保存时，应将其高程引测至稳固的建筑物或构筑物上，引测的精度，不应低于四等水准。

## 活动2　建构筑物施工放样主要技术规定

在实施建构筑物施工放样工作前，应具备总平面图、建筑物的设计与说明、建筑物的轴线平面图、建筑物的基础平面图、设备的基础图、土方的开挖图、建筑物的结构图、道路及管网图、场区控制点坐标、高程及点位分布图等相关资料，同时，还应对建筑物施工平面控制网和高程控制点进行检核。然后，根据所编制的施工测量方案，按照施工实施的过程进行各施工层面(或各施工工序)的施工放样工作。

在测设各工序的中心线时，宜符合下列规定。

(1)中心线端点，应根据建筑物施工控制网中相邻的距离指标桩以内分法测定。

(2)中心线投点，测角仪器的视线应根据中心线两端点决定；当无可靠校核条件时，不得采用测设直角的方法进行投点。

(3)在施工的建构筑物外围，应建立线板或控制桩。线板应注记中心线编号，并测设标高。线板和控制桩应注意保存。必要时，可将控制轴线标示在结构的外表面上。即完成建构筑物定位放线测量工作后，应及时进行建筑物轴线向外引测工作，以为后期施工进行轴线投测工作奠定控制基础。

在进行建筑物施工放样施测工作时，应符合下列规范要求。

(1)建筑物施工放样、轴线投测和标高传递的允许偏差，不应超过表4-10的规定。

表 4-10　建筑物施工放样、轴线投测和标高传递的允许偏差

| 项　　目 | 内　　容 | | 允许偏差/mm |
|---|---|---|---|
| 基础桩位放样 | 单排桩或群桩中的边桩 | | ±10 |
| | 群桩 | | ±20 |
| 各施工层上放线 | 外廓主轴线长度 $L$/m | $L \leq 30$ | ±5 |
| | | $30 < L \leq 60$ | ±10 |
| | | $60 < L \leq 90$ | ±15 |
| | | $90 < L$ | ±20 |
| | 细部轴线 | | ±2 |
| | 承重墙、梁、柱边线 | | ±3 |
| | 非承重墙边线 | | ±3 |
| | 门窗洞口线 | | ±3 |
| 轴线竖向投测 | 每层 | | 3 |
| | 总高 $H$/m | $H \leq 30$ | 5 |
| | | $30 < H \leq 60$ | 10 |
| | | $60 < H \leq 90$ | 15 |
| | | $90 < H \leq 120$ | 20 |
| | | $120 < H \leq 150$ | 25 |
| | | $150 < H$ | 30 |
| 标高竖向传递 | 每层 | | ±3 |
| | 总高 $H$/m | $H \leq 30$ | ±5 |
| | | $30 < H \leq 60$ | ±10 |
| | | $60 < H \leq 90$ | ±15 |
| | | $90 < H \leq 120$ | ±20 |
| | | $120 < H \leq 150$ | ±25 |
| | | $150 < H$ | ±30 |

建筑物施工放样各项允许偏差值的规定，是依据建筑工程各专业工程施工质量验收规范GB 50202—2002～GB 50209—2010等的施工要求限差，取其0.4倍作为测量放样的允许偏差。

(2)施工层标高的传递，宜采用悬挂钢尺代替水准尺的水准测量方法并应进行温度、尺长和拉力改正。

传递点的数目应根据建筑物的大小和高度确定。规模较小的工业建筑或多层民用建筑宜从2处向上传递，规模较大的工业建筑或高层民用建筑宜从3处向上传递。

传递的标高校差小于3 mm时，可取其平均值作为施工层的标高基准；否则，应重新传递。

(3)施工层的轴线投测，宜使用2 s级激光经纬仪或激光铅直仪进行，将控制轴线投测至施工层后，应在结构平面上按闭合图形对投测轴线进行校核。合格后，才能进行本施工层上的其他测设工作；否则，应重新进行投测。

(4)施工的垂直度测量精度,应根据建筑物的高度、施工的精度要求、现场观测条件和垂直度测量设备等综合分析确定,但不应低于轴线竖向投测的精度要求。

(5)大型设备基础浇筑过程中应及时监测。当发现位置及标高与施工要求不符时,应立即通知施工人员,并及时处理。

## 活动3 建构筑物平面定位及细部轴线测设

### 1. 建构筑物平面定位前的工作

建构筑物控制网布设好后,即可进行建构筑物平面定位测设工作。测设前应具备一定的测设资料,在对资料进行充分的分析后,制定出建构筑物测设计划。

图 4-21 所示为某拟建建筑物的建筑总平面图,通过对图纸及资料的准确识读,可知拟建建筑物与左侧已有建筑物是对称的,且两建筑物的相应轴线相互平行且尺寸相同,两建筑物外墙皮间距为 18.00 m,拟建建筑物底层室内地坪±0.000 的绝对高程为 42.50 m,据此可确定出拟建建筑物的平面定位测设方案及各点测设数据。

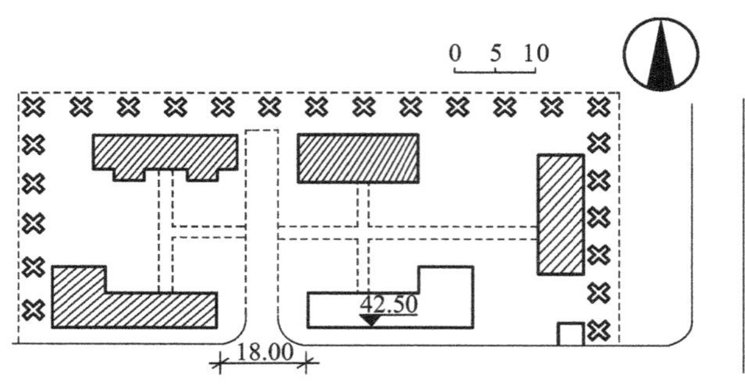


图 4-21 建筑总平面图

然后,通过查看该拟建建筑物底层平面图(见图 4-22),从中可查得建筑物总长、总宽尺寸和内部各定位轴线尺寸,据此可得到建筑物细部放样的测设数据。

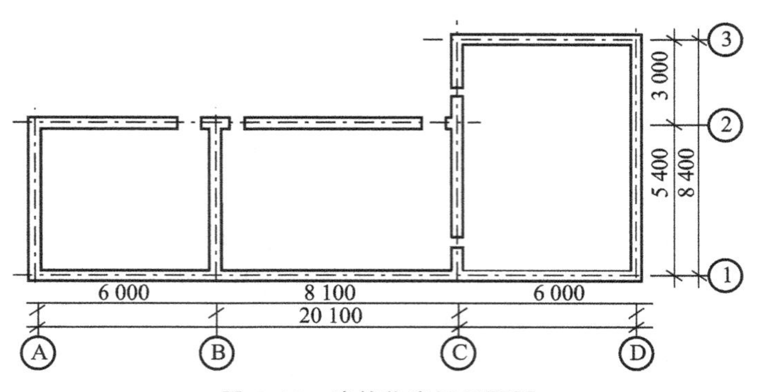


图 4-22 建筑物底层平面图

从该建筑物的基础布置平面图(见图 4-23),确定出基础轴线的测设数据。

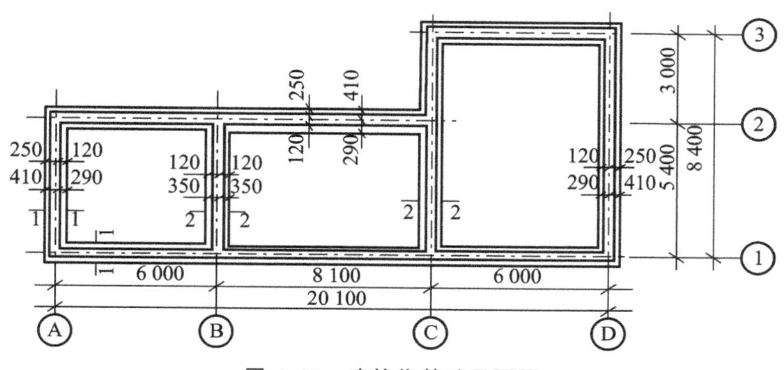


图4-23　建筑物基础平面图

从基础剖面图(见图4-24)给出的基础剖面尺寸(边线至中轴线的距离)及其设计标高(基础与设计底层室内地坪±0.000的高差),确定出基础开挖边线的位置及基坑底面的高度位置,得到基础开挖面数据与基底抄平的数据。

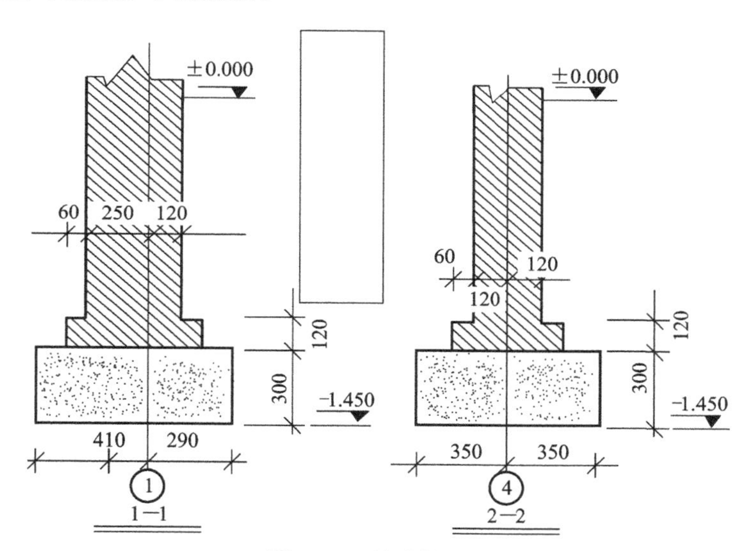


图4-24　基础剖面图

再通过现场实地踏勘,搞清施工现场上地物、地貌和测量控制点分布情况,以及与施工测设工作相关的一些问题。此时,应对场地上的原有控制点(一般由业主提供)进行校核,以确定控制点的现场位置。

资料搞清楚后,即可依据施工进度计划,结合现场地形和建筑物施工控制网布置情况编制详细的测设方案,在方案中应依据建筑限差的要求确定出建筑测设的精度标准,并绘制测设草图,应将计算数据标注在所绘制的测设草图中(见图4-25)。

## 2. 建筑物平面位置定位

建构筑物平面定位测量是指将建筑物外轮廓轴线的交点(如图4-25中的$E$、$F$、$G$等点)测设并标定在施工场地上。其是进行建筑物细部轴线放线和基础测设等工作的依据。建构筑物平面定位方法主要有下面几种。

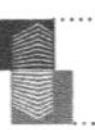

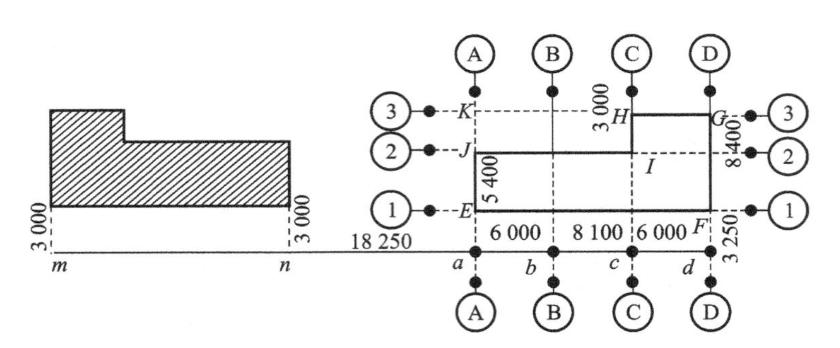


图 4-25　建筑物平面定位及轴线测设草图示例

1）根据与现有建筑物的关系定位

在进行小型建构筑物的施工时，若施工场地上未建立建筑物施工测量控制网，此时可以通过分析拟建建筑物与场地中现有建筑物之间的位置关系来建立定位依据，如图 4-25 所示，从分析中得出拟建建筑物相对于原有建筑的相关测设数据，此时现有场地上建筑物便成为新建建筑物的控制依据。

测设草图 4-25 所描述的方案，就是根据两者间的相互关系予以定位的。具体测设步骤如下。

（1）首先沿已有建筑物的东、西两墙面各向外测设距离 3 m，定出 $m$、$n$ 两点作为拟建建筑物的施工控制基线。然后，在 $m$ 点安置经纬仪，后视 $n$ 点，按照测设已知水平距离的方法，在其反方向上依据图中标注的尺寸，依次测设出 $a$、$b$、$c$、$d$ 四个基线点，相应打上木桩，桩上钉小钉以标示测设点的中心位置。

（2）在 $a$、$c$、$d$ 三点分别安置经纬仪，采用直角坐标放样方法，在实地依次测设出 $E$、$F$、$G$、$H$、$I$、$J$ 等建筑物各轴线的交点，并打木桩，钉小钉以标示各点中心位置。

（3）用钢尺测量各轴线间的距离，进行校验，其相对误差一般不应超过 1/15 000；若建筑物的规模较大，则一般不应超过 1/20 000。同时，在 $E$、$F$、$G$、$K$ 四角点安置经纬仪，检测各个直角，其测量值与 90°之差不应超过±10″。若超限，则必须调整，直至达到规定要求。

2）根据建筑物定位红线桩或道路规划红线定位

建筑物定位红线桩或道路规划红线点是城市规划部门所测设的城市规划用地与建设单位用地的界址线，新建建筑物的设计位置与红线的关系应得到城市规划部门的批准。因此，建筑物的设计位置应以规划红线为依据，这样在建筑物定位时便可根据规划红线进行。

如图 4-26 所示，$A$、$BC$、$MC$、$EC$、$D$ 为城市规划道路红线点，其中 $A$-$BC$、$EC$-$D$ 为直线段，$BC$ 为圆曲线起点，$MC$ 为圆曲线中点，$EC$ 为圆曲线终点，$IP$ 为两直线段的交点，该交角为 90°，$M$、$N$、$P$、$Q$ 为所设计的高层建筑的轴线（外墙中线）的交点，规定 $MN$ 轴应离红线 $A$-$BC$ 为 12 m，且与红线平行；$NP$ 轴离红线 $EC$-$D$ 为 15 m。

实地定位时，在红线上从 $IP$ 点得 $N'$点，并测设出 $M'$点，使其与 $N'$的距离等于建筑物的设计长度 $MN$。然后在这两点上分别安置经纬仪，用直角坐标法测设轴线交点 $M$、$N$，使其与红线的距离等于 12 m；同时在各自的直角方向上依据建筑物的设计宽度测设 $Q$、$P$ 点。最终，再对 $M$、$N$、$P$、$Q$ 点进行校核调整，直至定位点在限差范围内。

3）根据建筑物控制网或建筑方格网定位

建筑场地上若有建筑物控制网或建筑方格控制网，则可根据拟建建筑物和控制网点坐标，用直角坐标法进行建筑物的定位工作。如图 4-27 所示，拟建建筑物 $PQRS$ 的施工场地上布设有建筑方格网，依据图纸设计好测设草图，然后在方格控制网点 $E$、$F$ 上各建立站点，用直角坐标法进行测设，完成建筑物的定位。测设好后，必须进行校核，要求测设精度：距离相对误差小于 1/15 000，与 90°的偏差不超过±10″。

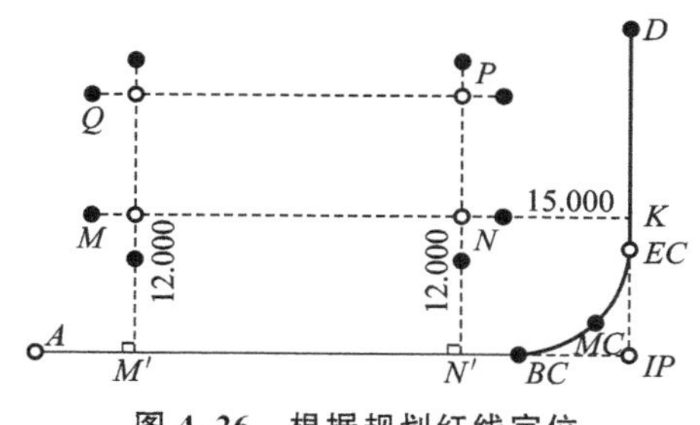

图 4-26　根据规划红线定位

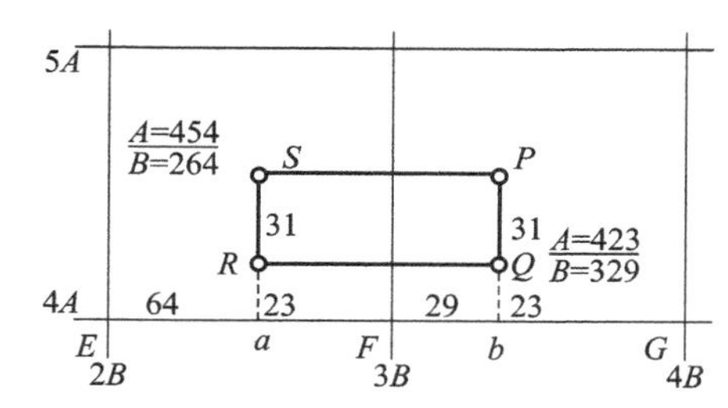

图 4-27　根据建筑方格网定位

4）根据测量控制点进行定位

若在建筑施工场地上有测量控制点可用，应根据控制点坐标及建筑物轴线定位点的设计坐标，反算出轴线定位点的测设数据，然后在控制点上建站，测设出各轴线定位点，完成建筑物的实地定位。测设完后，务必校核。

## 3. 建筑物细部轴线测设

建筑物平面定位工作完成之后，即可依据平面定位桩来测设建筑物的其他各轴线的位置，以完成民用建筑的细部轴线测设工作。当各细部放线点测设好后，应在测设位置打木桩（桩上中心处钉小钉），这种桩称为中心桩。据此即可在地面上撒出白灰线以确定基槽开挖边界线。

## 4. 轴线控制线向外引测

基槽开挖后，平面定位的轴线角桩及细部轴线的中心桩将被挖掉，为了便于在后期施工中恢复各中心轴线位置，以指导后期各工序的施工建设工作，必须把各轴线桩点引测到基槽外的安全地方，并作好相应标志，通常要求在同一轴线上建筑物的两侧各测设两个控制桩引桩，这样可以方便地进行后期地面以下（或以上）部分的施工放样及轴线投测工作。如果是多层建筑，高度在 50 m 以下时，应在建筑物的外部测设轴线控制桩。根据工程测量规范规定：在施工的建构筑物外围，应建立线板或控制桩。线板应注记中心线编号，并测设标高。线板和控制桩应注意保存。必要时，可将控制轴线标示在结构的外表面上。

在施工的建构筑物外围，引测轴线的方法主要有设置龙门桩及龙门板、引测轴线控制桩等方法。

1）设置龙门桩及龙门板引测轴线

在建构筑物施工建设过程中，为了施工方便，在基槽（坑）外一定距离（距离槽边大约 2 m 以外）设置龙门桩，并订设龙门板，以此完成轴线向外引测工作，龙门板上所设立的标志是其后续施工投测的依据。如图 4-28 所示，其具体测设步骤如下。

（1）在建筑物四角与内纵、横墙两端基槽开挖边线以外大约 2 m（根据土质情况和挖槽深度确定）的位置钉龙门桩，要求桩钉得竖直、牢固，且其侧面与基槽平行。

（2）在每个龙门桩上测设±0.000 标高线；若遇现场条件不许可，也可测设比±0.000 高（或

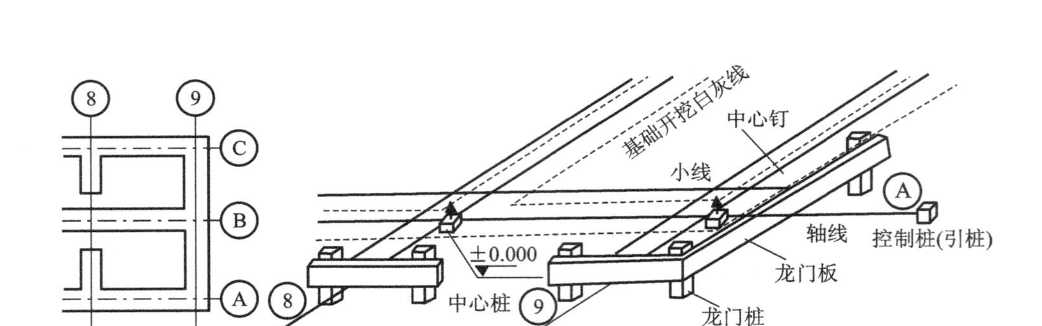


图 4-28　龙门桩、龙门板的钉设

低)一定数值的标高线。但同一建构筑物最好只选一个标高。若地形起伏较大必须选两个标高时，需要标注详细、清楚，以免在施工中使用时发生错误。

(3)依据桩上测设的标高线来钉龙门板，使龙门板顶面标高与±0.000 标高线平齐。龙门板顶面标高的测设的允许误差为±5 mm。

(4)根据轴线角桩和细部轴线中心桩，用经纬仪将各墙、柱的轴线投到龙门板顶面上，并钉上小钉，称为轴线钉。其投点允许误差为±5 mm。

(5)检查龙门板顶面轴线钉的间距，其相对误差不应超过 1/15 000。经校核合格后，以轴线钉为准，将各匹墙的边线、基槽开挖边线依据相应宽度设计数据标在龙门板上，最后根据基槽上口宽度线，拉线撒出基础开挖白灰线。

2)设置轴线控制桩引测轴线

在建构筑物施工场地上，也可采用在基槽外各轴线的延长线上测设轴线控制桩的方法来向外引测建筑物轴线，如图 4-29 所示，作为开槽后后续各阶段施工中确定轴线位置的依据。在建构筑物的施工中，轴线控制桩是进行后续施工各层面上轴线投测的依据。

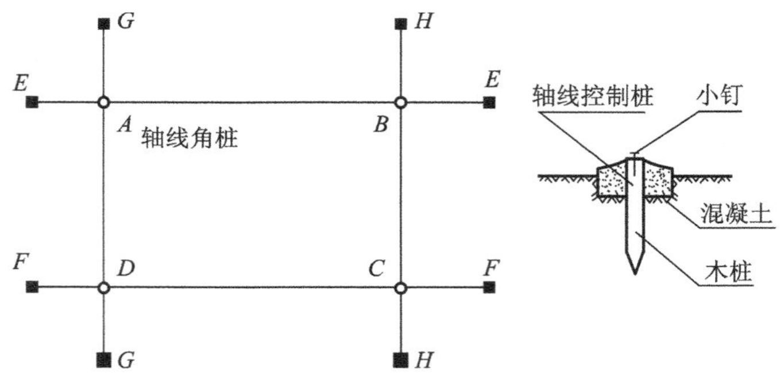


图 4-29　轴线控制桩的设置

轴线控制桩一般钉设在基槽开挖边线 2～4 m 的地方，在高层建筑施工中，为便于向上投点，应在较远的地方测定，如附近有固定建筑物，最好把轴线引测到建筑物上。

### 5. 厂房外轮廓轴线及柱列轴线测设

在工业建筑物施工中，当完成厂房矩形控制网测设好后，应根据矩形控制网的矩形控制桩和距离指标桩，用钢尺沿矩形控制网各边按照柱列轴线间距或跨距逐段放样出厂房外轮廓轴线端点及各柱列轴线中心点(即各柱子中心线与矩形边的交点)的位置,并设置轴线控制桩且在桩顶钉小钉,作为厂房细部轴线及柱基放样和厂房构件安装的依据。如图 4-30 所示,$A$、$C$、1、6 点为外轮廓轴线端点,$B$、2、3、4、5 点为柱列轴线端点。测设时,用两台经纬仪分别安置于外轮廓轴线端点(如 $A$、1 点)上,分别后视对应端点($A$、1 点)即可交会出厂房的外轮廓轴线角桩点 $E$、$F$、$G$、$H$,并应打上角桩标志。

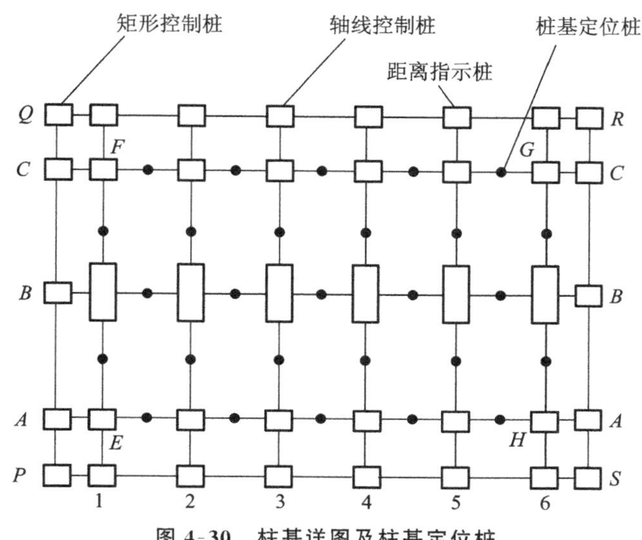

图 4-30　柱基详图及柱基定位桩

### 6. 高层建构筑物主要轴线的定位和桩位测设

在软土地基区,高层建筑的基础常用桩基,桩基一般分为预制桩和灌注桩两种。高层建筑的基坑较深,多有地下层,且位于市区,施工场地不宽畅。故在基坑开挖前,应依据建构筑物控制网(或红线班所确定的建筑红线)测设出外轮廓轴线的平面位置,并在基坑开挖后,依据轴线控制桩测设定出各桩基的位置。

高层建筑物控制网通常采用十字轴线法布设。因此,进行高层建筑物外轮廓轴线定位时,可按照建筑物外轮廓轴线与控制网的主控制轴线的关系,依据场地上测设好的施工控制网点逐一定出建筑物的外轮廓轴线。

对于目前一些几何图形复杂的高层建筑物,可以使用全站仪进行建筑物的平面定位测量工作。具体做法是:通过图纸将设计要素如外轮廓轴线点坐标、曲线半径、各桩基中心点坐标及施工控制网点的坐标等识读清楚,并计算各自的测设元素,然后在控制点上安置全站仪建立测站,采用极坐标法完成各点的实地测设。将所有建筑物轮廓点定出后,再行检查,以确保测设工作满足设计要求。

完成建筑物平面定位工作后,即可依据设计图纸进行基坑开挖工作,在开挖过程中,应实施基坑底高程测设工作,标定出基坑底部位置,其施测时一般采用水准仪高程测设方法,具体步骤参见本书学习情境 1 高程测设学习任务。

基坑开挖到位后,即可进行桩基平面定位测量工作,通常采用全站仪极坐标法予以施测,将各桩位标定基坑内,用于指导桩孔开挖工作。由于高层建筑的上部荷载主要由桩承受,所以对桩位的定位精度要求较高。一般规定，进行基础桩位放样，若是单排桩或群桩中的边桩，其施工放样的允许偏差不得超过±10 mm；若为群桩，其施工放样的允许偏差不得超过±20 mm。具体要求参见表4-10的相关规定。故在定桩位时须依据建筑物施工控制网，先定出控制轴线，控制轴线测设好后，务必进行校核，检查无误后，再按设计的桩位图标示尺寸依据控制轴线逐一定出桩位，完成桩位的测设工作。

## 活动4 基础工程（即建构筑物±0.000以下部分）施工测量

### 1. 条形基础施工阶段的施测工作

当完成建筑物轴线的定位和放线后，便可按照基础平面图上的设计尺寸，利用龙门板（或轴线控制桩）上所标示的基槽宽度，在地面上撒出白灰线，由施工者进行基础开挖。并实施基础测量工作。

1）基槽（或基坑）抄平

基槽开挖到接近基底设计标高时，为了控制开挖深度，可用水准仪根据地面上±0.000标志点（或龙门板）在基槽壁上测设一些比槽底设计高程高0.3～0.5 m的水平小木桩，如图4-31所示，作为控制挖槽深度、修平槽底和打基础垫层的依据。一般应在各槽壁拐角处、深度变化处和基槽直线边壁上每间隔3～4 m测设一个水平桩。

如图4-31所示，槽底设计标高为－1.700 m（相对于±0.000位置），现要求测设出比槽底设计标高高0.500 m的水平桩。测设时，首先安置好水准仪，立水准尺于龙门板顶面（或±0.000的标志桩上），读取后视读数 $a$ 为0.546 m，则可计算出待测设水平桩点的水准尺前视读数 $b$ 为1.746 m。此时，将尺立于基槽壁并上下移动，直至水准仪视线读数为1.746 m，即可沿尺底部在基槽壁上打小木桩，同法施测其他水平桩，完成基槽抄平工作。水平桩测设的允许误差为±10 mm。清槽后，可依据水平桩在槽底测设出顶面高程恰为垫层设计标高的木桩，用于控制垫层的施工高度。

所挖基槽呈深基坑状的称为基坑。若基坑过深，用一般方法不能直接测定坑底位置时，可用悬挂的钢尺代替水准尺，用两次传递的方法来测设基坑设计标高，以监控基坑抄平。

2）基础垫层上墙体中线的测设

基础垫层打好后，可根据龙门板上的轴线钉或轴线控制桩，用经纬仪或拉绳挂垂球的方法，把轴线投测到垫层上，如图4-32所示。然后用墨线弹出墙中心线和基础边线（俗称撂底），以作为砌筑基础的依据，务必严格校核后方可进行基础的砌筑施工。

若是混凝土基础，在基础垫层上弹好线后，应支设基础模板，此时，应每隔几米测设一个与模板顶相平的高程桩，或在垫层上标出垫层到模板顶部的上返数，这样模板工可根据高程桩或上返数支设模板。模板支设完后应进行复核，不合格部位应重新支设。

至于立柱的放样，与其相类似，但在支设立柱模板时，还应严格控制模板的垂直度，超过5 m的立柱，垂直度偏差不能大于±8 mm；5 m以下的立柱，垂直度不能大于±6 mm。

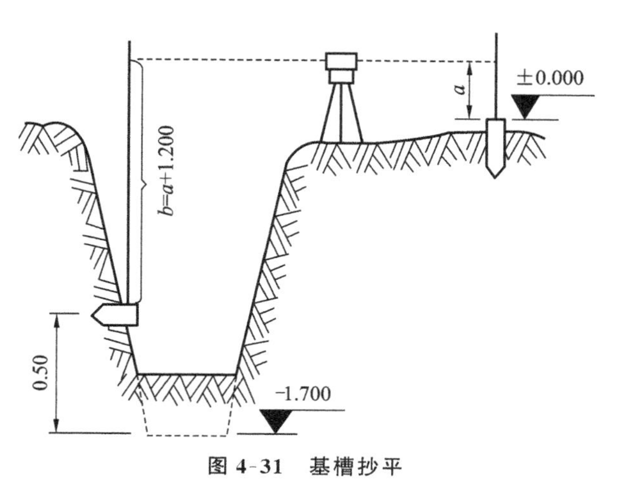

图 4-31　基槽抄平

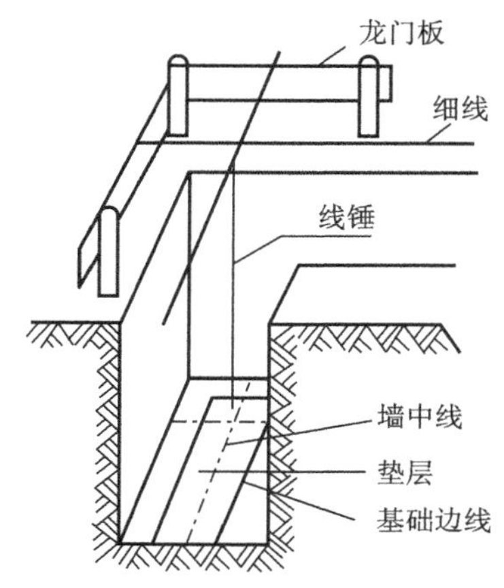

图 4-32　基础垫层轴线投测

3)基础标高的测设

房屋条形基础墙(±0.000以下部分)的高度位置是用基础皮数杆来控制的。基础皮数杆是一根木(或铝合金)制的直杆,如图4-33所示,事先在杆上按照设计尺寸,将基础墙体上每匹砖及其相互间的灰缝厚度画出线条,并标明±0.000和防潮层等的位置。设立基础皮数杆时,先在立杆处打木桩,并在木桩侧面定出一条高于垫层标高某一数值的水平线,然后将皮数杆上高度值与其相同的水平线与之对齐,且将皮数杆与木桩钉在一起,作为基础墙高程施工的依据。

基础施工完后,应检查基础顶面的标高是否符合设计要求(也可检查防潮层)。一般用水准仪测出基础顶面上若干点的高程,并与设计高程相比较,允许误差为±5 mm。

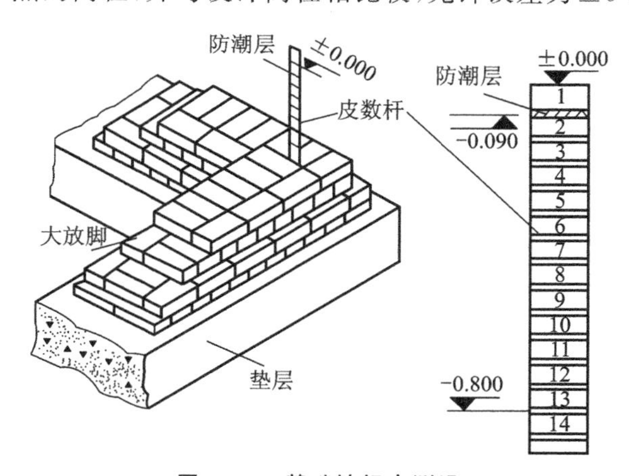

图 4-33　基础墙标高测设

## 2. 桩基位置测设

对采用桩基形式的建构筑物,当完成建构筑物平面定位工作后,也就是完成其外轮廓轴线和细部轴线的测设和引测工作之后,即可依据轴线控制桩来测设各桩基的桩位。

桩基位置测设工作的依据是建构筑物桩位图及建筑总平面图,通过对图纸的识读,建立起控制点与各桩位的数据关系,然后采用基本的测设放样方法完成各桩位的定位工作。

桩的排列随建筑物形状、基础结构的不同而异。最简单的排列形式是格网形状,此时只要根据定位轴线，精确地测设出格网的四个角点，进行加密即可测设出其他各桩位。

若基础是由若干个承台和基础梁连接而成的。承台下面是群桩；基础梁下面有的是单排桩，有的是双排桩。承台下的群桩的排列，有时也会不同。测设时一般是按照“先整体后局部，先外廓后内部”的顺序进行。

目前，进行桩基位置测设工作时，一般采用全站仪极坐标法进行放样。此时，可借助CAD成图软件，得到各桩位的平面坐标，然后施工场地上建立的建构筑物控制网点，利用全站仪进行各桩点的测设工作，并用小木桩标定于施工场地上，最后对所测设的桩位予以检核，确保每桩位在测设限差范围内。

测设出的桩位均用小木桩标示其位置，且应在木桩上用中心钉标示桩的中心位置，以供校核。其校核方法一般是：根据轴线，重新在桩顶上测设出桩的设计位置，并用油漆标明，然后量出桩中心与设计位置的纵、横向两个偏差分量 $\delta_x$、$\delta_y$，若其偏差值在允许范围内，即可进行下一工序的施工。

桩的平面位置测设好后，即可进行桩的灌注施工，此时需进行桩的灌入深度的测设。一般是根据施工场地上已测设的±0.000标高，测定桩位的地面标高，依据桩顶设计标高、设计桩长，计算出各桩应灌入的深度，进行测设。同时，还应利用经纬仪来控制桩的垂直度。

## 活动5 建构筑物±0.000以上部分结构施工测量

### 1. 砌体结构墙体施工测量

砌体结构建筑物墙体施工的测设工作，主要是墙体轴线恢复和墙体各部位标高控制。

1）墙体轴线恢复

砌体结构建筑物基础工程完工后，应检查龙门板（或轴线控制桩），以防碰动移位。检查无误后，便可利用龙门板（或引桩）将建筑物各轴线测设到基础或防潮层等部位的侧面，并用红三角“▼”标示，如图4-34所示。以此确定出建筑物上部墙体的轴线位置，施工人员可照此进行墙体的砌筑，也可作为向上投测轴线的依据。

在砌筑墙体施工活动中，应先在基础顶面上投测墙体中心轴线，并据此弹出纵、横墙边线，定出门、窗和其他洞口的位置，同样，应将这些线弹设到基础的侧面位置，保证整面墙在一个立面上。

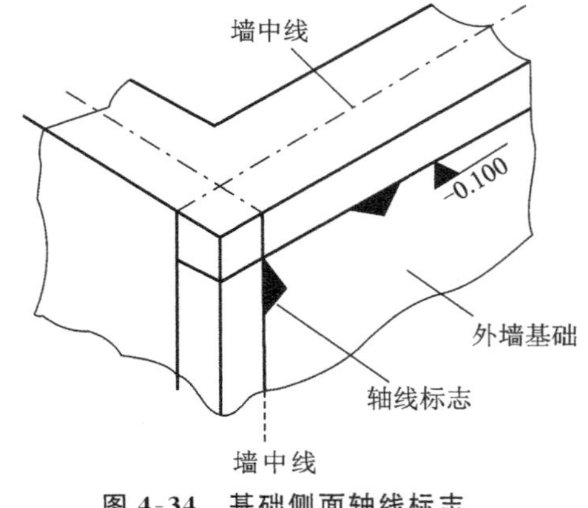

图4-34 基础侧面轴线标志

2）墙体皮数杆的设置

墙体砌筑中，为保证墙体垂直、直顺、灰缝均匀，测量人员应采取必要的测量措施。墙体垂直是后续装饰工程施工的基础，因此，通常应在地梁或立柱上弹出水平和垂直砌筑边线，或采用设置皮数杆来控制。墙体皮数杆的制作方法与基础皮数杆的相同，是根据每楼层的竖向设计数据事先划好的直尺杆，杆上划出每皮砖及灰缝的厚度，并标有墙体上窗台、门窗洞口、过梁、雨篷、圈梁、楼板等构件高度位置的专用杆，如图4-35所示。在施工中，用皮数杆

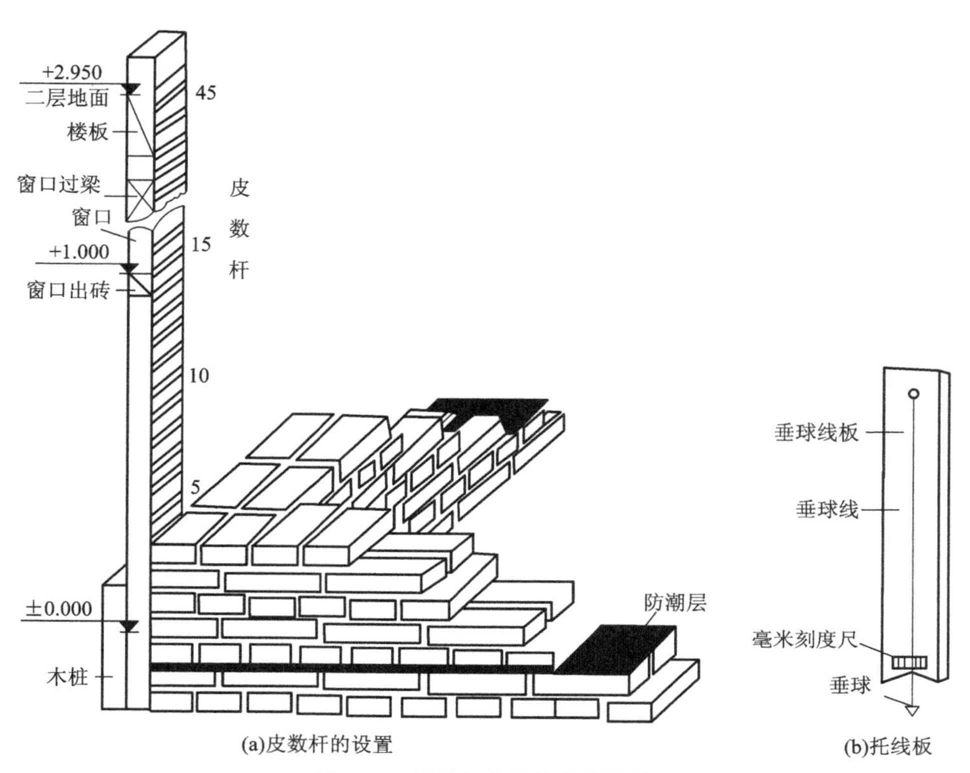


图 4-35　墙体各部件标高的控制

可以控制墙身各部件的高度位置,并保证每皮砖和灰缝厚度均匀,且都处于同一水平面上。

皮数杆一般立在建筑物拐角处和隔墙处,如图 4-35 所示。立皮数杆时,应先在地面上打木桩,并测出±0.000 标高位置,画水平线作为标记;然后把皮数杆上的±0.000 线与木桩上的该线对齐,钉牢。钉好后,应用水准仪对其进行检测,并用垂球来校正其竖直度。

为了施工方便,若采用里脚手架砌砖,皮数杆应立在墙外侧;若采用外脚手架,皮数杆立在墙内侧。若是砌筑框架或钢筋混凝土柱子之间的间隔墙时,每层皮数杆可直接画在构件上,而不必另立皮数杆。

3)墙体各部位标高控制

当墙体砌筑到 1.2 m 时,应在墙体上测设出高于室内地坪 0.500 m 的标高线用来控制层高,并作为设置门、窗、过梁高度的依据;同时也作为室内装饰施工时控制地面标高、墙裙、踢脚线、窗台等的依据。在楼板施工时,还应在墙体上测设出比楼板底标高低 10 cm 的标高线,以作为吊装楼板(或现浇楼板)板面平整及楼板板底抹面施工找平的依据,同时在抹好找平层的墙顶面上弹出墙的中心线及楼板安装的位置线,以作为楼板吊装的依据。

楼板安装完毕后,应将底层轴线引测到上层楼面上,作为上层楼的墙体轴线。还应测设出控制墙体其他部位标高的标高线,以指导施工。

## 2. 高层建筑物±0.000 上部结构施工测量

1)高层建筑物轴线投测

高层建筑物的基础工程完成后,为保证后期施工中各层的相应轴线能处于同一竖直面内,应进行建筑物各楼层轴线投测工作。在轴线投测前，为保证投测精度，首先须向基础平面引测轴线控制点。因为在采用流水作业法施工中，当第一层柱子施工好后，马上开始围护墙的砌筑，这样原有建立的轴线控制标桩与基础之间的通视即被阻断，因而，为了轴线投测的需要，必须在基础面上直接标定出各轴线标志。

(1)轴线控制桩投测法(即外控法)　当施工场地比较宽阔时，可采用将经纬仪(或全站仪)安置于轴线控制桩上的引桩投测法进行轴线的投测，即分别在建筑物纵轴、横轴线的控制桩(或轴线引桩)上安置经纬仪(或全站仪)，后视对应轴线控制桩以建立轴线方向，然后逐一将建筑物的主轴线点投测到上部同一楼层面上，各轴线投测点的连线就是该层楼面上的主轴线，据此再依据该楼层的平面图中的尺寸测设出层面上的其他轴线。最后进行检测，确保投测精度。

(2)内控法投测轴线　在建筑物密集的建筑场区，由于施工场地狭小，无法在建筑物轴线以外位置安置仪器时，此时，可采用内控法进行轴线投测。投测之前，必须在建筑物基础面上布设室内轴线控制点(即内控点)，然后依据垂准线原理将各轴线点向建筑物上部各层进行投测，作为各层轴线测设的依据。

首先，利用轴线控制桩在基础面上测设出主轴线，然后选择适当的间距(间距为 0.5～0.8 m)测设出与建筑物主轴线平行的辅助轴线，以建立辅助轴线控制点。室内轴线控制点的布置视建筑物平面形状而定，对一般形状不复杂的建筑物，可布设成 L 形或矩形，内控点应设在建筑物角点柱子附近，间距的选择应能使点位保持垂直通视(不受梁等构件的影响)和水平通视(不受柱子等影响)，且使各内控点连线与建筑主轴线平行。

内控点的测设应在基础工程完成后进行，先根据建筑物施工控制网点，校测建筑轴线控制桩的桩位，看其是否移位变动。若无变化，依据轴线控制桩点，将轴线内控点测设到基础平面上，并埋设标志，一般是预埋一块小铁皮，上面划十字丝，交点上冲一小孔，作为轴线投测的依据。为了将基础层上的轴线点投测到各层楼面上，在内控点的垂直方向上的各层楼面预留约 300 mm×300 mm 的传递孔(也称为垂准孔)。并在孔周围用砂浆做成 20 mm 高的防水斜坡，以防投点时施工用水通过此孔流落到下方的仪器上。其投测仪器一般用激光铅垂仪。

激光铅垂仪是一种供铅直定位的专用仪器，适用于高层建筑、水塔、烟囱等工程施工中的铅直定位测量，主要进行铅垂方向上的轴线点位传递，如图 4-36 所示。投测时，安置仪器于底层轴线内控点上，进行对中、整平。在对中时，打开对点激光开关，使激光束聚焦在测站基准点上，然后调整三脚架的高度，使圆水准气泡居中，以完成仪器对中操作，再利用脚螺旋调置水准管，使其在任何方向都居中，以完成仪器的整平，并确认仪器严格对中、整平。同时，在上层传递孔处放置网格激光靶，然后，调节仪器使其照准管铅直并向上照准，打开垂准激光开关，会有一束激光从望远镜物镜中射出，并聚焦在靶上，激光光斑中心处的读数即为投测的观测值。则基础底层内控点的位置便投测传递到上层楼面，再依据内控点与轴线的间距，在楼层面上恢复出轴线点，将各轴线点依次相连即为建筑物主轴线，再根据主轴线在楼面上测设其他轴线，完成轴线的传递工作。按同法逐层上传，但应注意，轴线投测时，要控制并检校轴线向上投测的竖直偏差值，规定：在本层内不得超过±5 mm，整栋楼的累积偏差不超过±20 mm；还要用钢尺精确丈量投测轴线点之间的距离，并与设计的轴线距离相比较，其相对误差不得低于 1/15 000；否则，必须重新投测，直至达到精度要求。图 4-36(a)、(b)所示为向上投点，图 4-36(c)所示为向下投点。

按照轴线投测方法，伴随着施工进程，逐步完成各楼层的轴线投测工作，直至上部结构封顶，至此完成整个施工测量的平面测设工作。

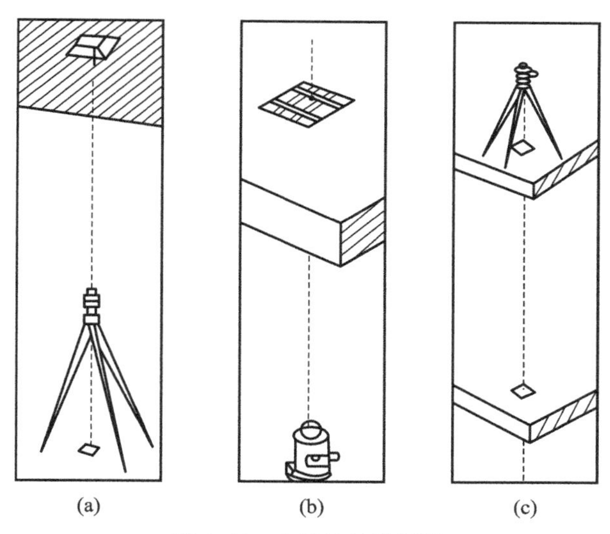
(a) (b) (c)

图 4-36 内控法轴线投测

2)高层建筑高程传递测量

高层建筑施工中,要由下层楼面向上层传递高程,以使上层楼板、门窗、室内装修等工程的标高符合设计要求。楼面标高传递误差不得超过±5 mm,高程传递偏差允许值参见表 4-10 的相关规定。传递高程的方法有以下几种。

(1)利用皮数杆传递高程　皮数杆自±0.000 标高线起,门窗、楼板、过梁等构件的标高都已标明。底层楼砌筑好后,则可从底层皮数杆一层一层往上接,即可将标高传递到各楼层。在接杆时要注意检查下层皮数杆杆位置是否正确。

(2)利用钢尺直接丈量　若标高精度要求较高,可用钢尺沿某一墙角自±0.000 标高处起直接丈量,把高程传递上去。然后根据下面传递上来的高程立皮数杆,作为该层墙身砌筑和安装门窗、过梁及室内装修、地坪抹灰时控制标高的依据。

(3)悬吊钢尺法(水准仪高程传递法)　根据高层建筑物的具体情况也可用水准仪高程传递法进行高程传递,不过此时需用钢尺代替水准尺作为数据读取的工具,从下向上传递高程。如图 4-37 所示,由地面已知高程点 $A$,向建筑物楼面 $B$ 传递高程,先从楼面上(或楼梯间)悬挂一支钢尺,钢尺下端挂重锤。观测时,为了使钢尺稳定,可将重锤浸于一盛满油的容器中。然后在地面及楼面上各安置一台水准仪,按水准测量方法同时读取 $a_1$、$b_1$ 及 $a_2$ 读数,则可计算出楼面 $B$ 上设计标高为 $H_B$ 的测设数据 $b_2=H_A+a_1-b_1+a_2-H_B$,据此可按照测设已知高程的方法测设出楼面 $B$ 的标高位置。

(4)全站仪天顶测高法　如图 4-38 所示,利用高层建筑中的传递孔(或电梯井等),在底层高程控制点上安置全站仪,置平望远镜(显示屏上显示垂直角为 0°或天顶距为 90°),然后将望远镜指向天顶方向(天顶距为 0°或垂直角为 90°),在需要传递高程的层面传递孔上安置反射棱镜,即可测得仪器横轴至棱镜横轴的垂直距离,加仪器高,减棱镜常数(棱镜面至棱镜横轴的间距),就可以算得两层面间的高差,据此即可计算出测量层面的标高,最后与设计标高相比较,进行调整即可。

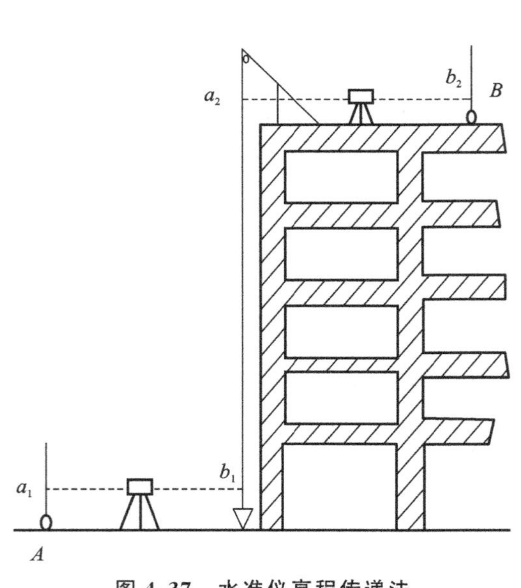

图 4-37　水准仪高程传递法

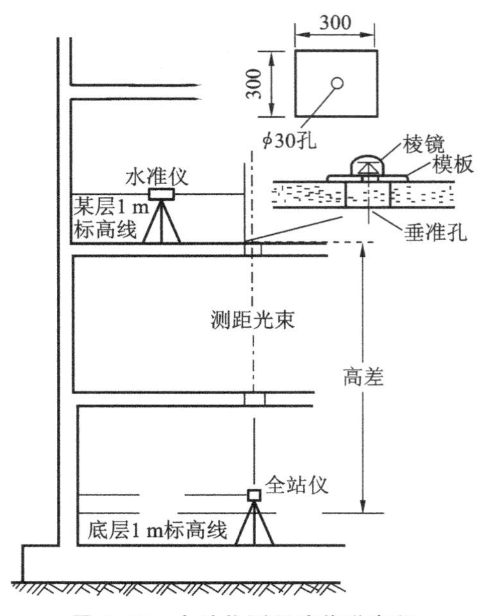

图 4-38　全站仪测距法传递高程

## 活动6　工业厂房结构安装测量

在完成工业场区控制网及各工业厂房控制网布设工作后，即可依据厂房控制网完成厂房主轴线和柱列轴线平面定位工作，具体参见本学习任务之活动3相关测设方法。然后在轴线定位的基础上，对工业建构筑物的各细部实施施工放样测量工作，具体包括各柱子基础施工测量，柱、梁及桁架等结构件的安装测量工作，设备安装测量等测量工作任务。

### 1. 结构安装测量精度要求及设备安装测量的主要技术要求

1）结构安装测量精度要求

工程测量规范的规定和结构安装测量的精度，应分别满足下列要求。

（1）柱子、桁架或梁安装测量的偏差，不应超过表4-11的规定。

表 4-11　柱子、桁架或梁安装测量的允许偏差

| 测量内容 | | 允许偏差/mm |
|---|---|---|
| 钢柱垫板标高 | | ±2 |
| 钢柱±0标高检查 | | ±2 |
| 混凝土柱（预制）±0标高检查 | | ±3 |
| 柱子垂直度检查 | 钢柱牛腿 | 5 |
| | 柱高10 m以内 | 10 |
| | 柱高10 m以上 | $H/1\ 000\leqslant 20$ |

续表

| 测量内容 | 允许偏差/mm |
| --- | --- |
| 桁架和实腹梁、桁架和钢架的支承结点间相邻高差的偏差 | ±5 |
| 梁间距 | ±3 |
| 梁面垫板标高 | ±2 |

注：$H$ 为柱子高度。

(2)构件预装测量的偏差，不应超过表4-12的规定。

**表4-12　构件预装测量的允许偏差**

| 测量内容 | 测量的允许偏差/mm |
| --- | --- |
| 平台面抄平 | ±1 |
| 纵横中心线的正交度 | $\pm 0.8\sqrt{l}$ |
| 预装过程中的抄平工作 | ±2 |

注：$l$ 为自交点起算的横向中心线的长度。长度不足5 m时，以5 m计。

(3)附属构筑物安装测量的偏差，不应超过表4-13的规定。

**表4-13　附属构筑物安装测量的允许偏差**

| 测量内容 | 测量的允许偏差/mm |
| --- | --- |
| 栈桥和斜桥中心线的投点 | ±2 |
| 轨面的标高 | ±2 |
| 轨道跨距的丈量 | ±2 |
| 管道构件中心线的定位 | ±5 |
| 管道标高的测量 | ±5 |
| 管道垂直度的测量 | $H/1\ 000$ |

注：$H$ 为管道垂直部分的长度。

2)设备安装测量的技术要求

工程测量规范规定，在进行设备安装工作时，其设备安装测量的主要技术要求，应符合下列规定。

(1)设备基础竣工中心线必须进行复测，两次测量的较差不应大于5 mm。

(2)对于埋设有中心标板的重要设备基础，其中心线应由竣工中心线引测，同一中心标点的偏差不应超过±1 mm。纵横中心线应进行正交度的检查，并调整横向中心线。同一设备基准中心线的平行偏差或同一生产系统的中心线的直线度应在±1 mm以内。

另外，每组设备基础均应设立临时标高控制点。标高控制点的精度，对于一般的设备基础，其标高偏差应在±2 mm以内；对于与传动装置有联系的设备基础，其相邻两标高控制点的标高偏差应在±1 mm以内。

## 2. 厂房柱子基础施工测量

1)混凝土柱子杯形基础施工测量

工业厂房大多采用预制牛腿柱，其柱基础用杯口榫接，因此，在柱基施工中，对杯口的位置、标高和几何尺寸要求比较严格，作为施工测量人员应认真测设杯口的位置和高程，用于指导施工人员进行杯形基础模板支设及柱子安装工作。

(1)柱子基础平面定位放线　采用与测设厂房外轮廓轴线角点桩相同的方法，依据轴线控制桩交会出柱列轴线上各柱基的中心位置。然后在离柱基开挖边线 0.5～1.0 m 处的轴线方向上定出四个柱基定位桩，钉上小钉以标示柱轴线中心线，供修坑立模之用，如图 4-39 所示；在桩上拉细线绳，并用特制的 T 形尺按基础详图的尺寸和基坑放坡宽度 $a$，进行柱基及开挖边线的放线，用灰线标示出基坑开挖边线的实地位置，如图 4-40 所示。同法可放出全部柱基。

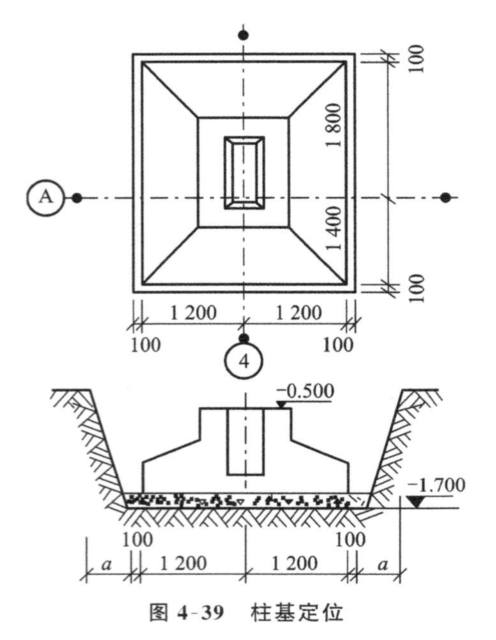


图 4-39　柱基定位

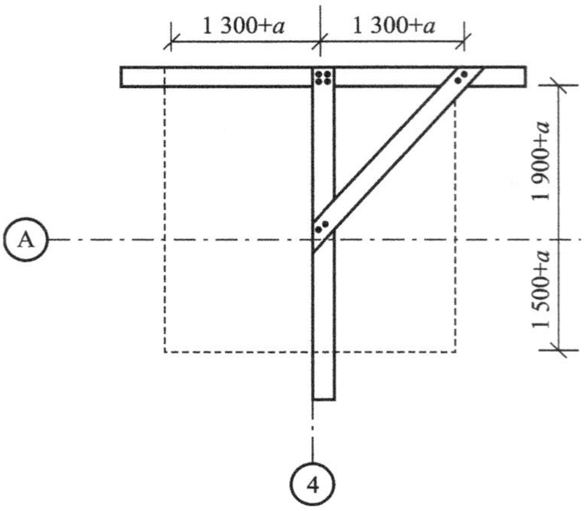

图 4-40　柱基及开挖边线的放线

(2)柱基底抄平　当基坑开挖到一定深度，快要挖到柱基设计标高(一般距基底 0.3～0.5 m)时，应在基坑的四壁或坑底边沿及中央打入小木桩，如图 4-41 所示，并在木桩上引测同一高程的标高，以便根据标点拉线修整坑底和打垫层。其标高的允许误差为±5 mm。

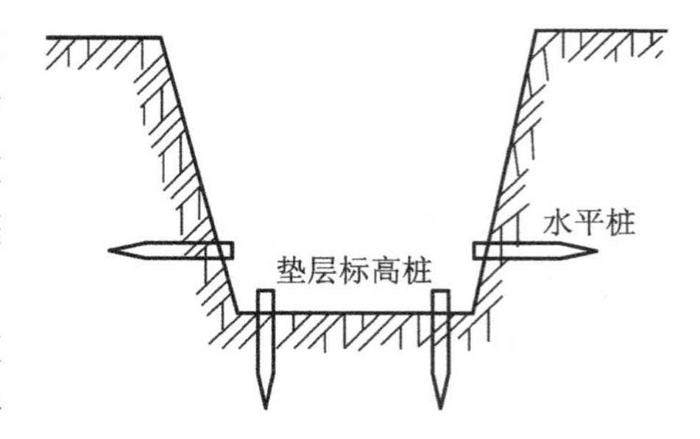


图 4-41　基坑抄平测量

(3)基础模板的定位测量　垫层打好后，根据柱基定位桩，用拉线、吊垂球的方法在垫层上放出基础中心线，并按照柱基的设计尺寸弹墨线标出柱基位置，作为柱基立模和布置钢筋的依据。立模时其模板上口还可由坑边定位桩直接拉线，用吊垂球的方法检查模板的位置是否正确竖直。然后在模板的内壁引测基础面的设计标高，并画线标明，作为浇筑混凝土的依据。在立杯底模板时，应注意使实际浇筑的杯底顶面比原设计的标高略低 3～5 cm，以便拆模后填高、修平杯底。

(4)杯口中线投点与抄平　在柱基拆模之后，根据厂房矩形控制网上柱子中心线端点桩，在杯口顶面投测柱中心线，并绘"▼"标志标明，以备吊装柱子时使用，如图 4-42 所示。中线投点一般有两种方法：一种是将仪器安置在柱中心线的一个端点，照准另一个端点而将中线投到杯口上；另一种是将仪器置于中线上的适当位置，照准控制网上柱基中心线两端点，采用正倒镜法进行投点。

另外，为了修平杯底，还须在杯口内壁测设某一标高线，用“▼”标志标明，其一般比杯形基础顶面略低 10 cm，且与杯底设计标高的距离为整分米数，以此来修平杯底。

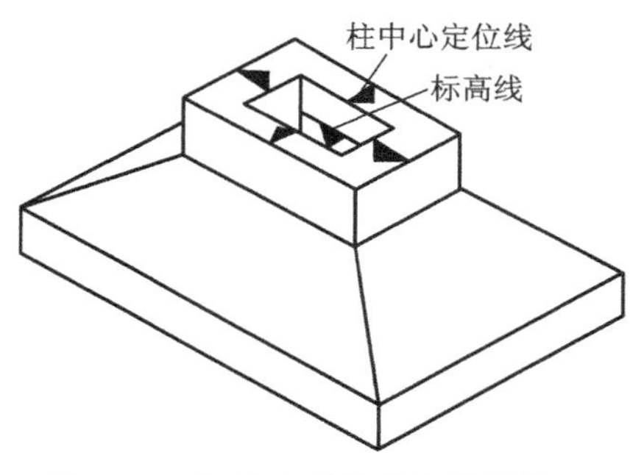

图 4-42　杯口中线及标高线测设

2)钢柱基础施工测量

对于钢结构柱子的基础，顶面通常设计为一平面，通过锚栓将钢柱与基础连成整体。施工时应保证基础顶面标高及锚栓位置的准确。钢柱结构下部支撑面的允许偏差，其高度偏差不得超过±2 mm，垂直度偏差不得超过±5 mm，锚栓位置的允许偏差，在支座范围内为±5 mm。

钢柱基础定位及基坑底层抄平方法与混凝土柱子杯形基础的大致相同，其特点是基坑较深且基础下面有垫层，同时还要在混凝土基础垫层上预埋地脚螺栓，以使地脚螺栓与钢柱基础浇筑为整体。其施测步骤如下。

(1)垫层上钢柱基础中线投测和抄平。垫层混凝土凝结后，应在垫层上投测出钢柱基础中线，并根据中线点弹出墨线，绘出地脚螺栓固定架的位置，以作为安置螺栓固定架及根据中线支立模板的依据，如图 4-43 所示。

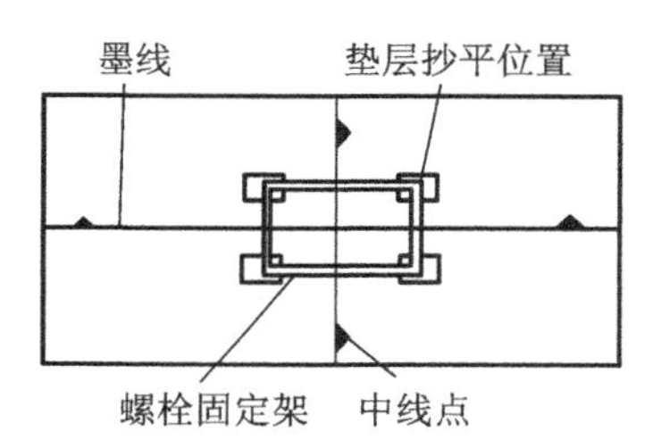

图 4-43　地脚螺栓固定架放线

投测中线时，在基坑边的轴线控制桩上安置经纬仪，要求视线能看到坑底，然后照准矩形控制网基础中心线的两端点，用正倒镜法，将仪器中心与轴线中心线重合，然后投测中线点，并在垫层面上作标志。

在垫层上绘出螺栓固定架位置后，即可在固定架外框四个角落测设标高，以便用来检查并修平垫层混凝土面，使其符合设计标高，以便安装固定架。如基础过深，从地面上直接引测基础地面标高，标尺不够长时，可采用悬吊钢尺的方法测设。

(2)地脚螺栓固定架中线投点与抄平。

① 固定架的安置。固定架一般用钢材制作，用于锚定地脚螺栓及其他埋设件。如图 4-44 所示，根据垫层上的柱基中心线和所画固定架的位置线将其安置在垫层上，然后依据垫层上测定的标高点，进行地脚抄平，将高的地方的混凝土打去一些，低的地方垫以小块钢板并与底层钢网焊牢，使其符合设计标高。

② 固定架抄平。固定架安置好后，测出四根横梁的标高，以检查固定架高度是否符合要求，其允许偏差为−5 mm(不得高于设计标高)。满足要求后，将固定架与底层钢筋焊牢且加焊支撑钢筋。

③ 中线投点。投点前，应对矩形控制边上的中心端点进行检查，然后根据相应两端点，将中线投测在固定架横梁上，并刻绘标志。其中线投点偏差(相对于中线端点)为±1～±2 mm。

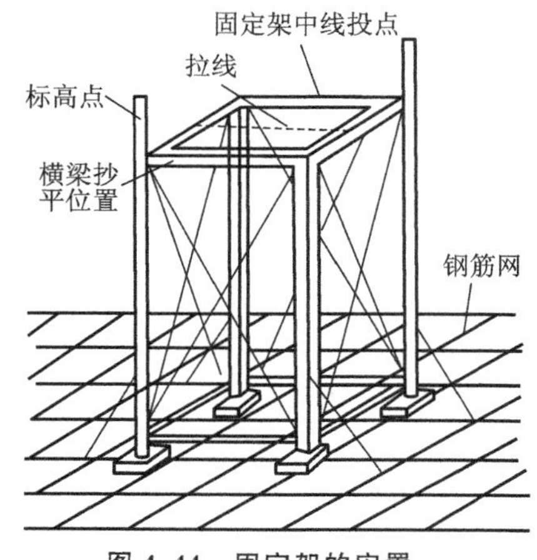

图 4-44　固定架的安置

3)地脚螺栓的安装与标高测量

根据垫层上及固定架上投测的中心点，把地脚螺栓安放在设计位置。为了测定地脚螺栓的标高，在固定架的斜对角处焊两根小角钢(见图 4-44)，在其上引测同一数值的标高点，并刻绘标志，其高度应比地脚螺栓的设计标高稍低一些。然后在角钢上两标点处拉一细钢丝，以定出螺栓的安装高度。待螺栓安装好后，测出螺栓第一丝扣的标高。地脚螺栓的高度不应低于其设计标高，允许偏高+5～+25 mm。

4)支立模板与浇筑混凝土时的测量工作

钢柱基础支模阶段的测量工作与混凝土杯形基础相同。特别之处在于，在浇筑基础混凝土时，为了保证地脚螺栓位置及高度的正确，应进行时时看守观测，若发现其变动应立即通知施工人员及时处理。

### 3. 现浇混凝土柱子基础及柱身、平台施工测量

当混凝土柱子基础、柱身及其上面的各层平台采用现场捣制混凝土的方法进行施工时(即现浇施工)，为了配合施工一般应进行以下施工测量工作。

1)现浇混凝土柱子基础中线投测及标高测设

当基础混凝土凝固拆模后，即可根据矩形控制网边线上的柱子中心线端点控制桩，将中心线投测在靠近杯底的基础面上，并在露出的钢筋上测设出标高点，以供进行柱身支立模板时确定柱高及对正柱中心之用，如图 4-45 所示。

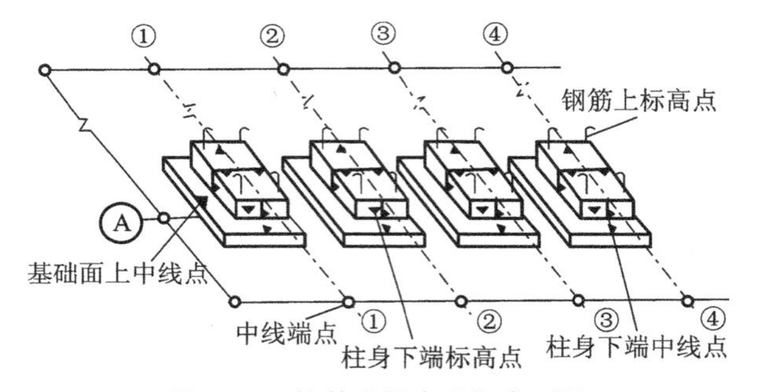


图 4-45　柱基础投点及标高测量

2)柱身垂直度测量

柱身模板支好后，必须检查柱子的垂直度。若现场通视困难，可采用平行线投点法来检查柱子的垂直度，并将柱身模板校正。其施测过程为：先在柱子模板上端根据外框量出柱子中心点，然后将其与柱身下端中心点相连，并在模板上弹出墨线(见图 4-46)；其次，再根据柱中线控制桩 $A$、$B$ 测设 $AB$ 的平行线 $A'B'$，其间距一般为 1～1.5 m；先在待检查的柱模板上水平横放一把木尺，使其零点对正模板中心线；同时，安置仪器于 $B'$，照准 $A'$，然后纵转望远镜仰视木尺，若十字丝正好对准 1 m 或 1.5 m 处，则柱子模板垂直；否则应将模板向左或向右移动，直至十字丝正好对准 1 m 或 1.5 m 处为止。

3)柱顶及平台模板抄平

柱子模板校正好后，应选择不同行、列的两三根柱子，从柱子下面已测好的标高点，用钢尺沿柱身向上量距，在柱子上端模板上，引测一个高程数据相同的点。然后在平台模板上安置水

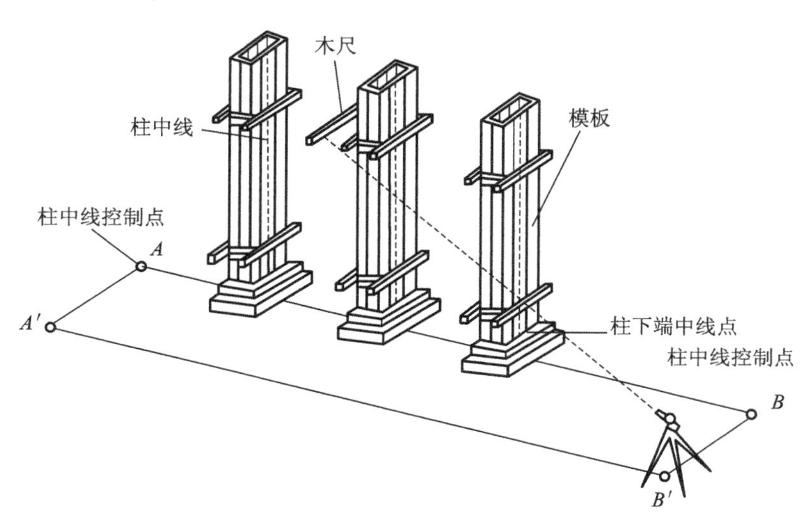


图 4-46 柱身模板校正

准仪,用柱上引测的任一标高点作后视,施测柱顶模板的标高,再闭合于另一引测的标高点以资校核。同样,平台模板支好后,也必须检查平台模板的标高和水平情况,方法与柱顶模板抄平相同。

4)上层标高的引测及柱中心线投点

在第一层柱子与平台混凝土浇筑好后,须将柱子中线及标高引测到第一层平台上,以作为支立第二层柱身模板和第二层平台模板的依据,依此类推。其上层标高的引测可根据柱子下端标高点用钢尺沿柱身向上量距标点得到,其标高的引测偏差为±5 mm。而上层柱顶中线的引测可用经纬仪按轴线投测方法进行,其方法一般是将仪器安置于柱中线控制点上,照准柱子下端的中线点,仰视向柱子上端投点,并作标记(见图 4-47)。若安置位置与柱子间距过短,不便于投点时,可将中线端点 $A$ 用正倒镜法延长至远端的 $A'$点,然后安置仪器于 $A'$在投点。其纵、横轴线中心线投点偏差,投点高度 5 m 以内时为±3 mm,5 m 以上时为±5 mm。

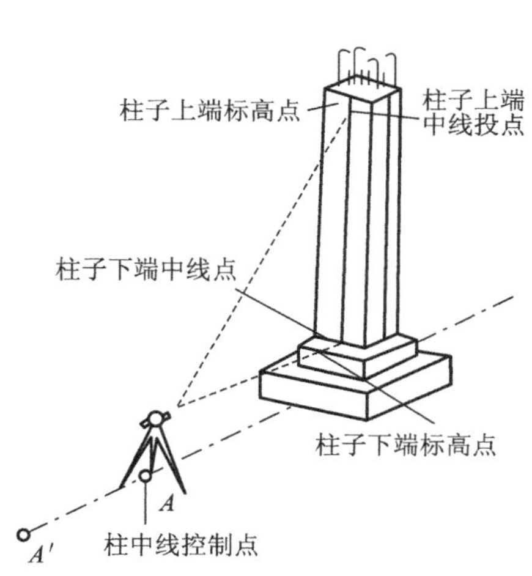


图 4-47 柱子中线及标高引测

## 4. 柱子的安装测量

1)柱子安装前的准备工作

(1)对基础中心线及其间距、基础顶面和杯底标高进行复核,符合设计要求后,才可以进行安装工作。

(2)把每根柱子按轴线位置进行编号,并检查柱子的尺寸是否符合图纸的尺寸要求,如柱长、断面尺寸、柱底到牛腿面的尺寸、牛腿面到柱顶的尺寸等。无误后,才可进行弹线。

(3)在柱身的三面用墨线弹出柱中心线,每个面在中心线上画出上、中、下三点水平标记,并精密量出各标记点间距离。

(4)调整杯底标高、检查牛腿面到柱底的长度，看其是否符合设计要求。如不相符，就要根据实际柱长修整杯底标高，以使柱子吊装后，牛腿面的标高基本符合设计要求。具体做法是：在杯口内壁测设某一标高线(如一般杯口顶面标高为－0.500 m，则在杯口内抄上－0.600 m 的标高线，见图 4-42)。然后根据牛腿面设计标高，用钢尺在柱身上量出±0.000 和某一标高线(如－0.600 m 的标高线)的位置，并涂画红三角"▼"标志。分别量出杯口内某一标高线至杯底高度、柱身上某一标高线至柱底高度，并进行比较，以修整杯底，高的地方凿去一些，低的地方用水泥砂浆填平，使柱底与杯底相吻合。

2)柱子安装时的施工测量工作

为保证柱子的平面和高程位置均符合设计要求，且柱身垂直。在预制钢筋混凝土柱吊起插入杯口后，应使柱底三面中线与杯口中线对齐，并用硬木楔或钢楔作临时固定，如有偏差可用锤敲打楔子拨正。其偏差限值为±5 mm。

钢柱吊装时要求：基础面设计标高加上柱底到牛腿面的高度，应等于牛腿面的设计标高。安放垫板时须用水准仪抄平予以配合，使其符合设计标高。钢柱在基础上就位以后，应使柱中线与基础面上中线对齐。

柱子立稳后，即应观测±0.000 点标高是否符合设计要求，其允许误差，一般的预制钢筋混凝土柱应不超过±3 mm，钢柱应不超过±2 mm。

3)柱子垂直校正测量

柱子垂直校正测量，应将两架经纬仪安置在柱子纵、横中心轴线上，且距离柱子约为柱高的 1.5 倍的地方，如图 4-48 所示。先照准柱底中线，固定照准部，再逐渐仰视到柱顶，若中线偏离竖丝，表示柱子不垂直，可指挥施工人员用拉绳调节、支撑或敲打楔子等方法使柱子垂直。经校正后，柱的中线与轴线偏差不得大于±5 mm；柱子垂直度允许误差为 $H/1\ 000$，当柱高在 10 m 以上时，其最大偏差不得超过±20 mm；柱高在 10 m 以内时，其最大偏差不得超过±10 mm。满足要求后，要立即灌浆，以固定柱子位置。

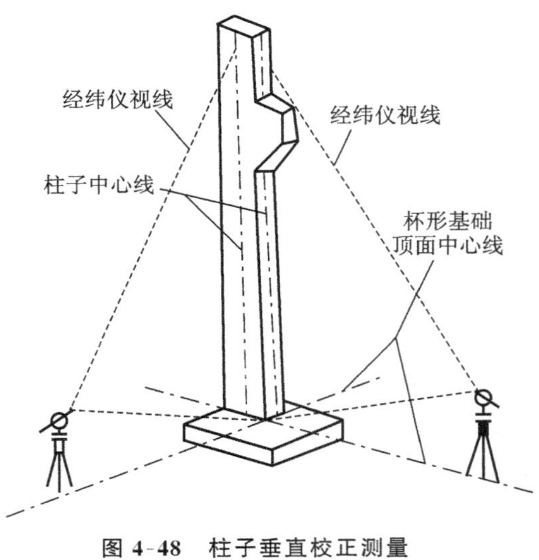

**图 4-48　柱子垂直校正测量**

在实际工作中，一般是一次把成排的柱子都竖起来，然后再进行垂直校正。这时可把两台经纬仪分别安置在纵、横轴线一侧，偏离中线不得大于 3 m，安置一次仪器即可校正几根柱子。但在这种情况下，柱子上的中心标点或中心墨线必须在同一平面上，否则仪器必须安置在中心线上。

## 5. 吊车梁安装测量

在安装吊车梁时，其主要测量工作是测设吊车梁中线位置和标高位置，以满足设计要求。

1)吊车梁安装时的中线测设

根据厂房矩形控制网或柱中心轴线端点，在地面上定出吊车梁中心线(亦即吊车轨道中心线)控制桩，然后用经纬仪将吊车梁中心线投测在每根柱子牛腿上，并弹以墨线，投点误差为±3 mm。吊装时使吊车梁中心线与牛腿上中心线对齐。

2)吊车梁安装时的标高测设

吊车梁顶面标高，应符合设计要求。根据±0.000标高线，沿柱子侧面向上量取一段距离，在柱身上定出牛腿面的设计标高点，作为修平牛腿面及加垫板的依据。同时在柱子的上端比梁顶面高5～10 cm处测设一标高点，据此修平梁顶面。梁顶面置平以后，应安置水准仪于吊车梁上，以柱子牛腿上测设的标高点为依据，检测梁面的标高是否符合设计要求，其允许误差应不超过±3～±5 mm。

### 6. 吊车轨道安装测量

吊车轨道安装，其测设工作主要是进行轨道中心线和轨顶标高的测量，以符合要求。

1)在吊车梁上测设轨道中心线

(1)用平行线法测定轨道中心线。吊车梁在牛腿上安放好后，第一次投在牛腿上的中心线已被吊车梁所掩盖，所以在梁面上须投测轨道中心线，以便安装吊车轨道。

具体测设方法是：先在地面上沿垂直于柱中心线的方向$AB$和$A'B'$各量一段距离$AE$和$A'E'$，令$AE=A'E'=l+1$($l$为柱列中心线到吊车轨道中心线的距离)，则$EE'$为与吊车轨道中心线相距1 m的平行线(见图4-49)。然后将经纬仪安置在$E$点，照准$E'$点，固定照准部，将望远镜逐渐仰视以向上投点。这时指挥一人在吊车梁上横放一支1 m长的木尺，并使木尺一端在视线上，则另一端即为轨道中心线位置，同时在梁面上画线标记此点位。同法定出轨道中心线的其他各点。用同样方法测设吊车轨道的另一条中心线位置。也可以按照轨道中心线间的间距，根据已定好的一条轨道中心线，用悬空量距的方法定出来。

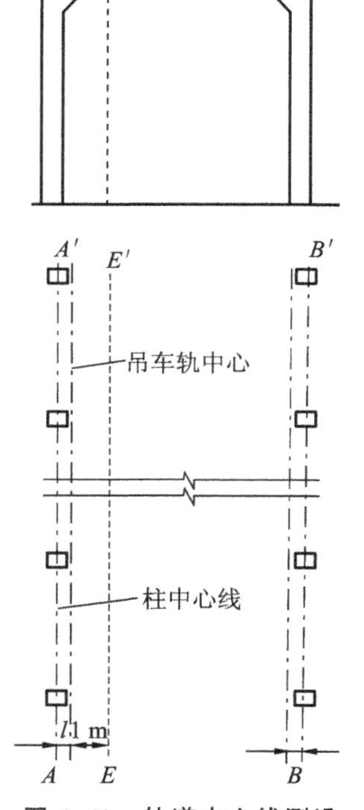

图4-49　轨道中心线测设

(2)根据吊车梁两端投测的中线点测定轨道中心线。根据地面上柱子中心线控制点或厂房矩形控制网点，测设出吊车梁(吊车轨道)中心线点。然后根据此点用经纬仪在厂房两端的吊车梁面上各投一点，两条吊车梁共投测四点，其投点允许误差为±2 mm。再用钢尺丈量两端所投中线点的跨距，看其是否符合设计要求，如超过±5 mm，则以实测长度为准予以调整。将仪器安置于吊车梁一端中线点上，照准另一端点，在梁面上进行中线投点加密，一般每隔18～24 m加密一点。若梁面过窄，不能安置三脚架，应采用特殊仪器架来安置仪器。

轨道中心线最好在屋面安装后测设，否则当屋面安装完毕后，应重新检查中心线。在测设吊车梁中心线时，应将其方向引测在墙上或屋架上。

2)吊车轨道安装时的标高测设

在吊车轨道面上投测好中线点后，应根据中线点弹出墨线，以便安放轨道垫板。在安装轨道垫板时，应根据柱子上端测设的标高点。测设出垫板标高，使其符合设计要求，以便安装轨道。梁面垫板标高测设时的允许误差为±2 mm。

3）吊车轨道的校核

在吊车梁上安装好吊车轨道以后，必须进行轨道中心线检查测量，以校核其是否成直线；还应进行轨道跨距及轨顶标高的测量，看其是否符合设计要求。检测结果要做出记录，作为竣工验收资料。轨道安装竣工校核测量允许误差应满足以下各检查要求。

（1）轨道中心线的检查。安置经纬仪于吊车梁上，照准预先在墙上或屋架上引测的中心线端点，用正倒镜法将仪器中心移至轨道中心线上，而后每隔 18 m 投测一点，检查轨道的中心是否在同一直线上，允许偏差为±2 mm，若超限，则应重新调整轨道，直至达到要求为止。

（2）跨距检查。在两条轨道对称点上，用钢尺精密丈量其跨距尺寸，其实测值与设计值相差不得超过±3～±5 mm，否则应予以调整。

轨道安装中心线调整后，应保证轨道安装中心线与吊车梁实际中心线偏差小于±10 mm。

（3）轨顶标高检查。吊车轨道安装好后，必须根据柱子上端测设的标高点（水准点）检查轨顶标高。且在每两轨接头之处各测一点，中间每隔 6 m 测量一点，其允许误差为±2 mm。

### 7. 屋架（或桁架）安装测量

1）柱顶抄平测量

屋架是搁在柱顶上的，安装之前，必须根据各柱面上的±0.000 标高线，利用水准仪或钢尺，在各柱顶部测设相同高程数据的标高点，作为柱顶抄平的依据，以保证屋架安装平齐。

2）屋架定位测量

安装前，用经纬仪或其他方法在柱顶上测设出屋架的定位轴线，并弹出屋架两端的中心线，作为屋架定位的依据。屋架吊装就位时，应使屋架的中心线与柱顶上的定位线对准，其允许偏差为±5 mm。

3）屋架垂直度测量

在厂房矩形控制网边线上的轴线控制桩上安置经纬仪，照准柱子上的中心线，固定照准部，然后将望远镜逐渐抬高，观测屋架的中心线是否在同一竖直面内，以此进行屋架的竖直校正。当观测屋架顶有困难时，也可在屋架上横放三把 1 m 长的小木尺进行观测，其中一把安放在屋架上弦中点附近，另外两把分别安放在屋架的两端，使木尺的零刻画正对屋架的几何中心，然后在地面上距屋架中心线为 1 m 处安置经纬仪，观测三把尺子的 1 m 刻画是否都在仪器的竖丝上，以此即可判断屋架的垂直度。

也可用悬吊垂球的方法进行屋架垂直度的校正。屋架校至垂直后，即可将屋架用电焊固定。屋架安装的竖直容许误差为屋架高度的 1/250，但不得超过±15 mm。

## 活动7 建筑场区道路及管线施工测量

### 1. 建筑场区道路施工测量

场区道路施工测量的主要任务是根据整项工程进度的需要，按照设计要求，及时恢复道路中线测设高程标志，以及细部测设和放线等，作为施工人员掌握道路平面位置和高程的依据，以保证按图施工。其内容有施工前的测量工作和施工过程中的测量工作。

1）施工前的测量工作

施工前的测量工作的主要内容是熟悉图纸和现场情况、场区道路中线测设、加设施工控制桩、增设施工水准点、纵横断面的加密和复测等。

（1）熟悉设计图纸和现场情况　道路设计图纸主要有路线平面图，纵、横断面图，标准横断面图和附属构筑物图等。接到施工任务后，测量人员首先要熟悉道路设计图纸。通过熟悉图纸，在了解设计意图和对工程测量精度要求的基础上，熟悉道路的中线位置和各种附属构筑物的位置，确定有关的施测数据及相互关系。同时要认真校核各部位尺寸，发现问题及时处理，以确保工程质量和进度。

建筑场区施工现场因机械、车辆、材料堆放等原因，各种测量标志易被碰动或损坏，因此，测量人员要勘察施工现场。熟悉施工现场时，除了解工程及地形的情况外，应在实地找出中线桩、水准点的位置，必要时实测校核，以便及时发现被碰动破坏的桩点，并避免用错点位。

（2）道路中线测设　为保证工程施工道路中线位置准确可靠，在施工前应依据场区道路设计图纸计算出拟建道路中线桩点的坐标（包括交点桩），并查核场区道路周边所设立的场区控制点坐标，然后利用全站仪采用极坐标放样方法测设出各中线桩的实地位置（用小木桩标定，其点位中心钉上中心钉），在拟建场区测设出所修道路的中线。此项工作往往是由施工单位会同设计、规划勘测部门共同来测设并检核。

对于部分改线地段，则应重新定线并测绘相应的纵、横断面图。测设中线时，一般应将附属构筑物如地下管线、两侧边坡线、检修井等的位置一并定出。

（3）加设道路施工控制桩　测设出中线位置桩后，其桩位在施工中往往要被挖掉或掩盖，很难保留。因此，为了在施工中准确控制工程的中线位置，应在施工前根据施工现场的条件和可能，选择不受施工干扰、便于使用、易于保存桩位的地方，测试施工控制桩。其测试方法有平行线法、延长线法和交会法等。

① 平行线法是在路线边 1 m 以外，以中线桩为准测设两排平行中线的施工控制桩，如图 4-50 所示。该方法适用于地势平坦、直线段较长的路线上。控制桩间距一般取 10～20 m，用它既能控制中线位置，又能控制高程。

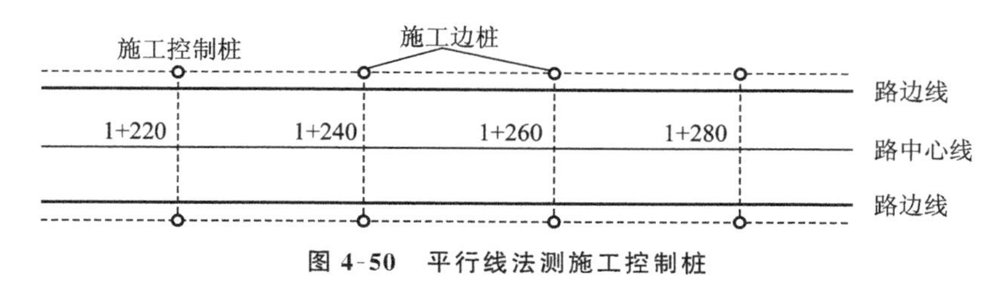

图 4-50　平行线法测施工控制桩

② 延长线法是在中线延长线上测设方向控制桩，当转角很小时可在中线的垂直方向测设控制桩，如图 4-51 所示。此法适用于地势起伏较大、直线段较短的路段上。

③ 交会法是在中线的一侧或两侧选择适当位置设置控制桩或选择明显固定地物，如电杆、房屋的墙角等作为控制，如图 4-52 所示。此法适用于地势较开阔、便于距离交会的路段上。

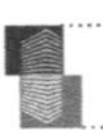

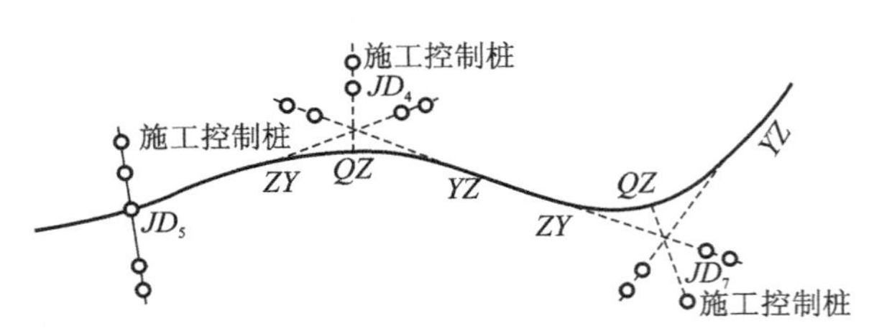

图 4-51 延长线法测施工控制桩

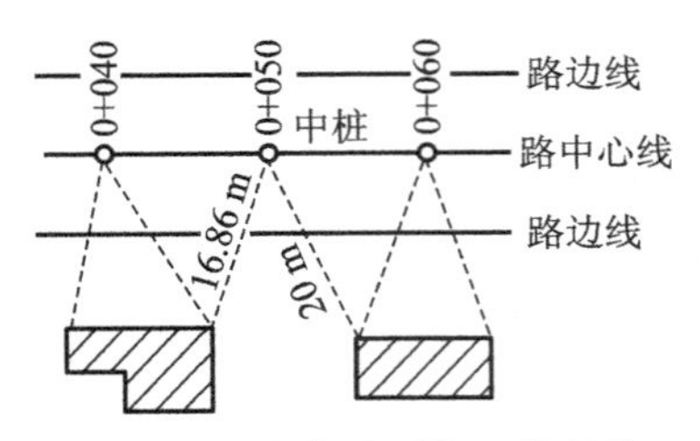

图 4-52 交会法测施工控制桩

上述三种方法场区道路施工中均应根据实际情况互相配合使用。但无论使用哪种方法测设施工控制桩桩，均要绘出示意图、量距并做好记录，以便查用。

(4)增设施工水准点　为了在施工中引测高程方便，应在原有水准点之间加设临时施工水准点，其间距一般为 100～200 m。对加密的施工水准点，应设置在稳固、可靠、使用方便的地方。其引测精度应根据工程性质、要求的不同而不同。引测的方法按照水准测量的方法进行。

(5)纵、横断面的加密与复测　当场区道路线路上出现局部变化，如挖土、堆土时，为了核实土方工程量，需核实纵、横断面资料，因此，一般在施工前要对纵、横端面进行加密与复测。

2)施工过程中的测量工作

施工过程中的测量工作俗称施工测量放线，它的主要内容有路基放线、施工边桩的测设、路面放线和道牙与人行道的测量放线等。

(1)路基放线　路基的形式基本可分为路堤和路堑两种。路基放线是根据设计横断面图和各桩的填、挖高度，测设出坡脚、坡顶和路中心等，构成路基的轮廓，作为填土或挖土的依据。

① 路堤放线。如图 4-53(a)所示为平坦地面路堤放线情况。路基上口 $b$ 和边坡 $1:m$ 均为设计数值，填方高度 $h$ 可从纵断面图上查得，由图中可得出

$$B=b+2mh \text{ 或 } \frac{B}{2}=\frac{b}{2}+mh \tag{4-17}$$

式中：$B$ 为路基下口宽度，即坡脚 $A$、$P$ 之距；

$B/2$ 为路基下口半宽，即坡脚 $A$、$P$ 的半距。

其测设放线方法是：由该断面的中心桩沿横断面方向向两侧各量 $B/2$ 后钉桩，即得出坡脚 $A$ 和 $P$。在中心桩及距中心桩 $b/2$ 处立小木杆(或竹竿)，用水准仪在杆上测设出该断面的设计高程线，即得坡顶 $C$、$D$ 及路中心 $O$ 三点，最后用小线将 $A$、$C$、$O$、$D$、$P$ 点连起，即得到路基的轮廓。施工时，在相邻断面坡脚的连线上撒出白灰线作为填方的边界。

图 4-53(b)所示为地面坡度较大时路堤放线的情况。由于坡脚 $A$、$P$ 距中心桩的距离与 $A$、$P$ 地面高低有关，故不能直接用上述公式算出，通常采用坡度尺定点法和横断面图解法。

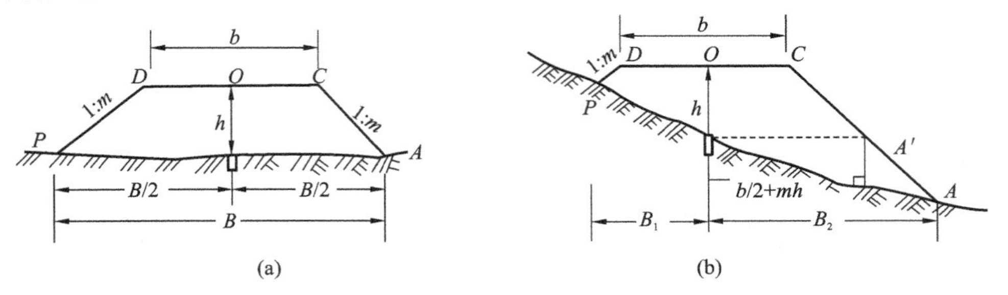

图 4-53 路堤型路基放线

坡度尺定点法是先做一个符合设计边坡 $1:m$ 的坡度尺，如图 4-54 所示，当竖向转动坡度尺使直立边平行于垂球线时，其斜边即为设计坡度。

用坡度尺测设坡脚的方法是先用前一方法测出坡顶 $C$ 和 $D$，然后将坡度尺的顶点 $N$ 分别对在 $C$ 和 $D$ 上，用小线顺着坡度尺斜边延长至地面，即分别得到坡脚 $A$ 和 $P$。当填方高度 $h$ 较大时，由 $C$ 点测设 $A$ 点有困难，可用前一方法测设出与中桩在同一水平线上的边坡点 $A'$，再在 $A'$ 点用坡度尺测设出坡脚 $A$。

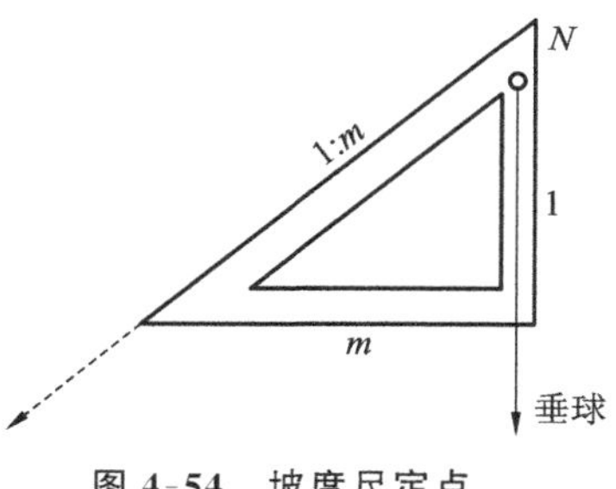

图 4-54 坡度尺定点

横断面图解法是用比例尺在已设计好的横断面上（俗称已戴好帽子的横断面），量得坡脚距中心的水平距离，即可在实地相应的断面上测设出坡脚位置。

② 路堑放线。如图 4-55(a)所示为平坦地面上路堑放线情况。其原理与路堤放线的基本相同，但计算坡顶宽度 $B$ 时，应考虑排水边沟的宽度 $b_0$，计算公式如下

$$B=b+2(b_0+mh) \quad 或 \quad \frac{B}{2}=\frac{b}{2}+b_0+mh \tag{4-18}$$

图 4-55(b)所示为地面坡度较大时的路堑放线情况。其关键是找出坡顶 $A$ 和 $P$，按前法或横断面图解法找出 $P$、$A$（或 $A_1$）。当挖深较大时，为方便施工，可制作坡度尺或测设坡度板，作为施工时掌握边坡的依据。

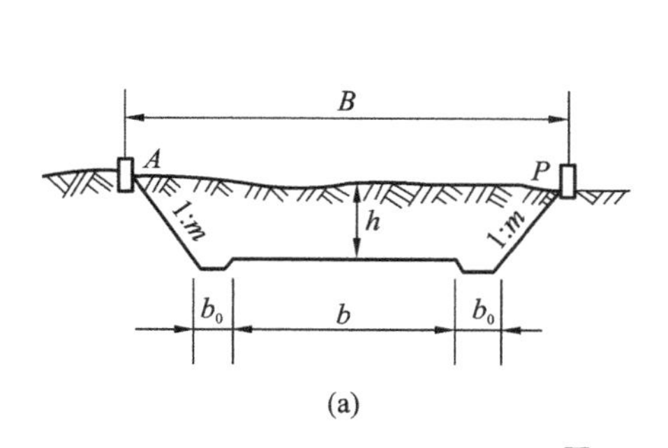


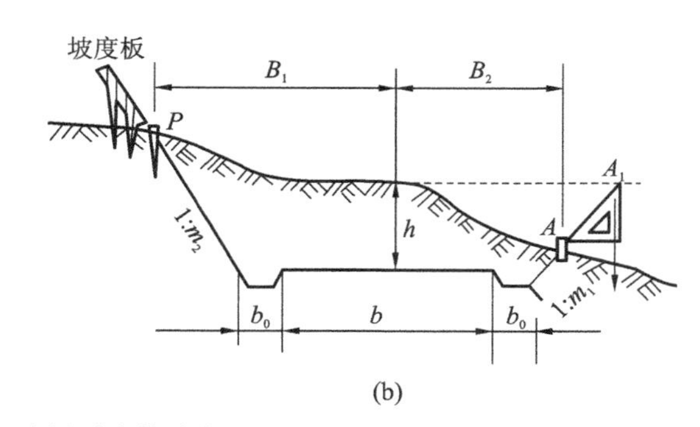

图 4-55 路堑型路基放线

③ 半填半挖的路基放线。在斜坡场地上修筑场区道路时，为减少土石方量，路基常采用半填半挖形式，如图 4-56 所示。这种路基放线时，除按上述方法定出填方坡度 $A$ 和挖方坡顶 $P$ 外，还要测设出不填不挖的零点 $O'$。其测设方法是用水准仪直接在横断面上找出等于路基设计高程的地面点，即为零点 $O'$。

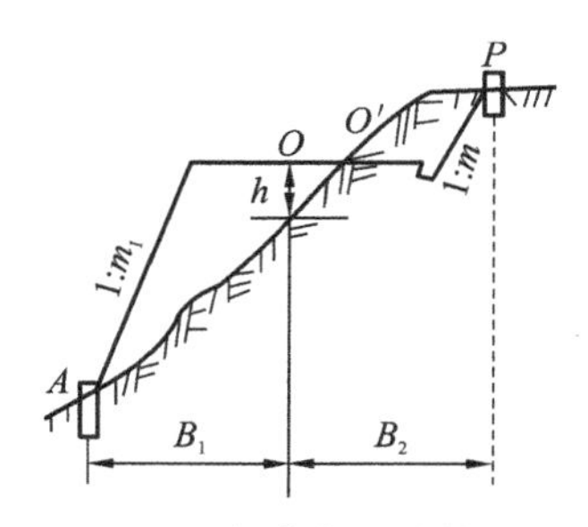

图 4-56 半填半挖路基放线

(2)道路施工边桩的测设　由于路基的施工致使中线上所设置的各桩被毁掉或填埋，因此，为了简便施工测量工作，可用平行线加设边桩，即在距路面边线为 0.5～1.0 m 以外，各钉一排平行中线的施工边桩，作为路面施工的依据，用它来控制路面高程和中线位置。

施工边桩一般是以施工前测定的施工控制桩为准测设的，其间距以 10～30 m 为宜。当边桩钉设好后，可按测设已知高程点的方法，在边桩测设出该桩的道路中线的设计高程钉，并将中线两侧相邻边桩上的高程钉用小线连起，便得到两条与路面设计高程一致的坡度线。为了防止

观测和计算错误，在每测完一段应附合到另一水准点上校核。

如施工地段两侧邻近有建筑物时，可不钉边柱，利用建筑物标记里程桩号，并测出高程，计算出各桩号路面设计高的改正数，在实地标注清楚，作为施工的依据。

如果施工现场已有平行中线的施工控制桩，并且间距符合施工要求，则可一桩两用，不再另行测设边桩。

(3)路面施工放样　路面施工放样的任务是根据路肩上测设的施工边桩的位置和桩顶高程，以及路拱曲线大样图、路面结构大样图、标准横断面图，测设出侧石（俗称道牙）的位置并给出控制路面各结构层路拱的标志，以指导施工。

道路路面一般分为垫层、基层、面层等几个结构层。为了能及时指导施工，在施工前，应根据面层设计标高及每个结构层的设计厚度，把每个结构层的设计高程先求出并列表。

由于垫层、基层均需碾压，所以垫层、基层的摊铺厚度必须由压实系数（碾压前土的厚度与碾压后土的厚度之比，施工时由材料实验人员测出）与设计厚度计算出，这就引起各结构层施工高程与设计高程不一致，因此，在设计高程求出后，应把各结构层的施工高程一并算出并列入设计高程表中。

一般路面施工的施工宽度往往与车道宽度或混凝土板宽度一致，为了准确控制横坡（或路拱），也为了正确指导施工，在每个中桩横断面上除中桩、边桩计算结构层的施工高程、设计高程外，在各施工分界点（如图 4-57 中的 $b_{22}$，$c_{22}$ 等各点）亦应推算出设计和施工高程，与各结构层的设计高程、施工高程一并列表，以备随时查用，如表 4-14 所示。

3.75 m　3.75 m　3.50 m　3.50 m　3.75 m　3.75 m
1+180　$O_3$　细绳
左　侧　路　右　侧
1+170　中　$O_2$
$d_{21}$　$c_{21}$　$b_{21}$　$a_{22}$　$b_{22}$　$c_{22}$　$d_{22}$
1+160　线　$O_1$
$d_{11}$　$c_{11}$　$b_{11}$　$a_{11}$　$b_{12}$　$c_{12}$　$d_{12}$

(a)

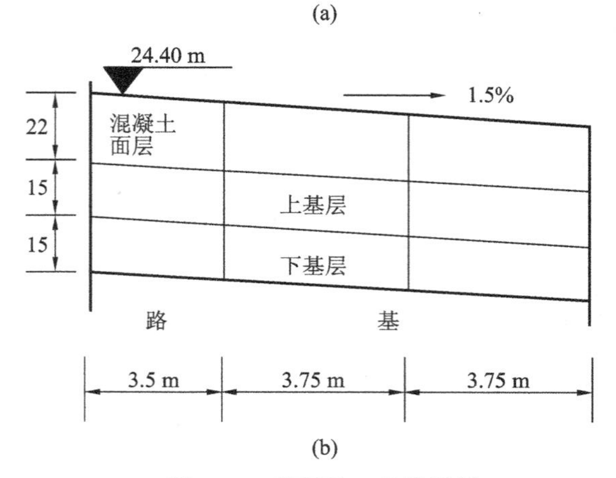


(b)

图 4-57　路面施工放样示例

表 4-14　各结构层的设计高程、施工高程对比表

| 分层 | 设计高程/m | | | | 施工高程/m | | | |
|---|---|---|---|---|---|---|---|---|
| | $a_{11}$ | $b_{12}$ | $c_{12}$ | $d_{12}$ | $a_{11}$ | $b_{12}$ | $c_{12}$ | $d_{12}$ |
| 面层 | 24.40 | 24.348 | 24.291 | 24.235 | 24.40 | 24.348 | 24.291 | 24.235 |
| 上基层 | 24.18 | 24.128 | 24.071 | 24.015 | 24.249 | 24.196 | 24.140 | 24.084 |
| 下基层 | 24.03 | 23.978 | 23.921 | 23.865 | 24.099 | 24.046 | 23.990 | 23.934 |
| 路基 | 23.88 | 23.828 | 23.771 | 23.715 | — | — | — | — |

图 4-57(a)所示为某市区某工程快车道一施工段略图，图 4-57(b)所示为中桩 $K1+150$ 横断面右半侧的结构层示意图，表 4-14 所示为中桩 $K1+150$ 右侧各结构层的设计高程和施工高程数据，有了各桩上的这些数据，即可提高施工效率。

图 4-57 中，$a_{11}$、$b_{12}$、$c_{12}$、$d_{12}$ 等各点，都是各结构层在施工时要进行控制的点位，对于这些点位的测设方法已详细讲过了。在实际施工中，除了对这些点控制外，在基层摊铺时，为了使摊铺厚度均匀，在每 10 m 相邻桩间用细绳来控制，如图 4-57(a)所示，$O_1$ 及其周围、$O_2$ 及其周围，俗称“挂线”。

① 侧石边线桩和路面中心桩的测设。如图 4-58 所示，根据两侧的施工边桩，按照控制边桩钉桩的记录和设计路面宽度，推算出边桩距侧石边线和路面中心的距离，然后自边桩沿横断方向分别量出至侧石及道路中心的距离，即可钉出侧石内侧边线桩和道路中心桩。同时可按路面设计宽度尺寸复测侧石至路中心的距离，以便校核。

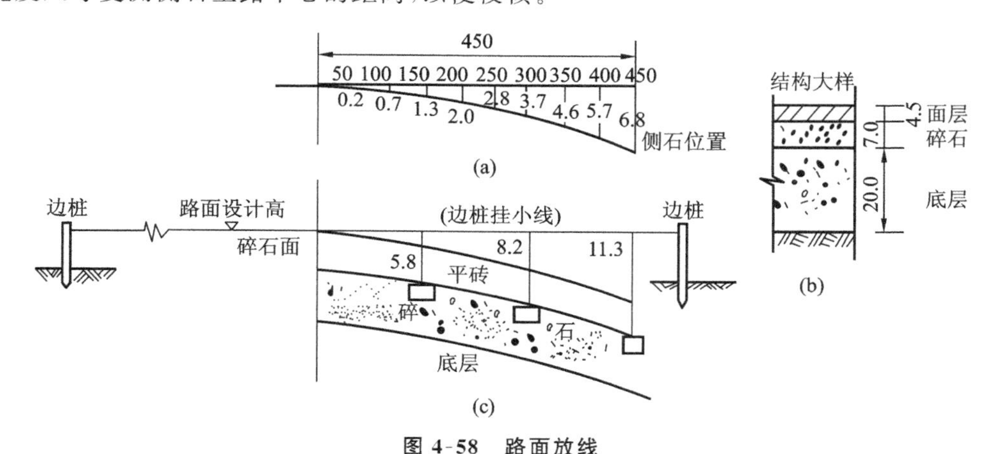


图 4-58　路面放线

② 路面放线。

第一种，直线型路拱的路面放线。如图 4-59 所示，$B$ 为路面宽度，$h$ 为路拱中心高出路面边缘的高度，称为路拱矢高，其数值 $h=\dfrac{B}{2}\times i$，$i$ 为设计路面横向坡度(%)；$x$ 为横距，$y$ 为纵距，$y=x\times i$，$O$ 为原点(路面中心点)。

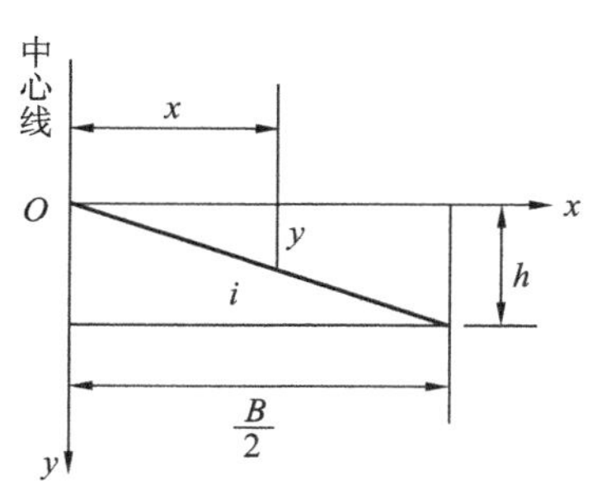


图 4-59　直线型路拱路面放线

其放线步骤如下：计算中桩填、挖值，即中桩桩顶实测高程与路面各层设计高程之差；计算侧石边桩填、挖值，即边线桩桩顶实测高程与路面各层设计高程之差；根据计算成果，分别在中、边桩

上标定并挂线，即得到路面各层的横向坡度线。如果路面较宽可在中间加点。

施工时，为了使用方便，应预先将各桩号断面的填、挖值计算好，以表格形式列出，称为平单，供放线时直接使用。

第二种，抛物线形路拱的路面放线。对于路拱较大的柔性路面，其路面横向宜采用抛物线形，如图 4-60 所示。图中，$B$ 为路面宽度，$h$ 为路拱矢高，即 $h=\frac{B}{2}\times i$，$i$ 为直线型路拱坡度，$x$ 为横距，是路拱的路面中心点的切线位置，$y$ 为纵距，$O$ 为原点，是路面中心点。其路拱计算公式为

$$y=\frac{4h}{B^2}\times x^2 \tag{4-19}$$

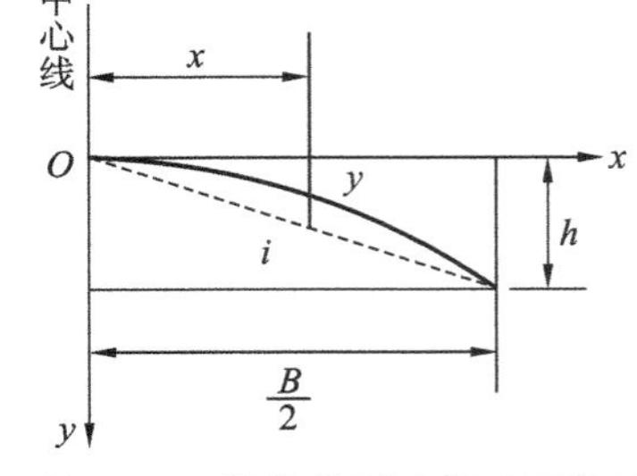


**图 4-60　抛物线型路拱路面放线**

其放线步骤如下：根据施工需要、精度要求选定横距 $x$ 值，如图 4-58（a）所示，50 cm、100 cm、150 cm、200 cm、250 cm、300 cm、350 cm、400 cm、450 cm，按路拱公式计算出相应的纵距 $y$ 值 0.2 cm、0.7 cm…5.7 cm、6.8 cm；在边线桩上定出路面各层中心设计高，并在路两侧挂线，此线就是各层路面中心高程线；自路中心向左、右量取 $x$ 值，自路中心标高水平线向下取相应的 $y$ 值，就可得横断面方向路面结构层的高程控制点。

施工时，可采用“平砖”法控制路拱形状。即在边桩上依路中心高程挂线后，按路拱曲线大样图所注的尺寸，如图 4-58(a)所示，以及路面结构大样图，如图 4-58(b)所示，在路中心两侧一定距离处，如图 4-58(c)所示在距路中心 150 cm、300 cm 和 450 cm 处分别向下量 5.8 cm、8.2 cm、11.3 cm，放置平砖，并使平砖顶面刚好处在拱面高度，铺撒碎石，以平砖为标志就可找出设计的拱形。

铺筑其他结构层，重复采用此法放线。

在曲线部分测设侧石和放置平砖时，应根据设计图纸做好内侧路面加宽和外侧路拱超高的放线工作。关于交叉口和广场的路面施工的放线，要根据设计图纸先加钉方格桩，其桩间距为 5～20 cm，再在各桩上测设设计高程线，然后依据路面结构层挂线或设“平砖”，以便分块施工。

第三种，变方抛物线型路面。由于抛物线型路拱的坡度其拱顶部分过于平缓，不利于排水；边缘部分过陡，不利于行车。为改善此种状况，以二次抛物线公式为基础，采用变方抛物线计算，以适应各种宽度。其路拱计算公式为

$$y=\frac{2^n h}{B^n}\times x^n=\frac{2^{n-1}}{B^{n-1}}\times x^n \tag{4-20}$$

式中：$B$ 为路面宽度(cm)；

$h$ 为路拱矢高，$h=\frac{B\times i}{2}$(cm)，$i$ 为设计横坡(%)；

$x$ 为横距(cm)；

$y$ 为纵距(cm)；

$n$ 为抛物线方次。根据不同的路宽和设计横坡分别选用 $n$=1.25、1.5、1.75、2.00。

在一般道路设计图纸上均绘有路拱大样图和给定的路拱计算式。

(4)道牙(侧石)与人行道的测量放线　道牙(侧石)是为了行人和交通安全，将人行道与路面分开的一种设置。人行道一般高出路面 8～20 cm。

道牙(侧石)的放线一般与路面放线同时进行,也可与人行道放线同时进行。道牙(侧石)与人行道测量放线方法如下。

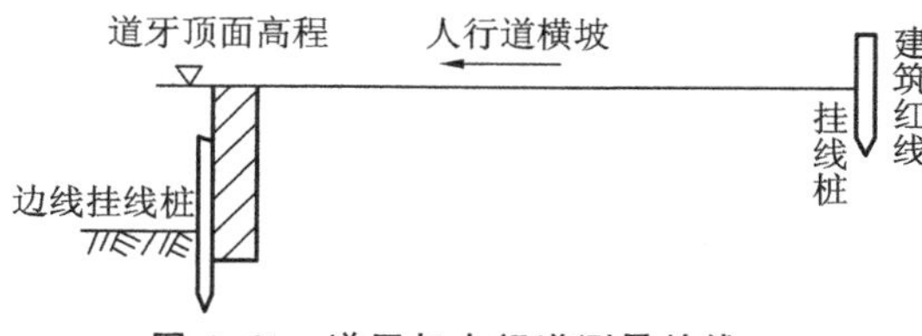

图 4-61　道牙与人行道测量放线

① 根据边线控制桩,测设出路面边线挂线桩,即道牙的内侧线,如图 4-61 所示。

② 由边线控制桩的高程引测出路面面层设计高程,标注在边线挂线桩上。

③ 根据设计图纸要求,求出道牙的顶面高程。

④ 由各桩号分段将道牙顶面高程挂线,安放并砌筑道牙。

⑤ 以道牙为准,按照人行道铺设宽度设置人行道外缘挂线桩。再根据人行道宽度和设计横坡,推算人行道外缘设计高程,然后用水准测量方法将设计高程引测到人行道外缘挂线桩上,并做出标志。用线绳与道牙连接,即为人行道铺设顶面控制线。

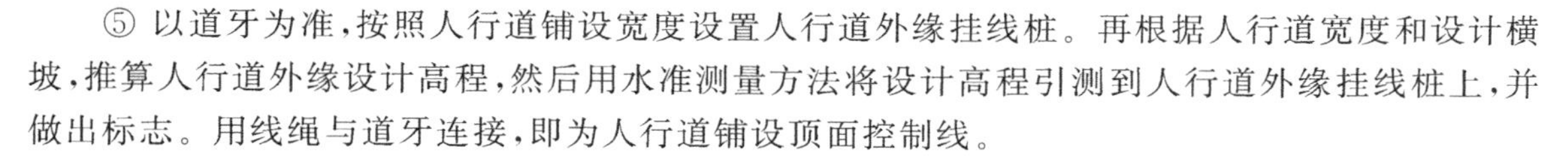

## 2. 建筑场区管道施工测量

建筑场区管道施工测量的主要任务是根据工程进度要求,为施工测设各种标志,使施工技术人员便于随时掌握中线方向及高程位置。施工测量的主要内容为施工前的测量工作和施工过程中的测量工作。

1)施工前的测量工作

(1)熟悉图纸和现场情况　施工前应收集场区管道测量所需要的管道平面图、纵横断面图、附属构筑物图等有关资料,认真熟悉施工图纸、精度要求、现场情况,找出各主点桩、里程桩和水准点位置并加以检测。拟定测设方案,计算并校核有关测设数据,并注意对设计图纸的校核两种。

(2)管线中线桩和施工控制桩的测设　在施工时中桩要被挖掉,为了在施工时控制中线位置,应在不受施工干扰、引测方便、易于保存桩位的地方测设施工控制桩。施工控制桩分中线控制桩和位置控制桩两种。

① 中线控制桩的测设。一般是在中线的延长线上钉设木桩并做好标记,如图 4-62 所示。

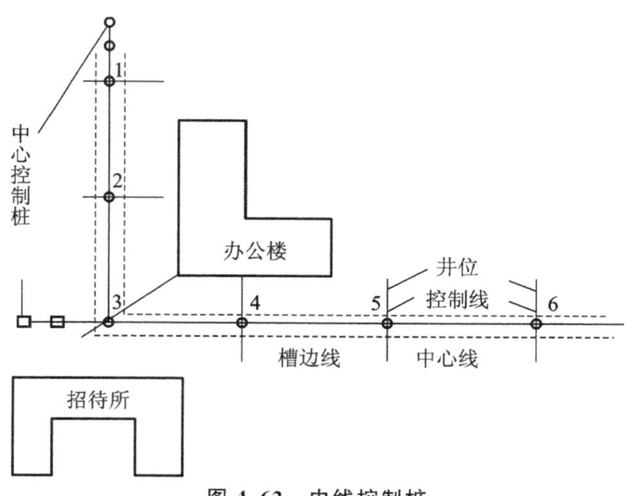

图 4-62　中线控制桩

② 附属构筑物位置控制桩的测设。一般是在垂直于中线方向上钉两个木桩。控制桩要钉在槽口外 0.5 m 左右,与中线的距离最好是整分米数。恢复构筑物时,将两桩用小线连起,则小

线与中线的交点即为中心位置。

当管道直线较长时，可在中线一侧测设一条与其平行的轴线，利用该轴线标示中线和构筑物的位置。

(3)加密水准点　为了在施工中引测高程方便，应在原有水准点之间每 100～150 m 增设临时施工水准点。精度要求应根据工程性质和有关规范规定来定。

(4)槽口放线　槽口放线的任务是根据设计要求的埋深和土质情况、管径大小等计算出开槽宽度，并在地面上定出槽边线位置，以作为开挖槽边界的依据。

① 如图 4-63(a)所示，当地面平坦时，槽口宽度 $B$ 的计算方法为

$$B=b+2m\times h \tag{4-21}$$

② 如图 4-63(b)所示，当地面坡度较大，管槽深在 2.5 m 以内时，中线两侧槽口宽度不相等，槽口宽度 $B$ 的计算方法为

$$\left.\begin{aligned}B_1=b/2+m\times h_1\\B_2=b/2+m\times h_2\end{aligned}\right\} \tag{4-22}$$

③ 如图 4-63(c)所示，当槽深在 2.5 m 以上时，槽口宽度 $B$ 的计算方法为

$$\left.\begin{aligned}B_1=b/2+m_1h_1+m_3h_3+C\\B_2=b/2+m_2h_2+m_3h_3+C\end{aligned}\right\} \tag{4-23}$$

式中：$b$ 为管槽开挖宽度；

$m_i$ 为槽壁坡度系数（由设计或规范给定）；

$h_i$ 为管槽左或右侧开挖深度；

$B_i$ 为中线左或右侧槽开挖宽度；

$C$ 为槽肩宽度。

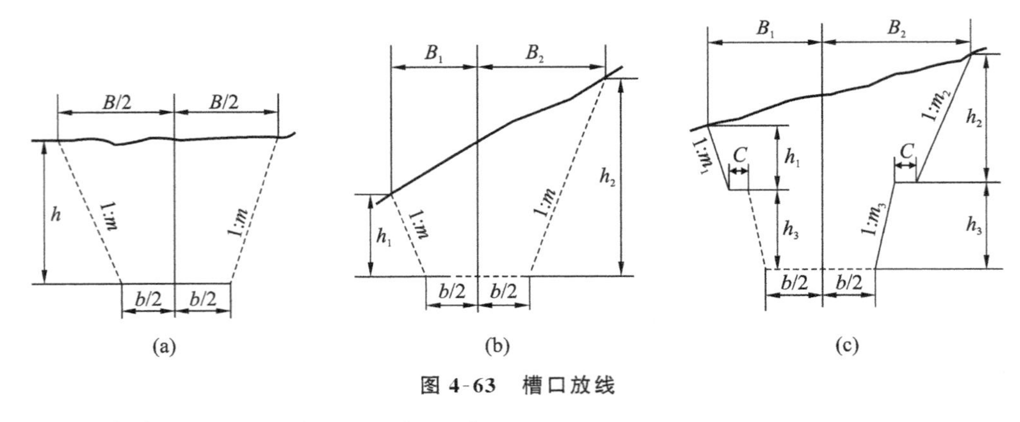


图 4-63　槽口放线

2)场区管线施工过程中的测量工作

管道施工过程中的测量工作，主要是控制管道中线和高程。一般采用坡度板法和平行轴腰桩法。

(1)坡度板法。

① 埋设坡度板。坡度板应根据工程进度要求及时埋设，其间距为 10～15 m，如遇检查井、支线等构筑物时应增设坡度板。当槽深在 2.5 m 以上时，应待挖至距槽底约 2.0 m 时，再在槽内埋设坡度板。坡度板要埋设牢固，不得露出地面，应使其顶面近于水平。用机械开挖时，坡度板应在机械挖完土方后及时埋设，如图 4-64 所示。

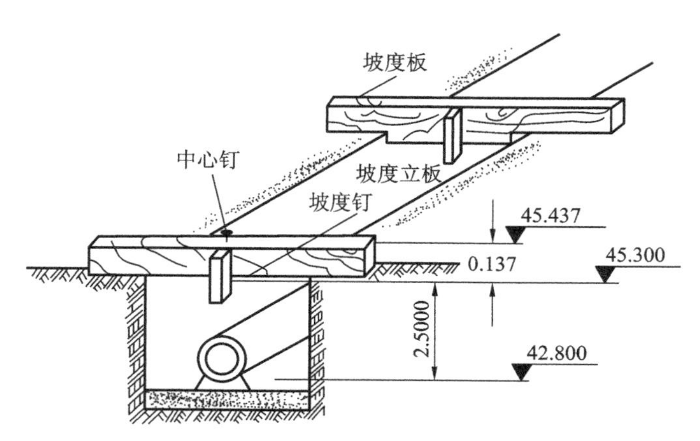


图 4-64 埋设坡度板

② 测设中线钉。坡度板埋好后，将经纬仪安置在中线控制桩上将管道中心线钉投测在坡度板上并钉中心钉，中线钉的连线即为管道中线，挂垂线可将中线投测到槽底定出管道平面位置。

③ 测设坡度钉。为了控制管道使之符合设计要求，在各坡度板上中线钉的一侧钉坡度立板，在坡度立板侧面钉一个无头钉或扁头钉，称为坡度钉，使各坡度钉的连线平行管道设计坡度线，并距管底设计高程为一整分米数，称为下返数。利用这条线来控制管道的坡度、高程和管槽深度。

为此按下式计算出每一坡度板顶向上或向下量的调整数，使下返数为预先确定的一个整数。调整数为负值时，坡度板顶向下量；反之则向上量。

调整数＝预先确定的下返数－(板顶高程－管底设计高程)

用该方法在这一段管线的各坡度板上依据事先计算出的下返数定出若干高程点，则这些点的连线与管底的坡度线平行，以此控制管底施工。

(2)平行轴腰桩法。当现场条件不便采用龙门板时，对精度要求较低或现场不便采用坡度板法时，可用平行轴腰桩法测设施工控制标志。

开工之前，在管道中线一侧或两侧设置一排或两排平行于管道中线的轴线桩，桩位应落在开挖槽边线以外，如图 4-65 所示。平行轴线离管道中线为 $a$，各桩间距以 15～20 m 为宜，在检查井处的轴线桩应与井位相对应。

为了控制管底高程，在槽沟坡上(距槽底约 1 m)，测设一排与平行轴线桩相对应的桩，这排桩称为腰桩(又称为水平桩)，以作为挖槽深度、修平槽底和打基础垫层的依据，如图 4-66 所示。在腰桩上钉一小钉，使小钉的连线平行管道设计坡度线，并距管底设计高程为一整分米数，即为下反数。

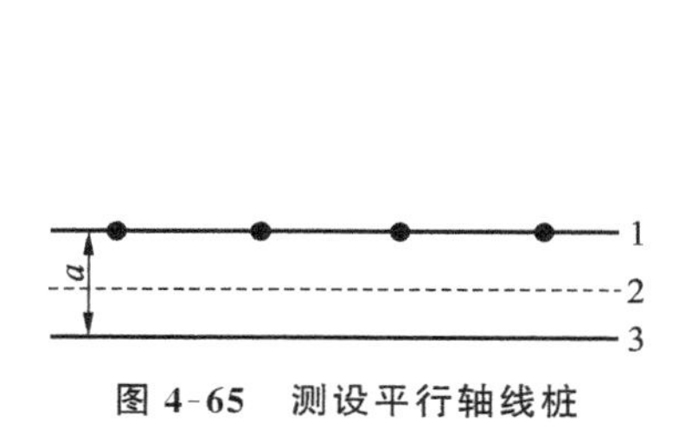


图 4-65 测设平行轴线桩

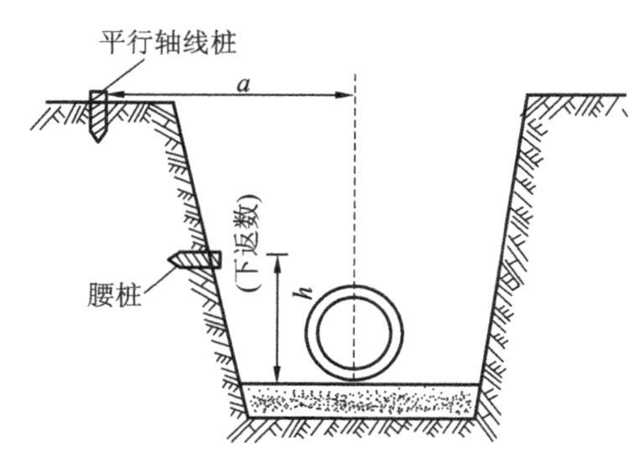


图 4-66 平行轴腰桩法

# 任务3 竣工总图的编绘和竣工实测

## 活动1 了解竣工总图

建筑工程项目竣工之后，需进行工程项目的验收工作，而在验收时必须提交工程项目的一系列验收资料，其中包括竣工总平面图（简称竣工总图）这一重要的测绘资料。也就是说，建筑工程项目施工完成后，即应根据工程的需要编绘或实测竣工总图。竣工总图宜采用数字竣工图。

竣工总图是建筑设计总平面图在施工后实际情况的全面反映，所以设计总平面图不能完全代替竣工总图。编绘竣工总图的目的在于：在施工过程中可能由于设计时没有考虑到的问题而使设计有所变更，这种临时变更设计的情况必须通过测量反映到竣工总图上；便于日后进行各种设施的维修工作，特别是地下管道等隐蔽工程的检查和维修工作；为建筑场区的扩建提供了原有各项建筑物、构筑物、地上和地下各种管线及交通线路的坐标、高程等资料。

新建建筑场区竣工总图最好是随着工程的陆续竣工相继进行编绘。一面竣工，一面利用竣工测量成果编绘竣工总图。如发现地下管线的位置有问题，可及时到现场变更，使竣工总图能真实反映实际情况。边竣工、边编绘的优点是：当场区工程全部竣工时，竣工总图也大部分编制完成，既可作为交工验收的资料，又可大大减少实测工作量，从而节约了人力和物力。

竣工总图的编绘包括室外实测和室内资料编辑两方面的内容。在场地总平面图上反映出场地的边界，表示出实地上现有的全部建构筑物的平面位置和高程。它是工程项目的重要技术资料。

竣工总图是具有一定特点的大比例尺专用图。竣工总图的比例尺宜选用1∶500；坐标系统、图幅大小、图上注记、线条规格应与原设计图一致；图例符号应采用现行的国家标准《总图制图标准》GB/T 50103—2010。竣工总图一般有若干附图和附件，其中最重要的是细部点坐标和高程表，此外有管线专题图等。总图与一般大比例尺地形图的差别首先在于要测定许多细部点坐标和高程。特别是对于工业厂区中的永久性的建构筑物，如正规的生产车间、仓库、办公楼、水塔、烟囱及生产设备装置等，必须施测细部坐标及高程，并注明其结构。

竣工总图应根据设计和施工资料进行编绘。当资料不全无法编绘时，应进行实测。竣工实测工作主要是对施工过程中设计有所更改的部分，以及资料不完整无法查对的部分，根据施工控制网进行现场实测，或加以补测。

竣工总图编绘完成后，应经原设计及施工单位技术负责人审核、会签。

# 活动2 竣工总图的编绘及实测

## 1. 竣工总图的编绘

在编绘竣工总图之前，应收集一些资料，主要有总平面布置图、施工设计图、设计变更文件、施工检测记录、竣工测量资料及其他相关资料等。同时，应对所收集的资料进行实地对照检核。若有不符之处，应实测其位置、高程及尺寸，作为总图编绘的补充资料。

在编绘竣工总图时，应符合下列规定：

(1)竣工总图应与竣工项目的实际位置、轮廓形状相一致；

(2)地下管道及隐蔽工程应根据回填前的实测坐标和高程记录进行编绘；

(3)施工中，应根据施工情况和设计变更文件及时编绘；

(4)对实测的变更部分，应按实测资料绘制；

(5)当平面布置改变超过图上面积1/3时，不宜在原施工图上修改和补充，应重新编制。

编绘的竣工总图上应包括建筑方格网点、水准高程点、建构筑物(厂房)及辅助设施、生活福利设施、架空及地下管线、场区道路等的坐标和高程，以及建筑场区内空地和未建区的地形。有关建构筑物的符号应与设计图例相同，绘制的地物及地形符号应使用国家规定的地形图图式符号。

竣工总图的编绘一般采用建筑施工坐标系统。其坐标轴应与主要建筑物平行或垂直，图面大小要考虑使用与保管方便。对于工业厂区，一般应从主厂区向外分幅，避免主要车间被分幅切割，并要照顾生产系统的完整性，使之尽可能绘制在一幅图纸上。如果线条过于密集而不醒目，则可采用分类编图，如综合竣工总图、交通运输竣工总图和管线竣工总图等。竣工总图一般包括综合平面图、管线专用平面图、独立设备和复杂部件的平面图等。

在绘制竣工总图时，应按绘图比例尺如实绘出建筑场区内地面的建构筑物、道路、铁路、地面排水沟渠、树木及绿化地等；矩形建构筑物的外墙角，应注明2个以上点的坐标(若没有，务必实测)；圆形建构筑物，应注明中心坐标及接地外半径；场区内的主要建筑物，应注明室内地坪高程(±0.000相对应的绝对高程)；场区道路，则应将道路的起终点、交叉点等处的中心点的坐标和高程标注于竣工总图上；道路弯道处，应注明交角、半径及交点坐标；道路的路面，应注明宽度及铺装材料；工业建筑场区，若有铁路专用线，则应将铁路中心线的起终点、曲线交点等的坐标标注于图上；铁路曲线段，应注明曲线的半径、切线长、曲线长、外矢矩、偏角等曲线元素；铁路的起终点、变坡点及曲线的内轨轨面应注明高程。另外，若不绘制分类专业图，还需按绘制专业图的要求，在竣工总图上绘制出给水管道、排水管道、动力管道、工艺管道、电力及通信线路等。

对于各种地上、地下管线，应用各种不同颜色的墨线绘出其中心位置，注明转折点及井位的坐标、高程及有关注记。在一般没有设计变更的情况下，墨线绘出的竣工位置与按设计原图用铅笔绘的设计位置应重合。在图上按坐标展绘工程竣工点位置时，与在底图上展绘控制点的要求一致，均以坐标格网为依据进行展绘，展点对邻近的方格而言，其允许误差为±0.3 mm。

如果施工的单位较多或多次转手，造成竣工测量资料不全、图面不完整或与现场情况不符时，只好进行实地施测，这样绘出的平面图，称为实测竣工总图。

对有竣工测量资料的工程，若竣工测量成果与设计值之比差没有超过所规定的建筑允许限差，应按设计值编绘总图，否则应按竣工测量资料编绘。

按照工程建设项目的要求，若需绘制分类专业图时，应按规范要求进行绘制。当竣工总图中图面负载较大且管线不甚密集时，除绘制总图外，可将各种专业管线合并绘制成综合管线图。专业分类图绘制的主要技术要求如下。

1）给水排水管道专业图的绘制

（1）给水管道，应绘出地面给水建筑物及各种水处理设施和地上、地下各种管径的给水管线及其附属设备。

对于管道的起终点、交叉点、分支点，应注明坐标；变坡处应注明高程；变径处应注明管径及材料；不同型号的检查井应绘制详图。当图上按比例绘制管道结点有困难时，可用放大详图表示。

（2）排水管道，应绘出污水处理构筑物、水泵站、检查井、跌水井、水封井、雨水口、排出水口、化粪池以及明渠、暗渠等。检查井，应注明中心坐标、出入口管底高程、井底高程、井台高程；管道，应注明管径、材质、坡度；对不同类型的检查井，应绘出详图。

（3）给水排水管道专业图上，还应绘出地面有关建构筑物、铁路、道路等。

2）动力、工艺管道专业图的绘制

（1）应绘出管道及有关的建构筑物。管道的交叉点、起终点，应注明坐标、高程、管径和材质。

（2）对于沟道敷设的管道，应在适当地方绘制沟道断面图，并标注沟道的尺寸及各种管道的位置。

（3）动力、工艺管道专业图上，还应绘出地面有关建筑物、铁路、道路等。

3）电力及通信线路专业图的绘制

（1）电力线路，应绘出总变电所、配电站、车间降压变电所、室内外变电装置、柱上变压器、铁塔、电杆、地下电缆检查井等；并应注明线径、送电导线数、电压及送变电设备的型号、容量。

（2）通信线路，应绘出中继站、交接箱、分线盒（箱）、电杆、地下通信电缆入孔等。

（3）各种线路的起终点、分支点、交叉点的电杆应注明坐标；线路与道路交叉处应注明净空高。

（4）地下电缆，应注明埋设深度或电缆沟的沟底高程。

（5）电力及通信线路专业图上，还应绘出地面有关建筑物、铁路、道路等。

### 2. 竣工总图的实测

实测的竣工总图，宜采用全站仪测图及数字编辑成图的方法。竣工总图中建构筑物细部点的点位和高程中误差，不应超过表4-15的规定。

表4-15　细部坐标点的点位和高程中误差

| 地物类别 | 点位中误差/cm | 高程中误差/cm |
|---|---|---|
| 主要建构筑物 | 5 | 2 |
| 一般建构筑物 | 7 | 3 |

竣工总图的实测，应在已有的施工控制点上进行。当控制点被破坏时，应进行恢复。对已

收集的资料应进行实地对照检核。满足要求时应充分利用，否则应重新测量。其相应实测内容主要包括以下各方面。

(1)工业厂房及一般建筑物。其实测的内容包括建构筑物房角坐标，各种管线进出口的位置和高程，并附房屋编号、结构层数、面积和竣工时间等资料。

(2)铁路和公路等交通线路。其实测的内容包括起止点、转折点、交叉点的坐标，曲线元素、桥涵等构筑物的位置和高程，人行道、绿化带界线等。

(3)地下管网。其实测的内容包括检修井、转折点、起终点的坐标，井盖、井底、沟槽和管顶等的高程，并附注管道及检修井的编号、名称、管径、管材、间距、坡度和流向。

(4)架空管网。其实测的内容包括转折点、结点、交叉点的坐标，支架间距，基础面高程。

(5)特种构筑物。其实测的内容包括沉淀池、污水处理池、烟囱、水塔等的外形，位置及高程。

(6)其他。其实测的内容包括测量控制网点的坐标及高程，绿化环境工程的位置及高程等。

实测工作完成后，应对实测成果进行整理，并作为编绘竣工总图的依据。

### 3. 竣工总图附件资料

为了全面反映竣工成果，便于日后的管理、维修、扩建或改建，下列与竣工总图有关的一切资料，应分类装订成册，作为总图附件保存。

(1)建筑场地及其附近的测量控制点布置图、坐标与高程一览表。

(2)建筑物和构筑物沉降与变形观测资料。

(3)地下管线竣工纵断面图。

(4)工程定位、放线检查及竣工测量的资料。

(5)设计变更文件及设计变更图。

(6)建筑场地原始地形图等。

## 小结

1. 施工测量工作和测图工作一样，必须遵循“从整体到局部，由控制到碎部”的测量原则。并且施工测设放样工作与地形图的测绘工作其实施过程恰恰相反，测设工作是把图纸上设计建筑物的平面和高程位置标定到地面上的工作，即把设计图上已确定的点位之间的相互关系标定到地面上的问题。所以施工放样是测量工作的基本方法在工程建设施工阶段具体应用。

放样的基本工作是在地面上标定已给定的长度、角度和高程。在地面上标定已知长度时，应结合地形情况、实际尺长及丈量时的温度等，精密测设时，须进行尺长、温度、倾斜三项改正；在地面上测设水平角时，一般采用盘左、盘右取其平均位置的方法；已知高程放样的方法，主要采用水准测量方法，根据已知点的高程和放样点的设计高程，利用水准仪在已知点尺上的读数求放样点的水准尺上的读数，并予以实地标定。

测设点的平面位置可用直角坐标法、极坐标法、角度交会法和距离交会法。究竟选用哪种方法，视具体情况而定。无论采用哪种方法都必须先根据设计图纸上的控制点坐标和待放样点的坐标，算出测设数据，再到实地放样。

2. 建筑施工阶段的测量工作分为事前工作——施工测量准备工作、事中工作——施工测量的施测和事后工作——竣工总图的编绘和实测。

在施工前，应做的测量准备工作，如资料的收集、仪器的准备、施工测量方案的编制、施工场区控制网的建立等。这是基于为确保各个建构筑物的平面和高程都能符合设计要求，得到合格的施工产品这一根本目的而做的很重要的工作。施工场区控制网是测设出各个建构筑物主要轴线及其他放样工作的基础。而施工测量方案使实施施工测量工作的指导性文件，因而进行施工测量工作，应结合工程的特点，编制施工测量方案，方案务必合理可行，并经审批后方可实施。

3. 建构筑物的施工测量方法。首先，依据施工控制网完成建筑物的轴线定位测量，即把建筑物外廓的各轴线交点测没在地面上，并用木桩标志出来，然后再根据这些点进行细部放样。在一般民用建筑中，为了方便施工，还在基槽外一定距离处设龙门板。根据龙门板或轴线控制桩的轴线位置和基础宽度，并顾及到基础挖深应放坡的尺寸，在地面上用白灰标出基础开挖线。根据施工的进程，再进行各项基础施工测量（即±0.000 以下部分的施工测量），以及主体结构的施工测量（即±0.000 以上部分的施工测量），最终为施工建设的顺利进行提供服务。

4. 工业厂房的施工测量应首先进行工业厂房控制网的测设，再进行厂房柱列轴线的测设和柱基施工测量及厂房构件安装测量方法。在各项放样过程中，要注意限差的要求。

5. 场区道路及管线施工测量工作任务及施测方法。

6. 在每一项单项工程完成后，必须由施工单位进行竣工测量，提供工程的竣工测量成果等以编制竣工总图，以全面反映工程施工后的实际情况，作为运行和管理的资料及今后工程改建和扩建的依据。介绍了竣工总图编绘的技术要求及绘制方法，以及在资料不全或与现场实地不符的情况下，进行竣工总图实测的原则、内容及技术要求等。

1. 施工测量的基本工作内容是什么？

2. 简述极坐标法测设点平面位置的工作过程。

3. 设 $A$、$B$ 为控制点，其坐标分别为 $x_A=835.315$ m，$y_A=178.432$ m，$x_B=800.543$ m，$y_A=129.402$ m。现采用极坐标法测设 1、2 两点的平面位置，其坐标分别为 $x_1=811.635$ m，$y_1=182.741$ m；$x_2=785.403$ m，$y_2=152.538$ m。试计算放样数据及 1、2 点之间的距离（距离计算至毫米，角度计算至秒）。

4. 设水准点 $BM_1$ 的高程为 $H_1=32.341$ m，根据需要欲测设一条坡度线 $AB$，设计坡度为 $i=4‰$，其中 $A$ 点设计高程为 $H_A=33.000$ m，$AB$ 的平距为 $D=200$ m，要求按每间隔 $d=50$ m 定距离指标桩，现用水平视线法测设，将水准仪架设在坡度线与 $BM_1$ 点之间，读得 $BM_1$ 点的中丝读数为 $a=1.438$ m，试计算：

（1）各测设桩的设计高程；

（2）各桩点的测设数据中丝读数 $b$；

（3）简述坡度线的测设过程。

5. 点的平面位置的测设方法有哪几种？各适用于什么场合？各需要哪些测设数据？

6. 已知 $A$、$B$ 为施工场地上的两控制点，其坐标方位角为 $\alpha_{AB}=300°00'00''$，$A$ 点的坐标为(14.220,86.710)，现将仪器安置于 $A$ 点，用极坐标法测设 $P$(42.340,85.000)点，试计算所需的测设数据，并说明测设过程。

7. 现已知施工坐标原点 $Q$ 的测量坐标为(187.500,112.500)，建筑基线点 $P$ 的施工坐标为(135.000,100.000)。设两坐标系轴线间的夹角为 $\alpha=20°00'00''$，试计算 $P$ 的测量坐标值。

8. 施工高程控制网应如何布置？

9. 建筑基线、建筑方格网如何设计？如何测设？

10. 在测设三点"一"字形的建筑基线时，为什么基线点不应少于三个？当三点不在一条直线上时，为什么横向调整量是相同的？

11. 进行建构筑物施工测量前应做好哪些准备工作？并应具备哪些资料？

12. 轴线控制桩和龙门板在施工测量中的作用是什么？如何设置？

13. 试述基坑开挖时控制开挖深度的方法。如何进行基础垫层的抄平？

14. 如何控制墙身的竖直位置和砌筑高度？

15. 如图 4-67 所示，已知机加工车间两个对角点的坐标，测设时顾及基坑开挖线范围，拟将厂房控制网设置在厂房角点以外 6 m，试求厂房控制网四角点 $T$、$U$、$R$、$S$ 的坐标，并简述其测设方法(利用施工控制点进行放样)。

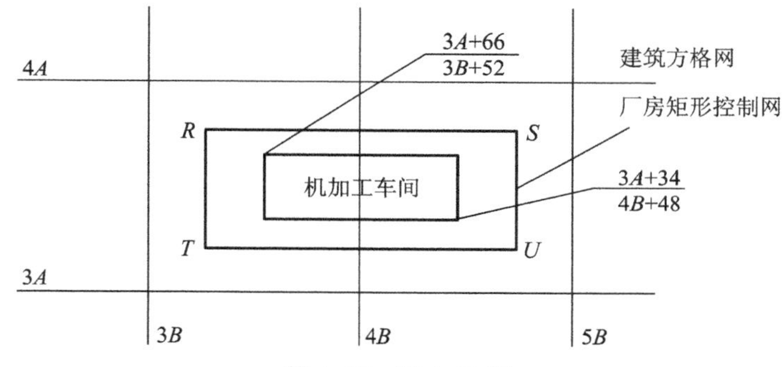


图 4-67　题 4-15 图

16. 高层建筑物的轴线投测与标高传递方法有哪几种？如何进行？

17. 在工业建筑的定位放线中，现场已布设好建筑方格网作为控制网，为何还要测设厂房矩形控制网？

18. 试述杯形基础定位放线的基本工作过程。如何检查其测设精度？

19. 试述吊车轨道的吊装测量过程，具体有哪些检核测量工作？

20. 试述钢柱柱基定位的方法。

21. 为什么要编绘竣工总平面图？竣工总平面图包括哪些内容？

# 学习情境5 建构筑物变形监测技术

## 学习目标

建构筑物变形监测工作包含建构筑物施工过程中的变形监测工作和建构筑物营运期间的变形监测工作。本学习情境主要是学习建构筑物变形监测的工作内容及变形监测实施方法，概述了建筑物变形监测的目的和意义，重点讲述了建筑物变形监测中常用的沉降观测、倾斜观测以及位移观测的实施步骤及其相关监测要求，监测资料成果的整理及监测报告的撰写，并结合某中心三幢楼房沉降观测实例来说明建筑物变形观测的具体实施。要求通过各任务的学习和实践训练，掌握建筑工程项目施工中及营运期间所实施的垂直位移监测及水平位移监测的技术方法、实施流程、方案编制及监测资料的整理和监测报告的提交等监测技能，为以后承担建筑工程的变形监测工作任务奠定测量知识与监测技能基础。

# 任务1 建构筑物变形监测工作及相关规定

## 活动1 建构筑物变形监测概述

### 1. 建构筑物变形监测工作的目的及意义

各类建构筑物，特别是现今大量兴建的高层建构筑物，在其施工和使用期间，由于受建筑工程场区的工程地质条件、地基处理方法、建构筑物上部结构的荷载等各种因素的影响，将会引起基础及其四周地层产生一定程度的变形，这种变形在规范允许限值内，应认为是正常现象。但如果超过了规定的限度，就会影响建构筑物的正常使用，会对建构筑物的安全产生严重影响，或使建构筑物发生非均匀沉降而导致倾斜，或造成建筑物开裂，严重时会危及建构筑物的安全甚至造成建构筑物的垮塌等严重安全事故，对人们的生命及财产造成不可估量的损失。因此，在工程建筑物的设计、施工和运营期间等阶段，必须进行工程变形监测工作，以便及时做出安全预报。

另外，在建构筑物密集的城市修建高层建筑、地下车库时，往往要在狭窄的场地上进行深基坑的垂直开挖，这就需要采用支护结构对基坑边坡土体进行支护。由于施工中许多难以预料因素的影响，使得在深基坑开挖及施工过程中，边坡土体可能产生较大变形，造成支护结构失稳或边坡坍塌的严重事故。因此，在深基坑开挖和施工中，也应对支护结构和周边环境进行变形监测。

通过对建筑基坑及其周边环境、建构筑物主体等对象实施变形观测，便可得到相对应的变形数据，因而可分析和监视基坑及周围环境的变形情况，并能对基坑工程的安全性及对周围环境的影响程度有全面的了解，当发现有异常变形时，可以及时分析原因，实施安全预报，为工程设计人员采取有效措施提供数据资料，最终确保工程质量和安全生产。

所谓建构筑物变形监测，是指用特定的测量仪器和监测设备对建构筑物及其基坑（或一定范围内岩石和土体）在建构筑物荷载及外力作用下随时间的改变而发生的空间及形体的变形（包括垂直位移、水平位移、倾斜、裂缝、挠度等）进行观测，并对所采集的观测数据进行分析处理的工作。通过对变形体的动态监测，可以获得精确的观测数据，进而对观测数据进行综合分析，便可及时对工程项目的基坑工程及建构筑物施工过程中所发生的异常变形情况做出预报，以便采取必要的技术措施，避免造成严重后果。

建构筑物的变形按其类型来区分，可以分为静态变形和动态变形。静态变形通常是指变形监测的结果只表示在某一期间内的变形值，其变形量只是时间的函数。动态变形是指在外力影响下的变形，它是以外力为函数来表示的动态系统对于时间的变化，其监测结果表现为建筑物在某个时刻的瞬时变形。

建构筑物变形监测不仅可以对建构筑物的安全运营起到良好的诊断作用，而且还能在宏观上时时向管理决策者提供准确的信息。通过对建筑物及周边环境实施变形观测，便可得到各监测项目相对应的变形监测数据，因而可分析和监视建筑物及周边环境的变形情况，才能对建筑物的安全性及其对周围环境的影响程度有全面的了解，以确保工程的顺利施工，当发现有异常变形时，可以及时分析原因，采取有效措施，以保证工程质量和安全生产，同时也为以后进行类似建筑物的结构和基础进行合理设计积累资料。

变形监测的意义就在于，通过变形监测和分析了解建筑物的变化情况和工作状态，掌握变形的一般规律，在发现不正常现象时，适时增加监测频率，及时分析原因采取措施，防止事故发生，达到被监测建筑物正常施工及安全运行的目的。建筑工程的变形监测，是对地质勘察所提供资料的准确程度、建筑物基础的处理质量以及建筑物主体是否倾斜的准确反映，它能及时发现存在的质量隐患，即使在建筑物已经发生变形的情况下也能对下一步加固处理方案提供重要的参考。

### 2. 建构筑物变形原因分析

在对建构筑物实施变形监测工作时，为了有针对性地实施变形监测活动，除了应了解监测对象具体的工程特点及相关工程场地的地质条件等之外，还必须分析了解特定工程实施对象在施工建设过程中潜在的变形内容及其产生的原因，以便能在监测工作开展前制定出合理的、有针对性的变形监测方案。

另外，分析并了解各种变形产生的原因对变形监测工作来说是非常重要的。一般说来，建筑物变形主要是由两方面的原因引起的，一是自然条件及其变化，即建构筑物场地的工程地质、水文地质、土层的物理性质、大气温度等，这一切均会伴随着建构筑物的施工和营运随时间的推进而变化。如基础的地质条件的不同，有的稳定、有的不稳定，会引起建筑物的沉降，甚至非均匀沉陷，使建筑物发生倾斜；营造在土基上的建构筑物，由于土基会发生塑性变形而引起地基沉陷，进而导致建构筑物倾斜直至沉陷；由于温度与地下水的季节性及周期性变化，而引起建构筑物产生规律性变形等。另一种是与建构筑物自身相联系的原因，即建构筑物本身的荷重、建构筑物的结构、形式及外加的动载荷的作用。此外，由于建筑勘查设计、施工以及运营管理工作做得不合理，也会引起建构筑物产生某些额外的形变。

事实上，这些变形的原因是相互关联的。随着工程建筑物的营造，改变了工程场区及周边地面土层原有的状态，并对建构筑物的地基施加了一定的外力，这样就必然会引起地基及周边地层发生变形。反过来对于建筑物本身及其基础，由于地基的形变、建构筑物外加荷载与建筑结构内部应力的综合作用而产生变形。

## 活动2　建构筑物变形监测方法及等级、精度要求

### 1. 建构筑物变形监测方法

变形监测的方法应根据监测项目的特点、精度要求、变形速率以及监测体的安全性等指标，按表5-1相应选用，也可同时采用多种方法进行监测。

表 5-1 变形监测方法的选择

| 类别 | 监测方法 |
|---|---|
| 水平位移监测 | 三角形网、极坐标法、交会法、GPS 测量、正倒垂线法、视准线法、引张线法、激光准直法、精密量距法、伸缩仪法、多点位移计、倾斜仪等 |
| 垂直位移监测 | 水准测量、液体静力水准测量、电磁波测距三角高程测量等 |
| 三维位移监测 | 全站仪自动跟踪测量法、卫星实时定位测量(GPS-RTK)法、摄影测量法等 |
| 主体倾斜 | 经纬仪投点法、差异沉降法、激光准直法、垂线法、倾斜仪、电垂直梁等 |
| 挠度观测 | 垂线法、差异沉降法、位移计、挠度计等 |
| 监测体裂缝 | 精密量距法、伸缩仪、测缝计、位移计、摄影测量法等 |
| 应力、应变监测 | 应力计、应变计 |

## 2. 变形观测等级划分及精度要求

变形观测的精度要求，取决于该建筑物设计的允许变形值的大小和进行变形观测的目的。若观测的目的是为了使变形值不超过某一允许值从而确保建筑物的安全，则观测的中误差应小于允许变形值的 1/10～1/20；若观测的目的是为了研究其变形过程及规律，则中误差应比允许变形值小得多。工程测量规范的规定，变形监测的等级划分及精度要求应符合表 5-2 的规定。

表 5-2 变形监测的等级划分及精度要求

| 等级 | 垂直位移监测 | | 水平位移监测 | 适用范围 |
|---|---|---|---|---|
| | 变形观测点的高程中误差/mm | 相邻变形观测点的高差中误差/mm | 变形观测点的点位中误差/mm | |
| 一等 | 0.3 | 0.1 | 1.5 | 变形特别敏感的高层建筑、高耸构筑物、工业建筑、重要古建筑、大型坝体、精密工程设施、特大型桥梁、大型直立岩体、大型坝区地壳变形监测等 |
| 二等 | 0.5 | 0.3 | 3.0 | 变形比较敏感的高层建筑、高耸构筑物、工业建筑、古建筑、特大型和大型桥梁、大中型坝体、直立岩体、高边坡、重要工程设施、重大地下工程、危害性较大的滑坡监测等 |
| 三等 | 1.0 | 0.5 | 6.0 | 一般性的高层建筑、多层建筑、工业建筑、高耸构筑物、直立岩体、高边坡、深基坑、一般地下工程、危害性一般的滑坡监测、大型桥梁等 |
| 四等 | 2.0 | 1.0 | 12.0 | 观测精度要求较低的建(构)筑物、普通滑坡监测、中小型桥梁等 |

注：① 变形观测点的高程中误差和点位中误差，是指相对于邻近基准点的中误差；

② 特定方向的位移中误差，可取表中相应等级点位中误差的 $1/\sqrt{2}$ 作为限值；

③ 垂直位移监测，可根据需要按变形观测点的高程中误差或相邻变形观测点的高差中误差，确定监测精度等级。

## 活动3 建构筑物变形监测工作的一般规定

对建筑工程项目来说，重要的建构筑物必须进行变形监测工作。为保证建筑物变形监测工作的顺利开展，在开始进行变形监测作业前，应收集相关水文地质、岩土工程资料和设计图纸，并根据岩土工程地质条件、工程类型、工程规模、基础埋深、建筑结构和施工方法等因素，进行变形监测方案设计。

变形监测方案设计工作，应包括监测的目的、精度等级、监测方法、监测基准网的精度估算和布设、观测周期、项目预警值、使用的仪器设备等内容。

监测方案设计的主要内容确定，首要工作是确定好各变形监测项目的内容及相应的变形监测网点，以构成满足精度要求的监测基准网和工作稳固的变形监测网。其变形监测网点宜分为基准点、工作基点和变形观测点。由基准点和工作基点构成监测基准网，监测基准网应每半年复测一次；当对变形监测成果发生怀疑时，应随时检核监测基准网。而变形监测网，应由部分基准点、工作基点和变形观测点构成。变形监测各项工作的监测周期，应根据监测体的变形特征、变形速率、观测精度和工程地质条件等因素综合确定。监测期间，应根据变形量的变化情况适当调整。

变形监测网点的布设应符合下列要求。

(1)基准点，应选在变形影响区域之外稳固可靠的位置。每个工程至少应有3个基准点。大型的工程项目，其水平位移基准点应采用观测墩，垂直位移基准点宜采用双金属标或钢管标。

(2)工作基点，应选在比较稳定且方便使用的位置。设立在大型工程施工区域内的水平位移监测工作基点宜采用观测墩，垂直位移监测工作基点可采用钢管标。对通视条件较好的小型工程，可不设立工作基点，在基准点上直接测定变形观测点。

(3)变形观测点，应设立在能反映监测体变形特征的位置或监测断面上，监测断面一般分为：关键断面、重要断面和一般断面。需要时，还应埋设一定数量的应力、应变传感器。

当方案设计完成后，需经技术主管部门及业主审批，方可按监测方案实施。具体实施监测工作时，需做到每期观测前，对所使用的仪器和设备进行自检、校正，并作出详细记录，以保证监测成果的质量。

各期的变形监测，应满足下列要求：

① 在较短的时间内完成；

② 采用相同的图形(观测路线)和观测方法；

③ 使用同一仪器和设备；

④ 观测人员相对固定；

⑤ 记录相关的环境因素，包括荷载、温度、降水、水位等；

⑥ 采用统一基准处理数据。

每期观测结束后，应及时处理观测数据，当数据处理结果出现下列情况之一时，必须即刻通知建设单位和施工单位采取相应措施：

① 变形量达到预警值或接近允许值；

② 变形量出现异常变化；

③ 建(构)筑物的裂缝或地表的裂缝快速扩大。

在按照事先制定的变形监测方案进行监测工作前，除了要遵循上面所述的规定外，还应该满足以下几个方面的监测要求。

(1)实地踏勘要求。实地踏勘是变形观测的第一步，主要是为变形监测技术方案的编写提供重要的施工场地信息资料。因此要求由具有丰富经验的人员进行。同时要认真听取施工单位、建筑工程质检管理部门、设计者及业主的意见，实地察看建筑工程场地，做到心中有数。

(2)务必编写变形监测技术方案的要求。变形监测各项内容的精度指标(即预警值)是将国家现行设计验收规范、用户要求和工程实际情况有机结合的产物。在编写变形监测方案过程中应规定各项变形监测项目的技术精度指标、变形监测方法、观测频率及周期等。因此变形观测技术方案编写得好坏，将直接关系到后期变形观测工作进行的质量。

(3)选用仪器、设备应满足变形观测施测精度的要求。一般较常用的仪器设备有经纬仪、全站仪、精密水准仪、电子测距仪或激光经纬仪、钢尺等。以上用于变形观测的仪器设备，在首次观测前，要对所用仪器的各项指标进行检验校正，且必须经仪器计量鉴定单位的鉴定，确保仪器质量合格可用。一般来说，仪器设备连续使用3～6个月后，应重新对所用仪器、设备进行检校。

(4)观测时间(即频率)的要求。建构筑物的变形监测对观测时间有严格限制，特别是首次观测必须按时进行，否则变形监测因得不到原始数据，而使整个监测得不到完整的观测资料。其他各阶段的复测，根据工程进展情况必须定时进行，不得漏测或补测。相邻的2次时间间隔称为1个观测周期。无论采取何种方式都必须按施测方案中规定的观测周期准时进行。当出现异常变形或变形发展过快时，应增加测量次数以及时跟踪变形的发展。

## 活动4　建构筑物变形监测方案编制及监测内容

工程测量规范的规定，重要的工程建构筑物，在工程设计时，应对变形监测的内容和范围做出统筹安排，编制合理、可行的监测方案，确定出监测项目及监测内容。首次观测，应获取监测体初始状态的观测数据。

### 1. 建构筑物变形监测方案编制

建构筑物变形监测工作的任务是根据监测对象的特点，依据设计者及业主对变形监测工作的具体要求，制定出合理有效的变形监测方案，并按照方案周期性地对各个监测项目的变形观测点进行观测，以求得其在各个观测周期间的变化量，最终对监测数据进行处理与分析，揭示出变形体的变形规律，以得出变形监测工作的结论，对建构筑物施工过程和营运状况作出安全预报。

对工程建设项目来说，为了有针对性地进行建构筑物变形监测工作，以便为工程项目的设计、施工和安全营运提供第一手的基础数据资料，务必制定出合理有效的工程变形监测方案。

通常在建筑物的设计阶段，在调查建筑物地基负载性能、研究自然因素对建筑物变形影响的同时，就应着手拟定建筑物变形监测方案，并将其作为工程建筑物的一项设计内容，以便在施工时，就可将变形观测标志和监测元件埋置在设计位置上。

制定建筑物的变形监测方案是变形监测中非常重要的一项工作，方案制订的好与不好、合理与否，将影响到变形监测工作实施时的观测成本以及各项监测成果的精度和可靠性，所以，应当在充分掌握建筑物设计的各项基础资料及项目的工程特点、设计者及业主的具体监测要求的基础上，认真、仔细地进行监测方案设计。变形监测方案的内容一般包括：相关建筑工程资料的收集、建筑物变形监测系统与各项监测项目的测量方法的制定和选择、变形监测网布设、测量精度和观测周期的确定等。

建筑物变形监测方案的编制，通常按如下步骤进行：

① 接受委托、明确建筑物变形监测对象和监测目的；

② 收集编制监测方案所需的基础资料；

③ 对建筑工程的施工现场进行踏勘，以了解周围环境；

④ 编制建筑物变形监测方案初稿，并提交委托单位审阅；

⑤ 会同有关部门商定各类变形监测项目警戒值，并对监测方案初稿进行商讨，以形成修改文件；

⑥ 根据修改文件来完善监测方案，并形成正式的建筑物变形监测方案。

### 2. 建构筑物变形监测的内容

建筑物变形监测方案制订好后，即可着手依据监测方案来确定出监测项目具体的监测内容，写出相应的监测项目清单。建构筑物的变形观测内容，应根据建构筑物的性质、地基的情况、设计者以及业主的特定要求来定。要求有明确的针对性，既要有重点，又要作全面考虑，以便能正确反映出建构筑物的变形规律，达到监视建构筑物安全施工、安全运营、了解其变形规律之目的。

建构筑物变形监测分为内部监测和外部监测两方面。内部监测内容有建构筑物的内部应力、温度变化等监测，动力特性及其变形速率的测定等；外部变形监测的内容主要有沉降监测、水平位移监测、倾斜监测、裂缝监测和挠度监测等。

对于一般的工业与民用建筑物，其监测内容分为基础监测和建筑主体监测两部分。对于基础来说，主要监测内容是均匀沉陷与非均匀沉陷，从而计算绝对沉陷值、平均沉陷值、相对倾斜、平均沉陷速率等；对于建筑物主体本身来说，主要是监测建筑物沉降、倾斜与裂缝等，通过测定建筑物顶部相对于底部或各层间上层相对于下层的水平位移与高差，分别计算整体或分层的倾斜度，倾斜方向及倾斜速度，以及主体上的裂缝情况。对于高大的塔式建筑物和高层建筑，还应进行动态变形监测。

建构筑物的深基坑施工中，变形监测工作的内容包括：支护结构顶部的水平位移观测；支护结构的垂直位移观测；支护结构倾斜观测；邻近建筑物、道路、地下管网设施的垂直位移、倾斜、裂缝观测等。

建筑物主体结构施工中，监测的主要内容是建筑物的垂直位移、倾斜、挠度和裂缝观测。

对工业与民用建筑，其变形监测项目及监测内容，应根据工程需要按表5-3选择。

表 5-3　工业与民用建筑变形监测项目

<table>
<tr><th colspan="2">项　　目</th><th colspan="2">主要监测内容</th><th>备　　注</th></tr>
<tr><td colspan="2">场地</td><td colspan="2">垂直位移</td><td>建筑施工前</td></tr>
<tr><td rowspan="8">基坑</td><td rowspan="5">支护边坡</td><td rowspan="2">不降水</td><td>垂直位移</td><td rowspan="2">回填前</td></tr>
<tr><td>水平位移</td></tr>
<tr><td rowspan="3">降水</td><td>垂直位移</td><td rowspan="3">降水期</td></tr>
<tr><td>水平位移</td></tr>
<tr><td>地下水位</td></tr>
<tr><td rowspan="3">地基</td><td colspan="2">基坑回弹</td><td>基坑开挖期</td></tr>
<tr><td colspan="2">分层地基土沉降</td><td>主体施工期、竣工初期</td></tr>
<tr><td colspan="2">地下水位</td><td>降水期</td></tr>
<tr><td rowspan="6">建筑物</td><td rowspan="2">基础变形</td><td colspan="2">基础沉降</td><td rowspan="2">主体施工期、竣工初期</td></tr>
<tr><td colspan="2">基础倾斜</td></tr>
<tr><td rowspan="4">主体变形</td><td colspan="2">水平位移</td><td rowspan="2">竣工初期</td></tr>
<tr><td colspan="2">主体倾斜</td></tr>
<tr><td colspan="2">建筑裂缝</td><td>发现裂缝初期</td></tr>
<tr><td colspan="2">日照变形</td><td>竣工后</td></tr>
</table>

建构筑物变形监测工作要求及时对观测数据进行分析判断，对深基坑和建筑物的变形趋势做出评价，使监测工作真正起到指导施工人员安全施工和实现信息施工的重要作用。

# 任务2 建构筑物变形监测工作施测

建筑物变形监测的方法选定，要根据建筑物的工程性质、结构特点、使用情况、观测精度要求、周围环境以及设计者和业主对变形监测工作的具体要求来定。通常可采用常规精密大地测量方法进行，主要包括垂直位移监测方法和水平位移监测方法两类。

一般说来，垂直位移监测多采用精密水准测量方法；而水平位移监测，情况则比较复杂。对于直线型的建构筑物，采用基准线法观测。对于曲线型的建筑物，采用导线测量方法观测，也可用前方交会的方法。而建筑结构的挠度观测采用通过不锈钢丝悬挂重锤的正锤线法观测。这些观测方法都是一些常规的地面测量方法。

常规地面测量方法主要是用常规测量仪器(经纬仪、全站仪、水准仪)测量角度、边长和高程的变化来测定变形。它们是目前测量的主要手段，能够提供整体变形状态，适用于不同的精度要求、不同形式的变形和不同的外界条件。

## 活动1 垂直位移监测施测

建筑工程项目的基坑工程及建构筑物基础和主体施工期间的垂直位移监测应采用精密水准测量的方法进行，监测工作实施之始，首先应建立高精度的垂直位移监测基准网，然后以此为基准，按照设计编制的监测方案，构建垂直位移变形监测网，并利用基准点和工作基点对变形体上设立的垂直位移变形监测点实施沉降监测。

### 1. 垂直位移监测基准网的建立

垂直位移监测基准网，应布设成环形网并采用水准测量方法观测。布设此基准网时，其起始高程点，宜采用测区内原有高程系统。较小规模的监测工程，可采用假定高程系统；较大规模的监测工程，宜与国家水准点联测。

垂直位移监测基准网由基准点和工作基点构成，基准点是垂直位移监测工作的基本控制点，每项监测工作，要求至少设置3个(或以上)基准点，且应选在变形影响区域之外稳固可靠的位置。工作基点应选在比较稳定且方便使用的位置，设立在大型工程施工区域内的工作基点可采用钢管标，对通视条件较好的小型工程，可不设立工作基点，在基准点上直接测定变形观测点。垂直位移监测基准网，在布设时须考虑下列因素。

(1)根据监测精度的要求，应布置成网形最合理、测站数最少的监测环路。如图5-1所示为某建筑场区布设的垂直位移监测基准网与垂直位移监测网。基准点应根据建筑场区的现场情况，设置在明显且通视良好、安全的地方，要求便于进行联测，最好埋设在变形影响范围之外。

(2)在整个垂直位移监测基准网里，应至少埋设3个深度足够的基准点作为监测基准网高程起算点，其工作基点可埋设为一般地下水准点或墙上水准点。工作基点应布设在拟监测的建

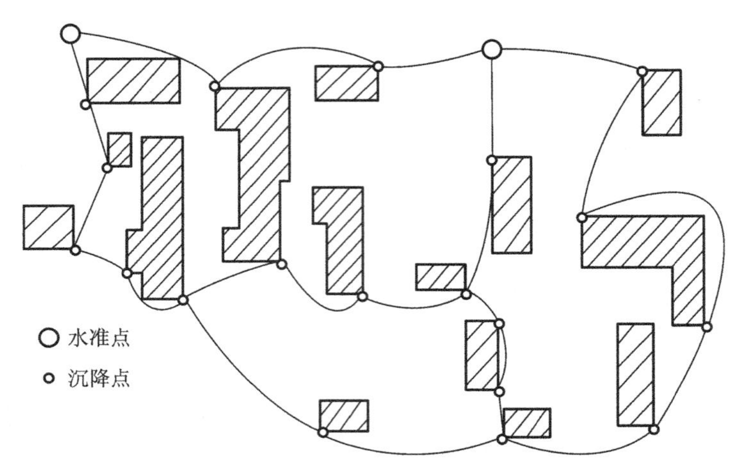


图 5-1　水准网的布设

筑物之间，距离一般为 20～40 m，一般工业与民用建筑物应不小于 15 m，较大型并略有震动的工业建筑物应不小于 25 m，高层建筑物应不小于 30 m。

(3)监测单独建筑物时，至少布设 3 个基准点，对建筑面积大于 5 000 $m^2$ 或高层建筑，则应适当增加基准点的个数。

监测基准网基准点的埋设，应符合下列规定：

① 应将标石埋设在变形区以外稳定的原状土层内，或将标志镶嵌在裸露基岩上；

② 利用稳固的建构筑物，设立墙水准点；

③ 当受条件限制时，在变形区内也可埋设深层钢管标或双金属标；

④ 大型水工建筑物的基准点，可采用平洞标志；

⑤ 基准点的标石规格，可根据现场条件和工程需要，按工程测量规范要求进行选择，宜采用双金属标或钢管标。

垂直位移监测基准网的主要技术要求，应符合表 5-4 的规定。

表 5-4　垂直位移监测基准网的主要技术要求

| 等　级 | 相邻基准点高差中误差/mm | 每站高差中误差/mm | 往返较差、附合或环线闭合差/mm | 检测已测高差较差/mm |
|---|---|---|---|---|
| 一等 | 0.3 | 0.07 | $0.15\sqrt{n}$ | $0.2\sqrt{n}$ |
| 二等 | 0.5 | 0.15 | $0.30\sqrt{n}$ | $0.4\sqrt{n}$ |
| 三等 | 1.0 | 0.30 | $0.60\sqrt{n}$ | $0.8\sqrt{n}$ |
| 四等 | 2.0 | 0.70 | $1.40\sqrt{n}$ | $2.0\sqrt{n}$ |

注：表中 $n$ 为测站数。

垂直位移监测基准网建立好后，即可按照精密水准的观测方法进行观测，以最终取得各工作基点的高程坐标数据，为变形体的垂直位移监测奠定基础。

### 2. 垂直位移监测网的建立

在建立垂直位移监测基准网的同时，应按照监测方案的要求，在变形监测体上埋设变形监测点，以建立垂直位移监测网。垂直位移监测点又称沉降监测点，是布设在变形体上、用于反映监测体变形特征的点。布设的沉降监测点的位置及数量，应根据基坑支护结构形式、基坑周边环境及建构筑物的基础形式、结构特征、荷载大小及地质条件等因素确定。

(1)变形监测点应布置在基坑及建筑物本身沉降变化较显著的地方，并要考虑到在施工期间和竣工后，能方便进行监测的地方。

(2)基坑变形观测点的点位，应根据工程规模、基坑深度、支护结构和支护设计要求合理布设。普通建筑基坑，变形观测点点位宜布设在基坑的顶部周边，点位间距以 10～20 m 为宜；较高安全监测要求的基坑，变形观测点点位宜布设在基坑侧壁的顶部和中部；深基坑支护结构的沉降观测点应埋设在锁口梁上，一般间距 10～15 m 埋设一点，在支护结构的阳角处和原有建筑物离基坑很近处应加密设置监测点。

(3)对于开挖面积较大、深度较深的重要建构筑物的基坑，应根据需要或设计要求进行基坑回弹观测，其回弹变形观测点宜布设在基坑的中心和基坑中心的纵横轴线上能反映回弹特征的位置；轴线上距离基坑边缘外的 2 倍坑深处，也应设置回弹变形观测点；其回弹观测标志，应埋入基底面下 10～20 cm。其钻孔必须垂直，并应设置保护管；回弹变形观测点的高程，宜采用水准测量方法，并在基坑开挖前、开挖后及浇灌基础前，各测定 1 次。基坑回弹变形监测等级，宜采用三等水准。

(4)由于相邻建筑及深基坑与周边环境之间相互影响的关系，在高层和低层建筑物、新老建筑物连接处，以及在相接处的两边都应布设监测点。

(5)工业与民用建筑构物的沉降观测点，应布设在建构筑物的下列部位：

① 建筑构物的主要墙角或沿外墙每 10～15 m 处或每隔 2～3 根柱基上；

② 沉降缝、伸缩缝、新旧建筑物或高低建筑物接壤处的两侧；

③ 人工地基和天然地基接壤处、建筑物不同结构分界处的两侧；

④ 烟囱、水塔和大型储藏罐等高耸构筑物基础轴线的对称部位，且每一构筑物不得少于 4 个点；

⑤ 基础底板的四角和中部；

⑥ 当建构筑物出现裂缝时，布设在裂缝两侧。

(6)当基础形式不同时需在结构变化位置埋设监测点。当地基土质不均匀，可压缩性土层的厚度变化不一或有暗浜等情况时需适当埋设监测点。

(7)当宽度大于 15 m 的建筑物在设置内墙体的监测标志时，应设在承重墙上，并且要尽可能布置在建筑物的纵横轴线上，监测标志上方应有一定的空间，以保证测尺直立。

(8)重型设备基础的四周及邻近堆置重物之处，有大面积堆荷的地方，也应布设监测点。

沉降监测点应埋设在稳固，不易被破坏，能长期保存的地方。其埋设点的高度以高于室内地坪面(±0.000)0.2～0.5 m 为宜。但在布置时应根据建筑物层高、管道标高、室内走廊、平顶标高等情况来综合考虑。点的高度、朝向等要便于立尺和观测。同时还应注意所埋设的监测点要避开柱子间的横隔墙、外墙上的雨水管等，以免所埋设的监测点无法监测而影响监测资料的完整性。对于建筑立面装修的建筑物，宜预埋螺栓式活动标志。

设备基础、支护结构锁口梁上的监测点，可将直径 20 mm 的铆钉或钢筋头(上部锉成半球状)埋设于混凝土中作为标志(见图 5-2)。墙体上或柱子上的监测点，可将直径 20～22 mm 的钢筋按图 5-3 所示的形式设置。

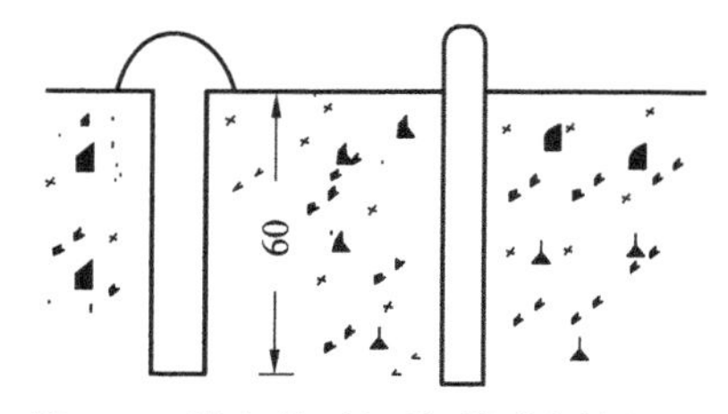


**图 5-2 设备基础沉降观测点的埋设**

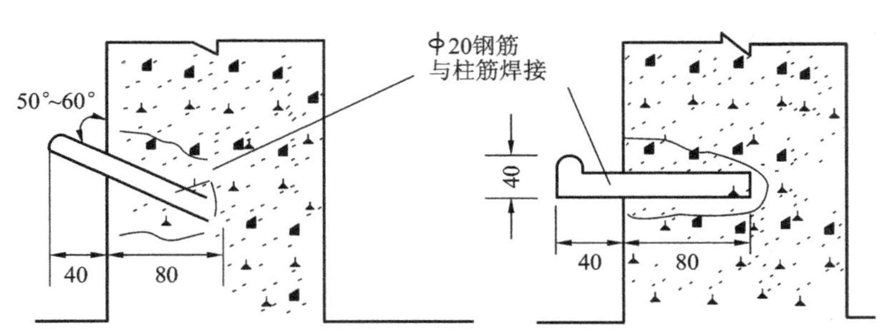


图 5-3　墙体沉降观测点的埋设

在浇筑基础时，应根据沉降监测点的相应位置，埋设临时的基础监测点。若基础本身荷载很大，可能在基础施工时产生一定的沉降，则应埋设临时的垫层监测点，或基础杯口上的临时监测点，待永久监测点埋设完毕后，立即将高程引测到永久监测点上。

### 3. 垂直位移沉降观测周期确定

沉降观测的周期应根据基坑支护结构形式、基坑周边环境及建构筑物的特征、变形速率、观测精度要求和工程地质条件等因素综合考虑，并根据各沉降监测点的沉降量的变化情况适当调整。工业厂房或多层民用建筑的沉降观测总次数，不应少于 5 次。竣工后的观测周期，可根据建筑物的稳定情况确定。对不同监测对象的沉降观测工作，其沉降监测周期的确定，一般可参照下面几点进行。

(1)深基坑开挖时，锁口梁会产生较大的水平位移，沉降观测周期应较短，一般每隔 1～2 天观测一次；浇筑地下室底板后，可每隔 3～4 天观测一次，直至支护结构变形稳定为止。当出现暴雨、管涌，变形急剧增大时，要加密观测。

(2)工业建筑物包括装配式钢筋混凝土结构、砖砌外墙的单层或多层的工业厂房。

① 各柱上的沉降监测点在柱子安装就位固定后进行第一次监测。

② 屋架、屋面板吊装完毕后监测一次。

③ 外墙高度在 10 m 以下，砌到顶时监测一次；外墙高度大于 10 m，当砌到 10 m 时监测一次，以后每砌 5 m 监测一次。

④ 土建工程完工时监测一次。

⑤ 吊车试运转前后各监测一次，吊车试运转时，应按最大设计负荷情形进行，最好将吊车满载后，在每一柱边停留一段时间，再进行监测。

(3)民用建筑物及其他工业建筑物主体结构施工时，每安装完毕一层楼后，应进行一次监测，结构封顶后每两个月左右观测一次，房屋完工交付使用前再监测一次。

(4)楼层荷重较大的建筑物如仓库或多层工业厂房，应在每加一次荷重前后各监测一次。

(5)水塔等构筑物应在试水前后各监测一次，必要时在试水过程中根据要求进行监测。

建(构)筑物竣工投入使用后，观测周期视沉降量大小而定，一般可每三个月左右观测一次，至沉降稳定为止。若遇停工时间过长，停工期间也要适当观测。遇特殊情况，使基础工作条件剧变时，应立即进行沉降监测工作，以便掌握沉降变化，采取必要的预防措施。

(6)高层建筑施工期间的沉降观测周期，应每增加 1～2 层观测 1 次；建筑物封顶后，应每三个月观测一次，观测一年；封顶后第二年，应每半年观测一次，观测一年。如果最后两个观测周期的平均沉降速率及各点的沉降速率小于 0.02 mm/日，即可终止观测。否则，应延长观测时间直至建筑物稳定为止。

### 4. 垂直位移沉降监测的技术要求及观测方法

当采用水准测量方法进行垂直位移沉降监测工作时，其垂直位移监测网的主要技术要求，应符合表5-5的规定。

表5-5　垂直位移监测网的主要技术要求

| 等　级 | 变形观测点的高程中误差/mm | 每站高差中误差/mm | 往返较差、附合或环线闭合差/mm | 检测已测高差较差/mm |
|---|---|---|---|---|
| 一等 | 0.3 | 0.07 | $0.15\sqrt{n}$ | $0.2\sqrt{n}$ |
| 二等 | 0.5 | 0.15 | $0.30\sqrt{n}$ | $0.4\sqrt{n}$ |
| 三等 | 1.0 | 0.30 | $0.60\sqrt{n}$ | $0.8\sqrt{n}$ |
| 四等 | 2.0 | 0.70 | $1.40\sqrt{n}$ | $2.0\sqrt{n}$ |

注：表中 $n$ 为测站数。

建筑工程项目的垂直位移沉降监测工作，一般采用精密水准的作业方法，对于小型工程项目，也可采用三、四等水准作业方法。其具体的水准作业观测方法要求如下。

(1)在沉降监测工作开始前，应对所使用的仪器和标尺按照水准测量规范要求进行检核。(水准)基准点及工作基点要定期进行联测检查，以确保沉降监测成果正确可靠。

(2)每次进行沉降监测，要求采用环形闭合方法或往返闭合方法进行，闭合差大小应根据不同的建筑物的检测要求确定，具体参见表5-5及相应的水准等级测量技术要求。若观测成果的精度不能满足要求，则需重新观测，直至满足精度要求。

(3)每次沉降监测应尽可能使用同一类型的仪器和标尺，人员分工为：监测1人，记录1人，立尺2人，照明2人(若为夜间观测)，安全1人。

(4)施工场区内各水准点应严格按照二等水准测量规范要求进行。须连续进行观测，且全部测点需连续一次测完。并须按规定的日期、方法和既定的路线、测站进行观测。

(5)在建筑施工或安装重型设备期间、仓库进货阶段进行沉降监测时，必须将监测时的施工进展、进货数量、分布情况等详细记录在附注栏内，以算出各阶段作用在地基上的压力。

### 5. 沉降观测工作成果整理

(1)整理原始观测数据。每次观测结束后，应检查记录中的数据和计算是否正确，精度是否合格，如果误差超限则需重新观测。然后调整闭合差，推算各观测点的高程，列入成果表中。

(2)计算沉降量。根据各观测点本次所观测高程与上次所观测高程之差，计算各观测点本次沉降量和累计沉降量，并将观测日期和荷载情况记入观测成果表(见表5-6)。

(3)绘制沉降曲线。为了更清楚地表示沉降量、荷载、时间三者之间的关系，还需绘制各观测点的时间与沉降量关系曲线图以及时间与荷载关系曲线图，如图5-4所示。

时间与沉降量的关系曲线是以沉降量 $S$ 为纵轴，时间 $T$ 为横轴，按每次观测日期和相应的沉降量的比例画出各点的位置，再将各点依次连接起来，并在曲线一端注明观测点号码。

时间与荷载的关系曲线是以荷载重量 $P$ 为纵轴，时间 $T$ 为横轴，根据每次观测日期和相应的荷载画出各点，然后将各点依次连接起来所形成的曲线图。

**表 5-6　沉降观测记录表**

| 观测日期 年/月/日 | 荷重 ($t/m^2$) | 观测点 | | | | | | | | | | | | | | | | | |
|---|---|---|---|---|---|---|---|---|---|---|---|---|---|---|---|---|---|---|---|
| | | 1 | | | 2 | | | 3 | | | 4 | | | 5 | | | 6 | | |
| | | 高程 /m | 本次下沉 /mm | 累计下沉 /mm | 高程 /m | 本次下沉 /mm | 累计下沉 /mm | 高程 /m | 本次下沉 /mm | 累计下沉 /mm | 高程 /m | 本次下沉 /mm | 累计下沉 /mm | 高程 /m | 本次下沉 /mm | 累计下沉 /mm | 高程 /m | 本次下沉 /mm | 累计下沉 /mm |
| 2003.4.20 | 4.5 | 50.157 | ±0 | ±0 | 50.154 | ±0 | ±0 | 50.155 | ±0 | ±0 | 50.155 | ±0 | ±0 | 50.156 | ±0 | ±0 | 50.154 | ±0 | ±0 |
| 5.5 | 5.5 | 50.155 | −2 | −2 | 50.153 | −1 | −1 | 50.153 | −2 | −2 | 50.154 | −1 | −1 | 50.155 | −1 | −1 | 50.142 | −2 | −2 |
| 5.20 | 7.0 | 50.152 | −3 | −5 | 50.150 | −3 | −4 | 50.151 | −2 | −4 | 50.153 | −1 | −2 | 50.151 | −4 | −5 | 50.148 | −4 | −6 |
| 6.5 | 9.5 | 50.148 | −4 | −9 | 50.148 | −2 | −6 | 50.147 | −4 | −8 | 50.150 | −3 | −5 | 50.148 | −3 | −8 | 50.146 | −2 | −8 |
| 6.20 | 10.5 | 50.145 | −3 | −12 | 50.146 | −2 | −8 | 50.143 | −4 | −12 | 50.148 | −2 | −7 | 50.146 | −2 | −10 | 50.144 | −2 | −10 |
| 7.20 | 10.5 | 50.143 | −2 | −14 | 50.145 | −1 | −9 | 50.141 | −2 | −14 | 50.147 | −1 | −8 | 50.145 | −1 | −11 | 50.142 | −2 | −12 |
| 8.20 | 10.5 | 50.142 | −1 | −15 | 50.144 | −1 | −10 | 50.140 | −1 | −15 | 50.145 | −2 | −10 | 50.144 | −1 | −12 | 50.140 | −2 | −14 |
| 9.20 | 10.5 | 50.140 | −2 | −17 | 50.142 | −2 | −12 | 50.138 | −2 | −17 | 50.143 | −2 | −12 | 50.142 | −2 | −14 | 50.139 | −1 | −15 |
| 10.20 | 10.5 | 50.139 | −1 | −18 | 50.140 | −2 | −14 | 50.137 | −1 | −18 | 50.142 | −1 | −13 | 50.140 | −2 | −16 | 50.137 | −2 | −17 |
| 2004.1.20 | 10.5 | 50.137 | −2 | −20 | 50.139 | −1 | −15 | 50.137 | ±0 | −18 | 50.142 | ±0 | −13 | 50.139 | −1 | −17 | 50.136 | −1 | −18 |
| 4.20 | 10.5 | 50.136 | −1 | −21 | 50.139 | ±0 | −15 | 50.136 | −1 | −19 | 50.141 | −1 | −14 | 50.138 | −1 | −18 | 50.136 | ±0 | −18 |
| 7.20 | 10.5 | 50.135 | −1 | −22 | 50.138 | −1 | −16 | 50.135 | −1 | −20 | 50.140 | −1 | −15 | 50.137 | −1 | −19 | 50.136 | ±0 | −18 |
| 10.20 | 10.5 | 50.135 | ±0 | −22 | 50.138 | ±0 | −16 | 50.134 | −1 | −21 | 50.140 | ±0 | −15 | 50.136 | −1 | −20 | 50.136 | ±0 | −18 |
| 2005.1.20 | 10.5 | 50.135 | ±0 | −22 | 55.138 | ±0 | −16 | 50.134 | ±0 | −21 | 50.140 | ±0 | −15 | 50.136 | ±0 | −20 | 50.136 | ±0 | −18 |

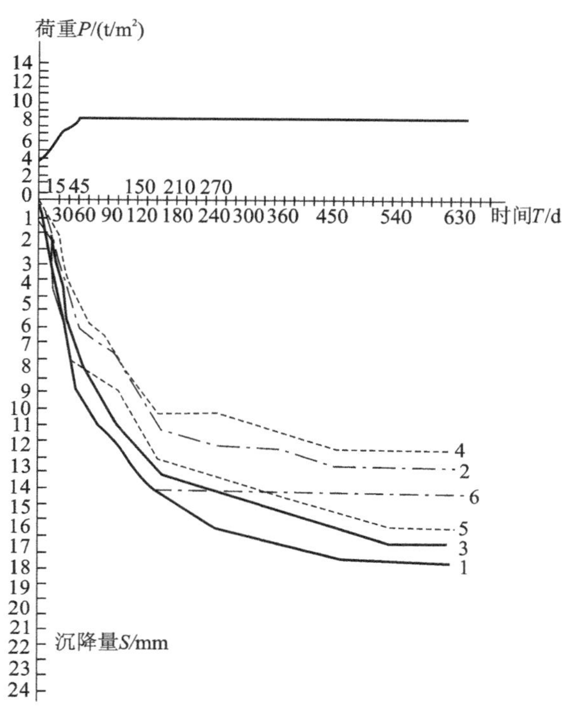


图 5-4　沉降曲线图

(4)沉降观测提交的资料。

① 沉降观测(水准测量)记录手簿;

② 沉降观测成果表;

③ 观测点位置图;

④ 沉降量、地基荷载与延续时间三者的关系曲线图;

⑤ 编写沉降观测分析报告。

## 6. 沉降观测中遇到的现象及其处理方法

(1)曲线在首次观测后即出现回升现象。在第二次观测时即发现曲线上升,至第三次后,曲线又逐渐下降。出现此种现象,一般都是由于首次观测成果存在较大误差所引起的。此时,应将首次观测成果作废,而采用第二次观测成果作为首次测量成果。

(2)曲线在中间某点突然回升。出现此种现象,其原因多半是因为水准基点或沉降观测点被碰所致,如水准基点被压低,或沉降观测点被撬高,此时,应仔细检查水准基点和沉降观测点的外形有无损伤。如果多数沉降观测点均出现此种现象,则水准基点被压低的可能性很大,此时可改用其他水准点作为水准基点来继续观测,并另外埋设新的水准点以替代此水准基点。如果只有一个沉降观测点出现此现象,则多半是该点被撬高,此时则需另外埋设新点以替代之。

(3)曲线自某点起逐渐回升。出现此种现象一般是由于水准基点下沉所致。此时,应根据水准点之间的高差来判断出最稳定的水准点,并以其作为新的水准基点,将原来下沉的水准基点废除。但是,需注意埋在裙楼上的沉降观测点,由于受主楼的影响,也可能出现属于正常的逐渐回升的现象。

(4)曲线的波浪起伏现象。曲线在观测后期呈现微小波浪起伏现象，其原因一般是观测误差所致。曲线在前期波浪起伏之所以不突出，是因为各观测点的下沉量大于测量误差之故。但到后期，由于建筑物下沉极微或已接近稳定，因此在曲线上就出现测量误差比较突出的现象。此时，可将波浪曲线改成水平线，并适当地延长监测的间隔时间。

## 活动2 建筑深基坑及建构筑物水平位移测量

建筑深基坑及建构筑物主体的水平位移监测工作，可根据施工现场的地形条件，选用基准线法、视准线小角法、变形监测点设站法、导线法和前方交会等方法进行。

进行水平位移监测时，首先应布设高精度的变形监测平面控制网，其基准点应埋设在基坑及建构筑物变形影响范围之外稳定且能长期保存的地方。若监测范围相对较大，还应布设监测工作点(是基准点与变形监测点之间的联系点)。工作点与基准点构成变形监测的首级网，据此测量工作点相对于基准点的变形量，由于该变形量一般较小，要求精度较高；其次，应在监测对象上埋设变形观测点，与监测对象构成一个整体。变形观测点与工作点构成变形监测的次级网，该网用来测量变形观测点相对于工作点的变形量。必须进行周期性的观测工作。一般来说，首级网的复测间隔时间长，但次级网复测间隔时间短。

### 1. 基准线法

基准线法是在与水平位移相垂直的方向上建立一个固定不动的铅垂面，测定各变形观测点相对该铅垂面的距离变化，从而求得水平位移量。

如图5-5所示，首先建立一条平行于支护结构的锁口梁轴线的稳定基线，其两基准点通常应布设在支护结构两端基坑外侧，且不受基坑变形影响的地方，如图中$C$、$D$两点；然后在该基线上靠近基坑的稳定地方布设两工作基点$A$、$B$；在被监测的支护结构的锁口梁上，按照一定间距(8～10 m)埋设若干变形监测点，可用16～18 mm的钢筋头作标志，钢筋头顶部应锉平并划上“＋”字。进行监测时，将精密经纬仪安置于一端工作点$A$，瞄准另一端工作点$B$(即后视点)，此视线方向即为基准线方向，通过量测观测点$P$偏离视线的距离，即可得到对应观测点水平位移偏距，计算两次偏距的差，即得该点的水平位移量。

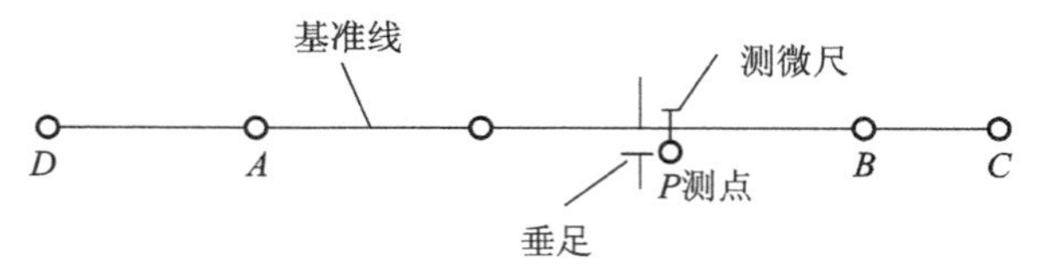


图5-5　基准线法测位移

该方法方便直观，但要求仪器架设在变形区外，并且测站与变形观测点距离不宜太远。

### 2. 视准线小角法

小角法测量水平位移同基准线法相类似，也是沿基坑周边建立一条与监测对象相平行的轴线(即一个固定方向)作为基线，通过测量固定方向与测站至变形观测点方向的小角变化$\Delta\beta_i$，以及测站至变形位移点的距离 $D$，来计算变形监测点的位移量 $\Delta_i=\frac{\Delta\beta_i}{\rho}D$（式中 $\rho=206\ 265''$）。如图 5-6 所示，将精密经纬仪安置于工作点 $A$，在后视点 $B$ 和变形监测点 $P$ 分别安置观测觇牌，用测回法测出 $\angle BAP$。设第一次观测值为 $\beta_1$，第二次观测值为 $\beta_2$，计算两次角度的变化量 $\Delta\beta=\beta_2-\beta_1$，依据公式便可计算出 $P$ 点的水平位移量 $\Delta_P$，其位移方向根据 $\Delta\beta_i$ 的符号确定。

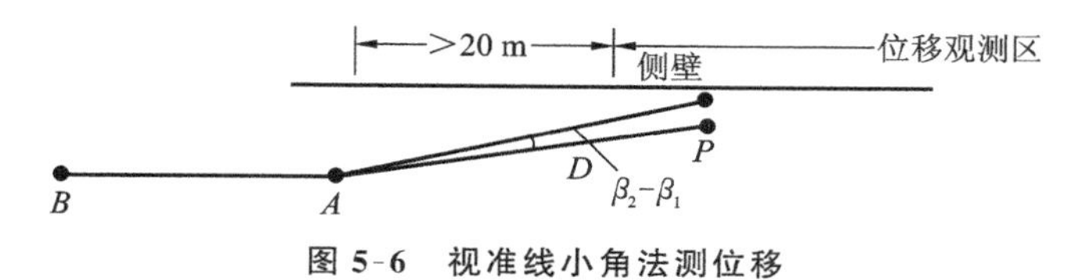


图 5-6　视准线小角法测位移

此法要求仪器架设在变形区外，并且测站与位移监测点距离不宜太远。

建筑物水平位移观测方法与深基坑水平位移的观测方法基本相同，只是受通视条件限制，工作点、后视点和校核点一般都应设在建筑物主体的同一侧，如图 5-7 所示。变形观测点设在建筑物上，可在墙体上用红油漆作标记"▼"，然后按前面两种方法监测。

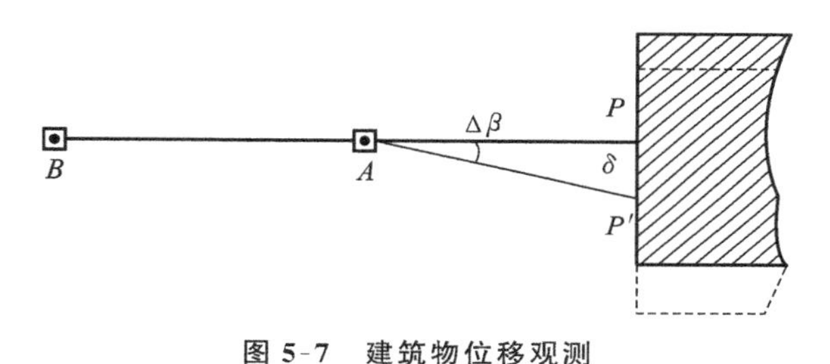


图 5-7　建筑物位移观测

## 活动3　建构筑物倾斜观测

建筑物产生倾斜的原因主要是地基承载力不均匀、建筑物体型复杂形成不同荷载及受外力风荷、地震等影响引起建筑物基础的不均匀沉降。测定建筑物倾斜度随时间变化而变化的工作称为倾斜观测。一般用水准仪、经纬仪、垂球或其他专用仪器来测量建筑物的倾斜度 $\alpha$。

### 1. 水准仪观测法

建筑物的倾斜观测可采用精密水准仪进行，其原理是通过测量建筑物基础的沉降量来确定建筑物的倾斜度，是一种间接测量建筑物倾斜的方法。

如图 5-8 所示，定期测出基础两端点的沉降量，并计算出沉降量的差 $\Delta h$，再根据两点间的距离 $L$，即可计算出建筑物基础的倾斜度 $\alpha=\frac{\Delta h}{L}$。若知道建筑物的高度 $H$，同时可计算出建筑物顶部的倾斜位移值 $\Delta=\alpha\times H=\frac{\Delta h}{L}\times H$。

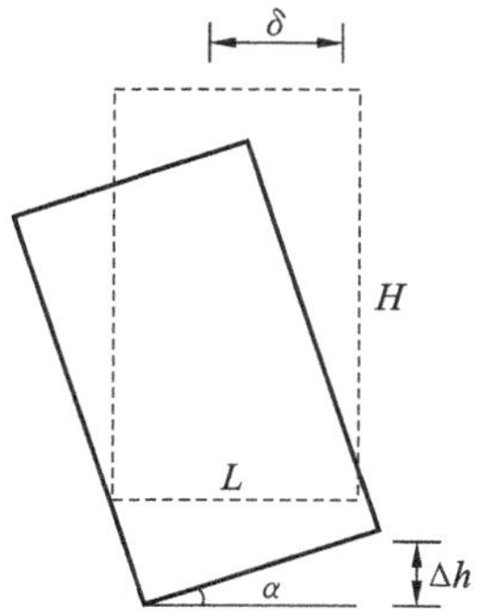

图 5-8　基础倾斜观测

### 2. 经纬仪观测法

利用经纬仪可以直接测出建筑物的倾斜度，其原理是用经纬仪测量出建筑物顶部的倾斜位移值 $\Delta$，则可计算出建筑物的倾斜度 $\alpha=\dfrac{\Delta}{H}$（$H$ 为建筑物的高度）。该方法是一种直接测量建筑物倾斜的方法。

### 3. 悬挂垂球法

此方法是直接测量建筑物倾斜的最简单的方法，适合于内部有垂直通道的建筑物。从建筑物的上部悬挂垂球，根据上下应在同一位置上的点，直接量出建筑物的倾斜位移值 $\Delta$，最后计算出倾斜度 $\alpha=\dfrac{\Delta}{H}$。

## 活动4　挠度和裂缝观测

### 1. 挠度观测

建筑物在应力作用下产生弯曲和扭曲时，应进行挠度监测。对于平置的构件，至少在两端及中间设置三个沉降点进行沉降监测，测得在某时间段内三个点的沉降量，分别为 $h_a$、$h_b$、$h_c$，则该构件的挠度值为

$$\tau=\frac{1}{2}(h_a+h_c-2h_b)\times\frac{1}{S_{ac}}$$

式中：$h_a$、$h_c$ 为构件两端点的沉降量；

$h_b$ 为构件中间点的沉降量；

$S_{ac}$ 为两端点间的平距。

对于直立的构件，至少要设置上、中、下三个位移监测点进行位移监测，利用三点的位移量求出挠度大小。在这种情况下，把在建筑物垂直面内各不同高程点相对于底点的水平位移称为挠度。

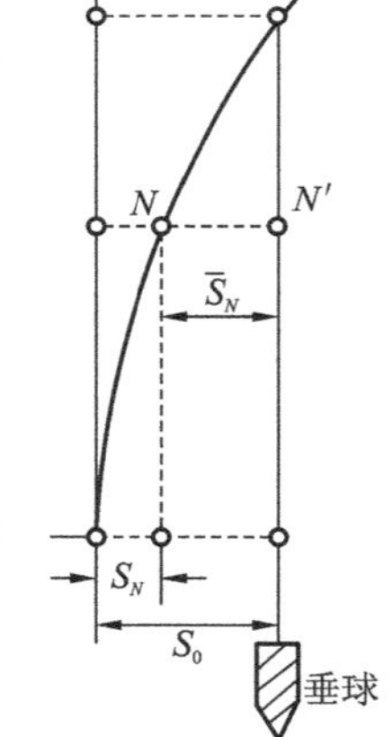

图 5-9　直立构件挠度监测

挠度监测的方法常采用正垂线法，即从建筑物顶部悬挂一根铅垂线直通至底部，在铅垂线的不同高程上设置测点，借助坐标仪表量测出各点与铅垂线最低点之间的相对位移。如图 5-9 所示，任意点 $N$ 的挠度 $S_N$ 按下式计算，即

$$S_N=S_0-\bar{S}_N$$

式中：$S_0$ 为铅垂线最低点与顶点之间的相对位移；

$\bar{S}_N$ 为任一测点 $N$ 与顶点之间的相对位移。

### 2. 裂缝观测

当基础挠度过大时，建筑物就会出现剪切破坏而产生裂缝。建筑物出现裂缝时，除了要增加沉降观测的次数外，还应立即进行裂缝观测，以掌握裂缝发展趋势。同时，要根据沉降观测、

倾斜观测和裂缝观测的数据资料，研究和查明变形的特性及原因，用于判定该建筑物是否安全。

当建筑物多处发生裂缝时，应先对裂缝进行编号，然后分别监测裂缝的位置、走向、长度及宽度等。

对于混凝土建筑物上裂缝的位置、走向及长度的监测，应在裂缝的两端用红色油漆画线作标志，或在混凝土表面绘制方格坐标，用钢尺丈量。

根据裂缝分布情况，在裂缝观测时，应在有代表性的裂缝两侧各设置一个固定的观测标志，然后定期量取两标志的间距，即可得出裂缝变化的尺寸（长度、宽度和深度）。如图 5-10 所示，埋设的观测标志是用直径为 20 mm、长约 80 mm 的金属棒，埋入混凝土内 60 mm，外露部分为标志点，其上各有一个保护盖。两标志点的距离不得少于 150 mm，用游标卡尺定期测量两个标志点之间距离变化值，以此来掌握裂缝的发展情况。

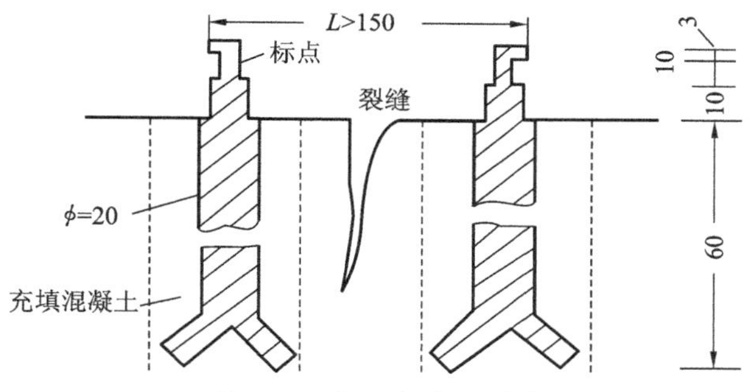


图 5-10 埋设标志测裂缝

墙面上的裂缝可采取在裂缝两端设置石膏薄片，使其与裂缝两侧固联牢靠，当裂缝裂开或加大时石膏片亦裂开，监测时可测定其裂口的大小和变化。还可以采用两铁片，平行固定在裂缝两侧，使一片搭在另一片上，保持密贴。其密贴部分涂红色油漆，露出部分涂白色油漆，如图 5-11 所示。这样即可定期测定两铁片错开的距离，以监视裂缝的变化。

对于比较整齐的裂缝（如伸缩缝），则可用千分尺直接量取裂缝的变化。

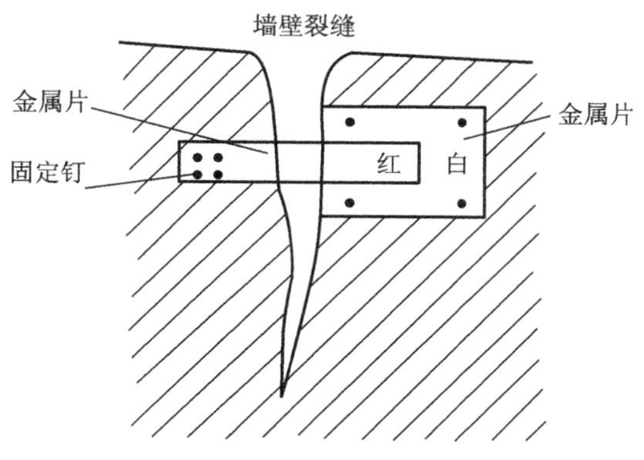


图 5-11 设置两金属片测裂缝

# 任务3 建构筑物变形监测资料及监测报告

## 1. 建筑物变形监测资料

通过分析变形观测中采集到的数据来研究建筑物变形的规律和特征，是变形观测的另一重要内容。

1）变形监测的成果

监测工作的成果应包括沉降观测点平面图、倾斜观测点平面图、裂缝观测比较示意图、沉降观测成果汇总表、变形曲线图及变形等值线图等。

（1）列表汇总。每次观测结束后，应检查记录中的数据和计算是否准确，精度是否合格，然后把各次观测点的高程，列入沉降观测成果表中，并计算两次观测之间的沉降量和累计沉降量，同时还要注明观测日期及荷重情况。

（2）作图。变形曲线图是反映变形量随时间荷载发展的情况，以横坐标表示时间，以纵坐标下半部表示沉降量，上半部表示荷载，将各沉降量用折线连接而成的变形曲线图。而变形等值线图是表示变形在空间分布的情况，是通过建筑物沉降量相同的各点在建筑物平面图上连接成曲线的形式加以表示的。

2）提交的变形监测资料

变形监测提交的监测资料应包括以下内容：

① 变形观测记录手簿；

② 变形观测点位置图；

③ 变形观测成果表；

④ 变形关系曲线图(变形等值图)；

⑤ 变形观测成果分析报告；

## 2. 建筑物变形监测报告

变形监测报告的编写工作是一项重要的工作内容，建筑物的变形监测报告一般在全部工程完成后进行提交，但每次观测数据成果须进行分析，并递交建设方、监理方等相关单位。建筑物的沉降量、沉降差、倾斜值应在规范容许范围之内，如有数据异常，应及时报告有关部门，及时采取措施处理质量隐患。若数据正常，应在竣工后将观测资料及数据分析判定得出的结论，提交建设方作为结构质量验收的依据之一，为以后建筑物结构变化、荷载变化提供原始依据。

变形监测报告应包括以下内容：

① 工程项目名称；

② 委托人。委托单位名称(姓名)、地址、联系方式等；

③ 监测单位。监测单位名称、地址、法定代表人、资质等级、联系方式等；

④ 监测目的；

⑤ 监测起始日期及监测周期；

⑥ 项目概况：建筑物工程地质结构等情况、建筑物现状描述等；

⑦ 变形监测依据：执行的技术标准、有关本地区建筑物变形监测实施细则等法规依据、其他依据等；

⑧ 变形监测方法及相关监测数据、图表说明：

观测点等监测要素说明；

变形监测方法及测量仪器的说明；

变形监测精度的确定及依据；

监测数据处理原理与方法；

具体监测过程说明。

⑨ 变形监测成果：

变形监测成果表及其说明；

观测点位置图及关系曲线图（变形等值图）。

⑩ 其他需要说明的事项。

# 任务4 建筑物变形监测实例

下面以某仓储中心 A-1、A-2、A-3 三幢楼房为例，详细介绍沉降观测的方法及过程，并对该三幢楼房的最终沉降量进行预测分析。

## 1. 工程概况

该仓储中心于 2000 年建成并投入使用，要求地基结构承载力较强，且沉降量总值不大于 40 mm（该值根据《建筑地基基础设计规范》(GB 50007—2002)由设计方提出）。随着仓库中载荷量的增加，为安全起见，需对其仓储房屋进行沉降测量及最终沉降量预测分析。工程监测区的地貌属冲海积平原，根据场地岩土工程勘察报告可知：场地地表下第 1 层为人工填土和黏土，其厚度为 1.0～1.5 m；第 2 层为淤泥，层厚为 13.30～13.40 m，该层含水率高，易变形；第 3 层为卵石层，厚度为 3.0～5.8 m。根据场地上 30 m 深度范围内各层地层分布情况该场地可视为均匀地基。

## 2. 监测网的建立

变形监测网一般由基准点、工作点、变形监测点组成。变形监测网建立时，既要考虑监测周期内对监测网本身稳定性的检测，同时又要考虑利用网中的控制点来监测变形点的便利性和准确性。监测网中各类监测点的布置如图 5-12 所示。在远离测区基础且安全稳定性的地方设立 2 个基准点 $BM_1$ 和 $BM_2$；在测区布设工作点 $TP_1$，该点在测区场地内，但不在待监测的建筑物上；根据建筑结构特点和地基沉降引起建筑物破坏的原理，将变形监测点布置在墙身转折点或主要承载力点上，变形监测点布置如图 5-12 所示。

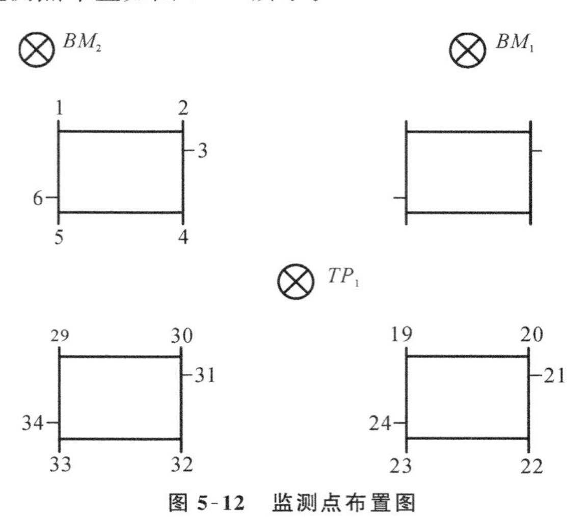


**图 5-12 监测点布置图**

### 3. 沉降监测方法

垂直位移沉降观测一般采用几何水准的方法，利用精密水准仪、水准尺观测基准点和工作点、变形监测点之间的高差。

(1)基准点与工作点之间，工作点和变形监测点之间构成闭合水准环，观测方法按国家二等水准测量规范要求进行。

(2)水准仪采用德国 Ni005A 自动安平水准仪，视线长度不大于 50 m，前后视距差不大于 1.0 m，任一测站上前后视距差累积不大于 3.0 m，视线(下丝读数)不小于 0.3 m。

(3)在各测点上安置水准仪三脚架时，应进行严格控制，使其中两架腿的连线与水准路线的方向平行，而第三架腿须轮换置于水准线路方向的左侧与右侧。除路线转弯外，每一测站上仪器与前后视水准标尺的 3 个位置应接近一条直线。

(4)每一测段的往测与返测，其站数均应为偶数，由往测转向返测时，两支配对的水准标尺须交换位置并应重新整置仪器。

(5)测站观测限差：基辅分划读数之差不大于 0.4 mm，基辅分划所测高度之差不大于 0.6 mm，测站观测误差超限时，一经发现立即重测，若迁站后才发现，则应从基点开始重新观测。

(6)水准测量的环闭合差不大于 $4\sqrt{L}$，$L$ 为水准测段路线长度(单位为 km)。

### 4. 观测周期及观测次数

仓储中心建筑物沉降观测应进行周期性观测，其首次观测在 2003 年 6 月进行，然后每隔 30 天监测 1 次，至 2004 年 12 月底共观测 18 次。

### 5. 沉降监测结果

截至 2004 年 12 月底整个沉降观测完毕，并对各期观测数据进行数据处理与分析，分别将 A-1、A-2、A-3 的楼角点(特征点)绘制成时间(表中只取最近沉降时间来表述)—沉降量曲线图，如图 5-13～图 5-15 所示，图中时间单位为 30 天，沉降量单位为 mm。

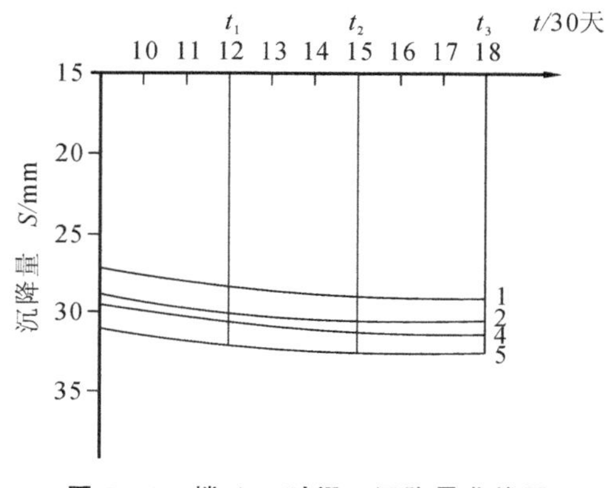


图 5-13　楼 A-1 时间—沉降量曲线图

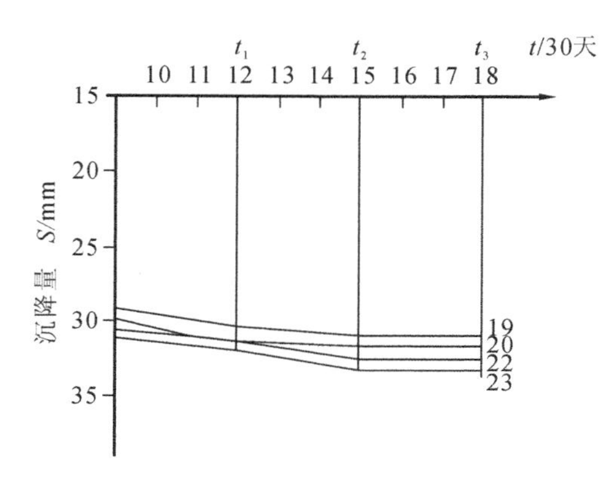


图 5-14　楼 A-2 时间—沉降量曲线图

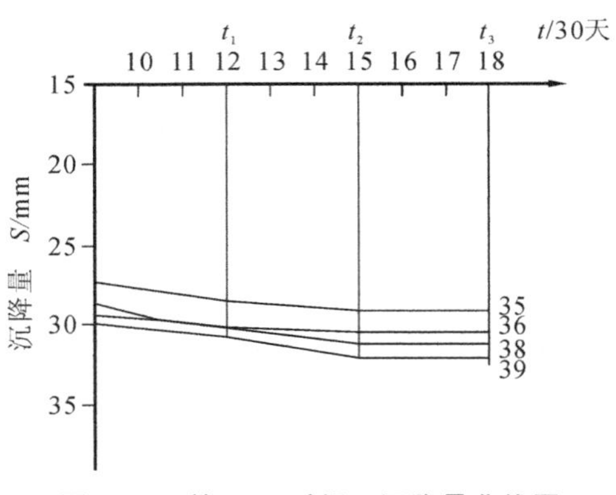


**图 5-15　楼 A-3 时间—沉降量曲线图**

## 6. 分析结果与预报

利用数学方法之三点法，分别对三幢仓库沉降测量结果进行分析与预测，其预测结果见表5-7。

**表 5-7　各楼角点最终沉降量预测值表**

| 楼　　号 | A-1 | | | | A-2 | | | | A-3 | | | |
|---|---|---|---|---|---|---|---|---|---|---|---|---|
| 监测点 | 1# | 2# | 4# | 5# | 21# | 22# | 24# | 25# | 31# | 32# | 34# | 35# |
| 预测值/mm | 28.3 | 29.9 | 30.5 | 31.6 | 28.2 | 29.9 | 30.9 | 31.1 | 29.2 | 29.4 | 29.9 | 30.6 |

## 7. 监测结论

从监测数据及预测结果可知，三幢建筑物沉降均满足{$S_{总}$}≤40 mm 的规范标准，沉降量在国家建筑物沉降的规定要求允许范围内。

# 小结

1. 工程建构筑物变形监测的具体方法，应根据建构筑物的结构特点、用途、使用情况、监测目的、要求的监测精度、周围的环境以及所拥有的仪器及设备条件等因素来考虑，选定出合适的监测方法。编制变形监测方案时，应综合考虑各种测量方法的应用，有时可能只需用一种方法，有时可能要用一种或多种方法，互相取长补短。

2. 选择合适的仪器、设备来满足变形观测施测精度要求。用于变形观测的仪器设备，在首次观测前要对所用仪器的各项指标进行检验校正，且必须经计量单位鉴定。连续使用 3～6 个月后重新对所用仪器、设备进行检校。

3. 每个工程必须有不少于 3 个稳固可靠的点作为基准点。变形测量点要埋设在最能反映建筑物变形特征和变形明显的部位；观测点纵横向要对称，并均匀地分布在建筑物的周围；观测点要符合各施工阶段的观测要求，牢固可靠。

4. 建构筑物的变形监测对时间有严格限制，首次观测必须按时进行；其他各阶段的复测，根据工程进展情况必须定时进行，不得漏测或补测。相邻的2次时间间隔称为1个观测周期。无论采取何种方式都必须按施测方案中规定的观测周期准时进行。当出现异常变形或变形发展过快时应增加测量次数及时跟踪变形的发展。

5. 在实施建筑工程变形监测过程中，特别是对高层、超高层，以及特殊设备基础的变形监测过程中要遵循“五定”原则。

1. 为什么要进行深基坑及建筑物的变形监测？其主要内容有哪些？
2. 深基坑变形监测的特点是什么？如何进行基坑的沉降观测？
3. 建筑物沉降异常的表现形式有哪几种？一般应如何处理？
4. 进行沉降观测时，为什么要保持仪器、观测人员和观测线路不变？如何根据观测成果判断建筑物沉降已趋于稳定？
5. 水平位移的观测方法主要有哪几种？各适合什么条件下观测？
6. 试述建筑物的倾斜观测方法。
7. 现测得某建筑物前后基础的不均匀沉降量为0.021 m，已知该建筑的高度为21.200 m，宽为7.500 m，求建筑物的倾斜位移量。
8. $A$、$B$为基础轴线上的两个沉降观测点，距离25.000 m，$C$为$A$、$B$之间的另一个沉降观测点，距离$A$点12.000 m，现测得$A$、$B$、$C$三点的沉降量分别为16.7 mm、14.1 mm、20.8 mm，试计算其挠度。
9. 简述建筑物变形监测的主要内容以及其目的。
10. 简述如何进行建筑物沉降观测点位的埋设。
11. 试述建筑物沉降监测方法。
12. 建筑物变形监测报告包括哪几个部分？
13. 试述建筑物倾斜监测和位移监测有何异同点。

# 参考文献


[1] 李生平. 建筑工程测量[M]. 北京:高等教育出版社,2002.

[2] 王云江,赵西安. 建筑工程测量[M]. 北京:中国建筑工业出版社,2002.

[3] 李青岳,陈永奇. 工程测量学[M]. 北京:测绘出版社,1995.

[4] 孔祥元,梅是义. 控制测量学[M]. 武汉:武汉测绘科技大学出版社,1996.

[5] 凌支援. 建筑施工测量[M]. 北京:高等教育出版社,2005.

[6] 过静珺. 土木工程测量[M]. 武汉:武汉理工大学出版社,2005.

[7] 吴来瑞,邓学才. 建筑施工测量手册[M]. 北京:中国建筑工业出版社,2000.

[8] 夏才初,潘国荣. 土木工程监测技术[M]. 北京:中国建筑工业出版社,2002.

[9] 合肥工业大学等. 测量学[M]. 北京:中国建筑工业出版社,1995.

[10] 杨晓平. 工程测量[M]. 北京:中国电力出版社,2008.

[11] 潘正风,杨正尧,等. 数字测图原理与方法[M]. 武汉:武汉大学出版社,2005.

[12] 工程测量规范(GB 50026—2007)[M]. 北京:中国计划出版社,1996.